努力奋斗，成就励志人生

U0864882

木桶定律

黄明哲 主编

红旗出版社

红旗出版社
RED FLAG PRESS
推动进步的力量

图书在版编目（CIP）数据

木桶定律 / 黄明哲主编. — 北京: 红旗出版社, 2019.9
（努力奋斗，成就励志人生）
ISBN 978-7-5051-4937-3

Ⅰ. ①木… Ⅱ. ①黄… Ⅲ. ①成功心理—通俗读物 Ⅳ. ①B848.4-49

中国版本图书馆CIP数据核字（2019）第193253号

书　名　木桶定律
主　编　黄明哲

出 品 人	唐中祥	总 监 制	褚定华
选题策划	华语蓝图	责任编辑	朱小玲　王馥嘉

出版发行	红旗出版社	地　　址	北京市北河沿大街甲83号
编 辑 部	010-57274497	邮政编码	100727
发 行 部	010-57270296		
印　　刷	永清县晔盛亚胶印有限公司		
开　　本	880毫米×1168毫米 1/32		
印　　张	30		
字　　数	780千字		
版　　次	2019年9月北京第1版		
印　　次	2019年12月北京第1次印刷		

ISBN 978-7-5051-4937-3　　定　　价　149.00元（全5册）

版权所有　翻印必究　印装有误　负责调换

前言
FOREWORD

一个木桶盛水的多少，并不取决于桶壁上最长的那块木板，而恰恰取决于桶壁上最短的那块木板。劣势决定优势，劣势决定生死，这是企业界最知名的管理法则，也是大部分管理者企业经营的金科玉律。

如果把企业比作一个木桶，那影响这家企业发展的决定性因素就是最短的那块板。企业的板就是领导、决策、团队、制度等。

优秀领导是企业发展的关键，正确决策是企业发展的法宝，优秀团队是企业发展的根基，诚实守信是企业发展的命脉……为了做到木桶“容量”的最大化，就要合理配置企业内部的各种资源，及时补上最短的那块“木板”。

不仅企业如此，个人的成长和发展同样不能忽视木桶定律。如果把一个人的成长发展比作一个木桶，那么美德、谦虚、交际能力等就是围成这个木桶的木板，要想拥有成功的人生，在这些方面就不能出现短板。

然而，有些企业对自己存在的短板认识不足，以为无关大局，或司空见惯、熟视无睹，最后，往往因之酿成大祸；有些个人面对自己的这些缺点和不足，难以察觉到，有些人虽然有所察觉，却听之任之，于是，他们永远只能在原地踏步或每况愈下。

鉴于此，我们编辑出版《木桶定律》一书，本书不仅通过很多具体鲜活的实例让读者认识到短板的危害，还介绍了如何寻找短板、如何补短和除短等相关知识。

本书可以说是企业和个人对付弱点和不足的最好良药，有了它，不管是企业还是个人，都会迅速发现自己的短板，并能弥补、改进，使之在原有基础上获得实质性的超越。

目录
CONTENTS

第一章
企业发展中的木桶效应

虚心是成功的必要前提

不会说话你就输了

第一章 企业发展中的木桶效应

如果把企业比作一个木桶，那影响这家企业发展的决定性因素就是最短的那块板。企业的板就是领导、决策、团队、制度等。为了做到木桶“容量”的最大化，就要合理配置企业内部各种资源，及时补上最短的那块“木板”。

优秀领导是企业发展的关键

如果把一个企业比作一个木桶，那么领导这块板绝不能短，因为领导是企业发展的关键，是整个团队的核心，所有成员都应由他指挥，服从他的命令。有了好的领导，才能让团队在最优配置下高效合理化运行。

领导要有超强的掌控力

掌控力是一种什么力？简单说，掌控力是组织或个人对掌控对象的掌握和控制，使其不任意活动或超出一定范围，始终处于自己管理或影响之下的一种能力。更直白一些说，掌控力就是控制目标对象的能力。这种能力是对事物的起因、发展以及结果的全过程的一种把控。

掌控力属于一种内在驱动力，潜藏在每个人身上，是个人能力的一种。对于领导者来说，掌控力是非常重要的，只有具备了对事物的全盘掌控，才能够及时制定或调整战略、战术，以适应并驾驭不断变化的局势，进而领导全局。

2007年10月，阿里巴巴正在为即将到来的海外上市进行全球路演。对于不久后的海外上市，很多人充满期待。神州数码中国有限公司总裁兼CEO（首席执行官）郭为是其中持最为乐观意见者，他说：“阿里巴巴海外上市后肯定会有进一步的发展。马云在阿里巴巴的影响，无论是在员工还是在股东中都不是因为股权而是因为他卓越的领导力。作为一个卓越的领导者，他的战略制定能力和影响都非常强……马云凭借领导力掌控着阿里巴巴。”

“凭借着领导力掌控着……”，从中可见“掌控”之力是领导者所应具备的一种至关重要的能力，是领导者卓越领导力的一个基础。

领导者如果有了很好的掌控全局的能力，必然会有助于其确立组织目标、制定战略，以及进行重大决策。因此，具备很好的掌控力是衡量一个领导者是否具有卓越领导力的一个重要标准。

掌控力并不是仅仅体现在事物开始阶段，它还体现于对事物全局以及整个过程的把握和控制上。首先，在实际工作开始之前，要对影响工作的因素进行控制，以确保目标对象的合理发展；其次，在工作进行中，要对工作进展情况进行监督和指导，也就是现场掌控；最后，要在工作完成后进行总结，以更好地把握事物发展变化的规律，积累经验和教训，调整和完善下一步的目标和计划。

此外，作为领导者，要想掌控好组织、个人以及工作的开展，一定要有全局意识，要比一般人站得高，看得远，想得周全。这样才能更好地控制各种有利与不利条件，进退有度，也才能更好地带领组织成员达成组织和个人的目标，实现组织和个人的梦想。

掌控力还突出表现在对关键因素的把控上。这一点很重要，因为对关键因素进行把控，可以让领导者集中精力，提高控制效率，最大程度提高准确率。

汉文帝时期，一次早朝时，汉文帝问右丞相周勃："全国一年要判决了多少宗案件？"

周勃不知道，如实回答了："具体数字臣不清楚。"

汉文帝又问："全国一年要进了多少钱粮呢？"

周勃还是不清楚，支吾了半天也没说出来，显得很是愧疚。

汉文帝又问左丞相陈平。陈平回答道："皇上要想知道具体数字，可以询问管理这事的官员。"

汉文帝接着问道："那谁在管理这些事务呢？"

陈平回答："如果想了解全国一年判决了多少案件，可以咨询延尉；如果想了解全国一年进了多少钱粮，可以咨询粟内史。"

汉文帝随之质问道："照你所说，每个方面都有主管的官员负责，那么你又在干什么呢？"

陈平不慌不忙地回答道："承蒙皇上看重，委任臣担任宰相一职，我的职责是对外辅佐皇上管理天下，使天下长治久安，对内负责各部官员各司其职，各安使命。"汉文帝一边听，一边微微点头。

这个故事的精髓用一句话来概括，就是工作要各负其责。对领导者来讲，要时刻记住自己的职责，将主要精力放在组织工作、指导工作、协调工作以及激励工作上，做自己该做的事，抓关键因素，这样才能掌控好全局。

因此，为了能更好地掌控全局，领导者要将那些相对次要的事务授权给合适的下属处理，而自己要做好授权后的控制。授权后的控制十分重要，关系到能否实现有效授权，领导者一定要重视并加强对授权后的控制，以实现有效授权。

另外，领导者的掌控力不仅仅表现在对组织、对组织成员以及对整个工作局面的掌控上，还表现在对自我的掌控上。因为自控会直接影响到领导者对工作层面的掌控，自控可以抑制自己的感情和情绪，控制自己的行为，从而可以使自己以更为理智的行为去掌控工作。

如果不能自控，则会感情冲动，言行出格，凡事恣意妄为，这样怎么能以理智的行动去管理企业、领导成员？由此，良好的自控能力可以说是领导者一种重要的意志品质，也可以说是衡量领导者涵养气度的一个标准。

做好上述几方面的掌控工作，领导者就实现了对组织、团队成员以及工作的持续性领导，协调各方面的关系，及时弥补团队中的短板，就可以更好地带领组织成员向着组织目标迈进。

建设团队的组织力

简单地说，组织力就是领导者开展组织工作的能力，是领导者协调安排人员，进行权力分配、岗位分工等的一种能力。

组织力是团队建设的核心因素，没有一个好的组织力就不能组建起一个好的团队，就无法使团队利益最大化。有很多企业发展到一定规模后，其发展速度会很明显放缓，有的还会停滞不前，甚至倒退。刨除行业和那些外部环境的影响外，最重要的影响因素是组织能力不足。所以，作为领导者，一定要重视对组织能力的培养和提升。

领导者的核心工作之一是团队建设，这是领导力的命脉所在，没有团队，何谈领导力？任何一个团队，都是由五大要素构成的，这五大要素分别是：目标、人、定位、权限、计划。其中，人是团队的核心力量，团队的任务最终需要落实到团队成员身上。人需要被组织起来，协同合作，才能更容易实现诸多“丰功伟绩”。从这个角度上看，一个成功的团队建设需要有好的组织力。

汉高祖刘邦以一介布衣，只用了七年时间就取得了天下，若没有帝王所具备的诸多要素，无论如何，在造反时已经47岁的他是不可能办到的，汉高祖在登基后明确表示他在军事上不如韩信，在谋略上不如张良，在治世上不如萧何，可他却得到了天下，这全是因为自己有高超的组织能力，能让这些人团结在一起为自己效命，否则何能如此！汉高祖在知人善任方面的绝顶智慧，恐怕是历代帝王无法比拟的，他的用人智慧因而成为想要成就一番大事业的人的《圣经》，可以说汉高祖之所以能成为开国皇帝，全在于他动用了别人最大的智慧为自己服务，将所有人的智慧凝聚在一起，为己所用。

其实，汉高祖未发迹时，就已经有很多朋友，萧何、曹参、任敖、周苛、樊哙等都是他的朋友，可谓三教九流无所不有，他为什么能与这些不同类型的人交往并且游刃有余？全在于他能清楚地了解不同人物的性格和喜好，由此锻炼出了他对不同的人用不同的方法的技能，比如他与樊哙等武将相处的方式就是“酒肉同饮”“以剑击柱”；对待张良则以礼相见，以兄礼待之；在对待狂生郦食其时，他能比郦食其还狂，“锯床，使两女子洗足”，而他的目的无非是激郦食其，让他明白狂生并不足道，同时也为了试其才，当他感觉郦食其言语不凡时则立即以礼相待，表面上看，汉高祖这人流氓习气十足，但他内在的大智慧，却非常人能所及。

汉高祖的成功，就在于他能把各种人才组织到一起工作，让韩信统帅三军，让樊哙冲锋陷阵，让张良筹谋划策……最后，每个人都成了团队中的长板。把能解决问题的人才组织起来，使其成为一个团队，而不是想着自己去亲自解决所有的事情，是领导者组织力的重要体现。

组建一个搭配合理且有战斗力的团队不容易，也不是一蹴而就的，通常需要经历4个时期：组建期、磨合期、激化期、成就期。

组建期，需要领导者想方设法搜寻需要的各种人才。初期，由于成员之间的性格、需求、观点各不相同，彼此之间也缺乏一定的了解和信任，因此彼此之间的合作很浅显，不够深入。

这个时候，领导者要尽快掌握团队的整体状况，了解清楚团队成员的特征，努力帮助团队成员尽快准确定位角色、进入状态。在此过程中，领导者既不要放任自流，任凭团队成员自己没头没脑地探索，也不要管理过严、过细，以防团队成员畏首畏尾，放不开手脚探索。

组建期过后进入磨合期。经过组建期的初步接触和合作后，团队成员彼此之间有了进一步的了解，会慢慢打开心扉，彼此交流想法，进一步加强合作。可是，这个时期的合作与交流往往只限于在小范围内进行，许多具体问题和决策还需要依赖领导者。

这个时候，精明的领导者往往在回应下属请示的同时，给予其正确的思想引导，让他们通过团队内部的商量研讨做出决定，而不是事事都依赖领导者。在思想引导的过程中，领导者要站在组织的高度，避免“小团体主义”的滋生。

磨合期过后进入激化期。磨合期使团队成员进一步熟悉起来，合作交流更加能放得开，团队成员也开始敢于表达自己不同的意见和建议，团队的开放范围开始形成。但也正由于此，团队成员之间会产生矛盾和对立，有时候这种矛盾和对立可能是很激烈的。

这个时候，精明的领导者通常会主动站出来鼓励有利于团队建设的冲突，然后引导双方通过研讨得出科学结果，而不是用权力去压制、化解。在此过程中，领导者要以身作则，树立一个榜样，目的是让团队成员做任何事情都要有据可循，而不要无章法地乱说。

在顺利度过以上3个时期后，就进入了成就期。这个时期团队会形成一种较强的战斗力，团队成员之间有强烈的一体感，具有相同的企业文化，拥有共同的信念，彼此之间能进行坦诚无私的交流与合作，促使工作向前发展。

这个时候，领导者要站在引领者的角度，从全局的高度出发，给团队成员以思想和方向的指引，给予团队适当的刺激，努力促进团队保持成长的激情与动力，使团队和组织共同进步。

领导要一诺千金

在所有美德中，诚信是重要的美德之一。无论是在过去，还是在现在，拥有诚信美德的人都会受到人们的欢迎，与之相反，一个不知道诚信为何物、不讲究诚信的人必然会受到人们的鄙夷和唾弃。

《左传》中记载了一则“食言而肥”的故事。

春秋时期，鲁哀公二十五年六月，鲁哀公从越国回来，大夫季康子、孟武伯来到五梧迎候国君。当时，郭重为鲁哀公驾车，看到季康子、孟武伯二人，就对哀公说：“您不知道，他们暗地里说了很多诋毁您的话，您一定要当面质问他们！”

鲁哀公在五梧宴请大夫，孟武伯也参加了。孟武伯厌恶郭重，就一边敬酒，一边取笑说：“你怎么长得这么肥胖？”

季康子说：“应该罚武伯吃肉！我国接邻敌国，我们没能陪同君王同行，因而没有参加这次远行，但是武伯却认为在外奔劳的郭重肥胖。”鲁哀公听了，心有所感，于是代替郭重答道：“食言多也，能无肥乎！”意思是如果经常吃掉自己的诺言，自然就会胖起来。群臣听后都会心地笑了起来，孟武伯面红耳赤，感到万分难堪。

表面上看，鲁哀公是在说郭重，实际上却在暗指孟武伯惯于说话不算数、不信守承诺，讽刺意味浓厚。

几乎所有的人都喜欢讲诚信的人，希望别人对自己讲真话，对自己真诚以待，不喜欢被欺骗。当然，所有的员工都希望自己的老板是个讲究诚信、说到做到的人。所以，具有诚信美德是成为一个值得信赖和追随的领导者的前提之一。

多项调查表明，古今中外，绝大多数成功者都非常重视诚信的作用和影响，他们自己也践行着这种至高美德。

有一位企业家曾说过这样一段话：“从我做公司到现在，我从来没有错过一份计划，我答应人家的东西，都如期完成了。做人一定要讲诚信，做企业也是一样的。你本来亏了20元，却偏偏说只亏了10元；本来你赢利了5元，却偏偏说赢利了10元。这样做企业的话，没有哪个人会相信你。”

有人曾问巨人集团CEO（首席执行官）史玉柱，现在领导者的素质中，哪一个最重要？史玉柱马上回答道：“是说到做到，只要你承诺了几月几日几点钟做完，你就一定要做到。完不成，不管什么理由，一定要受到处罚……员工做出的承诺一定要兑现，一定要让他说到做到，做不到你也要想方设法帮他做到。一个成功的企业必须要具备这个作风。”

说到做到是一种能力，也是一种态度，更是一种魄力。作为领导者，如果能说到做到，也就拥有了这份让人敬佩的魄力，自然会更容易吸引人跟随。

有很多领导者非常喜欢四处承诺，今天对员工承诺：“好好干，保证年底奖金过万！”明天又在员工大会上拍胸脯保证：“今年销售业绩上涨30%的话，公司全体员工巴厘岛七日游！”

老子曰：“轻诺必寡信。”轻许诺言的结果往往会食言，而食言的后果则会失去信用。失去了信用，自然很多事情就做不成了。

作为领导者，如果经常言而无信，不兑现自己的承诺，那么员工首先会对你失望，继而会痛恨、绝望，对你失去信心和信任，最终，极有可能会因此离你而去。

吉姆·柯林斯在《从优秀到卓越》中讲道："言行一致、坚定不移、正直并且强有力的领导者才是优秀的领导者，才能攀越高峰。"若做到了言行一致，领导者自然就容易赢得员工的信任和拥护，也自然就容易成为一个吸引人追随的领导者。

为人做事有担当，敢担当

曾有一个女企业家说过这样一段掷地有声的话："我没想清楚你想清楚了，按照你的想法去做，责任我来担；我想清楚了你没想清楚，按照我的想法去做，责任我来担；我没想清楚你也没想清楚，按照你的想法去做，责任还是由我来承担。"

从这段话中可以看出，这位女企业家有一种令人敬佩的大无畏的勇于担当、敢于担当的精神。

无独有偶，另一个企业家对下属也说了这样一段有着相同精神实质的话："你们都是我的下属，你们每个人做出了成绩，你们的成绩也是我的成绩。同样，你们每个人做错了事情，你们所有的错误也有我的，也要我来承担，所以说，我们是统一战线的。”

这段话同样折射出说者勇于担当、敢于担当的精神，这才是领导者所应有的胸襟和气度。

作为领导者，当工作中出现问题的时候，要敢于第一时间站出来承担责任。而不是想出各种理由来搪塞和推卸责任，或者直接将责任推卸给他人。

但是却有很多领导者在工作遭遇挫折和失败的时候，一味板起面孔责怪别人，怪别人没有把事情办好，而把自己的责任推得一干二净。

例如，一个领导者怒斥员工：“你们整天都在干什么？工作是怎么干的，不知道客户的具体要求吗？又不按照公司流程来操作，这回白忙活了，让公司上上下下为你们而折腾，你们太不负责任了！”

实际的情况却是事先员工曾多次向他索要客户的相关情况，他却没有当回事而一直推托，员工也曾多次向他咨询标准化执行文件，他也一直敷衍了事。现在遭到挫败了，他却把责任一股脑儿推到了员工身上，实在是太不应该了。

这种行径的后果往往是伤了员工的心，失去了员工的信任和支持。如果长期下去，这样的领导必然会失去更多人的信任和支持，最后成为孤家寡人，做事将会举步维艰。

通常情况下，下属都会很担心做错事，因为一旦做错了事，就要面临承担责任的问题。但是做错事是不可避免的，从来没有人没做错过事，再聪明的人也有犯糊涂做错事的时候。

一旦做错了事，追究起责任的时候，领导者的表现就会出现以下两种情况。一种是第一时间站出来主动承担责任，另一种是想尽办法千方百计开脱自己。

对于后者来讲，不知道想过没有，无论是哪个下属做错了事，也无论犯了什么样的错误，自己都会有责任，起码是犯了监督不力和用人不当的错误，更何况领导者的责任之一就是教导下属如何去做事。所以，逃避责任的做法是非常不明智的，应该勇于在第一时间站出来承担责任。

在工作中，领导者会犯下或大或小、或这样或那样的过失，这无可厚非。解决问题的做法是勇敢地开展自我批评，真诚地向相关人员认错、道歉。

有些领导者常有这样一个误区，认为不能让员工看到自己的缺点和错误，那样员工就会不尊重自己。基于这样的错误认识，他们从来不会在员工面前承认错误，尽管很多时候犯下的错误是显而易见的。更有甚者，有的领导者犯下错误后，将责任推卸给员工，以维护自己从不犯错的完美形象。

实际上，这种做法是完全错误的，也是极不明智的，是目光短浅的典型表现。因为一旦如此做了，无论你的借口有多堂皇、多巧妙，也无论你的权力有多大，都瞒不过人，还会给人留下“敢做不敢当，没魄力”的恶劣印象。于是，你将失去员工的信任和支持。

更为严重的是，不敢承担责任将会成为你的一种习惯，使得你丧失了面对错误、解决问题和培养解决问题能力的机会。

优秀的领导者总是让人觉得有担当、敢担当，他们会勇于为自己职责范围内的事情承担相应责任，不会动辄把责任推卸给员工，因此也容易获得员工的信赖和支持，事业也更容易取得成功。

善于发现和使用人才

曾国藩说过这样一句话："宁可不识字，不可不识人。"这句话虽然有些偏颇，但是却也突出了识人、知人的重要性。

俗话说"知人善任"，"善任"的前提是要发现人才、识别人才。现实生活中，有些人才很出众，一目了然，很容易就能被发现。而有些人才很低调，常淹没在人群中，不容易被发现。这就要求领导者要具有一双善于发现人才的慧眼，能够透过表面现象看清各色人物的高下优劣。

在识别人才时，要注意的是，不但要看其工作业绩，还要看其品德修养；不但要观其言，还要察其行，最后综合起来，定其优劣。正如诸葛亮所说："夫知人性，莫难察焉。美恶既殊，情貌不一，有温良而为诈者，有外恭而内欺者，有外勇而内怯者，有尽力而不忠者。”

在发现人才、识别人才后，还要进一步“知人”。对于领导者来说，所谓的“知人”，就是要知道自己所要用的人有什么才能，他们的才能是哪些方面的，适合什么样的工作。

了解清楚这些后，才能进入“善任”的环节。正所谓用人要“用人之能”，发挥其所长，用其所好。大才大用，小才小用，专才专用，力求扬长避短，合理调配，方为“善任”。用一句话来概括其精髓，那就是让合适的人做合适的事。

美克得公司的主要业务是经营唱片和音响，曾风光一时。但受第二次世界大战的影响，公司的业务锐减，最终被松下电器兼并。为了让美克得公司重新恢复元气，松下幸之助选择了曾有过外务大臣任职经历的野村吉三郎作为美克得公司的总经理。

但是松下幸之助的这项决定却遭到了松下集团很多人的质疑和反对。原因是野村吉三郎没有丰富的经商经验，也不懂音乐和唱片。在一次集团干部会议上，一个中层领导提出美克得可考虑与美空云雀签约出唱片。野村吉三郎却问道：“美空云雀是谁？”众人哗然。

要知道，美空云雀是当时日本最红的歌星，而一个唱片公司的总经理居然不知道。这又使得众人对这项任命感到草率，甚至是荒谬。

但是松下幸之助却坚持认为，这项任命没有问题。他之所以选择野村吉三郎担任这个职务，当然并不是看中他曾经辉煌的经历，而是看中他过人的领导才能。在他看来，野村吉三郎会用人，会带团队，而且为人谦虚好学，知道身为一个领导者该干哪些事。美克得不缺少技术人才，而是缺少一个善于领导的人，这是美克得的短板，必须补上，所以松下幸之助认为野村吉三郎是最合适的人选。

野村吉三郎也确实没有辜负松下幸之助的期望，在他的协调指挥下，美克得公司每个有才干的人各尽其能，极好地发挥所长，终于使公司的业务逐渐提升。野村吉三郎用事实证明了松下幸之助的选择没有错。

正如松下幸之助所认为的，他看中的是野村吉三郎优异的领导能力，而非行业知识和专业技术。

可见，作为领导者，要善于发现人才、识别人才、利用人才，一定不要对人才视而不见，更不能埋没人才。努力创造一个良好的可以人尽其才的环境和用人空间，让人才得到合理利用。

领导要有良好的心理素质

公元前202年，韩信布置十面埋伏，把项羽围困在垓下（今安徽灵璧县东南）。项羽的人马少，粮食也快吃完了。他想带领一支人马冲杀出去。但是汉军和诸侯的人马把楚军包围得重重叠叠。项羽打退一批，又来一批；杀出一层，还有一层；这儿还没杀出去，那儿的汉兵又围了上来。

项羽没法突围，只好回到垓下大营，吩咐将士小心防守，准备瞅个机会再出战。

这天夜里，项羽进了营帐，愁眉不展。他身边有个宠爱的美人名叫虞姬，看见他闷闷不乐，就陪伴他喝酒解闷。

到了定更的时候，只听得一阵阵西风吹得呼呼直响，风声里还夹着歌声。项羽仔细一听，歌声是从汉营里传出来的，唱的都是楚人的歌子，唱的人还真不少。

项羽听到四面到处都是楚歌声，不觉愣住了。他失神地说："完了！难道刘邦已经打下西楚了吗？怎么汉营里有这么多的楚人呢。"

项羽再也忍不住了，随口唱起一曲悲凉的歌来：

力拔山兮气盖世，时不利兮骓不逝。
骓不逝兮可奈何，虞兮虞兮奈若何？

项羽一连唱了几遍，虞姬也跟着唱起来。霸王唱着唱着，禁不住流下了眼泪。旁边的侍从也都伤心得抬不起头。

当夜，项羽跨上乌骓马，带了八百个子弟兵突破汉军包围，马不停蹄地往前冲去。

几经冲杀，到了乌江（在今安徽和县东北），这时，身边还有二十六个人。恰巧乌江的亭长有一条小船停在岸边。

亭长劝项羽马上渡江，说："江东虽然小，可还有一千多里土地，几十万人口。大王过了江，还可以在那边称王。"

项羽苦笑了一下，说："我在会稽郡起兵后，带了八千子弟渡江。到今天他们没有一个能回去，只有我一个人回到江东。即使江东父老同情我，立我为王，我还有什么脸再见他们呢。"

他把乌骓马送给了亭长，叫兵士们都跳下马。他和二十六个兵士都拿着短刀，跟追上来的汉兵肉搏起来。他们杀了几百名汉兵，楚兵也一个个倒下。项羽受了十几处创伤，最后在乌江边拔剑自杀。

杜牧有一首诗中这样写道：“胜败兵家事不期，包羞忍耻是男儿。江东子弟多才俊，卷土重来未可知。”项羽只是觉得无颜见江东父老，如果他能保住一条性命，重新回到江东集结兵马，说不定还可以卷土重来，打倒刘邦，哪怕不能打败他，至少也可以拖个几年。然而，项羽虽然力拔山、气盖世，但心理素质却是他的短板，经受挫折就一蹶不振，才导致乌江自刎。

同样的失败，威灵顿将军却不屈不挠，最后让拿破仑兵败滑铁卢，改写了欧洲的历史。

在拿破仑帝国时期，法兰西与欧洲发生了连绵数年的大规模战争，拿破仑大军横扫整个欧洲战场，迫使其余欧洲国家结成欧洲同盟，共同对付拿破仑。当时，指挥同盟军的是威灵顿将军。

威灵顿指挥的同盟大军在拿破仑面前一败再败。在一次大决战中，同盟军再次遭受惨重的失败。威灵顿杀出一条血路，率领小股军队冲破包围，逃到了一个山庄。在那里，威灵顿疲惫不堪，想到今天的惨败，顿时悲从心来，想自杀——一死了之。

正在愁容满面、痛恨不已时，威灵顿发现墙角有一只蜘蛛在结网。也许是因为丝线太柔嫩，刚刚拉到墙角一边的丝线，经风一吹便断了。蜘蛛又重新忙了起来，但新的网还是没有结成。

威灵顿望着这只失败的蜘蛛，不禁又想起自己的失败，更加唏嘘不已，多了几分悲凉。但蜘蛛并没有放弃，它又开始了第三次。威灵顿静静地看着，心想：蜘蛛啊，别费心思了，你是不会成功的。蜘蛛的这次努力依然以失败而告终，但它丝毫没有放弃的意思，又开始了新的忙碌。它就这样来回忙碌着。

蜘蛛已经失败六次。“该放弃了吧？”威灵顿想。但是蜘蛛没有，它仍旧在原处，不慌不忙地吐出丝，然后爬向另一头。第七次，蜘蛛网终于结成了！小蜘蛛像国王一样护着它的网。

威灵顿看到这一切，不禁流下了热泪，他被蜘蛛越挫越勇、永不放弃的精神深深地感动了。他朝蜘蛛深深地鞠了一躬，迅速地走了出去。

威灵顿走出了悲痛与失败的阴影。他奋勇而起，激励士气，迅速集结被冲垮的部队，终于在滑铁卢一战，大败拿破仑，取得了决定性的胜利。

每一次失败与挫折都会使一个勇敢的人更加坚定。如果没有跌倒的刺激，我们或许会甘做一个平庸的人。有时候，失败会让人发愤图强。经历了失败的痛苦，我们才找到了真正的自我，感受到了自己真正的力量。

正确决策是企业发展的法宝

企业就像木桶，由各业务板块构成，木桶盛水量取决于最矮的那块木板。因此，企业要想取得成功，健康发展，就必须通过正确的决策，补齐造成“漏水”的矮板。

决策分析决定整体发展

《孙子兵法·计篇》说："夫未战而庙算胜者，得算多也；未战而庙算不胜者，得算少也。多算胜，少算不胜，而况于无算乎！"何为庙算？庙，祖庙。古人用兵前在祖庙里举行仪式、定计谋、做决策。

1984年，劳埃德保险公司承保了美国发射3颗通信卫星的保险业务，没想到3颗卫星偏离轨道失踪，劳埃德保险公司面临着付出3亿美元保费而破产的严峻局面。

富有保险经验的公司总裁没有惊慌失措，而是请来许多专家学者认真分析形势，因为，他认识到卫星发射机构目前不是急于得到保费，而是想找到卫星。于是劳埃德保险公司果断决策：拨款600万美元给"发现号"航天飞机，用来捕获失踪的3颗卫星。不久，“发现号”果然成功地将失踪的卫星全部回收到地面站。

关键时刻做出关键决策，用勇气和谋略来补齐“矮板”。这就要求决策者做决策分析时，必须将自己的优势与劣势放在首要位置考虑，找出最高和最矮的“桶板”，提出正确的认识和补救措施，以保证决策的有效实施，为整体发展奠定基础。

新加坡丰隆集团董事长郭芳枫，同样以运筹帷幄的决策分析、未卜先知的经营眼光，不断补齐企业中的“矮板”，使丰隆集团在几十年中，发展成具有世界盛名的大企业，被美国最具影响力的金融月刊《投资者》排名为世界第二。

1945年，“二战”刚刚结束，郭芳枫开始分析世界商情走势，预感到许多国家将急需重建家园，必然会出现物资短缺。而新加坡各港口拥有很强的转口贸易能力，各国货轮经过时，必然购买各类物资和设备。于是果断决策：收购大战中剩余的各类物资。

同时，他清醒地认识到了自己企业的“矮板”：缺乏对物资价值认定的人才。于是，便招募了100多名在五金、建材和轮船配件等方面有鉴别经验的人集中培训。

短短几年，公司收购来的物资都成了紧俏商品，为公司赢得了丰厚利润。

从1947年开始，郭芳枫逐步将经营转移到房地产和建筑材料领域。在分析房地产市场时，他敏锐地发现，各建筑行业需要大量的水泥，但自己并不具备水泥生产这块“高板”，他又一次果断决策，向三井和黑龙洋灰公司大量投入资金，占有了这两家公司各30%的股份。当水泥批量增产时，正是新加坡房地产发展最兴旺的阶段，水泥成了风行一时的畅销货，还出口到马来西亚、印尼等周边国家。这样一来，丰隆公司又从中获取了巨额效益，得到了更大的发展。

他的做法，被视为是“木桶效应”中善于决策分析，利用“高板”弥补“矮板”，以发展自己的经典事例。

泰戈尔说：“只有通过分析和思考做出的决策，才能让我们的言辞、活动、行为变得最真实有效。”

决策前进行深入细致的分析，充分考虑到“高板”和“矮板”的影响，这样的决策才能成为企业赖以生存和发展的关键。在面临机会或威胁时才会充满自信，所做的决策也不容易出现偏颇和失误。

世界船王包玉刚开始经营时，还分不清船的左舷和右舷，一个对船舶知识一窍不通的人，何以在短短30年中雄踞全球航运业之首？在他看来，对船舶运输业知识的不足，是最需要提高的一块“矮板”，为此，他将经营决策定位在“以稳健为核心，保持清醒头脑，不为短期利益所动”上。并且在用经验补充不足的同时，不断提高发现“矮板”的能力。

1955年，他买进一艘3.3吨的货轮，租给一位港商。租约到期后，正值苏伊士运河关闭，而引起运费大幅度上涨。这位港商主动提出愿意以提高一倍的租金继续租用，但包玉刚了解到此人嗜酒如命，并从事投机生意，有时甚至不与货主签订运货合同。

经过谨慎分析，包玉刚认为如果船队中出现不遵守货运规则的船只，那必将影响整体形象，会给企业带来意想不到的经济损失。于是，他放弃了高额租金，断然拒绝其续租要求，将船租给了一家租金虽低，但很可靠的日本航运公司。

不久运河重新开放，运费暴跌，港商因入不抵出而破产，甚至租用的船只也被他变卖，让船主追告无门，而包玉刚却安然无恙。这主要在于他及时发现了影响企业形象和利益的“矮板”，做出不只顾眼前利益的决策，从而避免了重大损失。

制定决策时还要考虑如何利用“木桶效应”，分析企业的各个环节，找到制约决策成功的“矮板”，加以补足，不影响企业效能的发挥和整体的发展。

20世纪60年代初，包玉刚的海运业务在亚洲已享有一定地位，但还没有拓展开欧美市场。他开始谋划如何让自己的货船开进北冰洋和大西洋。几经分析，他发现亚洲的石油是英美客商关注的重点，于是做出决策：购买四艘大吨位油轮，以最低价格租给欧洲和北美的海运公司。

此举让他在欧美市场的海运业迅猛发展，后来就算有人提出需要特殊型号的船舶，他也能尽量满足，这样就使登门租船的客户越来越多。包玉刚用最佳决策提升“矮板”以赢得客户，为开辟新的市场做好了铺垫，虽暂时利润少些，但得到的市场占有率却能带来长期效益。

决策分析中，要注重“桶板”高度相互间的平衡，像用四颗螺丝钉用来钉一个平面，就不能先拧紧一个再去拧其他三个，而要循序渐进，每个螺丝钉拧几环，再将螺丝钉全部拧紧。这样决策的最佳程度就会充分地体现出来，以保证企业不断发展。

决策质量是决胜关键

美国著名企业管理权威菲利普·科特勒指出："企业的决策必须放弃长期的、具有导向意义的做法，将管理和营销的决策目光换一种锁定的方向，从一个决策中发现另一个质量更高的决策，有时甚至可以放弃大的、低质量的决策而实施小的、高质量的决策。"

经营管理中，决策有质量高低之分，实际上高质量的效果均来源于高质量的决策。如同"木桶效应"，要想永不漏水，就要善于利用高的桶板调换低的桶板。

赤壁大战之后，关羽被封为五虎大将之首，留守荆州。而孙权早想夺回荆州，遂联合曹操共同出兵，派大将于禁统领七军十万余人攻打荆州。

关羽首战失利，被曹军的先锋官庞德射中一箭，只好闭门坚守，形势对关羽很是不利。曹军主帅于禁见关羽闭门不战，就把大军驻扎在山谷之中，以避酷暑。此时关羽的谋士说："此时正是曹军因炎热懈怠之时，如果我们此时出击，必获大胜。"

关羽同意此举，忍着伤痛上城察看地形，见曹军已驻进山谷，不远处襄江水势汹涌，而自己统领的将士又大都熟悉水性。于是他想到了一个谋策。回到营中，他立即命令全军准备船只、木筏等水战工具。仍然坚守不战，几天后，暴雨连绵，数日不停，襄江水猛涨，关羽命令全体将士登上船只、木筏，在各处掘堤放水，即刻洪水滚滚而来，曹军大半被水淹死，其余的大多做了俘虏，主帅于禁被擒，先锋官庞德被斩，十万大军被全部消灭。

关羽发现了可利用的优势，借水而战，运用高质量的决策，充分发挥将士们熟悉水性的"高板"效应，将缺乏船只、木筏的"矮板"补齐，全歼曹军，功绩辉煌。

决策者在做出经营管理的决策时，不但要注重决策的准确性，同时要观察自己在市场上的薄弱环节，抓住最有效时机，突破单一决策的约束，用最适宜的"板"打造"木桶"，将产品打入市场，并迅速占领市场。而若只将目光锁定在既定决策上，那就会失去市场机遇。古人云："取法乎上，得其中也；取法乎中，得其下也。"

乔治·斯·派克创建的派克制笔公司，在20世纪20年代，在美国制笔业中名列榜首。

1943年，当第二次世界大战处于艰苦对峙阶段时，派克制笔公司赠送盟军欧洲战区总司令艾森豪威尔将军一支派克金笔，笔上镶嵌有四颗纯金制作的星，代表艾森豪威尔将军四星级上将军衔。

两年后，艾森豪威尔将军用这支笔签署了第二次世界大战的和约，派克金笔因此名扬四海，在世界各地深受欢迎，销量成倍增长。

经过几十年苦心经营，派克金笔在人们心目中树立了稳固的形象，成了身份和地位的象征，许多人都为拥有一支派克笔而感到自豪。可进入六七十年代，世界上许多公司纷纷生产高档笔，派克制笔公司在美国的市场相继被占领，销售量开始下降。

当时，因美元疲软，加上派克笔在国外市场享有盛誉，出口量依然占总产量的70%以上。为此，公司的大部分决策者满足于一时现状，对国内市场的新动向置若罔闻，依然奉行"产品要在全球市场保持不败之地"的决策，这样就使产品在市场的“高板”上出现“渗水”，时刻有可能断裂造成“矮板”。

到了20世纪80年代初，美元急剧升值，派克笔因价格过高而出口量大大下降，公司的利润随之锐减。到1985年已亏损500余万美元。为扭转严重局面，公司请当时的市场营销专家詹姆斯·彼德森主持工作。但他却忽略了决策的质量，犯了“木桶效应”的大忌，没有补齐“矮板”，而是不断加长“高板”。

他没有对近百年的经营策略做重大改革，仍然试图借派克笔的国际影响，改变笔的花色品种，提高笔的档次，结果却适得其反，各国的中低档笔纷纷进入美国市场，越来越被人们所接受，派克笔的市场占有量降到了17%，被挤出榜首地位。

1990年，负债累累的派克制笔公司不得不拍卖，被英国一家公司收购，结束了它在美国苦心经营的百年史。

如果企业经营管理者不去积极适应市场变化，死死抓住单一决策不放，不用高质量的新对策去适应市场、开发市场，不灵活地运用“木桶效应”以求得最佳效果，那么即使是基础再深厚、实力再强大的企业也会在激烈的市场竞争中翻身落马，走向衰亡。

把决策焦点锁定在市场上

经营管理中，利用高明决策实现的企业效益使人叹服，于是，人们猜测这样的企业中是否有奇人名士出谋划策？是的，其中确实有一批高手，把决策的焦点锁定在市场上，谋划出经营管理最通达的运营流程，将“矮板”在储水前就加高或补齐。

克莱斯勒汽车公司曾与通用、福特两大汽车公司三分天下，共同控制着美国95%的汽车市场。20世纪70年代，克莱斯勒公司由于经营失误，连续4年出现亏损。面对严峻的形势，克莱斯勒公司不惜重金聘请艾科卡出任公司总裁。

有着丰富管理经验的艾科卡任职后，在公司内展开全面调查，很快找到了“漏水”最严重的三块“矮板”：纪律松懈、管理混乱、闲人太多。内部“矮板”问题解决以后，他并没按常规将管理重心放在生产上，而是建立起有200多人的市场信息部，对全国汽车市场趋向和客户需求展开调查。

综合信息反馈后他发现，公司生产经营中最大的“矮板”是没有把握客户的需求心理和消费水准。于是，他果断决策，停止生产目前的产品，向市场推出两种全新汽车，一种是迎合美国人怀旧心理的道奇新型“敞篷车”，另一种是可容纳全家人旅行的“纽约人”大型轿车。当时公司董事会有人对艾科卡的决策提出质疑，担心市场销量。艾科卡说：“我不反驳这样的质疑，但可以想到，目前普通型汽车除在外观上可以做到创新外已经没有别的创意可言。占领市场的唯一方式是改变汽车的用途，从长远心理去考虑，我决策的目标是在5年后或更长一点的时间，才能出最大效益。”

如他所见，两种汽车刚开始投放市场并没引起消费者的太大注意，但随着美国经济的复苏，人们收入不断增加，这两种汽车开始在市场上走俏。从第一年3000台的销量提高到3年后5万台，为公司获取了巨额利润。

企业是木桶，出现“矮板”，要用最“坚固耐用”的材料来补充。如果将市场和效益比喻成河与水，那么焦点问题就是怎样将“桶”放在离“河”最近的地方，才能以快捷的速度获得最多的“水”。

1981年，英国王子与戴安娜小姐举行隆重的结婚大典。整个大典场面壮观、耗资空前。有2500人组成的仪仗队和鼓乐队，有6匹白马拉着的敞篷古典马车，有红色制服的卫队守护两旁……古枪古剑，鼓乐齐鸣。从伦敦的白金汉宫出发，去圣保罗基督教堂举行结婚仪式。像这样的圣典，几十年才能遇到一次。

在厂商的眼睛里，这不仅是一次皇家盛会，也是一次不可多得的商业机遇。厂商绞尽脑汁，企图趁机发一笔财。于是，糖果厂将王子和王妃的照片印在糖果盒上；纺织、印染工厂为产品装潢设计了具有纪念意义的图案；各式各样的纪念章、纪念册和纪念品也相继推出……

在这次盛典中，大约有200万人专程赶来一饱眼福。这些人固然需要买一枚纪念章，吃一块蛋糕或一盒冰淇淋，或买一盒印有王子和王妃照片的糖果带回去馈赠亲友。但他们最迫切、最强烈的需要是“看”到王子与王妃，这是他们此行的最大目的。如果看不到，必然遗憾终身。

然而，沿街观看的人群多达九排，站在后排的人无不为之焦灼。突然，从人群背后传来叫卖声：

“请用望远镜观看盛典，一英镑一个！”

“有了望远镜，王子和王妃像是站在你的面前！”

长长的街道两旁，在同一时刻，数百名儿童手里拿着用马粪纸做成的简陋望远镜跑了过来，顿时人们蜂拥而上，抢购一空。这家商号发了笔大财。

望远镜不是新产品，制作也很简单。这个商家之所以能做成独家生意，关键是将决策焦点放在了市场上。决策是企业经营最关键的“木板”，成功属于能及时找到焦点、善于设计通达路线的经营者。

《孙子兵法·虚实篇》说：“水因地而制流，兵因敌而制胜。故兵无常势，水无常形，能因敌变化而取胜之，谓之神。”在经营管理中，企业须顺应市场“水流”加高或缩减“桶板”的高度，根据消费需求调整或改变产品生产。

日本曾生产一种烟灰缸，质地优良，造型美观，颇为畅销。但随着时间的流逝，这种烟灰缸渐渐遭到冷遇。厂家通过用户调查得知，烟灰缸虽然美观精致，洗刷方便，但由于住户普遍安装了吊式或壁式电风扇，电风扇一开，烟灰便随风飞舞，为此主妇们怨声不绝。

厂家立即做出决策，生产出一种口小、肚大、底深的烟灰缸，从而又受到了用户们的青睐。但没几年工夫，这种产品又滞销了，通过调查才知，住户的电风扇都已换成了空调。这样一来，主妇们又嫌这种口小肚大的烟灰缸刷洗不方便，于是厂家又恢复了原来产品的生产，重新占领了市场。

管理者做出的决策是否运行畅顺，能否考虑到“桶板”整体的高矮，决定着企业的效益大小和水平高低。所以，将决策的焦点直接指向市场，就可以优化目标与手段，实现最佳的“木桶效应”。

价格决策必须考虑市场

从经济学观点看，商品价格是由成本、利润、税金和流通经费所构成的，这似乎意味着经营者定价时只要把这四个部分简单相加便可万事大吉。但在以市场为导向的经营活动中，价格问题要复杂得多。正如“木桶效应”，企业的价格“桶板”必须时时与市场的价格“桶板”互相补齐，如果出现差距就会使产品滞销，与本来可获得的利益失之交臂。

许多企业因价格决策富于技巧而生意如日中天，财源滚滚。有的企业因价格策略僵死呆板而门可罗雀、无人问津。其实，薄利未必能多销，价高又不一定卖不出去。高价有时换来的却是利益上的“矮板”效应，低价有时却可以是利益的“高板”，这就需要经营管理者在决策价格时慎重考虑。

做过市场营销的人都能碰到这种情况：为在某个节日前后加大商品销量，有家商店将所有服装都打成四折，过了三四天会发现，整个市场都在打四折。于是，他会觉得打四折不够，而考虑打三点五折。他因此变成了价格“木桶”最矮的效益“木板”，完全陷入被动境地。

经营管理者都希望有稳定的商品价格，力图避免相互之间发生两败俱伤的价格战。这是因为在本行的生产销售过程中有势均力敌的企业竞争，任何单方面的价格决策都会引起对手迅速而强烈的反应。

可口可乐与百事可乐在几十年的殊死搏杀中，双方往往都集中于非价格因素的争斗，而对价格战都小心翼翼予以回避。可见，只有以稳定作为策略，避免对双方有害而无益的价格大战，这样方可给企业带来稳定的利润，而执行稳定价格的企业，又会被其他企业视为行业带头人。

决策出成功的商品价格，首先取决于经营者对消费者心理的深入洞悉与把握，因为自我安慰与心理满足也是决定购买行为的重要方面。

一对夫妇，收入不高，却非常追求生活情调。一天，他们在商店里发现一架古玩钟，夫妇俩太喜欢了，不过口袋中只有500元，而钟的标价是750元。

“算了，回去吧，500元是买不来的。”妻子小声说。

“不，一定要试试！”丈夫好似很有信心。

夫妻俩商量一阵，决定由丈夫找售货员商谈。他挺起胸脯走到售货员面前：“我看中了一架钟，但觉得价格太高，我出个价你也许会答应，350元？”

出乎意料的是，售货员竟不假思索地答应道：“好的，卖给你啦。”

此时“丈夫”的第一反应是什么？兴高采烈吗？不，他不会满意，他想到的是：我真傻，出200元也许就会买下来。

问题就出在他事先没认真分析，没考虑到“桶板”的高矮度。而售货员也犯了决策上的错误，如果他决不让步，讨价还价，最终以490元出售，“丈夫”必会因节省了10元而高兴，这个售货员也能获取更高的利润。可见，在价格决策上，“高矮”互补，必须达到双方满意的效果。

高价决策的成功也与产品有关。对于消费者已经十分熟悉、经常购买的产品，突然冒出个“天价”，那消费者不能接受。而那些新出现的、具有特色的产品，因消费者先前没有该类商品的价格预期，此时才能运用高价决策。

高价决策的成功还需要其他相关手段的配合，以补齐价格“木桶”的“矮板”。譬如，没有一定质与量的广告宣传，产品就很难畅销。此外，高价产品一定要维持自己的身份感，不能随便降价，要降也只能以暗降的方式出现，如赠奖券、发纪念品等，否则就有失身份，而影响到长远利益。

美国企业家雷诺兹认为，商品定价越高，就越能给消费者以奇物珍品的感觉，因而，就越容易销售。为此，雷诺兹制定了厚利多销的价格决策。

20世纪30年代，一家生产铅字印刷机的工厂倒闭待售，雷诺兹买下该厂，把生产出来的机器改名为“海报印刷机”，专门向百货公司推销。他把机器售价从595元一下子提高到2000元，果然打动了消费者，生意越做越红火。

后来，雷诺兹又做起圆珠笔买卖，当时圆珠笔的知名度还不高，生产成本仅为0.8美元，可雷诺兹利用人们对原子弹的关注，将笔改名为“原子笔”，并将售价抬高到12.5美元。结果，人们果真觉得这种笔与众不同，购买者络绎不绝。

雷诺兹利用人们“价贵必物美”的心理，把原来销不出去的产品的价格抬高数倍，使人们认为该产品具有优越的性能，这样既达到了推销产品的目的，又获取了额外的大笔利润，真是一举两得。所以说，这就是一个充分利用消费心理和市场因素来提升“矮板”，加长“高板”，获得最佳“木桶效应”的典型范例。

产品决策不能失误

企业实现经营目标，在市场中占据有利地位，须拥有为消费者所欢迎的产品。从商品交易的实质内容看，消费者是为满足自己的需要才同经营者发生交易的，所以产品决策是企业经营组合决策中的基础决策，产品决策失误，势必给企业造成“矮板”。

日本丰田公司就利用“木桶效应”做出了一个极完善的产品决策，建立了一系列的先进管理办法，称为100%产品决策考核体系。各部门根据公司的产品决策，制定本部门的年度生产指标、措施及进度，经计划部门确定后报公司批准执行。

每个员工则根据部门指标确定生产数量及质量，使自己的工作量化。完成效果与奖金直接挂钩，这样就极大地激励了员工的积极性。

原来由质检人员对产品做质量鉴定，很容易受主观因素的影响；某一环节出现问题经常找不到“当事人”。现在自己为自己打分，所有产品数据都是量化的，出现问题就能找到责任人。比如冰箱生产中的喷粉线流程，没有做产品决策量化管理前，出现问题往往推卸给其他部门，而实施产品决策管理后，每个人都有指标，出现问题就可查到每个人头上。这就是将产品决策运行过程中的每一块“桶板”都提升或补充到最佳高度，以达到最大限度的储水量。

在产品决策中，经营管理者更应出奇制胜，想别人所未想，做别人所未做，从而得别人所未得，使自己企业的产品在市场上占据“高板”位置。

有个企业在招聘员工时，考官发给应聘者每人一个回形针，说：“这是办公桌上最普通的一样小东西，它除了可以用来夹文件之外，还有什么其他用途呢？请各位用十分钟的时间，将答案写在纸上。”

应聘者望着手中的回形针，左思右想写得不亦乐乎。结果发现除了可以夹文件外，还有一百多种用途，诸如：挖耳朵，纽扣掉了临时代替，当牙签，做铁丝固定物品，做钥匙……

这就是说，决策不同，产品的价值也就完全不同，并且在这基础上再继续想新点子、做出新决策，或许就会发现更大的价值。

市场趋势也对产品决策起着至关重要的影响，决策者需善于发现市场上出现的“矮板”，及时利用自己的“高板”去补齐。

德国福特汽车公司做出决策，生产一种“金甲虫”牌的小型汽车，投放到美国市场。当时，美国一些大汽车公司根本没把这种不知名的小汽车放在眼里。

但短短几年，“金甲虫”在美国市场的销量达到40万辆，成了美国小轿车市场中难以匹敌的霸主。其实，福特汽车公司在做出决策前，就把握住了美国汽车用户的心理：一是喜欢标新立异，别人开大车，我偏要开小车；二是以价格低廉为上。福特公司就是针对人们的这两种需求而决策出“金甲虫”的，因而就实现了产品的“高板效应”。

营销大环境对自己不利，是市场上的“矮板”，但用奇特的产品决策可以改造环境，补足“矮板”。

20世纪60年代初期，索尼公司想进军美国市场。那时，日本货在美国人心中的印象很坏，几乎日本货就是劣质货，难与美国货相提并论。

不过，索尼公司还是发现了一个空隙，美国人只生产摆放在客厅里的大电视机，而对可放在卧室、洗澡间等处随意搬动或供小孩使用的小型电视机，则嫌利薄而无人开发。

于是，索尼公司就生产了一种30cm以下的小型电视机，借用美国厂商的牌子和销售渠道在美国销售成功。随后，索尼公司又小心翼翼地升格生产30～47cm电视机，并打出自己的牌子。到了1972年，索尼以自己的牌子和销售渠道向美国发起“总攻”，结果美国企业因成本高、忽视开发新产品而节节败退。

在实现产品决策过程中，根据实际善于修正决策也很重要，要及时发现市场上的“矮板”，以使决策变成“高板”。

19世纪后期，美国加利福尼亚州发现金矿后，引来四面八方的淘金者。一位名叫亚默尔本的人也裹卷在淘金的队伍当中。

当他来到地处荒山野岭的矿区时，发现这里的气候干燥，用水奇缺，于是他就放弃了淘金的决定，而去寻找水源，雇人挖渠修池蓄水，然后，再分袋出售。几年后，许多淘金的人因为饥饿、疾病、摔伤等而没有发财，但亚默尔本却成了美国屈指可数的大富翁。

修正决策的关键在于“发现”上，将行为与目标先进行充分比较，看看哪些行为能最快捷地实现目标，选准了这些，就能做出最高明的决策。

优秀团队是企业发展的根基

一个企业要想成为一个能装更多水的木桶，首先要想方设法提高所有板子的长度。只有让所有的板子都维持“足够高”的高度，才能充分体现团队精神，完全发挥团队作用。

不拘一格起用人才

不在其位，不谋其政，任何一个人都很难百分百具备他没有担任过的职务要求的能力，也就是说，没有完全胜任多种职务的全才。一般来说，能够具备30%的职业技能就可以大胆起用，只要不拘一格，充分发扬他的长处，照样会成为企业木桶上的一块长板。

人才是企业发展不可或缺的，没有人才的加盟，企业会失去生机活力，会失去市场竞争力。因此，作为领导者，一定要重视人才引进的重要性。

在起用人才方面，清代诗人龚自珍曾诗云：“我劝天公重抖擞，不拘一格降人才。”这就启示领导者，起用人才不应受到多种不必要的限制，要主动放弃保守落后的用人观，放开手脚，不拘一格起用企业发展需要的各种人才。

很多领导者受传统观念影响，在用人时，不自觉地以资历来衡量，采取论资排辈的用人模式。殊不知，这样一来，使很多有能力的人才不被提拔、任用，给企业造成了巨大损失。

显然，这种用人模式是落后的，是缺乏市场竞争力的。市场的竞争某种程度上是人才的争夺，在激烈的市场竞争中，只有打破论资排辈的用人模式，不重资历重实力，敢于破格，才能有利于人才的引进，吸引人才加盟，使真正的有识之士有机会得以施展才华。进而激发起人才的积极性、主动性和创造性，保持企业强劲的发展后劲，使企业焕发生机和活力。

为了占领更大的市场，松下幸之助计划在金泽市设立一个销售网点。由于公司内一些有开拓精神的经理都在忙着各自的业务，分不开身，松下幸之助决定起用一个刚进公司没多久的年轻人。在他看来这个年轻人办事有魄力，而且很有头脑。

松下幸之助找来这个年轻人："公司决定在金泽市设立一个销售网点，我准备派你去主持开拓工作，你有信心吗？"

年轻人先是很惊愕，因为自己毕竟进公司没多长时间，但是他看着松下幸之助信任的眼神，豪气顿生，毅然回答："我有信心能办好此事！"

这个年轻人将准备工作做好后，就来到金泽市开展各项活动，不到一个月的时间就将网点成功设立起来，然后沉稳有序地开展起各项后续工作。

领导者应有举荐人才的美德，当发现自己某方面不如下属时，要有勇气让贤。只有敢于任用比自己强的人，才有可能完成超过自己能力的伟大事业。

虞丘子为楚国的强大殚精竭虑，呕心沥血，立下了汗马功劳，由此深得楚庄王的宠信。楚国强大后，他却向楚庄王举荐地位远不如自己的孙叔敖代替自己管理楚国。在他的一再坚持和恳求下，楚庄王答应了他的要求，让孙叔敖代替虞丘子管理楚国政务。孙叔敖任职后，果然不负众望，把楚国治理得非常强盛。虞丘子发现孙叔敖的才干要强过自己，果断让贤，这一行为成就了孙叔敖，也给自己留下了让贤的千古美名。

有些领导可能担心任用比自己强的人会危及自己的地位和威望，实际上这种担心是没有必要的。虽然下属某些方面的才能超过自己，但综合才能还是不够的，领导之所以为领导，是其综合才能好的缘故。恰恰相反，若领导者能做到敢于任用比自己强的人，一定会为自己赢得美名，获得他人的信服和尊重，从而增加吸引力。

用人应从大局出发，大公无私，当唯贤，勿唯亲，坚持唯才是用的用人原则。

祁黄羊为晋悼公时期的重臣。年岁大了，祁黄羊向晋悼公递交了辞呈。离职前，晋悼公问祁黄羊："南阳缺少个县令，何人担当合适啊？"祁黄羊回答："解狐可以胜任。"

晋悼公有些奇怪："解狐不是你的仇人吗？"祁黄羊回答："您问我'谁可以担任南阳的县令'，没有问我'谁是我的仇人'。"

晋悼公听后，很是敬佩，说道："好的，明白了。"于是就任用解狐为南阳县令。事实证明，解狐非常称职。

过了几天，晋悼公又来问祁黄羊："朝廷还缺个尉官，您看谁可以胜任？"祁黄羊回答："祁午可以胜任。"晋悼公随即问道："祁午不是您儿子吗？"祁黄羊回答："您问的是'谁可以担任朝廷尉官'，又没问我'谁是我的儿子'。"

晋悼公听从了他的建议，让祁午担任朝廷的尉官。事实也证明，祁午也很适合这个职位。正如孙子知道这件事后所说："祁黄羊的主张好啊，外举不避仇，内举不避亲，祁黄羊真是秉公无私啊。"

有些领导喜欢任用那些一贯顺从自己的人，而不愿用那些爱自作主张、敢于跟自己顶嘴的人。这种行为往往使一些有真才实学和发展潜力的"逆才"遭到排挤和埋没。

实际上，“逆才”不见得一定是对自己有敌意的人，而往往是一些敢于直言、襟怀坦荡、才华出众的人才。之所以被冠以“逆才”，是因为他们不愿趋炎附势，而是常从本意出发，说一些领导不愿听的逆耳之言。

作为领导者，要具体情况具体分析。对他人提出的不同意见，只要符合实际，对改进工作、发展事业有利，即使再尖刻、逆耳，也应该认真听取，虚心接受。对提意见的人要敢于任用，使其发挥应有的作用。

总之，作为领导者，要从大局出发，从整体利益出发，敢于打破各种不必要的用人框框，放开手脚，不拘一格起用人才，努力创造一个良好、健康的用人环境，吸引人才加入、追随，才能让整个团队的成员都成为长板。

量才用人，也要量才对人

人才对企业的发展至关重要，关系到企业的兴衰成败。作为领导者，一定要懂得人才的重要性，知道如何尊重人才、爱惜人才。

美国钢铁大王卡内基认为，如果把自己公司的厂房、机器设备破坏了，最多十年就能恢复元气，但如果把自己手下的人才都赶走，那么即使二十年也发展不起来。他在自己的墓志铭中写道：“这里葬着一个普通的人，他善于把才能超过自己的人组织到手下工作。”可见他对人才有多么重视。

正所谓“尺有所短，寸有所长”，事物各有所长，人才也各有差异。有的人喜欢做有挑战性的工作，愿意接受艰巨任务的考验；而有的人则不喜欢挑战性的工作，愿意按部就班地处理那些常规小事。

作为领导者，要知道这些差别，量才用人，量才对人，区别对待他们，以发挥他们各自的作用。

清朝名将杨士齐很善于量才用人。他认为只要善于用人，军中就没有不可用之人，包括残疾人都有用武之地。如让耳聋者当贴身勤务兵，这样就不用担心自己不想让别人听的话被传出去。让哑巴去送机密文件，这样就能做到打死也不会开口泄密。利用盲人听觉灵敏的特点，安排其到前线听敌人动静。利用腿残疾之人手灵活的优势，安排其制造弓箭等武器。这样扬长避短，变短为长，达到了量才用人的目的，可谓巧妙之极。

陈景润是当代数学家。

1953年陈景润毕业于厦门大学数学系，被分配到北京四中任教。不久，就因为他口齿不清，被“停职回乡养病”。

1954年调回厦门大学任资料员，同时研究数论，对组合数学与现代经济管理、科学实验、尖端技术、人类生活的密切关系等问题也作了研究。

1955年2月由当时厦门大学的校长王亚南先生举荐，在母校厦门大学数学系任助教。

1956年，发表《塔内问题》，改进了华罗庚先生在《堆垒素数论》中的结果。

1957年10月，由于华罗庚教授的赏识，陈景润被调到中国科学院数学研究所。

1960年—1962年，转入中日科学院大连化学物理所工作。

1962年任助理研究员。

1965年称自己已经证明“1+2”，由师兄王元审查后于1966年6月在《科学通报》上发表。

1966年发表《表达偶数为一个素数及一个不超过两个素数的乘积之和》（简称“1+2”），成为哥德巴赫猜想研究上的里程碑。

1973年他在《中国科学》发表了“1+2”的详细证明并改进了1966年宣布的数值结果，立即在国际数学界引起了轰动，被公认为是对哥德巴赫猜想研究的重大贡献，是筛法理论的光辉顶点。他的成果被国际数学界称为“陈氏定理”，写进美、英、法、苏、日等国的许多数论书中。这项成果还使他与王元、潘承洞在1978年共同获得中国自然科学奖一等奖。

1974年，他被重病在身的周总理亲自推荐为第四届人大代表，并被选为人大常委会委员。

1975年1月，他当选为第四届全国人大代表，后任第五、六届全国人大代表。

1977年破格晋升为研究员。

1979年完成论文《算术级数中的最小素数》，将最小素数从原有的80推进到16，受到国际数学界好评。

1979年应美国普林斯顿高等研究院之邀前往讲学与访问，受到外国同行的广泛关注。

1980年当选中科院院士、物理学数学部委员。

1981年3月当选为中国科学院学部委员。

1988年被定为一级研究员。

1992年任《数学学报》主编，荣获首届华罗庚数学奖。

陈景润的成功与王亚南和华罗庚的赏识是分不开的。同样是一个人，放在教师的岗位上就是一块短板，放在数学研究的岗位上就是一块长板。可见，用人一定要坚持量才使用，小才大用，力不胜任，势必会贻误工作；大才小用，才力有余，浪费不说，且有可能引起人才反感和不快，带来一些不必要的麻烦。高才低用、优才劣用、专才别用都是没有做到量才用人，都是对资源的浪费。领导者要努力做到因事设人，量才任职，就事择人，就能授职，做到人事相宜。这样才有可能让各级人才发挥应有的作用，也才会得到人才的支持和拥护。

在量才用人之外，还要懂得量才对人，这样才能让人感受到自己的真正价值，从而会更加珍惜现在。反之，如果不懂得量才对人，则极有可能让对方感到不公正，进而心情不爽，并由此做出一些不好的事情来。

一个部门经理很是精明能干，为公司赚取了很多利润。这一点公司的老板内心十分清楚。为了鼓励他更努力地做事，为公司赚取更多的利润，老板给他每个月涨了2000元的工资，同时也给其他部门的经理月薪涨了2000元。

可是不久后，这个能干的部门经理就辞职走人了。对这个老板来说，这件事完全出乎他的意料，因为他刚给这个部门经理涨了工资。按理说，他应该没有理由辞职。但问题恰恰就出在这里，答案可以从这个部门经理辞职的理由中找到。这个部门经理辞职的理由很简单，就是公司老板处理事情不够公平，做事不讲究原则。

公司老板没想到自己为了追求平衡却失去了公平，致使人才流失，给公司和自己造成大损失。

这个公司的领导者错在不知道人才是需要区别对待的，不知道搞“一刀切”极容易严重挫伤那些追求卓越的人的工作热情和工作积极性。特别是在人才至上的现代社会，不懂得区别对待人才，不知道将人才放到一个合适的高度，终会被人才所弃。

对那些锋芒毕露的人才，领导者一定要呵护好，既要防止“棒杀”，还要防止“捧杀”。往往优点突出的人才，其缺点也可能很“突出”。正所谓“有才者不拘小节”，对这类人才，领导者既要用其所长，也要善于“容忍”他的缺点，主动团结并予以重用。当然，容忍他的缺点不是放任自流，对其缺点不批评，而是要采取合适的办法和途径对其予以帮助，改正其缺点。

另外，领导者一定要尽其所能扫清人才利用上的障碍，努力创造一个良好的用人环境和空间，防止外界事物“干扰”人才的利用，给人才以最大的方便。对那些喜欢做小事的人才，同样要予以尊重和重视，不能看轻其所为。毕竟不可能件件事情都是大事，都需要大的人才来处理解决，正所谓“红花还需绿叶扶”，一般人才也是企业所不可或缺的，只要事得其人，人尽其才，各尽其力，就能让团队中的每个人都成为长板。

给下属从错误中成长的机会

俗话说："宰相肚里能撑船，将军肩上能跑马。"意思是说人要豁达大度，胸怀宽广。对于一个领导者而言，胸怀大度，宽容别人会显示出自己博大的气度和善待下属的情怀。

希尔顿酒店的创始人希尔顿就是一个心胸宽广之人，对于员工所犯的过失或者错误，他总是能尽力做到宽容接纳，并为其树立自信心而努力。当有员工犯了错误，他常常是将犯错之人单独叫到自己办公室，先是鼓励安慰一番，这样说："犯错是不可避免的，我当年也犯过很多错误，你这点小错误不算什么，不要太过于难受。"

说完这些之后，他才真诚地帮助犯错之人分析产生错误的原因，并一同研究解决问题的办法，最后再将其送出办公室。

任何一个人都必然有其优点和缺点，对其优点予以肯定、赞扬，可以促其更加奋勇扬鞭，努力向前；对其缺点予以包容，会感动对方，获得人心。

当然这里的包容不是无原则地纵容。无原则地纵容只会助长不良品行的滋长，只会引来鄙夷和失败，所以不要将包容等同于纵容。

领导者不要犯求全责备的错误。完美是可望而不可即的，没有人可以做到完美，所以不要对下属做出苛刻的要求。不要容不得下属半点缺陷和不足，见到哪儿做得不到位，或没有符合自己的心意，就不顾及其他，横加指责。

求全责备的做法，会严重压抑下属的工作热情和积极性，阻碍下属的成长，阻碍下属能力的发挥；严重者，会让下属谨小慎微，甚至不知所措，失去想象力和创造性，或者变得不思进取，破罐子破摔。

老虎还有打盹的时候，即使是不可多得的人才，也不能保证没有过失和不足，是人都有短处。如果领导者总是吹毛求疵、求全责备，那么将会使很多人才难以展开手脚，无法做出更大的成绩。同时也会造成一种埋怨压抑的氛围，影响团队的合作交流。

作为一个历史悠久的跨国公司，索尼公司的领导者很好地践行了以人为本的管理制度。他们尊重每一位员工，容忍他们不同的意见，包括一些不易避免的错误。在索尼公司的领导者看来，人人都会犯错误，有错即改，并引以为戒，就代表了还有希望。

盛田昭夫这样告诉下属："放手去做你认为对的事，即使因此有了错误，也还能从中学到经验教训，不再犯同样的错误。"

就是在这样宽容的环境下，索尼公司的员工才敢放心大胆地探索、实践，努力将梦想变成现实，也由此促进了公司的大发展。

除了包容下属在工作中的过失外，领导者还要从哪些方面包容下属呢？总体来看，领导者还要包容下属的私交、私利以及隐私，允许它们的存在和发展。

包容下属私交，就是允许下属有交朋友的权利和参加各种合法的社会团队和社会活动的权利。交际是现代人的需要，作为领导者允许下属私交合情合理，本属人之常情，但是此行为也会因此获得下属的肯定和感激。

包容下属私利，即对下属在法律法规允许范围内，追求、交换、赠予各种物质的或精神的利益不加干涉，既不可进行限制，更不可伤害。即使发现下属在谋求私利时存在问题，只要在法律法规允许的范围内，领导者都没有权利进行横加干涉，当然可以进行适度的劝诫。

至于包容下属隐私，则更属于人之常情。正当的隐私是受法律保护的，所以领导者要尊重下属隐私，更不要侵犯。实际上，尊重别人的隐私，也就是尊重对方的人格。反之，不尊重对方的隐私，就是不尊重对方的人格，严重者，有可能触犯法律。

总之，领导者要尽量站在下属的角度，体谅下属的言行，并尽可能包容下属的小过失，给下属一个从错误中成长起来的机会。领导者要坚信，参差的小树会长成参天大树，同样，犯错误的属下，不断进步，总有一天也会成为一块提升团队实力的长板。

通过赞美激发员工的潜能

法国作家拉布吕耶尔曾说了这么一段富有启迪性的话：“位居我们之上的人们，只要露出一丝拒绝或者冷淡的神色，就会招致我们的仇恨；但是只需一声问候或者一个真诚的微笑，又会让我们心头的冰霜立刻融化。”

这段话意味深长，但不难理解。它强调了尊重和欣赏对人的重要性。成功学大师卡耐基曾说过：“当我们想要改变别人时，为什么不用肯定和赞美来代替责备呢？”可见，赞美有多重要，又多么招人喜欢。

与此类似，玫琳凯化妆品公司经理玫琳凯说得更直接：“有两件东西比金钱和性更重要，那就是认可和赞美。”

天性的原因，人们都喜欢听肯定和赞美的话，而不愿听讽刺和批评的话。客观上看，肯定和赞美一个人会鼓舞对方的士气，增强对方的信心，给对方以强大的力量，促使其更加努力地前进。

作为领导者，要认识到赞美的奇效，在与下属沟通交流的时候多赞美下属，以提升他们的信心和士气，激发出他们的潜能，使其取得更大的进步。史考伯是美国历史上第一个年薪超过百万的管理人员，他受聘于一家钢铁公司，是这家钢铁公司的经理。一次，一个记者问他："你的老板为什么愿意一年付你超过100万的薪金，你到底有些什么特殊的本事？"

史考伯的回答出乎记者的意料："我没什么特殊的本事，对钢铁也懂得不多，可是我能将员工鼓舞起来。我鼓舞员工最好的方法是表现出真诚的赞赏和鼓励。"

全球知名美容美妆品牌玫琳凯的开创者玫琳凯·艾施就是个善于用赞美做武器的领导者，她十分善于赞美，赞美是她搞定人际关系的强大武器。

为了能最高限度地赞美下属，玫琳凯规定，公司从最高领导到最低领导，都要尝试努力去发现员工的优点，而且不能放过任何一个能够赞美员工的机会。总之，要最大限度地去赞美员工。

一名新进公司的美容顾问在公司举办的产品展销会上，

一连两天都没有卖出去任何产品，而其他美容顾问都已经卖出去少说几百美元的产品了。这名新美容顾问很焦急，但顾客不买，她也没有办法。在展销会最后一天，她终于费尽口舌让一位顾客买了35美元的产品，仅仅35美元，少得可怜，可是公司的业务督导海伦小姐却大加赞赏："很好，卖出了35美元，很棒，继续努力，肯定会大有前途的。"

听了领导的赞美，这名新美容顾问十分感动，也很受鼓舞，她暗暗下决心，一定要加倍努力，不辜负这份赞美。几年以后，她因业绩突出，被提升为公司的业务督导。

诚然，这名美容顾问的成功是她个人勤奋努力的结果，但业务督导海伦的赞美却是她努力奋起、不甘落后的直接原因。

实际上，为了让赞美激发出员工的潜能，玫琳凯还费尽心机出版了一套专门的月刊。这套专门的月刊主要对那些有突出表现的员工给予肯定和赞美。事实证明，这项措施成功起到了鼓舞员工工作热情、激发员工潜能的作用。

正如上面所说，为了赞美下属，领导者要努力发现下属的长处，而不是一味挑剌找不足。可能有一些领导者认为肯定、赞美下属会让对方生出自满，甚至是骄横的情绪，长期下去会不服管理，无法领导。因此他们对下属的工作多方审视，不放过下属的每一个错误，对犯错的下属大加训责。

显然，这种想法和做法是不对的。它只会让下属产生不耐烦的心理，甚至是反感、憎恨的心理。下属会认为领导根本不尊重自己的人格，不认可自己的成绩，从而不愿意积极工作，消极怠工。

下属犯错是很正常的事，领导者要让下属正视错误，并鼓励他们改正错误。让下属改正错误，并不是仅仅指出错误那么简单，还要让对方心甘情愿地去改正，这样才能达到“治病救人”的效果。

而要想让下属心甘情愿地改正错误，就不能只是斥责批评，而是在指出错误的同时找出他们工作中的优点和进步，进行真诚表扬。下属被肯定之后，心情会很好。心情好就容易接受指出的错误，也愿意进行改正。

同时，被肯定、被赞扬，也会让下属的信心有所增强。为了取得更大的进步，他们非常愿意去改正，去进步，去奋斗，深藏的潜能由此被激发出来，从而由短板变为长板。

双管齐下，既赞美又批评

人都有喜欢听好话的倾向，都希望别人发现自己的优点并认同自己，因此，肯定、赞美别人通常会获得对方的好感。

小邓从公司行政部转入销售部不久，就谈下来一笔订单，销售总经理知道后，立刻找来小邓：“行啊！小邓，真不错！这么短时间就拿下一单，很有潜力啊！公司很看好你！继续努力，肯定会不断取得新进步！”

小邓受宠若惊，连连点头，内心十分兴奋。他发誓一定不辜负总经理的厚望，再接再厉，取得更大的成绩。

一句简单的“你真棒”“干得真不错”，就会让员工受到莫大的鼓舞，使得他们的工作热情空前高涨，进而大幅提升工作效率。想想，哪一个领导不愿意做这样简单但收效奇高的

“便宜事”呢？

赞美要公正，无论是对有缺点的下属还是对比自己强的下属，领导者都不要吝于赞美。真诚无私的赞美会有助于树立领导者美好的形象，增强下属的自信心，激发下属的工作热情。

赞美要趁热打铁。因此，工作中，只要员工做得好，领导者就要及时夸奖，不要等热度过了才去赞美，那样的话，赞美就会大打折扣，远没有及时赞美的效果好。

一天，一位研究人员拿了一台小型机器闯进了公司总裁的办公室。在总裁办公室，这位科研人员向总裁详细讲解了自己发明的这台小型仪器可以很好地解决公司一项技术难题。

总裁发觉这项发明非常及时，非常了不起，这使得他很激动，决定一定要给这位研究人员奖励。他弯下腰翻遍了办公桌的抽屉，但除了一根香蕉外，他什么都没找到，他不好意思地躬身对那位研究人员说：“我现在什么都找不到，只能把这个给你！”而研究人员则满怀激动郑重地接过这根意义非凡的“奖品”。

从此以后，香蕉演化成小小的“金香蕉”别针，作为该公司对科研人员的最高奖赏。

赞美还要把握好分寸，既不要对某人表扬过多，也不要不予表扬。对某一下属表扬过多，容易引起其他下属不满，对被表扬者也不好。不予表扬，则会压抑下属的情绪，调动不起下属工作的热情和积极性。

尽管赞美有着十分积极的作用和意义，但是也不可能只有赞美，没有批评。当下属犯了错误，作为领导者，批评教育还是十分有必要的。如果不批评教育，相当于在纵容他的过错，显然是不合时宜的。

批评教育的根本目的在于“治病救人”，帮助对方提高认识，矫正错误行为，因此要从这个根本目的出发，给予其适当的批评。

赞美和批评不是绝对的，很多时候，赞美中可以有批评，批评中也可以有赞美，要根据情况灵活应用。

约翰·卡尔文·柯立芝总统有一位漂亮的女秘书，工作有些粗心大意。一次她交给柯立芝的公文出现了一些不该出现的错误，柯立芝总统没有直白地批评这位女秘书，而是这样对她说：“你今天穿的这身衣服真合身，毫无瑕疵，恰好衬托出你的美丽来，如果你的公文能处理得如此完美那就更好了！”

批评中带着赞美，让这位漂亮的女秘书很受用，也令她反省。从那以后，女秘书果然在处理公文时很少出错了。

合理运用赞美和批评，会保护下属的自尊心，鼓舞下属的士气，增强其必胜的信心。同时，还会增进员工与企业、领导者的关系，使之更和谐、更团结。

给机会改正比批评更重要

人非圣贤孰能无过，人人都会犯错误，所以不要一发现对方错了，就忙着否定对方，甚至受先入为主的影响，一棍子打死对方。

这种极端错误的态度和行为更不应发生在领导者身上。作为领导者，首先要清楚“水至清则无鱼”的道理，每个员工都避免不了要犯错误，所以一旦有下属有了过错，要学会理性对待。《左传》中有这样一句话：“人谁无过，过而能改，善莫大焉。”错误和真理是一对孪生姐妹，拒绝错误就是拒绝真理。既然没有办法逃避错误，那只有正视错误才是对待错误的最好态度。

管理界流行一条重要法则，那就是“短板效应”。该原理指出盛水木桶的价值在于能盛多少水，但决定木桶容积的不是组成木桶的最长的那块木板，而是最短的那块木板，这块最短的木板成了限制木桶盛水量的唯一因素。要想增大木桶的盛水量，唯一的办法就是将这块短板的长度增加。

从这个角度来考量，一个团队做出多大的成绩要受团队中最“短板”成员的影响。要想提高团队成绩，不能只去想如何提高团队中那些能力最强的成员，而是要想方设法增加“短板”的长度，这样才能提高整个团队的战斗力。这里所说的“短板”就包括那些犯错的员工。

一旦有下属真的有了过错，要了解清楚该员工犯错的前后经过以及所造成的后果，以进一步了解事情的真实情况。最后，了解清楚事情的前后经过后，要根据具体情况和相关的规定，采取相应的处理措施。

在处理犯有过错的下属时，不宜采用“一刀切”的处理原则，而应该根据具体情况，做不同的处理。原则上要本着“治病救人”的态度对其进行说服教育，使其认识到错误并能够加以改正。

丙吉是西汉名臣。他任丞相时，他的一个驾车小吏很喜欢喝酒。一次小吏随丙吉外出，竟然喝醉了，并吐在丙吉的车上。主吏建议丙吉，把这个不懂礼数的小吏撵走。丙吉却说：

“因为喝醉酒就把人撵走，那教他在何处容身？容忍他这一过失吧！不过是弄脏了车褥罢了。”结果没有弃逐这个小吏。

这个小吏来自于边郡，熟悉边塞的报警事务。一次外出，他看见驿骑拿着红白两色的口袋疾奔，知道是边郡报急的公文到了。他便跟随驿骑到公车署打听情况，了解到外敌已经侵入云中、代郡两地。他赶快回府见丙吉报告情况，并建议：“恐怕外敌侵入边郡，地方官员因年老有病，反应不灵，无力胜任军事行动，您应该预先了解一下边塞有关官吏的情况。”

丙吉认为小吏的建议很对，便找来有关材料查看详情。不久，皇帝召他和御史进宫垂询此事。面对皇帝的询问，丙吉一一回答。而御史大夫却仓促不能应答，因此受到皇帝的训责。而丙吉之所以能对答如流，完全归功于那个驾车小吏。为此，丙吉感叹说：“士没有不可容的，能各有长处。假如不先听到驾车人的话，怎么会有被奖赏的可能呢？”

《论语·述而》曰：“择其善者而从之，其不善者而改之。”这道出了对待错误的态度，即对“不善者”改之。既然要改，就要有机会改，而不能一棒子打死。

通常情况下，对犯有过错的一方予以宽容，给其认错和改正的机会，常常会换来对方的感激，并且对方可能会寻找各种机会予以报答。上述那个驾车小吏感恩于丙吉的宽容之恩，而在关键时刻给予了丙吉真诚的建议，最终成全了丙吉。

一个有过错的员工恐怕最想获得的是重新证明其价值和展示其才华的机会。这种情况下，如果领导者能够给对方提供这样的改错和证明自己的机会，相信他一定会感激涕零，同时珍惜这个机会，愿意付出多倍的努力去工作，以彰显心迹。

因此，在下属犯有过错时，领导者要尽量站在对方的立场考虑对方的感受，在可能的情况下，给对方一个改正错误的机会。这远比批评更有力量，也更容易赢得人心。

由于批评的对象是一个有思想、有感情的活生生的人，批评能否取得好的效果，在于对方能否从中感知到自己的错误，并受到启发。如果批评的方法不合适或者过度了，都容易引起对方的反感和敌视，甚至是激烈反抗。因此，如果要批评，则一定要采用合适的方法并掌握好尺度。在不批评的情况下，宽恕对方，并给对方一个改正错误的机会，往往会让对方灵魂受到震撼，在深感有愧之中鼓足勇气，以加倍努力工作来证明自己的价值。

《菜根谭》上有这么一句话：“宽人之恶者，化人之恶者也；激人之过者，甚人之过者也。”大概意思是，宽恕别人的错误，就是帮助别人改正错误；用激烈的态度对待别人的错误，就是要让别人再错上加错。

领导者要做的自然是“治病救人”的拯救者，而不是推人入坑、落井下石的恶人，只有这样，员工才会勇于面对错误、承担责任。

实践证明，有过错的人往往要比有功劳的人更容易接受困难的工作。因此，给犯有过错的人一个认识和改正错误的机会也是间接给企业提供培养一个优秀员工的机会。所以，作为领导者一定要站在一定的高度去面对和处理这类问题。

诚实守信是企业发展的命脉

俗话说："人无信不立，企无信不兴。"对于企业而言，诚信是企业核心价值观的重要组成部分。企业的诚信意识、诚信品质、诚信行为将直接影响到企业未来的发展。一旦诚信成为企业的短板，那必将面临灭顶之灾。

标王梦的破灭

二十多年前，中国出现了一个轰动全国的白酒品牌，这种白酒曾经荣获中央电视台广告标王，也是唯一一个连续两年拿下中央电视台广告标王的白酒企业。这更是一个忽然崛起而又忽然衰亡的流星企业。

其实，创出这种品牌的酒厂并不大，在拿下中央电视台标王之前，这家成立于1990年的小酒厂，只是中国无数家小规模酒厂的普通一员，除了本地消费者，几乎根本就没有人知道这个牌子的酒。如果按常规逻辑发展下去，这家酒厂也许早就在默默无闻中走向没落了。

那一年，酒厂换上了新厂长。新厂长是一名退伍军人，他显然比同一时代的其他企业领导更加大胆，更富想象力。他上任伊始，就非常注重广告效应。不惜利用厂中仅存的一些流动资金，在一些电视台、平面媒体密集地投放广告，并且很快就取得了成功，产品销量迅速增加，品牌知名度持续上升，公司利润随之取得了很大的增长。就在这个时候，这位厂长萌发了一个大胆的想法，拿下中央电视台标王，把自己的产品推向全国。

要知道在20世纪90年代中期，正是中央电视台黄金广告拍卖制度刚刚推出的时期，而一家名不见经传的地方性酒类企业，在夺得标王的第一年，居然就拿下了9.18亿元的销售收入，实现利税3.8亿元，当年就跻身国内白酒行业三甲。这种如同坐火箭式蹿升的事实，更是刺激了这位厂长拿下标王的决心。

在1995年年底的第二届中央电视台广告标王大战中，这家酒厂以一匹黑马之势杀出，以超出前一年标王价格一倍还多的6666万元，直接拿下当年中央电视台广告标王，一下子引起了全国媒体的关注。

中央电视台标王也的确帮助这家酒厂插上了腾飞的翅膀。夺标之后的第二年，这个品牌的白酒一举拿下9.8亿元的销售收入，实现利税2.2亿元，一年之间企业的经营利润增长了5倍多。这一来，更加让这位厂长感觉自己掌握了一条促进企业飞速发展的捷径。在这一年年底的中央电视台标王竞标中，他喊出超过3亿元的天价，拿下1996年的中央电视台第三届标王，并且放出“每天开进中央电视台一辆桑塔纳，开出一辆豪华奥迪”的豪言。

然而，这位厂长的赌博遇到了一个巨大的瓶颈，那就是自己只是一家中等规模的酒厂，自身的生产能力并不大，尽管成功的广告宣传推动了产品的销售，可是一旦自己不能够生产出足够的酒来，他如此巨大的赌注都将白废。如果按照通常的办法，购入机器设备增加产能的话，又会由于时间流程过长而白白错过市场发展的机遇。因此，他选择了从四川大量购入散酒进行勾兑，然后再贴上自己品牌的商标销往全国。

可是，人算不如天算，第二次拿下标王之后仅仅两个月，他的勾兑丑闻就被媒体曝光，从此，这种白酒的销量一落千丈，又被打回原形。

这个故事对于我们来说，也是一笔值得回味的财富。每一个企业、每一个组织的发展过程都必须制定详实的战略规划，并在战略规划的指导下，推行一些具体的管理制度、市场策略、研发战略等。在这个过程中，组织的总体战略规划，就好像手表定律中的标准手表一样，我们必须用它作为行为标准。

强劲的广告销售，积极的市场推广，的确是现代企业取得成功的一种重要的发展道路，这并不是错误的根源，这位厂长所犯下的错误是他在确定广告促销战略的时候，并没有细致地分析自己的成本，更没有考虑到自身的生产能力。对于一个年产酒只有3000吨左右的酒厂来说，一下子仅在一个媒体就投下3个多亿的广告投资，如果折算到产品中去，每瓶500毫升的酒仅仅花费在中央电视台广告上的费用就超过50元，如果再考虑到生产成本、运营成本以及在其他媒体的广告支出，那么在20世纪90年代中期，一瓶酒的附加成本可能就接近100元，而当时的中国第一酒茅台的市场售价也不过如此，那么它的运营风险就可想而知了。

为了弥补过于激进的广告费用的增长给公司带来的经营压力，酒厂选择了外购散酒勾兑的方法来增加产销量，而这恰恰犯了行业大忌。从某种程度上来说，它是在明目张胆地造假售假。其实，哪怕是通过协议收购，或者授权贴牌这样的方式，收购一些中小规模的酒厂，或者授权一些友好行业伙伴生产酒，也比这种外购散酒的方式更为容易让人接受。

这个故事告诉我们，一旦诚信成了企业的一块短板，无论管理者多有魄力，无论宣传营销做得多么成功，都难逃失败的命运，因为诚信是企业发展的命脉。

约定，不因时间而褪色

法国剧作家莫里哀说过："一个人严守诺言，比守卫他的财产更重要。"

1898年的一天，在法国罗讷河边的一个酒吧里，在酒吧老板和镇长的见证下，冈维茨镇上的磨坊主都伦老爹和两位旅行者签下了一份协议。协议的内容是：都伦老爹拿出1000法郎帮助盖诺兄弟开办面包工厂，而盖诺兄弟要在工厂投产后，每周免费供应都伦老爹50磅的各类糕点。

不管后人如何看待这份协议，总之，在当时所有人看来，都伦老爹是吃大亏了。1000法郎在那个时代可是一笔不小的数目，都伦老爹不过和那两个来历不明的英国人喝了两杯，就答应资助他们开办糕点厂，这多少有些莽撞。但是镇上所有的人都知道，开一家面包店是都伦老爹一直以来的心愿，这次他无论如何都不肯听别人的劝阻。

令双方当事人都没有想到的是，百年之后的今天，盖诺兄弟面包公司已经成为法国南部最大的面包供应商之一，生产的面包、糕点多达数百种。而此时，盖诺公司依然遵守着当年所签订的协议，每周向都伦老爹后人经营的西点屋免费提供糕点，并且按照协议的补充条款，另外还以成本价不限量地供应。

其实，早在几十年前，都伦老爹的孙子就曾向盖诺公司提出废止那份协议，至少进行一些更改，那份协议现在已经不利于盖诺公司。公司老板对此十分感动，但是他们还是毫不犹豫地谢绝了这份好意：“说实话，那份协议的确给公司的运转造成过困扰，但是，没有它，也没有我们的今天，况且，没有什么比承诺更加神圣。即便是在被德国人占领的时候，我们都没有背叛过当初的诺言，现在就更加不能了。”就这样，盖诺公司的送货车，依旧在每个送货日的清晨准时出现在都伦老爹西点屋的门口。

2002年，美国的一个大财团有意并购盖诺兄弟面包公司。在谈判过程中，盖诺公司提出的一个附加条件就是，新公司必须继续履行百年前的那份协议，为此盖诺公司甚至愿意在价格方面做出让步。在了解了那份协议的始末之后，美国方面负责人爽快答应了，因为，那位负责人认为，相对于履行那份协议付出的代价，百年不渝的诚信才是盖诺公司最有价值的财富。

一百年，一个承诺，从表面看，似乎盖诺兄弟面包公司亏了很多，但何尝不是这个承诺成就了盖诺兄弟面包公司呢？盖诺兄弟面包公司一约百年，胜过任何形式的宣传，更能轻松赢得众多客户的信赖。一家面包公司屹立百年而不倒，当然有多方面原因，但诚信这块长板，无疑在公司健康发展中起到了重要的作用。正如那位负责人认为的，相对于履行那份协议付出的代价，百年不渝的诚信才是盖诺公司最有价值的财富。

品牌价值中的诚信

2017年，南京“冠生园”又一次受到媒体的关注。据报道，受南京市中级人民法院委托，江苏省拍卖总行和江苏省天德拍卖行对因“陈馅事件”而走上破产之路的南京冠生园食品有限公司进行了资产拍卖。仅仅经过20分钟，南京“冠生园”就以842万元易主他人。随着拍卖师的“一锤定音”，南京“冠生园”破产清算程序的最后一步——拍卖变现基本完成。

人们注意到，在此次拍卖中，虽然南京“冠生园”的品牌并没有作为无形资产作价而一同被买走，但是看到有着优良传统和良好品牌的南京冠生园食品公司，走到如今“无可奈何花落去”的地步，不仅令人感慨，同时也引发我们思考一个问题：诚信在品牌价值创建中的作用。

冠生园是我国民族实业家冼冠生于1915年创立的品牌。冼冠生早年在上海一家饮食店帮伙。1915年与人合开冠生园，前店后厂生产风味食品。1918年改为股份有限公司，冼冠生出任董事长兼总经理。随着经营规模扩大，冠生园先后在武汉、南京、天津等地开设分店。以后又陆续在重庆、昆明、贵阳、泸州、成都等地开设分店，成为中国近代最大的食品工业企业之一。在多年经营冠生园的实践过程中，冼冠生筚路蓝缕，精心打造这一品牌，提出“三个立业之本”，即“本心”“本领”“本钱”。所谓本心，是指事业心和责任心；本领，是指企业经营管理和业务技术的能力；本钱是指资金及其营运。三者之间具有内在联系，必须具有事业心和责任心，才能提高经营能力，并赢得越来越多的资金。而“三个至上”是指“信誉至上、顾客至上、质量至上”。冼冠生当初就指出，售出商品必须负责到底，使顾客满意，这样才能吸引顾客不断惠顾。而在质量管理方面，他更是强调选料、配方、检验三个环节，例如，用“看、闻、尝”的方法来挑选用料，对重要产品的配方都要经过反复研究，一经确定就不轻易改动，具体实现他所提出的“产品不论大小，利润不论厚薄，一定要保证质量，力求色香味俱佳”的经营理念。然而，就是这么一家具有良好声誉和品牌形象的“老字号”企业，却由于一次

“失信”行为而遭遇危机。

2001年9月3日，中央电视台《新闻30分》记者，将南京冠生园使用陈馅制作的事情曝光。当天中午新闻播发后，下午，南京“冠生园”生产的月饼全部被封存起来，该厂当时就陷入停产状态，且很快资不抵债。2002年2月27日，南京市中级人民法院正式受理了该公司的破产申请，南京冠生园成为南京第一个申请破产的合资企业。当时，南京“冠生园”的“陈馅事件”，不仅使该公司的月饼和其他食品无人问津，而且“城门失火，殃及池鱼”，连带全国其他省市凡使用冠生园品牌的食品厂，当年的月饼和其他食品的销售全部陷入困境。这个教训是十分惨痛的，而南京“冠生园”的最终破产，更是让人产生“曾经沧海难为水”之慨。

所谓品牌，按照美国市场营销学会的定义：品牌是一种名称、术语、标记、符号和设计，或者它们的组合运用，其目的是借以辨认某个销售者或某群销售者的产品和服务，并使它同竞争对手的产品和服务区别开来。而在世界营销学权威、美国西北大学的菲利浦·考特勒教授看来，品牌具有属性、利益、价值、文化、个性和使用者六种含义，而其中最重要的，就是品牌所带给消费者的利益和品牌自身所蕴含的价值。品牌的魅力主要来自于它所带给消费者的利益和品牌所蕴含的价值。就品牌所带给消费者的利益而言，最关键的是以诚信和高质量来确立消费者对品牌的信任。在现实生活中，人们为什么愿意花十倍甚至更多的钱，去购买一件使用功能相同而品牌不同的商品，除了由于名牌能够给人带来心理满足之外，在很大程度上是因为人们相信，伴随名牌而来的是高质量。探究中国品牌的起源，北宋时代山东某地卖针的刘家老铺的“兔儿为记”就是用这种符号来告诉消费者，购买该品牌的产品可以带给消费者质量和使用上实实在在的利益，使消费者买得放心、用得满意。而且只要认明这一标记，这种质量和使用上的利益是一以贯之的，是非常可靠的。这就是品牌所蕴含的诚信。美国营销学家弗里德里克·里切海尔德认为：“按照我们的体会，无论作为衡量价值创造的一项指标，还是作为增长和利润的源泉，忠诚都是至关重要的。”在品牌理论中，越来越多的研究者和企业经营者日益重视品牌关系，而品牌关系是以消费者的忠诚作为基础和保障的。品牌关系就是顾客与品牌之间在情感、行为方面的联系。它反映了消费者对品牌的亲密程度。品牌关系的最高境界是品牌忠诚。而要拥有一批忠于本品牌的消费者，首先品牌的所有者也就是所在企业，要以自己的行为获得消费者的信任，以诚实和信誉来保证产品所能够带给消费者的利益，否则的话，在产品供大于求的今天，消费者是完全会作出另外的选择的。同样，就品牌自身的资产价值而言，也要靠诚信来加以塑造。

20世纪80年代后期，一连串的企业并购案，使品牌资产成为一项热门话题。例如，1988年，瑞士雀巢食品公司以总额10亿多美元的价格，买下了英国罗特里公司，收获的是该公司财务报表上从未出现的东西：保罗、奇巧和八点以后等产品品牌，雀巢愿意支付给罗特里公司的收购金额，使后者的股票在证券市场中不断升值，从475便士上涨到1075便士。雀巢支付的10亿多美元是罗特里公司财务账面总值的6倍。这意味着雀巢公司乐于为获得无形的品牌支付一大笔溢价。而对于品牌资产价值的评估，著名品牌专家大卫·艾格提出了“品牌资产评估十要”的指标体系。10个指标被分为5个组别，每组2个指标，前4组代表消费者对品牌的认知，它们分别是：忠诚度、品质认知、联想度、知名度；而第5组是该品牌的市场状况评估。在这些要素中，消费者对品牌的忠诚度、对品牌所代表产品的品质认知、对该品牌所能引起的联想以及品牌的知名度，无不和厂商倾注在品牌中的诚信程度有关。而这一品牌的市场状况评估，则更要看拥有这一品牌的企业，它的市场行为是否能够长久地讲究诚信，始终给消费者带来稳定的持之以恒的利益。在激烈的市场竞争中，品牌对于一个企业、一个城市，甚至对于一个国家而言，其作用是不言而喻的。有人甚至认为，品牌是一个国家的名片。就像我们一提到日本，就会想到松下、索尼、三菱；一讲起美国经济，就会提起摩托罗拉、通用汽车、通用电气、微软。而一个企业建立自己的品牌，创建自己的名牌，有时往往需要几代人持之以恒的努力，其中凝聚着企业多少人的血、智慧和汗水。

无论是创建一个品牌，还是维持和提升品牌的价值，在任何情况下和任何市场环境中，诚信无疑是最为重要的。如果不讲诚信，就像南京“冠生园”的“陈馅事件”那样，在激烈竞争的市场中，品牌可能很快就倒掉，企业就会最终败下阵来。

规章制度是企业发展的保障

“没有规矩不成方圆”，企业要想健康发展，就必须有一套成熟的、有效可行的制度来保证企业按照正确的轨道发展。如果规章制度成为企业的短板，企业的整个目标就难以统一，员工的行为难以步调一致，各项工作也难以有序地开展。

制度让企业更长久

从理论上讲，企业是可以永续的，正所谓“铁打的营盘流水的兵”。但事实上，大部分企业的寿命只不过维持在30年左右，百年企业凤毛麟角，十分稀少，这是为什么呢?

这与企业的管理有着很大的关系。很多企业的命运往往十分依赖于一个领导人。通常，该人能力非凡，个人魅力十足，他带领员工“冲锋陷阵”，把企业射向一个又一个辉煌，他成了企业的化身、企业的灵魂。可是，如果某一日，他由于某种原因离开了，那么赖以他生存的企业也会随之很快衰亡，这就是管理学中所谓的“坠机理论”。

这种类型的企业被称为领导型企业。与领导型企业对应的是制度型企业，即以制度为管理核心的企业。诸多的事实已经证明，一个组织的持续发展不能只依靠某个领导人的超凡卓识，而应更大程度上依赖于企业行之有效的规章制度体系。

正所谓“国有国法，家有家规”“没有规矩不成方圆”，企业需要有一套成熟的、有效可行的制度来保证企业按照正确的轨道发展。只有有了统一的切实可行的企业制度，企业的整个目标才会统一，员工的行为才会步调一致，各项工作也才能有序地开展。

不可否认，超凡卓识的领导人在领导企业发展壮大的过程中，无疑具有非常积极的作用。但是要清楚，个人能力和个人魅力是难以模仿和传承的。当这个人因某种原因离开之后，这个企业也就随之失去了灵魂，那么这个企业自然也就没有生命力了。

但是如果维持一个企业高速运转发展的核心是一套行之有效、不断更新的规章制度体系，那么即使某个超凡的企业领导者离开了，只要还保持企业管理的核心精神不变，那么接管其岗位的后来者也能够迅速遵循现有的制度展开工作，因此，企业依然会得到持续性发展。

众所周知，万科集团董事长王石酷爱爬山，他把很多时间都用在了爬山上。但是万科的发展并没有受到影响，因为万科有一套成熟的现代企业管理制度。正是因为靠制度不靠老板，万科的发展才没有因王石的离开而受到影响。对此，王石如是说："我只有三分之一的时间用在公司管理上，另有三分之一的时间用来登山，还有三分之一的时间用来参加各种讨论、了解政策动向。我发现我越和公司没有关系，公司就越做得好，说明我们是严格按照现代企业制度去行事的。"

《环球时报》曾刊登了专家刘田的一篇文章，题目是《制度第一，总裁第二》。在文章中，刘田将"忙、茫、盲、莽、亡"定为缺乏规范化管理制度企业总裁的必经之路。他说如果企业没有规范化管理制度，总裁就会忙来忙去，接下来就会迷茫，迷茫之后就会盲目，再下来就是鲁莽，鲁莽的后果只能是走向灭亡。

当一个企业不完全依靠领导，而依靠行之有效的制度后，企业就有了自己的生命力，独立于组织建立者和任何组织成员之外。这样的企业也就有了稳定性和可持续性，不会由于领导的更换而发生较大的变化。

一个企业领导者如果没有在企业内建立起一套适合企业发展的优秀制度，那么即使他的个人能力再出色，个人魅力再十足，他所扮演的也只是一个"孤独英雄"的角色。企业的兴旺仅仅是建立在他出色的个人能力和个人魅力之上，这样的企业必然不能持久。

但是，如果他在企业内建立起一套适合企业发展的优质制度，保证企业可以在任何一位普通领导者的领导下持续发展，那么他就不再是“孤独英雄”，这样的企业也不会短命，反而会持续发展下去。正如我国先人所说的“授人以鱼，不如授人以渔”，领导者要做的不仅仅是让企业在自己的手上更出色、更辉煌，还应建立起一套有利于企业长久发展的规章制度，保证企业不因自己的离开而“夭折”。

引入良性竞争机制

我国改革开放最伟大的成果之一就是引进和发展了市场经济，市场经济的显著特点之一就是竞争机制。竞争机制是市场经济活动中优胜劣汰的手段和方法。从发展的角度来看，竞争是好事，没有竞争，发展就会减缓、变慢，甚至会停滞、倒退。有竞争，才有活力，有活力，才有发展，一个国家如此，一个企业亦如此。

事实证明，当一个企业的工作达到较稳定的状态时，就缺乏活力和新鲜感，容易滋生惰性，员工的工作积极性和创造性会降低，这就是企业需要引入竞争机制的必要性。

本田汽车公司总裁本田宗一郎曾经为公司的一个问题大伤脑筋。原来他发现公司有很多员工工作积极性很低，经常东游西逛，人浮于事。如果采取开除的办法处理此事，由于涉及人员过多，全部开除的话会使工作大受影响，而且也会受到工会的阻挠。

最后，在副总裁宫泽的建议下，本田宗一郎引入了竞争机制。面对沉闷、不思进取的销售部门，本田从别的公司挖来一位销售部经理。

新销售部经理走马上任后，对本田公司销售部门陈旧落后的规章制度进行了改革，制定出一套具有竞争意味的新规章制度，其中包括开拓市场的详细计划和明确的奖惩措施。其后他又对销售部的组织结构进行了大刀阔斧的改革，使其符合市场要求。

新制度实行后，起到了极好的效果。以往那些混日子的员工感觉再也没有机会混下去了，人人自危，而那些一直想要好好工作的员工也终于有了发挥热情和才干的机会。因此，员工的工作热情被极大地调动起来，活力大为增强。销售业绩也开始直线上升，市场知名度不断提高。

本田宗一郎欣喜地发现了这一可喜的变化，从此他更加热衷于从外部聘请一些有能力的精干人员加盟到公司，借以提高公司的发展速度和调动公司工作氛围。

可见，领导者要激励下属充满工作激情，就要努力创造一个良性竞争的氛围，让下属们在竞争中努力奋斗拼搏，在拼搏中展开竞争。在这样的一种风气下，领导者就可以找到提升工作效率的好办法。

引进竞争机制后，为了能够在竞争中生存下来，不被淘汰出局，绝大多数员工会一改原先颓废的精神状态，振作精神，努力工作，积极处理问题。这样就给原来死气沉沉的工作状态注入了活力，形成一种人人争先进、人人求进步的良好态势，企业由此获得了生机和活力。

引入竞争机制时，需要看准时机，当企业成员长期稳定，工作热情降低，企业缺乏活力，需要激发组织或成员工作积极性的时候，才适合引入竞争机制。

企业引入竞争机制是非常有必要的，它关系到企业的生存活力，有利于增强企业市场竞争力。同时，对员工而言，它也有重要意义，可以促使员工自觉学习岗位知识，提高专业技能，最终增强个人综合能力。

个人能力的增强，反过来又会有利于企业的生存和发展，这样就盘活了企业原先僵死的工作状态，使企业充满生机和活力。

需要注意的是，这里所说的竞争指的是良性竞争，是会促进人际关系、有利于提高工作效率的竞争。而那些破坏人际关系、拖先进者后腿、污蔑他人、使成员之间相互戒备的竞争属于恶性竞争。领导者要想尽办法设立或引进良性竞争，杜绝恶性竞争，以建立和谐的人际关系，提高工作效率，促进企业和谐有序地发展。

充分激发下属潜力

从制度层面上讲，激励是企业绩效考核的重要组成部分，是反馈员工具体工作结果的重要方式。从管理角度上讲，企业发展也确实需要好的激励机制，这是不可否认的，因为人需要适时激励，不激励就会懈怠，就会停滞不前。

法国一位叫林格曼的农业工程师曾做了一个引人深思的“拉绳”实验，具体来说是这样的：他将接受实验的人群分成一人组、二人组、三人组和八人组。要求每组用全力拉绳。高灵敏度的测力器会准确显示出各组拉力的大小。

实验的结果出乎人们的意料。人们普遍认为，多人组拉绳的合力应该等于每个人拉绳的拉力之和，但事实却不是这样。

实验结果显示，二人组的拉力只是单独拉绳时二人拉力总和的95%；三人组的拉力只是单独拉绳时三人拉力总和的75%；八人组的拉力只是单独拉绳时八人拉力总和的49%。人数越多，拉力之和就越低于单独拉绳时的拉力总和，这说明了什么?

上述这种“1+1<2”的情况，不符合科学，却符合情理，因为有人在小组合作拉绳时偷懒，没有使出单独拉绳时的力气，而且人数越多，这种情况越明显。社会心理学家认为这是集体工作时存在的一种普遍现象，他们将其概括为“社会浪费”。

要避免这种“社会浪费”，让人的潜力尽可能地发挥出来，就需要给予相关人员以刺激，而最有效的刺激手段就是建立激励机制。

工业化时代，一个让工厂主非常头疼的问题是工人的消极怠工。为了消除这种现象，工厂主们制定了很多严厉的惩罚措施，甚至雇用工头全程监督工人们干活，但是情况依然没有多大的改变。因为工头人少，工人多，单靠工头的监督，注定是没有多大改变的。

后来，福特公司创造性地采用了效率工资，实行按劳分配的制度，多劳多得，少劳少得。这个举措一实行，就获得了很好的效果，工人怠工的现象迅速消失，每个人都想办法提高自己的工作效率。

这就是企业需要建立激励机制的主要原因。由此可见，激励机制是企业健康、快速、顺利发展的重要保障，不可或缺。

员工需要激励，已经毋庸再做讨论。作为领导者，如果能在工作中掌握并适时运用必要的激励手段，则会充分激发出下属的潜力，让下属努力并开心地工作，发挥出最大价值。

索尼公司内部有个不成文的规定，就是当部门内部的某员工有了新发明或新创意并受到公司的认可和表扬时，那个部门的员工都要对该员工进行热烈祝贺。

这种高度认可的措施，使得受奖者本人倍感自豪，同时也会对其他员工形成有效刺激，员工们会自觉更加努力工作，努力取得突破，以获得公司的认同和奖赏。

20世纪40年代，为了跻身电视机销量前三甲，摩托罗拉公司的创始人高尔文制定了一套非常具有实效的奖励机制，督促所有员工都朝着艰难目标前进，积极创新，努力降低成本，提高生产效率，同时加大宣传力度。结果不到一年的时间，在各部门高度配合下，摩托罗拉成功完成了高尔文下达的任务，销量排名从第七位上升到排名第三位。

激励可分为物质激励和精神激励。物质激励主要是工资和奖金激励。

（1）工资激励

对于工薪阶层来说，工资待遇是满足其生存发展的重要保障，具有非常重要的作用和意义。所以，领导者要建立一套科学合理的工资待遇制度来激励成员。事实证明，如果工资制度科学合理，就会客观激发员工的工作热情和提高工作效率。

工资激励要贯彻劳绩挂钩、奖勤罚懒的原则。让报酬与员工的贡献成正比，这样才会起到应有的激励作用，也会让人服气。总体来讲，大凡成功的企业，员工的报酬通常和其工作量、劳动效率以及同类劳动的报酬总额成正比关系。

（2）奖金激励

奖金是对员工额外劳动的报酬，能够有效激励员工的工作热情，提高工作效率。在进行奖金激励的时候，要注意不能搞平均主义，注意差别性，努力体现出“多劳多得，少劳少得，不劳不得”的现代分配原则。

精神激励就是对员工给予人性上的认同和赞美，认同他们的成绩，赞美他们的行为。下面这些精神激励手段和技巧具有实效性，可根据不同情况灵活采用。

（1）少一些批评，多一些鼓励

诸多的事实证明，在激发员工工作积极性、挖掘潜力方面，鼓励比一味地批评更具有实效性，如鼓励可以提高员工的自信心和上进心，让他们对生活和未来充满希望；鼓励还可以促进工作的顺利完成，并有利于保证工作质量，这一方面是批评所无法比拟的。

另外，鼓励员工还可以为公司营造出一种和谐的工作氛围，有利于公司文化的建立和推行。因此，在员工工作出现失误，或者处于十字路口的时候，要尽量多一些鼓励，少一些挖苦和批评。

（2）及时地给予真诚赞美

员工需要鼓励，更需要赞美。赞美是一种认可、肯定，对员工的积极性有着非常大的提升作用，因此，当员工做出成绩时，作为领导者要及时地给予真诚赞美。

畅销书作家鲍勃·纳尔逊在自己的一本畅销书上写道："对员工来说，在恰当的时间从恰当的人口中道出一声真诚的谢意，要比加薪、正式的奖励或众多的资格证书及勋章更重要。这样的奖赏之所以被看得如此之重，一定程度上是因为经理人在第一时间注意到相关员工取得了成就，并及时地亲自表示嘉奖。"

这种赞美不要拘泥于形式，无须过多考虑时间和地点问题，只要认为应该给予赞美，可随时随地适时予以称赞。

（3）予以荣誉称号

对工作成绩突出的员工，可给予荣誉称号，强调公司对其工作的高度认可，这会激起员工的荣誉感，激励员工更加努力工作。荣誉称号可采取多种形式，如可设立“销售冠军”“创意标兵”“金牌售后”“十佳员工”“功勋员工”等各种荣誉称号。人物选定后，可举行适当的颁发荣誉仪式，以奖励获此殊荣者，同时激励其他员工。

（4）给予单独指导

单独指导会让被指导者认为受到了重视，得到了关照。通常，他们会很兴奋，进而，学习和工作的积极性会高涨起来，并因此获得进步。

“我的导师是比尔·盖茨先生，在美国工作时，每个月我们都会花一个小时进行一对一的沟通，这对我的影响太大了，我从中学到了很多东西。”这是微软中国总裁张亚勤在回忆起自己的成长历程时所说的一段话。

适当的激励会让员工兴奋不已，会让员工产生“士为知己者死”的豪迈之情。一个聪明的领导者会巧妙利用这种方式激发下属深藏的潜力，使之发挥应有的效用。

让制度保持公平、公正

公平的制度是保持企业正常运转、形成良好组织氛围、提高工作效率的根本保证。一个企业要想有长远的发展，必须要有一套公平、公正的制度体系来做保证。

美国哲学家罗尔斯在《正义论》里把财富比作一锅粥，一群人来分这锅粥。在他罗列的五种分粥法中，前三种分法都无法做到让粥一样多，显然有失公平。第四种分法虽然基本做到了公平，但是由于异议颇多，分者和监督者争论来争论去，分到手的粥早凉了，也无法让人满意。

第五种分法是这样的：每人轮流值日分粥，但是分粥的人最后一个领粥。结果每次七个碗里的粥都是一样多，就像用科学仪器量过的一样精准。这个结果让众人无话可说。这说明了什么？说明把制度建立在对每一个人都信任的基础上，就可以制定出一套公平、合理的制度了。也就是说，要想让制定出的制度公平、合理，需要一视同仁。同时，这个比喻也说明了公平、合理的制度在资源分配中的重要作用。

公正、合理是制度的首要价值，只有公正、合理的制度才能得到大多数人的认同和遵守，也才能够持久。因为，制度公正、合理，可以保证组织成员机会均等，避免差别对待。对组织领导者来说，可以避免其徇私舞弊，真正做到制度面前人人平等。

另外，只有制度公正、合理，才能让组织成员有更好的执行力，才能调动起工作积极性和创造潜力，也才能让领导者从事无巨细、事必躬亲中解脱出来，从而将精力真正用在提升领导力上。

当然绝对的公平是不存在的，那只是一种理想状态，是一定标准下的相对公平。正因为如此，公平才有它真正的现实意义。为了做到公平，对普遍的、共性的东西，要采取统一的标准，这样才会让人最大限度接受。而对于特殊的、个别的东西，要在统一标准的基础上，采取个性化的制度安排。

制度的公平还体现在执行的结果上，如果执行不公正，即使制度制定得再公正、合理，也难以让员工接受。所以必须保证公平的制度得到公正地执行。如何做到公正地执行呢？简单来说，制度所做的规定要令行禁止，对认真执行的员工按规定给予肯定和奖赏，而对违反制度的员工按规定给予惩罚，赏罚分明，这样才会让人觉得公正。

对于领导者来说，要想保证制度公平、公正，就要身体力行，做好表率作用，要求下属做到的，自己首先要做到。

领导者要带头遵守组织制度，坚持按制度办事，用制度管人。一句话，领导者要始终将自己的言行置于制度范围之内，不去做违反制度的事。为了做到这一点，可以让员工监督自己的言行，严格做到以身作则，只有这样才能让下属信服，才能使其对制度保持敬畏之心。

要想保持制度公平、公正、合理、规范，要注意不断对其进行修改完善。制度本来就不是一成不变的，随着时间的推移、情况的发展变化，原有的制度可能已经不适应新情况、新变化了，需要对其进行修改完善，使其适应新情况、新变化。

对于这一点，领导者一定要足够重视，对于那些已经不适应当下情况的制度一定要及时进行修改完善，将不合适的条款删去或者进行修订，再补充进去适合当前情况的制度条款。

作为领导者，一个重要的职责就是建立一套适合本企业的公正、合理的制度，每个员工都可以按照这套制度进行良好的自我管理。

一般来说，公正、合理的企业制度需要兼顾以下几个要素：

（1）制度不仅仅要告诉员工遵守什么，违反了如何处罚，更应该明确告知员工做出了什么成绩，会受到什么奖励，以激发其工作积极性和潜力。

（2）制度中有关晋升、奖励、薪酬的规定要公开透明。

（3）制度要体现对企业内部权利设置的制衡，对争议应有裁决机制。

（4）制度中要明确对各级管理人员的授权，责权分明。

（5）制度中对违反权力的监督及处罚要具有切实可操作性。

（6）制度要具有操作性、可行性，力求简洁和全面，便于理解，便于执行。

（7）制度要不断进行修改完善，特别是遇到国家政策调整或市场大环境改变时，更要根据实际情况及时修订，以便使制度更适应新情况、新变化。

公正、合理、有针对性的规章制度可以让重复的流程简单化，有利于提高工作效率。同时，还可以激发起组织成员的工作热情，避免领导者以权谋私、徇私舞弊，有利于在组织内形成整体积极向前的效力，利于企业发展。

让制度保持透明

现代人都看过透明鱼缸以及里面优哉游哉游着的金鱼。透明鱼缸一般是玻璃材质的，透明度很高，可以一眼看清里面的情况。可能绝大多数人看过、欣赏过后，也就止于此了。但是，日本最佳电器株式会社社长北田光男却没有止步于此，他在发现可以透过透明的玻璃随时看到鱼缸里面的情况，在水质变坏时及时采取措施之后，进一步想到，如果将这种情形应用到企业管理方面，是不是有利于企业发展和团队建设呢?

在此基础上，经过深入思考之后，北田光男提出增强企业的透明度，并把增强透明度的重点放在各级经营管理者的经济收入上，要求企业各级领导者的经济收入和费用报销要如实地向企业利益相关者公开，接受他们的批评建议，并根据他们的意见，完善经营管理。改革的结果表明，北田光男的改进是有益的。

北田光男的建议和举措用一句话来概括，就是增强企业制度透明度，接受企业利益相关者监督，以促进企业发展。

制度透明化，也可以说是一种民主效应，让参与者都有知情权、参与权。这项举措如果善加利用，会产生好的效果。

史塔克是一位践行此管理模式的先行者，他有良好的道德品质，为业界所尊崇，曾被授予“企业信用奖”。他接掌春田重整公司的时候，该公司刚刚从国际丰收公司脱离出来。

当时春田重整公司战略定位模糊，经营理念缺失，情况十分糟糕。史塔克经过一番调查研究后认为，春田重整公司要想立足并长期发展下去，唯一的办法是增加员工的知情权，即让员工了解公司的实际情况。

于是，史塔克开诚布公，定期公布公司的账册和各项财务报表，让公司里的每一位员工都了解公司整体的经营状况。员工看不懂财务报表，他就亲自教，直至员工最终弄明白。

就是在这样的开诚布公下，员工逐渐清楚了公司目前的状况，也逐渐认可了公司的发展目标，以及明确了自己的价值定位，从而甘愿团结在领导的周围，为企业发展贡献力量，最终成功与企业共渡难关。

让制度透明，就要让员工充分了解公司的情况，这是核心举措。作为领导者，要让企业的规章制度和工作内容透明化，以便员工照章行事，规范自己的行为，进行良好的自我管理。同时，还可以让各项工作置于员工的有效监督之下，防止领导者徇私舞弊、滥用权力，从而强化领导者的自我约束。

更为重要的是，员工在监督领导者是否滥用职权的时候，自身的归属感和责任感会不自觉地得到增强，主人翁意识得到提升，爱岗敬业的精神得到升华，从而促使其更加主动地投入企业发展中来，多多贡献自己的力量。

要想让制度透明化更有成效，还要赋予员工一定的责任，以此来强化对员工责任的监督。这句话是什么意思呢？上面已经说过，制度透明化可以增强员工对企业和领导者的归属感。这种归属感最终要落实到推动工作的实践中去。

由于制度公开，极有可能会激发某些人的自私自利之心，由此给企业和个人带来一定的风险。赋予员工一定的责任，强化管理制度的执行，奖惩有力，会更加增强有责任心员工的归属感，使其更热心地为企业效力，同时，一定的惩戒也会让一些犯有错误的员工得到教训，从而可以间接降低和避免上述风险。

但是让制度透明化，绝非把制度公开那么简单，其中涉及很多，比如，公开哪些内容？什么时候公开？如何解读公开的内容，以防止产生歧义……作为领导者，要对公司的运营情况、公司当前所处的形势以及员工对公司的认可程度都要有一定的了解。只有对这些情况保持清醒的认识，才能对制度该不该透明、如何透明有比较准确的判断。

总之，让制度透明化是领导者的一项任重而道远的任务，不是一朝一夕就可以做好的。对领导者自身来讲，要持续不断地提升自身的综合素质和职业道德，加强对企业和员工的了解，以保证实行制度透明化的准确度。

在具体实行制度透明化过程中，始终遵循和执行“公平、公正、公开”的原则去开展各项工作，努力让这项措施凝聚人心，激发工作热情和创造潜力，防止滥用职权和徇私舞弊行为的发生，使企业上下形成一股合力，促使企业得到持续、良性的发展。

把握好制度和温情的尺度

有这样一则小故事，意味深长，耐人寻味。

一个猎人和一条猎狗组成了最初的团队，猎人是领导者，猎狗是他的下属。猎狗的任务是抓兔子。刚开始，勇猛的猎狗抓不到一只兔子。猎人很奇怪，仔细寻找其中的原因，发现了其中的端倪：猎狗奔跑的目标只是一顿饭，而兔子奔跑的目标是逃生，这种情况下，猎狗追不上兔子。猎人引入竞争机制，又买来几条猎狗，并规定谁抓到的兔子多，谁得到的奖励也多。

猎狗们开始能抓到兔子了，可是抓到的都是一些小兔子，因为小兔子跑得慢。猎人又想出办法，规定谁抓到的兔子越多越大，谁就能得到更多的奖励。规定很有效，一段时间内，猎狗们抓到的兔子多且大。

时间长了，又出现了问题。猎狗们集体不抓兔子了。猎人很奇怪，就问猎狗原因。猎狗问猎人："我们最强壮的时候为您效力，但是当我们年老跑不动抓不到兔子的时候，您还会给我们骨头吃吗？"

猎人有所感触，于是又做了新的规定。新规定是如果猎狗抓到规定数量的兔子，即使再抓不到兔子也有骨头吃。猎狗们一下子兴奋起来，又开始拼命抓兔子。

过了一段时间，新的问题又一次出现了。原来一条猎狗认为，自己付出的远远比自己得到的多，为什么不能给自己抓兔子呢？于是它离开猎人，开始给自己抓兔子。另有几条猎狗也效仿它，离开猎人给自己打工。

猎人又进行改革，规定除了可以得到骨头外，还可以得到一部分兔肉，而且比例可以随着贡献量的增加而提高，同时，能力强的猎狗还可以提升管理职务。

新政颁布不久后，出走的猎狗纷纷又回到猎人身边。

这个故事说明了这样一个事理：一个组织不能没有制度的制约，但是又不能完全靠制度的制约。制度之外，要考虑情感需要。

故事里，如果猎狗抓不到兔子，猎人也供给饭吃，任其下去，滋生了猎狗的惰性。猎人引入竞争和奖励机制，情况有所改观。但是由于激励机制不够，猎狗的积极性没有被完全激发出来，所以进步不明显。进一步加强激励刺激后，情况有了重大改善。

事情到此就圆满了吗？显然不是，猎狗担心自己的将来而罢工，猎人有感触，于是设立养老保障制度，让猎狗放心工作。

事情到此似乎圆满了，其实并没有。猎狗在生活有了保障后，需求层次升级，这种情况下，猎人又设立新规，以满足猎狗不同层次的需求，为其发展扫清障碍，至此，事情才得到了圆满解决。

作为领导者，在实际工作中，既要严格按章办事，保证组织利益的获取，又要兼顾组织成员的利益和情感需要，努力将两者协调统一起来。

竞争机制是为了防止滋生惰性，激励机制是为了激发员工的工作积极性和创造力，以提高工作效率。而设立养老保障制度，是为员工解决后顾之忧，让员工踏实工作。晋升奖励机制的完善，满足了员工不同层次的需求，为组织和个人的发展扫清障碍。

领导者要把握好制度与温情的尺度，不能只考虑组织的利益，对组织成员冷漠无情，同时也不能只讲个人利益和情感，不讲组织原则，损害组织利益，要努力将两者统一起来。只讲制度不讲人情，无疑会抹杀人的情感需求，长期下去，必然会伤了员工的心，对企业和领导者失去感情，从而动摇企业生存的根本。

亚细亚集团曾对员工实行军事化管理，全体员工都要接受军事培训，统一春夏秋冬服装，并按等级在肩章上佩戴星阶标志，全商场职工按连排班进行编组。

严格秉持“上帝是永远正确的”经营理念，要求员工不分情况微笑服务，坚决做到打不还手、骂不还口。这种只尊重客户不尊重员工，不惜以牺牲员工人格和尊严的方法讨好客户的管理，最终让员工感到屈辱，从而与企业和企业领导离心离德。

因此，在管理企业和领导员工上，领导者要掌握好“尺度”，不是越严越好，也不是越温情越好，要努力做好平衡。正如“梅考克法则”所揭示的管理的核心：管理是一种严肃的爱，是不断实现组织目标并满足组织成员需求的过程。

第二章 个人发展中的木桶效应

一个水桶能装多少水取决于它最短的那块木板。如果把一个人的成长发展比作一个木桶，那么梦想、勤奋、诚实、谦虚、交际能力等就是围成这个木桶的木板，要想拥有成功的人生，在这些方面就不能出现短板。

人的最大美德莫过于诚实

教育家陶行知曾经说过："人的最大美德莫过于诚实。"的确，诚信是中华民族的传统美德，是我们的做人之本。一个诚实有信的人，能够获得大家的尊重和友谊，能够拥有最美的人生。所以，如果把人成长发展的过程比作一个木桶，那么诚实这块板绝不能短。

人的最大美德莫过于诚实

教育家陶行知曾经说过：“人的最大美德莫过于诚实。”的确，诚信是中华民族的传统美德，是我们的做人之本。一个诚实有信的人，能够获得大家的尊重和友谊。没有诚信的人生活在世上，如同一颗飘浮在空中的尘埃。只有以诚信来为人处世，才能在社会上立足，才能在事业上有所发展，才有光明的前途。诚信已成了这个社会必不可少的品德，诚信能完善我们的个人品质。做人要有诚信，拥有诚信的人不管在事业方面，还是在生活方面都容易取得成功。诚信是一个人最为重要的品质。

有一家公司准备招聘4名高级管理人员，有一名青年一路过关斩将，闯进了复试。

复试由总经理亲自主持。当那名青年走进小客厅时，总经理打量了一下这名青年，然后从沙发上站了起来。他先是迟疑：“是你？你是……”接着，这位总经理猛地伸出手，紧紧握着那青年的手，兴奋地说，“原来是你！我找你找了很长时间了！”接着他激动地转过身对在座的几位面试官说，“各位，我向你们介绍一下，这就是救我女儿的那位年轻人！”青年的心狂跳起来。还没容得他说话，总经理就把他拉到身旁的沙发上坐了下来，又一个劲地说：“我划船的技术太差了，把女儿掉进了昆明湖中，要不是你这个年轻人就麻烦了。真抱歉，当时我只顾着女儿，没来得及向你道谢。”青年感到很突然，他竭力抑制住自己，抿了抿发干的嘴唇说：“不好意思，我以前从未见过您，更没救过您的女儿。”总经理依然一个劲地说：“你忘记了？4月2日，颐和园……肯定是你！我可没忘记你这张脸。”总经理一脸的得意。青年很沉着，站起来说：“不，我想您肯定是弄错了，我没有救过您女儿。”青年说得很坚决，总经理一时愣住了，忽然，他又笑了：“年轻人，我很欣赏你的诚实，我决定，你通过复试了！”

那位青年幸运地成了这家公司的一名职员。由于关心，有一次他问经理的助手：“救经理女儿的年轻人找到没有？”助手一时没反应过来，可很快就大笑起来：“他女儿？有7名复试者就因为他女儿被淘汰了。其实，总经理根本就没有女儿。”

也许这7名复试者能力不比那位青年差，但是，他们因为诚信成为自己的短板，所以，失去了这次成功的机会。因为根本不存在的总经理的女儿被淘汰，看起来可悲，但仔细考虑又是必然，谁愿意聘用一个不诚实的人呢。

在这个纷繁复杂的社会中，能够不被世俗浸染，依然保持着诚实的秉性，这是人的内在的本质，实在难能可贵。有些人为了达到目的，不惜挖空心思，编织各种谎言作为走向成功的一个重要的部分，但是最终难以成功。

美国现代小说的先驱西奥多·德莱塞说过：“真实是人生的命脉，是一切价值的根基，又是商业成功的秘诀，谁能信守不渝，就可以成功。”首先，一个人做到诚信，才能赢得他人的信任。很多人不注意在小事上守信用，比如借东西不还，与人约会却迟到甚至失约，答应替人办某事却迟迟不见动静……这样的小事多了，别人怎么看你且不说，你自己就会养成不守信用的习惯，以后遇到大事也会失信于人，给自己事业的发展埋下隐患。其次，不要轻易许诺。真做不到，就真诚地说“不”，这才是诚信的态度，什么事都拍胸脯，或碍于情面而答应别人，不但给自己增加不必要的负担，而且办不到的结果还会使自己失信于人。当然，这不是说我们不要帮助别人，而是说在作出承诺之前要量力而行。再次，一旦许下诺言，就要尽自己最大的努力去实现诺言。只要是自己承诺的事情，只要有可能、有希望、有机会，哪怕得付出巨大的代价，也要努力去兑现它，去维护自己的诚信，因为，诚信本身是什么代价都比不了的。最后，注意自我修养。与人交往必须诚实无欺——这是获得他人信任的最重要条件。要善于自我克制，做事必须诚恳认真，建立起良好的信誉；应该随时设法纠正自己的缺点；行动要踏实可靠，做到言出必行。

背信弃义将众叛亲离

晋献公二十六年（公元前651年）9月，晋献公去世。晋国大夫里克和邳郑想接回重耳，借申生、重耳、夷吾的党徒作乱，对荀息说：“三个仇家将要行动起来，外有秦国，内有晋国百姓帮助他们。您将怎么办？”晋献公临死前曾遗命荀息拥立奚齐为君，于是荀息说：“我不能辜负先君的遗言。”

10月，里克在守丧的地方杀死奚齐，当时晋献公还未安葬。荀息准备以死相报，有人说不如立奚齐的弟弟悼子并辅佐他，荀息便立悼子为君，安葬了晋献公。

11月，里克又在朝中杀了悼子，荀息也以身相殉。里克等人已经杀了奚齐和悼子，就派人到翟国迎接重耳，想拥立他为君。重耳辞谢说：“违抗父命而出奔，父死又不能按儿子的礼仪侍候丧事，我怎敢回国！还是请大夫改立别的公子。”使者回报里克，里克又派人到梁国迎接夷吾。夷吾想回去，吕省、郤芮说：“国内还有可立的公子却到国外来找您，难以让人信任。不如我们去秦国，借助强国的威力返回晋国，这样就不会有危险了。”于是夷吾就派郤芮送重礼贿赂秦穆公，并许诺说：“如果得以回国，愿将晋国河西地区割让给秦国。”同时又送信给里克说：“果真能立我为君，我愿将汾阳的城邑封给您。”秦穆公于是派兵送夷吾回晋国。齐桓公听说晋国内乱，也率领诸侯来到晋国。秦军和夷吾也到了晋国，齐桓公于是派隰朋会合秦国人一同送夷吾到晋都，立夷吾为国君，这就是晋惠公。

晋惠公元年（公元前650年），晋惠公背弃诺言，派邳郑向秦穆公道歉说：“当初我把河西许诺给您，今有幸回国继位。大臣们说：‘土地是先君的土地，您逃亡在外，凭什么擅自将土地许给秦国？’我与他们力争也没有用，所以只好向您道歉。”于是没有割地给秦国。而且晋惠公也不把汾阳城邑封给里克，反而夺了他的权力。

晋惠公元年（公元前650年）4月，周襄王派周公忌父与齐国和秦国大夫一起拜访晋惠公。晋惠公因重耳还在国外，怕里克发动政变，便赐里克死。他对里克说：“没有你我不能继位。虽然如此，你也杀害了两位国君一个大夫，做你的君主不也太难了吗？”里克回答说：“不废除旧君，您哪有机会被立为国君？你想杀我，还找不到借口吗？却说这种话，我听从命令就是了。”于是里克自杀了。当时邳郑因去秦国道歉还没回来，所以免于此难。

邳郑听说里克被杀，就对秦穆公说：“吕省、郤称、郤芮最不服秦国。若用重礼贿赂并与他们合谋，即可驱逐晋惠公，迎立重耳，事情必能成功。”秦穆公答应了，就派人与邳郑一同回晋国，送厚礼收买吕省、郤称和郤芮三人。吕省、郤称、郤芮三人商量说：“送礼重，说话还这么甜，这一定是邳郑把我们出卖给秦国了。”于是，三人诛杀了邳郑，并诛杀邳郑和里克的余党七舆大夫。邳郑的儿子邳豹逃往秦国，建议攻打晋国，秦穆公没有听从。

晋惠公因违背给秦国土地和给里克城邑的诺言，又诛杀了七舆大夫，国人对他都很不满。

晋惠公四年（公元前647年），晋国发生饥荒，晋惠公向秦国请求购买粮食。秦穆公询问大夫百里奚，百里奚说：“天灾流行，各国都可能发生，救助灾荒，敦睦邻国，是国家应尽的道义。应该答应晋国。”邳郑的儿子邳豹却请求秦穆公趁机攻打晋国。秦穆公说：“晋惠公虽然可恶，但晋国百姓是无罪的。”于是秦穆公派了大量的船只运载粮食，从秦国都城雍城（今陕西凤翔南）至晋国都城绛城运粮的船只络绎不绝，史称“泛舟之役”。

晋惠公五年（公元前646年），秦国发生饥荒，向晋国请求购买粮食。晋惠公与群臣商量，大夫庆郑说：“靠秦国的力量登上君位，过后便背弃割地的诺言。晋国饥荒时秦国还借粮食给我们，现在秦国饥荒请求买晋国的粮食，给他们就是，有什么可顾虑的？还要商量！”晋惠公的舅舅虢射说：“往年上天把晋国赐给秦国，秦国不知道夺取还借粮食给我们。今天上天把秦国赐给晋国，晋国岂能违逆天意？趁机攻打他们。”晋惠公听取虢射的计谋，不给秦国粮食，反而发兵去攻打秦国。秦穆公大怒，也发兵讨伐晋国。

晋惠公六年（公元前645年）春天，秦国度过灾荒，秦穆公率军大举进攻晋国。晋惠公对庆郑说：“秦军已经深入我国境内，该怎么办呢？”庆郑说：“秦国曾护送君王回国即位，君王却违背割地的诺言；晋国饥荒时秦国援助粮食，秦国饥荒时晋国却背弃恩义，反而想趁它饥荒进攻它，秦军攻入国境不也应该吗？”晋惠公要亲自帅兵迎战，占卜的人说让庆郑给他驾车和护卫才吉利。晋惠公说：“庆郑对我不恭顺，不用他。”于是改由步阳为他驾御战车，让一个名叫徒的家仆担任车右护卫，进兵抵御秦军。

晋惠公六年（公元前645年）闰9月13日，晋惠公与秦穆公在韩原交战。晋惠公所乘坐战车的马陷于泥淖走不动，秦军追了上来，晋惠公万分着急，便叫庆郑来驾车。庆郑说："不听占卜，打败仗不是活该吗！"说完便掉头离去。晋惠公又命梁由靡驾车，虢射担任车右护卫，迎击秦穆公。秦穆公手下勇士奋力冲击，很快就打败了晋军，抓获了晋惠公。

晋惠公的政治活动，主要是围绕着国君的宝座，为取得和维护权力不顾一切。为了谋求回国即位，他甘愿割让国土，更不用说封官许愿了。登上宝座之后，就自食其言，一概反悔，遂造成背信弃义的狼藉声名。而在秦国遭灾时，又以怨报德，企图依靠自然灾害打击秦国，再一次在道义上失败。韩原之战兵败被擒，只不过是前两次失败的自然延续而已。晋惠公在位期间，晋国在大国争霸中无所作为，因为诚信成了晋惠公的短板，进而使晋国处于"失道寡助"的地位，又怎么能与其他大国抗衡呢。可见，小到个人，大到国家，都不能失去诚信。

大丈夫当一诺千金

有一个孩子，因为家庭贫困，很小就被家人送到戏班。那时，演戏是下九流的行当，只有走投无路的穷苦人家才有此举。按照旧时梨园行的规矩，父亲同戏班签了生死状，在约定期限内，他的生杀大权都在师傅手中。戏班里的管教异常严厉，本该在父母膝下承欢的年纪，他却在师傅的鞭子与辱骂下练功，吃尽了苦头。时间不长，他就偷偷跑回了家，父亲勃然大怒，坚决叫他回去："做人应当信守承诺，已经签了合同，就不能半途而废。咱人虽穷，志不能短！"他只好重新回到戏班，刻苦练功，这一练就是十几年。

终于学有所成，戏曲行业却一落千丈，他空有一身本事，却毫无用武之地。当时香港电影业正在迅速发展，但是男影星都是貌比潘安，威武雄壮。个子不高、大鼻子小眼睛的他，怎么在电影界混呢？经人介绍，他进了香港邵氏片场，做了一个“臭武行”，跑龙套。他扮演的第一个角色居然是一具“死尸”。苦点累点不算什么，更要命的是，跑龙套的没有尊严，时常遭人百般刁难，冷嘲热讽。在那样的环境里，他没有怨天尤人，依然刻苦勤奋。由于学得一身好功夫，为人厚道，几年下来，他逐渐担当主角，小有名气，每月能拿到3000元薪水。

有一天，行业内的何先生约他出去，请他出演一个新剧本的男主角，“除了应得的报酬，由此产生的10万元违约金，我们也替你支付。”何先生说完强行塞给他一张支票，匆匆离去。他仔细一看，支票上竟然签着100万，好大一笔巨款！他从小受尽苦难，尝遍艰辛，不就是盼望能有今天吗？可转念一想，如果自己毁约，手头正拍到一半的电影就要流产，公司必将遭受重大损失。于情于理，他都不忍弃之而去。

一宿难眠，次日清晨，他找到何先生，送还了支票。何先生很是意外，他则淡淡地说：“我也非常爱钱，但是不能因为100万就失信于人，大丈夫当一诺千金。”何先生非常欣赏这位年轻人，他的事情也很快传开了。公司得知后非常感动，主动买下了何先生的新剧本，交给他自导自演。就这样，他凭借电影《笑拳怪招》，创造了当年票房的最好纪录，大获成功。那年他才25岁，全香港都认识了他——成龙。

在一次电视访谈中，成龙回忆起这些往事，感慨万千，深情地说道："坦率地讲，我现在得到了很多东西。但是，如果当初我背信弃义，从戏班逃走，或者为了得到那100万元一走了之，我的人生肯定要改写。我只想以亲身经历告诉现在的年轻人，金钱能买到的东西总有不值钱的时候，做人就应当诚实守信，一诺千金。"

可见，如果诚信成为成龙的短板，那么他绝不会有辉煌的成就。一诺千金看来只是一种作风、一种实在、一种牢靠，可它的内涵却涉及对世界是否郑重。诚挚、严谨的人做人做事自然磊落、落地生根，一言既出，驷马难追。

无论何时何地，一言既出，驷马难追，不辜负别人的信任，不辜负自己的诺言，给自己一个心安理得的交代，这也是平凡岁月中一种值得追求的境界。

信守自己的诺言

济阳有个商人过河时船沉了，他抓住一根大麻杆大声呼救。有个渔夫闻声而致。商人急忙喊："我是济阳最大的富翁，你若能救我，我给你100两金子。"待被救上岸后，商人却翻脸不认账了。他只给了渔夫10两金子。渔夫责怪他不守信，出尔反尔。富翁说："你一个打鱼的，一生都挣不了几个钱，突然得10两金子还不满足吗？"渔夫只得怏怏而去。不料想后来那富翁又一次在原地翻船了。有人欲救，那个曾被他骗过的渔夫说："他就是那个说话不算数的人！"于是商人淹死了。商人两次翻船而遇同一渔夫是偶然的，但商人的不得好报却是在意料之中的。因为一个人若不守信，便会失去别人对他的信任。所以，一旦他处于困境，便没有人再愿意出手相救。失信于人者，一旦遭难，只有坐以待毙。

公元前4世纪，在意大利，有一个名叫皮斯阿司的年轻人触犯了国王，被判绞刑，在某个法定的日子中将被处死。皮斯阿司是个孝子，在临死之前，他希望能与远在百里之外的母亲见最后一面，以表达他对母亲的歉意，因为他不能为母亲养老送终了。他的这一要求被告知国王。国王被他的孝心所感动，允许他回家，但是他必须为自己找个替身，暂时替他坐牢。这是一个看似简单其实近乎不可能实现的条件。有谁肯冒着被杀头的危险替别人坐牢，这岂不是自寻死路。但茫茫人海，就有人不怕死，而且真的愿意替别人坐牢，他就是皮斯阿司的朋友达蒙。

达蒙住进牢房以后，皮斯阿司回家与母亲诀别。人们都静静地观望着事态的发展。日子一天天过去了，皮斯阿司还没有回来，刑期眼看就快到了。人们一时间议论纷纷，都说达蒙上了皮斯阿司的当。行刑日是个雨天，当达蒙被押赴刑场之时，围观的人都在笑他的愚蠢，幸灾乐祸者大有人在，刑车上的达蒙面无惧色，慷慨赴死。

追魂炮被点燃了，绞索也已经挂在达蒙的脖子上。胆小的人吓得紧闭双眼。他们在内心深处为达蒙深深地惋惜，并痛恨那个出卖朋友的小人皮斯阿司。就在这千钧一发之际，在淋漓的风雨中，皮斯阿司飞奔而来，他高喊着："我回来了！我回来了！"

这一幕太感人了，许多人都以为自己是在梦中。这个消息宛如长了翅膀，很快便传到了国王耳中。国王闻听此言，也以为这是谎言，便亲自赶到刑场，他要亲眼看一看自己优秀的子民。最终，国王万分喜悦地为皮斯阿司松了绑，并亲口赦免了他的刑罚。

人需要信守诺言，诺言是我们的梦想与动力，将给我们带来无尽的勇气和巨大的力量，也会为我们带来成功的喜悦和愉悦的人脉。

虚心是成功的必要前提

谦谦君子，虚怀若谷，是一种了不起的修养，是一种美德，是进取和成功的必要前提。要想有一番作为，就不能让虚心成为自己的短板。

良药苦口，忠言逆耳

隋炀帝杨广是隋朝第二位皇帝，也是在历史上骂声最多的皇帝之一。其实，隋炀帝杨广在位期间是很有作为的。

隋炀帝始建进士科，典定科举制度，这是中国历史上影响极其重大、极其深远的大事。隋炀帝对于保存中国古代的典籍也做出了重要贡献。他在江南任扬州总管时，就网罗学者来整理典籍，到他即帝位的近20年间，共成书130部，17000多卷。杨广还组织人编写了《长洲玉镜》400卷，和《区宇图志》1200卷，杨广不仅兴办学校，还访求遗散的图书，并加以保护。《封氏闻见记》记载："炀帝限写五十副本，分为三品，于东都观文殿东西廊屋，列以贮之。"隋时的藏书量是中国历代最多的，大兴城和洛阳建有大藏书殿，而最终的成果则是规模宏大的秘书省，在洛阳藏有珍本，藏书总数达37万余卷，77000多类的图书。为了让两京的宫、省、官府使用，杨广下令建造藏有节录本的观文殿。可惜的是，后来大部分图书毁于战火。杨广在对外交往上，主张众国臣服的朝贡体制。各藩属国奉隋朝为宗主国，定期朝贡，各国和平相处。如果有国家不愿意臣服，必要时隋朝会采取战争的手段威服之。如果有国家侵犯另一国家，隋朝为了维护朝贡体制会帮助弱国击败强国。如果各国臣服隋朝，隋朝也给予优惠回馈。在这样的外交理念下，当时也出现了万邦来朝的恢宏局面。开凿运河一直被后世斥骂，其实，开凿运河加强了南北沟通，连接了长江黄河，自此之后基本杜绝了华夏南北分裂的格局。更进一步促进了沿线城市如扬州、杭州等地的发展，可谓利在千秋。

但是，不能虚心纳谏是隋炀帝的短板，他曾对大臣宣称："我天性不喜欢听相反的意见，所谓敢言直谏的人，都自说其忠诚，但我最不能忍耐。你们如果想升官晋爵，一定要听话。"因此，他的身边都是那些想升官而听话的人。

隋炀帝骄奢淫逸，到处游玩，那些听话的佞臣也跟着天天醉生梦死，大力搜刮人民的血汗。隋炀帝大兴土木，建新宫，凿运河，动辄征民夫几十万至几百万，那些听话的佞臣逼着老百姓照办；隋炀帝三次劳师远征高丽，那些听话的佞臣为之摇旗呐喊。而人民因劳役、兵役已弄得穷苦不堪，铤而走险，国势日危，他还自欺欺人以显示他威武不可侵犯。而那些听话的佞臣还不敢说个“不”字。正是这些人顺着他的意，让他任意胡作非为，最终导致众叛亲离，使短命的隋朝迅速走向灭亡。

与隋炀帝杨广恰恰相反，唐太宗李世民即位以后，就很懂得“忠言逆耳”的道理，所以即使有大臣进谏时冲撞了他，他也不会因此而治大臣的罪，这在魏征的身上表现得最为明显。

有一年，唐太宗为了扩大兵源，不仅要将十八岁以上的男子全部点为府兵（隶属各地军府，平时务农，闲时操练，轮流到京师守卫或防守边疆），还要将十六岁男子中体形壮大者，也一并点为府兵。魏征屡谏以为不可，甚至拒绝签署命令，一连顶回去三四次。

唐太宗对魏征的这种做法很生气，把魏征召去指责说：“那些人都是故意隐瞒年龄逃避兵役的，你为什么这样固执，认为不行呢？”

魏征回答说：“竭泽取鱼，可以得到鱼，但明年泽中就无鱼可得了。焚林猎兽，可以捉到兽，但明年就无兽可捉了。何况兵不在多，而是在于带兵得道；只要兵精，又训练有方，指挥有术，就可以无敌于天下，何必要那不够年龄的来增加虚数呢。”接着他又进一步申述，“陛下不是常说要以诚信治天下，使官吏和百姓都不欺诈吗？可是陛下即位以后还不久，就已经做了失信于民的事好几次了！”

唐太宗听魏征说他已经做了好几次失信于民的事，不觉吃了一惊，忙问道：“我有什么失信于民的事？”

魏征指出说：“陛下刚即位的时候，曾经下诏，凡拖欠的国家赋税，一律豁免。但是主管的官吏却认为秦王府的财物不属于国家，对欠秦王府的赋税，仍然催征。陛下以秦王升为天子，秦王府的财物，怎么能说不是国家的呢？还有，陛下曾经说过，关中（指今陕西一带），免二年租调，关外（指潼关以东地区）的徭役，免除一年。话刚刚说完，却又下令说，已经完纳者，就从明年再算。免除之后，又复征收，百姓已经不满。再说，陛下治理天下，很多事都依靠地方官吏，唯独在征兵问题上，怀疑他们有蒙骗欺诈行为，能说是以诚信为治吗！”

唐太宗听了魏征这番论据充足的话，知道了自己的错误。不但没有生气，反而很高兴地说：“我先前还认为是你太顽固，不通达政事，现在听了你的话，觉得很精要。的确，政令不讲信用，百姓就不知所从，国家怎能治理得好呢？我的错误实在不小啊！”

后来，唐太宗接受魏征等人的意见，吸取隋朝灭亡的教训，采取与民休养生息的政策，施行了一系列有利于恢复和发展生产的措施，使得人民生活比较安定，连年收成较好。

由于魏征进谏时，措辞有时很激烈，以致触犯唐太宗的尊严。有一次，唐太宗罢朝后，怒犹未消，恨恨地说："迟早我非杀掉这个乡巴佬不可！"长孙皇后问他要杀谁，唐太宗说："就是魏征这个乡巴佬。他总是在朝廷上当众批评我，弄得我下不了台，使我太难堪了。"皇后听了，马上退出，穿上朝服（上朝时穿的礼服），然后又进来，恭恭敬敬地向唐太宗道贺。唐太宗惊讶地问道："有什么值得道贺的事啊？"皇后说："我听说君明臣直。魏征所以那样直率，那是由于陛下圣明啊，我怎能不祝贺呢！"唐太宗才转怒为喜，此后，对魏征更加敬重了。

创业难，守成更难。唐太宗之所为能开创"贞观之治"的盛世局面，与其虚心纳谏是分不开的。如果不能虚心纳谏，即使他能征惯战、治国有方，但"一个好汉三个帮"，一个人的智慧毕竟有限，如果虚心纳谏成为他的短板，他身边就不会出现魏征、房玄龄、杜如晦等一班名臣，那么何谈开创一代盛世呢？赞扬的话每个人都喜欢听，但表面好听的话却未必有价值，而有价值的话往往表面上不好听，是要表面好听而没有什么价值的话，还是要表面上不好听但是却有价值的话？显然，后者才是人们真正需要的。只有能够听取逆耳忠言，才能反省自己言行上的缺点，进而修正自己的言行，使自己不断进步。

不听忠言，取败之道

秦朝末年，天下大乱，群雄纷起，逐鹿中原，其中最主要的有两雄，即项羽和刘邦。本来，项羽从哪个方面较之刘邦，都处于绝对优势，结果竟是刘邦战胜了项羽，胜利还乡，高唱《大风歌》，而项羽则兵败乌江，被围垓下，至死不知自己为什么死，还高唱“力拔山兮气盖世”，更借口“此天亡我也，非战之罪也”来推脱责任。那么，本来是项羽强大，刘邦弱小，为什么最后却是刘胜项败呢？古往今来，史学家、小说家对此评价颇多，却大都是隔靴搔痒，没有说到点子上。究竟项强刘弱转化为刘胜项败最主要的原因是什么？很简单，刘邦有自知之明，善于听取别人的意见，而项羽则既无自知之明，又听不进别人的忠言。

刘邦胜利之后，有一天问左右臣子："你们直说，我为什么能打败项羽？"这些臣子只是说些拍马奉承的话，刘邦听后摇头说，"我所以能打败项羽，主要靠三位人才。"接着他又说，"出谋划策，研究正确作战方针，保证打胜仗，我不如张良；制定典章法令，管理政务，筹集军费粮草，我不如萧何；身临第一线带兵打仗，做到战必胜，攻必克，我不如韩信。这三个人皆为人中豪杰，都能为我所用，这是我战胜项羽的主要原因，而项羽只有一个范增而不能用，所以他注定要灭亡。"

项羽失败的原因很多，但其中一个重要原因，就是刘邦所说的"有一范增而不能用"。范增是项羽手下最重要的谋士，被项羽尊称为"亚父"，但范增的好建议，很多都不能被项羽采纳。不虚心听取听忠言，是项羽失败的一个重要因素。

汉元年（公元前206年）10月，刘邦进至灞上，秦王子婴投降，秦朝灭亡。依据反秦义军"盟主"楚怀王与天下"先入定关中者王之"的约定，刘邦理应称关中之王，又闻项羽欲立章邯于关中，号雍王，于是派兵驻守函谷关，以防诸侯入关。同时，宣布废除秦朝苛政，与关中父老"约法三章"："杀人者死，伤人及盗抵罪。"

项羽自认为功劳最大，然而胜利在即之际，却被刘邦抢先进入关中，夺取了胜利果实，自然怒气冲天，于是率诸侯军40余万入关。12月，项羽命英布攻破函谷关，进驻新丰鸿门，意图消灭刘邦。刘邦军队不足10万，自料力不能敌，于是帅军回到灞上，并竭力拉拢项羽的叔父项伯请为调解，后亲赴鸿门谢罪，示以诚意，并表示归顺，范增极力劝项羽借机除掉刘邦，但项羽决心动摇，放走了刘邦。

几天后，项羽带兵进入咸阳，杀了投降的秦王子婴，放火烧了宫殿，大火烧了三个月都没熄灭。项羽还收拾秦朝的许多金银财物和秦王的妃嫔，准备回楚国去。当时一个姓韩的谋士劝项羽说："大王不能离开这里，关中这地方，有山河为屏障，四方都有要塞，土地肥沃，可以在这里建都，成就霸业。"项羽却说："富贵后不回故乡，正如穿着锦绣衣服在夜里行走，谁会知道你成功了呢！"

姓韩的谋士很失望，就私下说："人家都说'楚国人是戴着帽子的猕猴'罢了，以前我还不信，现在看来果然是这样啊。"项羽听说这些话，就把好心劝说自己的韩生烹杀了。放弃了建都关中形胜之地的最好抉择。

汉二年（公元前205年）12月，韩信与张耳留下在赵国继续作战，刘邦返回荥阳。

刘邦据守荥阳，开始修筑甬道，由敖仓运输粮食来荥阳。与项羽对峙，双方进入相持状态。

项羽率军几次攻夺甬道，汉军粮食短缺，于是刘邦向项羽要求和议，荥阳以西归汉。项羽打算接受，范增认为优势在握，如果放虎归山，以后必成大患。所以项羽率军加紧围攻荥阳城。

刘邦看项羽不同意求和，十分忧虑。这时，陈平献计，让刘邦从仓库中拨出四万斤黄金，买通楚军的一些将领，让这些人散布谣言说："在项王的部下里，范亚父和钟离眜的功劳最大，但不能裂土称王，他们已经和汉王约定好了，共同消灭项羽，分占项羽的国土。"这些话传到项羽的耳朵里，使他起了疑心，果然对钟离眜产生了怀疑，以后有重大的事情也就不再跟钟离眜商量了。他甚至怀疑范增私通汉王，所以对范增也很不客气。

为了彻底孤立项羽，陈平还要把范增除掉，为此不惜设计嫁祸于范增。有一天，项羽派使者到刘邦营中，陈平让侍者准备好十分精致的餐具，端进使者房间。使者刚一进屋，就被请到上座，陈平再三问起范增的起居近况，大赞范增，并附耳低声问："亚父范增有什么吩咐？"使者不解地问："我们是项王派来的，不是亚父派来的。"陈平一听，故作吃惊地说："我们以为是亚父派来的人呢！"便叫几名小卒撤去上等酒席，随后把使者领至另一间简陋客房，改用粗茶淡饭招待，陈平则满脸不高兴，拂袖而去。使者没想到会受此羞辱，大为气愤。

回到楚营后，使者把情形一五一十地都告诉了项羽。项羽本是一个猜疑心很重的人，听后便对范增更加怀疑，也更确信范增可能私通汉王了。这时，范增向项羽建议应该加紧攻城，但是项羽却一反常态，拒不听从。过了几天，范增也知道了外面说他私通汉王的谣言，并且感到项羽已不再信任自己了，于是他就对项羽说："天下大事已基本定了，希望大王自己好好地干。我年岁大了，身体又不好，请大王准我回家养老吧！"

项羽十分薄情，竟然毫无挽留之意，同意了他的请求，还派人护送他回家乡。范增一路走，一路叹气，吃不下，睡不着，伤心不已。他已经75岁了，怎么受得了这么大的委屈？到彭城的时候，气得背上生了一个毒瘤，就此一病不起，呜呼哀哉了。

项羽不仅听不进不同意见，甚至还把讲他缺点的人置于死地，谋士说了一句"楚人'沐猴而冠耳'"，项羽听到后，竟将此人烹杀。

项羽的悲剧就是对木桶效应的最好诠释，一个木桶装水多少取决于最短的那块板。项羽虽然勇武过人，身经百战，还建立了西楚王朝，自称西楚霸王，但最后却落得个洒泪别姬、乌江自刎，就是因为武功超人、勇武善战这么多长板，却难以弥补不虚心听取忠言的短板。

淝水之战的启示

公元383年8月，苻融率25万先锋军队，苻坚率步兵60万、骑兵27万，共112万大军。东晋以谢安之侄谢玄为先锋，率领经过7年训练，有较强战斗力的8万“北府兵”，沿着淮河西进，迎击秦军的主力。

9月，苻坚抵达项城，凉州的军队到达咸阳，梓潼太守裴元略率水师7万从巴蜀顺流东下，幽州、冀州的军队也抵达了彭城，东西万里，水陆并进。阳平公苻融等人的部队30万人，先期抵达颍口。东晋面对大军压境，孝武帝下达诏令，任命尚书仆射谢石为征虏将军、征讨大都督，任命徐、兖二州刺史谢玄为前锋都督，与辅国将军谢琰西中郎将桓伊等人，统帅8万大军抵抗前秦。并让龙骧将军胡彬带领5千水军援助寿阳。共分三路兵马北上迎击前秦军。

10月，前秦阳平公苻融等攻打寿阳。18日，前秦大军攻克寿阳，擒获平虏将军徐元喜等人。前秦卫将军梁成等率领5万兵众驻扎在洛涧，沿淮河布防以遏制东面的部队。苻坚自认为能速战速决，并派已是前秦尚书的朱序前去劝降谢石，朱序却私下提示谢石宜先发制人，击溃前秦的先锋部队。他说："前秦军虽有百万之众，但还在进军中，如果兵力集中起来，晋军将难以抵御。现在情况不同，应趁前秦军没能全部抵达的时机，迅速发动进攻，只要能击败其前锋部队，挫其锐气，就能击破前秦百万大军。"谢石起初认为前秦军兵力强大，打算坚守不战，待敌疲惫再伺机反攻。听了朱序的话后，认为很有道理，便改变了作战方针，决定转守为攻，主动出击。

11月，谢玄派广陵相刘牢之率领5千精兵开赴洛涧，揭开了淝水大战的序幕。刘牢之出奇制胜，取得洛涧大捷，斩杀了梁成以及弋阳太守王咏，前秦军折损10名大将及5万主力。谢玄又派部队阻绝了淮河渡口，歼灭前秦军队1万多人，抓获了前秦扬州刺史王显等人。

晋军西行，与前秦军对峙淝水。谢玄针对前秦军上下离心、各族士兵厌战的情况，以及苻坚依仗人多，轻敌又急于决战的心理，派使者要求前秦军略向后撤，以便晋军渡过淝水与前秦大军决战。前秦很多将领认为把晋军阻挡在淝水岸比较安全，但苻坚认为等晋军一半人渡过淝水再出击更好。当前秦军后撤的时候，晋军迅速抢渡淝水。这时，朱序又在秦军阵后大叫："前线的前秦军败了！"前秦军立刻乱了阵脚，随后晋军全力出击，前秦军大败。溃兵逃跑时闻风声鹤唳，都以为是追兵。

淝水之战，前秦军被歼和逃散的共有70多万，唯有鲜卑慕容垂部的3万人马完整无损。苻坚统一南北的希望彻底破灭，不仅如此，北方暂时统一的局面也随之解体，再次分裂成更多的地方民族政权，鲜卑族的慕容垂和羌族的姚苌等其他贵族重新崛起，各自建立了新的国家，苻坚本人也在两年后被姚苌俘杀，前秦随之灭亡。

淝水之战是在苻坚统一北方后的六七年进行的。尽管战前有诸多对前秦不利的因素，但苻坚骄傲轻敌无疑是战争失败的重要原因。苻坚不顾主客观条件，只是倚仗自己的"有众百万，资杖如山"的兵力和"投鞭于江，足断其流"的军威，认为征服东晋肯定"若商风之陨秋箨"，因此，战前没有冷静的客观分析，没有周密的战略部署，临战时又犯了一系列战术指挥上的错误。以至于以百万对8万，却如此惨败。

苻坚的悲剧也印证了木桶效应的原理，其实，苻坚并非无能之辈，他即位后，整顿吏治，惩处不法豪强，平息内乱，实行与民休养生息的政策，开创了清明的政治局面。但就因为骄傲这一短板，终于落了个“草木皆兵”“风声鹤唳”的可悲结局，毁了自己的半世英名。可见，在任何时候，骄傲都是人生发展的大敌。

虚心听取属下的建议

公元200年，发生的官渡之战，改变了曹操和袁绍的力量对比，是那个乱世中国北部由分裂走向统一的一次关键性战役。根据《三国志》记载，当时袁绍的兵力远远胜过曹操，拥兵十万，而曹操的兵力却不足一万。一些人甚至断言，曹操必败。然而，在总体作战形势不利的情况下，曹操却取得了官渡之战的胜利，奠定了他在中国北方的统治地位。而袁绍集团被彻底打败，从此一蹶不振。那么，是什么原因导致了袁绍的失败呢？

曹操在许县建都以后，袁绍曾经借口许县卑湿，要曹操把皇帝迁移到鄄城（今山东濮县东），以便于自己就近控制，曹操自然不肯答应。袁绍见采用政治手段达不到目的，凭仗自己的军事优势，决定出动大军南下，进攻曹操。

可是，在与部下商议此事时，袁绍的三军监军沮授却向他劝谏说："我们为讨伐公孙瓒，用兵好几年，百姓已很疲乏穷困，仓库中也没有多少积蓄，不能再动兵打仗了。最好的办法，是一方面大力发展农业生产，让百姓休养生息，另一方面派人去向汉献帝报告我们讨伐公孙瓒的胜利。如果曹操从中阻拦，那就向天下宣布，说曹操阻隔我们尊奉皇帝，使曹操孤立。然后我们就出兵进驻黎阳，在河南一带扩军备战，待实力强了，再不断派兵骚扰曹操的地盘，使他不得安宁。这样，我们以逸待劳，稳可打败曹操。"

部将郭图听了，不以为然地说："以袁公的神武，率领黄河以北的强大人马去攻打曹操，易如反掌，何必要如此慎重呢？"

沮授回答说："凡铲除强暴，救人于难的军队是合乎道义的。曹操尊奉天子来命令天下，我们出兵伐他，就等于讨伐天子了，这与义理相违背。再说，决定战争的胜负，在于有无万全的计策，而不在于暂时的强弱。曹操在国内政令畅通无阻，士兵又很精良，绝不会像公孙瓒那样固守一方，坐等我们进攻。如今放弃万全稳重的计策而去兴无名之师，我实在为袁公担心啊！"

袁绍另一部将审配听了，说："从前周武王伐纣王，也是以臣伐天子，不叫不义；更何况我们举兵攻击的是曹操，为什么说是师出无名呢？今天袁公如此强大，如不及时平定天下，完成统一大业，丧失天赐良机，将来反而会遭受祸害。我以为，监军的计策，是在于稳重，却没有根据情况随机应变。"

会后，郭图借这件事，在背后向袁绍中伤沮授，说："沮授总管内外大事，在三军中威望很高，这样下去，恐怕你袁公没法控制他了。"袁绍听了郭图的话，把沮授所统率的三军，分属于三个都督，命令沮授、郭图、淳于琼各掌一军，这样就削弱了沮授的兵权。

接着，袁绍终于在郭图、审配等人的怂恿下，进攻曹操了。公元200年2月，袁绍亲率十余万冀州精兵，进抵黎阳，以此作为前沿指挥部的驻地。

公元200年8月，袁军推进到官渡后，靠沙堆结屯，东西蜿蜒数十里，与曹操的营垒对峙。沮授说得不错，曹军利于速战，首先发兵叫战，打了一仗，结果战败了。

从此，曹军坚守大营，深沟高垒，再也不肯出来了。

两军长期对峙，袁绍虽然不能取胜，但曹操却已陷入窘境。中原一带，百姓困于征役和赋税，造反事件不断发生。汝南郡是袁绍的老家，袁家的门生故吏散布于郡内各县，他们大都拥有武器，这时也乘机起兵反曹，从后方声援袁绍。袁绍还让原来做过豫州收的刘备带兵到汝南，联合反曹势力，骚扰曹军后方。

12月，当曹操正部署对袁绍作战时，刘备起兵反曹，占领下邳，屯据沛县。刘备军队增加到数万人，并与袁绍联系，打算合力攻打曹操。曹操为保持许昌与青、兖二州的联系，避免两面作战，于次年2月亲自率精兵东击刘备，迅速占领沛县，转而进攻下邳，迫使关羽投降，刘备全军溃败。当曹、刘作战正酣之时，袁绍谋士田丰建议袁绍“举军而袭其后”，但袁绍却以小儿子有病为辞拒绝采纳，致使曹操从容击败刘备回军官渡。

三军未动，粮草先行。袁绍的粮草都存在乌巢，沮授又对袁绍说：“乌巢那儿要加强防卫！运粮道上也要派军队巡逻，提防曹军劫粮！”

袁绍听了，摇摇头，不以为然，没回答他。他想：乌巢离大营只四十里路，那里已有淳于琼的一方人马守卫，怕什么！

沮授见袁绍不答理他，便闷闷不乐地退了出去。他刚出门，另一个谋士南阳人许攸进来，他是来给袁绍献计的。

原来，曹营里也缺粮食，曹操特地打发使者到许都去催。这个使者被袁军捉住，送到许攸那儿。许攸搜出曹操写给荀攸催粮的信，就赶来对袁绍说：“曹操屯兵官渡已经8个月了，许都必然空虚。我们只要分一路人马趁着夜色去袭击，一定能拿下许都。曹操在官渡缺粮短草，我们两路夹攻，定能活捉曹操。”说着，他把曹操催粮的信递给了袁绍。

袁绍看完信，说：“曹操诡计多端，你怎么知道这封信不是故意写给我们看的？这是诱敌之计，我可不上他的当！”他把信扔给了许攸。

许攸万没想到他的计策会遭到袁绍一口回绝，便灰心丧气地站到一边，不再开口。刚巧审配从邺城派人送信来。袁绍拆开一看，信上写的先是报告运粮的事，接着全是控告许攸的话。大意说，审配查出许攸在冀州受了多少贿赂，他的子侄侵吞了多少公款，如此等等。审配已经把许攸一家和子侄等收进了监狱。袁绍看罢，不由大怒，指着许攸的鼻子斥责道：“你贪财受贿，又不能管教好子女，还有脸面在我面前指手画脚呀？我本该将你斩首，看在你过去的分上，饶恕了你，以后可不许再多嘴多舌了！”许攸听了，真悔恨交加。他退出袁府，本想一死了之，可又于心不甘。再想想过去跟曹操也有交情，何必一定要赖在这里？他叹了口气，没再回家，就投奔曹操去了。

许攸到了曹营，见到曹操，给曹操献了一计。

他告诉曹操，袁绍有粮食一万多车，全部囤积在乌巢，派淳于琼守护。淳于琼是个酒鬼，防备松懈，您只要派几千骑兵，偷偷地摸进去，将粮食烧了，不出三天，袁军不战自败。

曹操听了，连连点头，忙叫部下端来酒菜，两个人边吃边谈，直至后半夜。

第二天，曹操留下曾洪等人坚守大营，自己带着张辽、许褚率领五千精兵，趁着朦胧夜色，从小道去偷袭乌巢。烧毁了敌人全部存粮。最终，袁绍一败涂地。

当曹操奔袭乌巢之时，袁军部将张郃主张救淳于琼，他对袁绍说："曹操亲自出马，必然得手，那么事情就无可挽回了。"郭图却别出心裁地说："不如乘此时发兵去进攻曹军大营。"袁绍认为郭图说得对，只要攻拔曹营，曹操就无家可归了。于是派高览、张郃率领重兵攻击曹营，而只派轻骑救援乌巢。高览、张郃攻营不下，乌巢大败的消息已经传来了，二将无心恋战，竟自向曹军投降。袁绍全军大乱，一下子全垮了。慌忙之中，袁绍及长子袁谭各单骑逃遁，直奔黄河渡口，随后又逃来一群骑兵，约有八百骑，渡河至黎阳北岸。这一仗袁绍损失七八万人，武器、辎重、图书、珍宝无数。

官渡之战，经过一年多的对峙，至此以曹操的全面胜利而告结束。曹操以两万左右的兵力，出奇制胜，击破袁军十万。这个战例成为中国历史上以弱胜强、以少胜多的典型战例。

袁绍刚决定亲征曹操的时候，沮授就曾建议他先休养生息，待时机成熟后，再行出兵。袁绍不听，执意要攻打曹操，促成了官渡惨败的发生。后来，曹操离开官渡大营，攻打刘备，田丰、许攸建议他袭击曹操大营，袁绍以小儿子有病为由拒绝，错失了难得一遇的战机。建安五年正月，谋士田丰建议袁绍采用持久战，利用地理上的优势和众多的士兵，外接英雄，内修农战，挑选精兵，不断袭击敌人，使曹方不得安宁。袁绍弃良谋而不用，还以扰乱军心之罪将田丰关押，使全军将士寒心。许攸献计，趁机攻打兵力空虚的许都，结果，袁绍置之不理；当曹操攻打乌巢之时，袁绍不采用张郃支援乌巢的建议，而执意派重兵攻打曹操的官渡大营，导致“一举两失”。

近代史学家吕思勉认为：袁绍是曹操的大敌。他不但地广兵强，在社会上声望很高，势力极大，即论其才具，在当时群雄中，亦当首屈一指。可见袁绍并不是多么无能，之所以兵败官渡，是因为他刚愎自用，不能虚心听取属下的忠言。如果不是这个短板，虽然存在沮授所说的对袁绍种种不利因素，但如果采纳田丰、许攸等人计策，抓住曹操回击刘备、军中断粮等时机，击败曹操也不是难事，如此，历史可能就会被改写。但历史没有假设，袁绍因为刚愎自用，为自己酿了一杯苦酒，却成就了曹操。由此可见，在一个人成长发展的过程中，务必要谦虚谨慎，戒骄戒躁。

不会说话你就输了

美国成功学大师戴尔·卡耐基曾说："一个人事业上的成功，15%靠的是专业知识，85%靠的是口才交际能力。"表达能力的强弱，很大程度上决定着一个人事业的成功与失败。可见，如果说话能力是你的短板，你可能就输了。

入情入理，方可水到渠成

在日常交往中，要想说服一个人，晓之以理、动之以情无疑是最佳选择。只要你的话入情入理，就可以让人理解你的意见和行为，明白自己的错误或缺点所在；可以让对方从心理上感觉到你的做法是合乎情理的，让别人从心里信服，从而更乐于接受你的观点。

只要把道理讲清楚，就很容易说服人。分析简单的事情，一两个典型事例，再加上简明扼要的分析，道理就足以讲清楚、讲明白；分析复杂的事情，涉及多方面的因素，牵一发而动全身，必须全方位、多层次、多角度地进行一系列的说服工作，从多方面展开心理攻势，并以严密的逻辑推理，水到渠成地得出结论。

公元前630年，秦国和晋国联军包围了郑国，秦军在郑国都城东边的函陵扎营，晋军在郑国都城西边的氾南扎营，准备两面夹击，一举灭了郑国。郑国是个小国，在两国大军压境的情况下，郑国从上到下一筹莫展。这时候，佚之狐就向郑伯推荐了烛之武。在武将不敢出征，文臣没有谋略的情况下，郑王不得不让老将烛之武亲自出马为郑国解围。

烛之武立刻赶到秦营，去见秦穆公。烛之武见到秦穆公后，立刻放声大哭。秦穆公疑惑地询问原因，烛之武说：“秦、晋两国围攻郑国，郑国已经知道要灭亡了。如果灭掉郑国对您有好处，那你们忙这一场也是值得的。可是，你们秦国和郑国隔着晋国，您想越过晋国把远方的郑国作为秦国的东部边境，这肯定不容易，郑国的土地最后会被晋国占有，您何必要灭掉郑国而增加邻邦晋国的土地呢？邻邦的国力雄厚了，您的国力也就相对削弱了。假如放弃灭郑的打算，而让郑国作为您秦国东道上的主人，秦国使者往来，郑国可以随时供给他们所缺乏的东西，对您秦国来说，也没有什么害处。况且，您曾经对晋惠公有恩惠，他也曾答应把焦、瑕二邑割让给您。然而，他早上渡河归晋，晚上就筑城拒秦，这是您知道的。晋国怎么会满足呢？现在它已把郑国当作东部的疆界，又想扩张西部的疆界。如果不侵损秦国，晋国从哪里取得它所企求的土地呢？秦国受损而晋国受益，您好好考虑考虑吧！”烛之武最后终于说服了秦王，秦王立即撤军，而且还留下两员大将，协助保卫郑国。晋国一看无可奈何，也只好撤军。

烛之武之所以能说服秦穆公，就是因为他晓之以理、动之以情。他不但把唇亡齿寒的道理说得清清楚楚，还站在秦国的角度，帮助秦国分析利害关系，所以得到了秦穆公的认可。俗话说：“情不通，则理不达。”只有通情才能达理，因受感化而接受的道理，是最能长久铭记在心的。动情之后的转变，才有牢固的根基。理离开了情，是苍白无力的理，这种枯燥无味的道理，有谁愿意去听呢？所以，正确认识“以理服人，以情感人”的辩证关系是说服他人的关键。理是情的基础，情是理的延伸，情和理相互交融，说话才能收到良好的效果。

我国著名的钢铁基地攀钢，成立之初急需大批受过高等教育的专门人才。但是，每年国家分配到攀钢的大学生很少。实行“双向选择”后，许多人不愿到边远的攀钢去，攀钢就主动派人到大专院校，通过宣传招揽人才。某一年，领导派地质工程师杨实到北京某大学去招聘人才，之所以派杨实，是因为杨实当年在海外当过《华商报》记者，善于宣传鼓动。招聘会上，杨实用诚挚和炽热的语言，和年轻的大学生们讲自己心中的攀钢："我从海外回到祖国，怀着一颗赤诚的报国之心，考入大学地质系。唱着《地质队员之歌》，走遍了祖国的山山水水，为国家寻找无尽的宝藏。1964年，我告别了地质研究所，从成都出发，五天五夜后来到一个叫诸葛营的小山村，就是三国时期诸葛亮'五月渡泸，深入不毛'时安营扎寨的地方。这里是公路的尽头，前面横亘着重重大山。勘探仪器和行李全用马驮着，几十个人步行了两天才到达攀枝花。这里是高山峡谷，村里只有七户人家。没有住处，晚上就睡在老乡的猪圈里面。没有蔬菜，就吃辣椒盐巴拌干粮。苦吗？苦！累吗？累！想回北京吗？想！但是有什么是比用自己的劳动换来的果实更令人陶醉的呢？经过艰苦的地质勘探，终于发现了这个神秘的聚宝盆：攀枝花共有100亿吨铁矿石，240亿吨远景储备量，占已探明的全国铁矿石的1/5。这里更有丰富的钒、钛，钒的储量达2亿吨，占全国的87%；钛的储量8亿吨，占全国的92%；还有37万两黄金、1137吨银、284万吨铜……一位外国专家感叹地说：'上帝太不公平了，把这么多宝藏都埋在了中国的攀枝花！'现在，一座现代化的钢城已巍然屹立，那是中国一代知识分子和工人辛劳与智慧的结晶啊！什么是青春、生命、事业和荣耀？那就是当他回首往事的时候，不会因碌碌无为而羞愧，也不因虚度年华而悔恨。面对着祖国飞奔的列车，他会自豪地说：有我们生产的钢铺设在千里铁路线上；面对着漫天灿烂的霞光，他会无愧地说：那里有我鲜红的血液……”雷鸣般的掌声响彻了礼堂，同学们几乎把杨实抬了起来。晚饭后，杨实住的招待所被大学生们挤得水泄不通。当晚，便有70名大学生向学校提出申请，要求分配到攀钢。

古人云：“感人心者，莫先乎情。”说服别人，在很大程度上，可以说就是情感的征服。只有善于运用情感技巧，动之以情，才能打动人心，以至说服别人。杨实的这次宣传演讲可谓“动之以情，晓之以理”，他实实在在地讲攀钢的事业，讲攀钢的过去、现在和将来，讲自己的亲身感受，这在大学生心中引起了强烈的反响和共鸣。同学们听了他的讲话，感到攀枝花太有吸引力了。到攀钢去建功立业，天会更宽，地会更阔，青春会更美丽，生活会更有意义！所以说，“以理服人，以情感人”的关键在于帮助对方产生自发的意志，激发其行动的力量，才能达到良好的表达效果。

由此可见，说服他人认同你的观点的最佳语言技巧就是“以理服人，以情感人”，这是感情、道理和心智力量的使然。情感的力量是情感的认知和共鸣，道理的力量能使人们信服观点的论证，心智的力量则能使人们接受你，进而在有意无意中相信和支持你的观点。

说话简洁，不要拖泥带水

郑板桥有一副对联："删繁就简三秋树，领异标新二月花。""删繁就简三秋树"是说写文章要删除烦琐啰唆的地方，尽量简短，就好像深秋里树叶掉光的树一样，只留主要的枝干。说话也应该这样，语言要简洁、精练，并尽可能地承载更多更有用的信息，不能拖泥带水，重复啰唆。这样才能使你说的话节奏明快，使听众觉得你果断、直接。而有些人在表达自己观点的时候陈述得太多，而且持续的时间太长，结果遭到了彻底的失败。

朱元璋当上皇帝后，深知自己的责任，每日天刚亮就上朝处理政事，常常深夜方才就寝，成了封建社会少有的亲力亲为的好皇帝。但国家上下，毕竟事务繁多，面对朝廷各位大臣递交上来的奏章，朱元璋开始有些厌烦了，因为大臣们的奏章繁文缛节太多，实在让他头疼。

朱元璋寻思再三，觉得自己实在精力有限，于是准备制定一个规章制度来约束这些大臣。

一天，茹太素给朱元璋上了一篇奏章。朱元璋刚打开，就有些头晕，因为呈上来的奏章足足有一大沓。朱元璋很不耐烦，便叫中书郎王敏念给他听。王敏足足念了一个多时辰，还没念完。朱元璋坐在龙椅上已连续换了好几个姿势，更让他难受的是，听到现在，朱元璋还完全不知道茹太素的奏章里要说些什么。

见王敏还在继续，朱元璋终于发作了，他怒斥茹太素道：“虚词失实、巧文乱真，朕甚厌之。自今有以繁文出入朝廷者，罪之！”于是命人将茹太素拉上殿来，痛打了一顿板子。

打完板子之后，朱元璋夜里又命人继续念这篇奏章。又花了很长时间，终于将其念完了。朱元璋总算明白了，茹太素这篇奏章共有17000多字，直到最后的500多字才正儿八经地提出了5点建议。

朱元璋缓了缓，紧接着又仔细琢磨了这5点建议，觉得茹太素说得还挺有道理，于是采纳了其中4条。朱元璋把这些可行的事情交代下去，并对茹太素及其他臣子说，以后写奏章要写实事，不许说废话，此奏章中只有500来字是言之有物，以后写公文都应该吸取这个教训，并由此发布新的要求，革新文风，违者要治罪。

茹太素上言奏事，为何还被痛打了一顿板子？就是因为他的奏章冗长啰唆，拖泥带水，本来500字能说明白，却拖拖拉拉用了17000多字，怎么能不让朱元璋发怒？在职场上，想想上司的时间有多宝贵，如果你汇报工作时缺乏逻辑、没有条理、十分啰唆，那你所得到的结局也就跟茹太素一样了。

有一家建筑公司的一位业务经理，她讲话的特点就是啰唆，跟她打交道的人都有点儿怕跟她讲话。她的啰唆不是通常的那种话题内容丰富的啰唆，而是一件事情本来只需两分钟就讲明白的，她会颠来倒去地讲上10分钟。

有一次，她去跟一位业主单位的领导汇报项目进展中的问题。她一口气讲了15分钟，居然都还没有正式入题，老是在讲一些对双方合作感到非常愉快、要表示感谢、这次合作对她是一个重要的机会等无关紧要、不痛不痒的话。客户最后实在忍不住打断她的话，告诉她："你能不能挑重点的说？"

喜欢啰唆重复，是某些销售人员的习惯性毛病，也是不能做到"意到口到"的表现。所谓意到口到，就是把心中所想的，能够用简洁明了的话语，轻而易举地说出来。

话不在多，而在精。林肯在葛底斯堡讲话时，他只讲了两分钟，全篇讲话才不过226个字，但是他的竞争对手爱德华·伊韦瑞特却讲了两个小时。结果不难得知，林肯获得了成功。

因此，说话不要拖泥带水，你最好确保自己的信息简短、直接，尽快地直达主题，让对方更为直接地了解你所要表达的意思。这样你所要表达的信息才会听起来更加清晰明了。但是很多人却总喜欢东拉西扯。殊不知，这种做法容易分散对方的注意力。

对于你要陈述的重要观点，词汇或句子越少越好。有一句老话说："我问你几点钟，你不用告诉我表的工作原理。"话虽如此，但是现实中很多人却很难做到。明明可以用少数词句就可以表达清楚的观点，很多人却总是喜欢用过多的词句，甚至堆砌故事、人物、数字来说明他的主题。结果费尽口舌，却效果不佳。

很多人注重对细节的描述，这并没有错，但是你必须注意一个前提，无论如何不能影响你对主题的表达。如果你把重点放在这些细节上，那么，你信息的重点就会模糊。千万不要期待对方会花费更多的努力、精力或时间来分析解读你的观点，大多数人都不愿意这么去做。所以，你必须让对方直接得到重要的信息，这才是成功的关键。

敏思慎言，看破不要说破

“水至清则无鱼，人至察则无徒。”在人际交往中，有的事不必太较真，只要大家心知肚明就可以了。俗话说，看破不要说破。事情说得太直白，窗户纸捅破，可能会伤了和气，或显得太无聊，甚至给自己带来灾难。

杨修是东汉晚期政治家杨彪的儿子，也是中国古代的文学家。杨修一向恃才放旷，言语无忌。

有一次，曹操造了一所花园。造成时，曹操前去观看，没有夸奖和批评，叫人取了一支笔在花园门上写了一个“活”字便走了。大家都不明白这是什么意思。杨修对工匠们说：“‘门’添‘活’字，就是‘阔’字，丞相嫌你们把花园门造得太大了。”于是，工匠们重新建造园门。完工后再请曹操去观看。曹操很喜欢，问道："是谁知道了我的意思？"下人回答："是杨修！"曹操虽表面上称赞杨修，而心底却很嫉妒。

曹操害怕有人暗自谋害自己，常吩咐侍卫们说："我梦中好杀人，凡是我睡着的时候，你们千万别靠近我！"有一次曹操白天在帐中睡觉，被子掉到了地上，近侍慌忙拾起被子为他覆盖。曹操却跳起来拔剑把他杀了，然后继续上床睡觉。半夜起来的时候，假装吃惊地问："是谁杀了我的侍卫？"大家都以实相告。曹操痛哭，命人厚葬近侍。人们都以为曹操果真是在梦中杀人，唯有杨修知道了他的意图，下葬时叹惜道："不是丞相在梦中，是你在梦中呀！"曹操听到后更加厌恶杨修。

公元219年，蜀汉交战，曹操难以取胜。想收兵回许都，又怕被蜀兵耻笑，心里犹豫不决，这时，正碰上厨师进鸡汤。曹操看到碗中的鸡肋，因而有些感慨。正沉吟间，夏侯惇来大帐禀请夜间口令。曹操随口答道："鸡肋！鸡肋！"夏侯惇传令众官，都称"鸡肋！"

行军主簿杨修，听到夜间口令是"鸡肋"，便让随行士兵收拾行装，准备撤兵。有人发现这一情况，马上报告给夏侯惇。夏侯惇大吃一惊，于是请杨修到他的帐中，夏侯惇问道："您为什么收拾行装啊？"杨修说："从今夜的号令来看，便可以知道魏王很快就要退兵回许都。鸡肋，吃起来没有肉，丢了又可惜。现在我们进兵不能胜利，退兵又让人耻笑，在这里没有什么好处了，不如早日回去，来日，魏王一定班师还朝。我先行收拾一下行装，免得退兵时走得慌乱。”夏侯惇说：“先生真是明白魏王的心思啊！”然后夏侯惇也收拾行装。于是军营中的诸位将领，都在做回朝的准备。

当天晚上，曹操心烦意乱，难以入睡，就手提起钢斧，绕着军营巡视。忽然发现夏侯惇营内的士兵都在打点行装。曹操大惊，急忙回营帐中召集夏侯惇问其原因。夏侯惇回答说：“主簿杨德祖事先知道大王想要回去的意思了。”曹操把杨修叫去问原因，杨修用鸡肋的含义回答。曹操大怒说：“你怎么敢乱造谣言，乱我军心！”便叫刀斧手将杨修推出去斩了，将他的头颅挂于辕门之外示众。

罗贯中有一首诗：“聪明杨德祖，世代继簪缨。笔下龙蛇走，胸中绵帛成。开谈惊四座，捷对冠群英。身死因才误，非关欲退兵。”“身死因才误，非关欲退兵”，可见，与其说是曹操杀了杨修，还不如说杨修自寻死路。杨修的短板就在于恃才放旷，口无遮拦，看破就说破，数犯曹操大忌，才是他取死之道，而“乱造谣言，乱我军心”只不过是曹操杀杨修的一个合理借口。

可见，在日常交际中，有些情况下要谨言慎行，看破也不说破，懂得这个道理，在交际中才能游刃有余。

着眼和谐，说话不要逞能

语言是沟通感情、传达思想的工具，但不得体的语言，却是导致是非烦恼的因由。这可不是危言耸听，说话谨慎实在是修身的关键。有些人在说话的时候总要逞强，这样往往会让别人受到伤害。说话时不逞一时之能是聪明人说话的一条重要原则。在与众人交流时，如果不注意自己说话的语气和态度，经常以不悦而且对立的语气说话，就会招致别人的反感，甚至给自己招来麻烦。

祢衡是东汉末年的名士，自幼聪明伶俐，有过目成诵、耳闻不忘的能力。成年后，祢衡博学多识远近闻名，但他性格放荡不羁，恃才傲物，说起话来毫无分寸。

当时的大司马北海太守孔融很器重祢衡的才华和抱负，

就把他推荐给曹操，祢衡有感于孔融的知遇之恩，便随着孔融到许昌去见曹操。曹操早就听说过祢衡狂妄自大，于是便派人把祢衡叫来，想当面侮辱他一回，打下他狂傲的气焰。

祢衡来见曹操，曹操傲慢地坐在座位上，也不起身，也不让祢衡坐，把他当成不值得尊敬的属员、奴仆，想以此羞辱祢衡。不料祢衡连看也不看曹操一眼，却仰天长叹道："天地间虽然阔大，怎么竟连一个人也没有？""我手下有几十个人，都是当世英雄！你怎说没人？"曹操不快地责问。祢衡微笑着问："那您说说，您手下都有哪些英雄。"曹操得意地说："荀彧、许攸、郭嘉、程昱智谋深远，就是汉初名臣陈平、萧何也无法与之相比；张辽、许褚、李典、乐进勇不可当，虽是岑彭、马武之类猛士也比不上他们；其余，像吕虔、满宠、于禁、徐晃、夏侯惇、曹子孝，都称得上天下奇才、人间英烈，你能说我这里没有人吗？"祢衡冷笑着说："你那几个谋士，像荀彧、许攸、郭嘉、程昱之流，不过只能干点儿吊丧看坟、关门闭户的杂役；张辽、许褚、乐进、李典等人，也只配放马送信、磨刀铸剑、砌墙杀狗；至于其他人，更是酒囊饭袋、衣服架子而已，没一个算得上的人物！"曹操怒问："你有什么本事？""我上知天文，下知地理，三教九流无所不晓，典故史籍无所不通；心怀大志，能拯救天下，怎么能和你们这帮俗人相提并论呢？”祢衡道。当时武将张辽在曹操身边，听了十分愤怒，拔剑要杀祢衡。曹操制止住张辽，冷冷地说：“这个狂妄的家伙，虽没真正济世救民的本事，却在文人间骗了个虚名。今天我们要是杀了他，天下读书人定会骂我不能容人。他不是自以为天下第一能人吗？好，我就让他当我的一名鼓手，看他羞不羞！”祢衡并不推辞，欣然答应充当鼓手。第二天，曹操大宴宾客，令祢衡站在厅前打鼓助兴。祢衡穿一身破衣烂衫来到金碧辉煌的宴会厅，左右众人喝道：“为什么不换衣服？”祢衡当着众宾客的面，在大厅之上脱得赤条条一丝不挂，昂然而立。曹操大怒：“你怎敢在朝堂之上，赤身裸体地污辱大臣、失礼天下？”

祢衡哈哈大笑：“欺君犯上才是失礼。我暴露出父母给我的本来面目，以显示我的清白之身，有什么不光彩？”曹操怒问：“你是清白人，那谁是污浊的人？”祢衡说：“你不识贤愚，是眼浊；不读诗书，是口浊；不纳忠言，是耳浊；不晓古今，是身浊；不能容诸侯，是腹浊；常有篡逆的想法，是心逆。”祢衡骂得痛快淋漓，曹操怒视祢衡良久，等祢衡骂完，曹操忽然笑了笑：“我马上派你到刘表处，作为我的专使劝他来降。你有才华，曹某也最重天下人才。等你完成这个任务回来，我可以让你做公卿，以示我求贤若渴之诚意。”

祢衡并不称谢，受命而去。祢衡到了荆州刘表处，仍是一派名士风度，狂妄自大，对刘表也讽讥、责骂，一如既往。刘表很恼火，便让他再去另一个地方——军阀黄祖处。祢衡到黄祖那里，起初黄祖对于祢衡还是相当信任的，委任祢衡做文书工作。然而不久，在一次酒醉之后，祢衡骂了黄祖，黄祖一动怒，就砍了他的头。祢衡死时才26岁。

祢衡才学过人，他的代表作《鹦鹉赋》是一篇托物言志之作。赋中描写具有“奇姿”“殊智”的鹦鹉，却不幸被“闭以雕笼，剪其翅羽”，失去自由。赋中“顺笼槛以俯仰，窥户牖以踟蹰”“顾六翮之残毁，虽奋迅其焉如”的不自由生活，显然是以鹦鹉自况，抒写才智之士生于乱世的愤懑心情，反映出作者对东汉末年政治黑暗的强烈不满。此赋寓意深刻，状物惟肖，感慨深沉，融咏物、抒情、刺世为一体，是汉末小赋中的优秀之作。李白曾赞美祢衡的才学：“吴江赋《鹦鹉》，落笔超群英。锵锵振金玉，句句欲飞鸣。”可是“病从口入，祸从口出”。虽然祢衡才学过人，但说话肆无忌惮，逞一时之能是他最大的短板，结果得罪了曹操不算，在黄祖那里依然不改恶习，故态复萌，醉骂黄祖，终招杀身之祸，这不能不说是一个惨痛教训。所以，与人交流时，不要因为逞一时之能，成为对立的焦点，不然就会给自己带来巨大的麻烦。

说话要看对象

俗话说：“好人出在嘴上，好马出在腿上。”一个人要想获得成功，就不能让说话能力成为自己的短板。那些叱咤政坛、纵横职场的人，都是会说话的人，都是能给人乐趣的人。在他们身上往往蕴藏着巨大的积极的能量，如同强大的磁场，人们情不自禁地被吸引，与之交往令人精神振奋、心情愉悦。而且，通过自己的语言魅力，他们往往能突破一个个人生障碍，充分展露其聪明才智，在事业上也更有可能取得成功。

汉武帝好大喜功，喜欢听臣子赞美他。有一次，汉武帝问东方朔：“先生看我是什么样的君主啊？”东方朔明白汉武帝的心思，便回答说：“从唐虞之后，到周朝的成康盛世，没有一位国君能和您相比。依臣看，您的品德和功绩，三皇五帝也难以相比。正因为如此，天下仁人志士和贤达之人都来投奔和辅佐您，比如周公、召公为丞相，孔丘为御史大夫，姜太公为将军……”东方朔一口气将古代三十二个治世能臣都说成了汉武帝的大臣，汉武帝听到这里大笑不止。

东方朔的话语里虽然带有揶揄的味道，但是风趣幽默，所以能使汉武帝开心。

汉武帝笑过之后，就难免要思考一下自己与古代圣王之间的差距，仔细比较之后，他自然会反思自己的狂傲。

汉武帝晚年开始追求长生不老。有一天，他和东方朔谈起了这个话题，他说：“相书上说，一个人的寿命长短与‘人中’有关，‘人中’越长，寿命就越长，‘人中’一寸，能活一百岁，不知道是不是真的？”东方朔一听汉武帝的话，就知道他又在做长生不老的白日梦，于是脸上露出一丝讥讽的笑意。汉武帝一看，很不高兴，喝道：“东方朔，你是在笑话我吗？”东方朔连忙收敛笑容，恭恭敬敬地说：“陛下，我可不敢笑话您，我是在笑彭祖。”汉武帝问：“哦，你为什么要笑彭祖呢？”东方朔笑着说：“据说彭祖活了八百岁，如果像皇上说的那样，一寸人中能活一百岁，彭祖的人中就该有八寸长了，那么他的脸岂不是太难看了？”汉武帝听了，也忍不住大笑起来。

汉武帝刘彻有位乳母，有一次犯了错，汉武帝非常生气，决定把乳母赶走。

乳母不愿离开，她想起了能言善辩的东方朔，就去请求东方朔帮自己一把。

东方朔也颇感为难，他想了想说："办法也有，但这得看你自己的造化。"

乳母急切地问："什么办法？"

东方朔说："你临走的时候，不断地回头注视皇帝，但千万不要说话，也许还有一线希望。"

乳母虽不解其中玄机，但还是点了点头。

这位乳母离开时，她有意走到汉武帝面前向他辞行，用哀怨的眼神注视着汉武帝，几次欲言又止。汉武帝看着她，心里很不是滋味，有心想留下她，又苦于君无戏言，无法反悔。

东方朔将这一切看在眼里，知道时机已成熟，便走过去，对那位乳母说："你也太痴心了，如今皇上早已长大成人，哪里还会再靠你的乳汁活命呢？你不要再看了，赶紧走吧。"

汉武帝听出了东方朔话里的弦外之音，想起小时候乳母对自己百般疼爱，终于不忍心赶走乳母了。

在乳母要被赶走的时候，东方朔没有直接为她求情，因为他知道这样可能不会奏效，说得不好，还有可能激怒汉武帝。于是他采取了正话反说的策略，让汉武帝自己领悟其中的道理：这样惩罚自己的乳母是有违情理的，从而让汉武帝免除了对乳母的责罚。

民国诗人初元方曾写过一首《关龙逢墓》："死谏开先第一人，千秋从此解批鳞，空言盛世能旌善，坯土何曾表直臣。"关龙逢是夏桀的大臣，因忠谏而被夏桀所杀。据《韩诗外传》记载，夏桀时，建造的酒池中可以运船，堆起的酒糟足有十里长，池中的酒几千人也喝不干。关龙逢看到夏桀荒淫无度，就进谏说："古代的君王，讲究仁义，爱民节财，因此国家久安长治。如今国王您如此挥霍财物，杀人无度，您若不改变，上天会降下灾祸，那时定会有不测的结果。"他恳请国王改变这种情况。说完，站在朝廷不肯离去。夏桀大怒，命人把他囚禁起来，最后把他杀了。

同样是劝谏君王，结局却天壤之别。虽然夏桀昏聩暴虐，但也不能不说关龙逢说话不顾环境、不知委婉、不看对象，在表达方面存在短板。在很多时候，实话实说不仅很伤人，还达不到想要的效果。不妨换一种让别人能够接受的方式，这样效果或许会更好。同样一句话，在不同的场合下、对不同的人说出来，会产生不同的效果。每个人的性格不同，心理的承受能力也不同，因此，对他人的话语就有不同的感受和理解。因为受到特定的场合和不同心理的制约，有些话在某些特定环境中说比较好，但在另外的场合中说未必佳。同样的一句话，在这里说和在那里说效果就不一样，说什么，怎么说，一定要顾及说话环境和对象，才能取得良好的效果。

努力奋斗，成就励志人生

竹子定律

黄明哲　主编

红旗出版社

红旗出版社
RED FLAG PRESS
推动进步的力量

图书在版编目（CIP）数据

竹子定律 / 黄明哲主编. — 北京：红旗出版社，2019.9
（努力奋斗，成就励志人生）
ISBN 978-7-5051-4937-3

Ⅰ.①竹… Ⅱ.①黄… Ⅲ.①成功心理—通俗读物 Ⅳ.①B848.4-49

中国版本图书馆CIP数据核字（2019）第193248号

书　名　竹子定律
主　编　黄明哲

出品人	唐中祥	总监制	褚定华
选题策划	华语蓝图	责任编辑	朱小玲　王馥嘉

出版发行	红旗出版社	地　址	北京市北河沿大街甲83号
编辑部	010-57274497	邮政编码	100727
发行部	010-57270296		
印　刷	永清县晔盛亚胶印有限公司		
开　本	880毫米×1168毫米 1/32		
印　张	30		
字　数	780千字		
版　次	2019年 9 月北京第1版		
印　次	2019年12月北京第1次印刷		

ISBN 978-7-5051-4937-3　　定　价　149. 00元（全5册）

版权所有　翻印必究　印装有误　负责调换

前言

FOREWORD

年轻的时候，不该什么都不想，也不能想太多。想得太多顾虑也多，成功路上最辛酸的是要耐得住寂寞、熬得住孤独，总有那么一段路是你一个人在走，一个人坚强和勇敢。也许这个过程要持续很久，但如果你挺过去了，最后的成功就属于你。

竹子用了4年的时间仅仅长了3厘米，但从第五年开始却以每天30厘米的速度疯狂地生长，仅仅用了六周的时间就长到了15米，因为在前面的4年里竹子已经将根茎在土壤里延伸了数百平方米。

竹子的生长过程其实和人、企业追求成功果实的过程是一样的道理，但现实中能熬过那3厘米煎熬的却寥寥无几，所以人们常说，成功的路上其实并不拥挤，因为坚持的人并不多。

竹子之所以到最后能够快速增长，是源于其最初4年扎根土壤的耐力与努力，当根茎延伸得足够宽阔时，吸收的养分也就足够丰富，自然就为后续的高速生长奠定了厚实的基础，所以不惧今后风雨的袭击，悍然屹立在天地之间，而企业及人的成功之路与竹子的生长哲学又何尝不是一致的呢。

人生若不曾经历聚散离合、几番浮沉、千锤百炼，耐得起寂寞，扛得起责任，肩负得起使命，又怎会换得来人生价值？我们的眼睛往往只会看见别人的辉煌，却看不见别人辉煌背后的付出和磨砺。古往今来，绝顶天赋之人少之又少，有哪个不是先忍受了人间的寂寞孤苦，才换来世人敬仰！

“心在一艺，其艺必工，一心在一职，其职必举。”每个人的成长都不是一蹴而就的，所谓成功，哪有什么人生开挂，只不过是厚积薄发！

目录

CONTENTS

第一章 厚积薄发

树不可长得太快。一年生当柴，三年五年生当桌椅，十年百年的才有可能成栋梁。故要养深积厚，等待时间。

有行动，才会怒放

一个男人立志要在40岁时成为亿万富翁，35岁时，他发现光靠工作无法实现这个愿望。于是他放弃工作开始创业，梦想着快速致富。5年的时间里，他开过旅行社、咖啡店，可惜每次创业都失败了。看着他心力交瘁，并抱怨上天，太太说服他去向当地一位很有名望的智者求助。

智者带着男人来到庭院中，院中尽是茂密的百年老树。智者对男人说："如果你能把庭院的落叶扫干净，我就把如何赚到亿万财富的方法告诉你。"

虽然不太信，但看到智者如此严肃，加上财富的诱惑，男人心想扫完这庭院有什么难，就拿过扫把开始扫地。过了一个小时，好不容易从庭院一端扫到另一端，在即将扫完之际，他却看到刚扫过的地上又落了满地的树叶。懊恼的他只好加快扫地的速度，希望能赶上树叶掉落的速度。但经过一天的尝试，地上的落叶跟刚来的时候一样多。男人怒气冲冲地扔掉扫把，问智者为何这样开他的玩笑。

智者指着地上的树叶说："欲望就像地上扫不尽的落叶，层层盖住了你的耐心。耐心是财富的声音。你心上有一亿的欲望，身上却只有一天的耐心；就像这秋天的落叶，一定要等到冬天叶子都掉光后才能扫得干净，可是你却希望在一天就扫完地。"

听完智者的回答，男人若有所思。智者又邀请他去外面散步。经过一片竹林时，智者对男人说："你看这参天的竹子，你是否也想着有一天能如此？""当然了。""可是你知道吗？竹子在长出地面之前，只是一个小小的笋。生长笋子的竹根，在地下会铺开很远很远，以便让竹笋获取更多的营养，为后来的发力打下基础。在竹笋出土的季节，如果夜深人静的时候来到竹林，你会听到竹子在拔节成长的声音。只需要短短几个月之后，它就长到十几米高了。”

智者说：“我们看到别人似乎轻轻松松就成功了，却没有看到他默默长根的时候。如果你的耐心还不如一棵竹子，怎么能听到财富的声音？”

世间的万物，都有自己的发展规律，我们不能为了达到某种炫耀的目的就拔苗助长，跃过或者忽略掉其中的一步，只能使自己成为一个不健全的人，给自己的发展带来不良的影响，这是一种短视行为。不要为眼前的小利而失去长远的大利。要学会耐心等待，等待收获更大更好的“果实”。

坚持不懈，厚积薄发

成功的销售肯定有一个坚持不懈、厚积薄发的过程。一蹴而就的成功是有偶然性和非普遍性的。

现在初做销售的人一开始就在寻求一种销售成功的捷径，可能是因为科技与网络的发达，很多东西都不用我们自己动脑子，打开电脑就能迎刃而解。当然，这并非不是一种高效率的办事途径。

可是，真正成功的销售员，没有一个是一开始就是走捷径出来的，很多时候别人问我有没有什么更好的话术对付客户的刁难，我们尝试过别人的答案和给别人答案，结果肯定不能如愿以偿，唯独销售是最难把握的，特别是媒体销售，因为这个过程包含太多人与人之间最基本的理性与感性的因素，攻克它就得找到一个平衡点，每个成功的客户就是一个平衡点，然而客户与客户不同，平衡点就不同，算算自己的业务生涯要找多少个平衡点。

所以说“捷径”特别是在初级阶段就很难给出了，为了这个平衡点，我们选择了做销售就要学会思考，学会自己面对困难，面对挫折，面对别人的不解，时刻会面临失意、沮丧、迟疑、没信心的情绪，这些都是我们必须经历和一直在经历着的，为了排解这些负面的情绪，就得学会有一个正面思考模式，把事情往好的方面去想，每个成功的销售员都是屡败屡战的，不能也不可以相信失败，把成功看成是一个阶段，失败只是到达成功过程中出现的不正确的方式，学会更改的方法，才能化失败为进步和走向成熟的动力，不断地进步，不断地改善，一次又一次地从头开始，便有了最后的美好结果。

一开始不要一味地寻求捷径和复制别人的成功案例，因为你的经历和阅历还没有到达那个阶段，销售历程如同小孩子初学走路，哪个人没摔过几个跟头？经历被摔的疼痛和磕绊，你才能坚强地站起来，顺利地走下去，父母越是搀扶，你的跟头就会越多，因为你总想着借助别人的力量，如果旁边没人，你肯定会自己想办法站起来。这和我们初做销售是一样的，客户的不解、刁难和一个个挫折都是我们销售路程中的一个个障碍，有些障碍我们可以走捷径绕过它，但这些障碍是我们必须要面对和自己排除的，别人帮我们只能从精神上排除，真正想从心里和行动上排除它，必须要靠我们自己！我们既然选择了做销售，就选择了挑战自己，目标明确了，意志就坚定了，我们就能静下心来给自己足够的时间去面对和迎接那些挑战与挫折了！这样坚持不懈，不断地为自己储存能量，自然就厚积薄发了！

尽自己最大的努力去做

她叫黛比·弗尔慈，20世纪50年代生于美国加州的一个普通农家。结婚后，作为家庭主妇，面对日益拮据的生活，她想到创一份属于自己的事业。但做什么呢？一没有雄厚的资金，二没有一技之长。于是，她想到了自己最拿手的就是现烤软饼干，不如就开一家这样的专卖店。

产生这种想法的当天，黛比找到了她认识的一名行销专家。他在一家公司担任高级主管，了解市场经济，熟悉市场行情，更重要的是这位专家曾经吃过她做的饼干，对她的饼干赞不绝口。

黛比一见到这位行销专家，就对他说："你一直很喜欢我做的现烤软饼干，现在我想投放市场，你认为怎么样？"

"这根本行不通，没人会买你的现烤软饼干。"

听了这位行销专家的话，黛比有点不死心，专门请教了不少食品方面的专家，他们大多还没顾得听完，就连连摆手，一致表示反对。她知道，他们提出的问题和困难，不论谁创业都会碰到。

于是，黛比想到了自己的家人，他们经常吃自己做的现烤软饼干，会有更亲身的感受，一定会理解和支持她开饼干店的想法。

想不到妈妈一听到黛比的想法，就满脸慈爱地说："我不希望你每天站在热得要命的烤箱旁边去卖现烤软饼干，还不知道能不能赚到钱。"

婆婆一听，立即提高了声调，对黛比说："那根本行不通。你从没有做过什么生意，家中的这点积蓄投进去，一旦血本无归，你们可怎么生活下去。"

黛比想不到自己在家人面前又碰了一鼻子灰。于是，她找到了周围的邻居、同事，逢人便讲自己想开饼干店的想法，想多方征询他们的意见和建议。没想到，他们好像事先商量好的一样，都异口同声地告诉她："这主意太怪了，你去做根本不会成功的。"

后来，黛比把这一想法告诉给自己最要好的朋友温蒂·马克斯。她想自己最忠实的老朋友即使不怎么支持，也会说些令她宽慰的话。想不到温蒂·马克斯一听她的话，马上告诉她："我根本无法想象这有什么成功的模样。"

面对大家投来的怀疑眼光，黛比没有选择放弃，1977年8月，她孤注一掷地开了第一家现烤软饼干专卖店。

开张当天，黛比的饼干专卖店真的没有迎来一个顾客。在当时，一般人家都会自制饼干，就算要买，大家总是买已包装好的、咬起来脆脆的饼干。难道自己开这种店，真的如人们所说，根本就不可能赚到钱？

在极度沮丧的情况下，黛比想到了采用免费试吃的方法来吸引顾客。于是，她面露笑容地从店里端出一大盘饼干，走到街上请来来往往的行人试吃。在让人们免费试吃的过程中，拉拉家常，交流一下做饼干的心得，创造了一种温馨友善的气氛。时间一长，人们都自愿到她店里购买她做的现烤软饼干，很快就有了回头客。

随后，黛比的饼干专卖店顾客越来越多，规模不断扩大，她想到了开连锁店，从第一家开到第二家，一连开了几十家。最早的连锁店由她授权本店员工去经营，她自己则专注于饼干的质量管理。后来，她的饼干店越开越多，从美国开到世界各地，已先后在全世界1400多个城市开了饼干连锁店，年营业额逾4亿美金，她成为了世界最大的“现烤软饼干”店的创办人。

另外，由黛比本人完成的第一部著作《黛比厨房的一百道食谱》，印刷成书，至今销售已超过180万册，成为第一部跃入美国纽约时报畅销书排行榜的食谱。她成功的创业历程，受到美国各方的赞誉和好评，先后荣获“全美十大杰出创业女性楷模”等荣誉称号，因而邀请她到各地演讲的邀约不断，她还成为了美国知名的励志演说家。

相信自己，专注一心去经营是成功的关键。正如黛比本人常说的一句话：“只要认为自己是对的，就没必要在乎别人的看法，只管尽最大的努力去做就是了。”这可能就是我们常说的商道吧。

人生就像一场长跑

她出生在山东烟台一个美丽的小山村，那里有漫山遍野的樱桃，父母是地地道道的农民。她从小要强、好学，不仅学习好，体育也棒，擅长长跑。她曾经梦想成为一名医生、律师。但17岁高考那年，她抱着试试看的心理，报名参加了女飞行员的选拔，没想到竟顺利通过体检，并收到飞行学院的录取通知书，幸运地成为了全国第七批37名“女飞”中的一员。从此她与飞行、与蓝天结下了不解之缘。

空军飞行学院的生活是艰苦的，入校第一天，她就被迫剪去长发，来不及悲伤，就投入到了紧张的理论学习及艰苦的军训中。那时候，面对枯燥的理论及高强度训练，好强的她始终咬紧牙关。拉练、跳伞、游泳等特训科项目更是不甘落后，能争第一不做第二。特别艰苦时也曾偷偷哭过，但不服输的她总是擦干眼泪，又继续训练。两年后，她顺利地进入哈尔滨第一飞行学院，开始了真正的飞行生涯。

第一次在教员带领下飞上蓝天，当穿过洁白的云朵，俯瞰祖国大好河山的那一刻，她才真正体会到了作为一名女飞行员的自豪和骄傲。尽管不能像其他女孩一样穿漂亮衣服，没有充足的时间打扮自己，可作为飞行员，这种畅游蓝天的感觉，别的女孩永远也体会不到。从此她真正爱上了在蓝天上飞翔的感觉，更加刻苦地投入到训练及学习中。两年后，便以第二名的总成绩被分配到素有“女飞行员摇篮”之称的航空某团队，开始了人生的另一段征程。她努力向前辈们学习，熟练掌握了4种机型的驾驶技术，成为团里的骨干飞行员。之后，她多次参加战备演习，并驾机参加2008年汶川抗震救灾、北京奥运消云减雨等重大任务。

2003年杨利伟驾驶神舟五号成功升天时，作为飞行员，她心中的激动与兴奋同样难以言表。激动之余心中不禁升起一个小火苗，什么时候，自己也能飞上太空呢？这个想法让她兴奋不已，她相信未来国家一定会培养出女航天员，自己能不能成为其中的一名呢？想到这里，她又有了新的目标。

2009年5月，通过层层严格的选拔，她成为我国首批女航天员。她十分珍惜这得来不易的机会，努力投入训练。刚开始，一直没能突破超重训练二级，身体极限难以承受。她急得不行，一面向航天员中的“老大哥”们讨教，一面加班加点增强心血管和肌肉练习。第二年她的成绩就达到了一级。

2012年她成为神舟九号任务备份乘组成员，此时，唯一的女航天员将从她与刘洋之间产生。最终她以微弱的差距落选，但这足以说明，她离太空的脚步更近了，她相信自己一定可以飞上太空。她微笑着祝福队友，丝毫不受落选影响，几乎没有停顿，立即投入到后续训练中。2013年，她终于成功入选神舟十号航天员，与聂海胜、张晓光一起，进行了为期十五天的飞行任务。她不仅负责监视飞行器、设备操控、照料乘组生活，还将担任太空授课人，向中小学生讲解失重条件下物体运动的特点、液体表面张力作用，并与地面师生双向互动交流，成为继美国教师芭芭拉·摩根后世界上第二个太空授课的航天员。

没错，你已经猜出来了，她就是我国第二位女航天员，80后王亚平。

回顾十几年的飞行生涯，王亚平笑着说："人生就像一场长跑，我在飞行这条长跑路上，有困难，有险阻，但这里的风景也独一无二。我会继续飞下去，因为只有坚持，才知道哪一站的风景是最美丽的。"

印证你不凡的人生

今天的事故会成为明天的故事，明天的故事会成为他日的传奇。磨难就像一颗裸钻，渡难的过程就像打磨钻石。挺过的难关都将成为悬挂在人生长河中最闪亮的星。它们会成为一种最有力的印证，印证着你不曾平凡、有过努力的人生。

马天宇，这个1986年出生的大男孩，2006年通过《莱卡加油！好男儿》出道，2009年毕业于北京电影学院，如今是影视歌三栖艺人。他俊美的面容，儒雅的气质，让人实在不忍联想到他曾经的坎坷。

他觉得自己是一个挺有韧性的人，而且“特别的韧”。他外表柔弱，内心却十分强大。看他的故事，就像在看“苦儿流浪记”，让人忍不住一肚子心酸。

他是在山东德州农村长大的，家里世代务农。5岁那年，母亲病逝，父亲因负债而抛弃儿女远走他乡。他和两个姐姐由年迈的爷爷奶奶拉扯大。小时候他吃不饱、穿不暖，后来还因为交不起3块钱的学费而辍学。家里面两个老人，一亩七分地，没有劳动力，夏天还能有些吃的，冬天就完全没有了。这样的经历，都市人会觉得不可思议，但对马天宇来说，却是刻骨铭心。

上学的时候都是穿着奶奶的鞋，下课也不和同学们玩。他一个人站在墙脚，右脚踩着左脚，为的是不想让同学看到自己穿老太太的鞋。他只能用这种方式来维护自己少得可怜的自尊。去同学家，看到别人都有爷爷奶奶爸爸妈妈，吃饭有肉有蛋，他就觉得特别温馨，也特别想吃。那个时候，他心里很疼，很疼。因为他吃的是玉米饼，由于家里太穷，奶奶都是晚上把饼放在枕头底下焐热了，隔天拿给他们三姐弟吃。

有一次，学校里打防病疫苗，两块钱一支，他打了，回去后就被奶奶拿藤条抽了一顿，因为这针疫苗意味着好几天的饭钱都没了。他的课本什么的，都是拿同村高年级孩子的，一张写字的纸都要两面反复用。那时候，他最大的梦想是长大以后做一个厨师，因为听到厨师最高工资有600块钱，他可以赚钱盖房子娶媳妇。

当有人问他，那段经历会不会太过悲惨时，马天宇笑了笑说："对我来说就是一个台阶吧！人生就和波浪一样，如果没有那段经历，也就没有今天的我了。所以我只会觉得那个时候我比其他80后的孩子苦，但我不会把它当成负担，反而是一笔财富。但这个财富，我也不会拿出来炫耀！"

那时候他很自卑，他常常会被别人嘲笑说是"没妈的孩子"或者"有爹生没爹养"之类的……但奶奶不许他打人，连理论一下都不行。也许，正是这种态度，才让他没有变成生活的奴仆，而是主人。爷爷很正派，从来不占别人便宜，欠了别人的钱很难受，一有钱就一定要马上还。这些，就是他生命里的光。

马天宇红了以后，从没尽过责任的父亲回来了，带着一个后妈。但他不会再恨，因为“再恨也不能改变以前的生活了，他已经老了，动不了了，杀了他也解决不了问题”，而且，他还把父亲和后妈都安置在自己家里，只为不想留下“子欲养而亲不待”的遗憾。

也许，每个人生命的冬天都曾有过肃杀，但就像马天宇的《月光晴朗》歌里唱的：“幸福就好像寻找某种光，有些光芒，即使微亮，绝不退让。爱你是我的信仰，我找的是一种方向而不是风向，我在宁静等待里被幸福绽放。”

执着的追梦人

张羽1983年12月出生于黑龙江齐齐哈尔市一个普通职工家庭，14岁时父母因各种原因难以继续一起生活而离异，从此他跟着妈妈开始了艰难的生活。

张羽的妈妈当时每月工资只有400多块钱，一个离婚的女人领着孩子独自生活，日子可想而知。张羽从小聪慧睿智，学习一直不错，尤其对唱歌很感兴趣，只要电视里有播放演唱会的节目，他就会聚精会神地观看，他还喜欢搜集各类歌星的演唱录音资料，反复播放边听边学，很快学会了不少歌曲，最难得的是他有一副天生的好嗓子，许多歌曲的高音部分，他不怎么费劲儿就能唱上去，就这样，学习之外，听歌、唱歌成了他最大的爱好。后来随着年龄的增长，到初中快毕业时，张羽对唱歌的喜爱程度越来越浓，渐渐地萌生了争取考一所艺术类学校，好好学一学音乐，将来做一名歌唱家的梦想。但学习音乐是需要一定经济能力支撑的，张羽妈妈那点微薄收入，除了供张羽上学读书外，连维持两个人的日常生活都困难，时常捉襟见肘，根本无法满足他追求歌唱梦的愿望，于是中考前的一天晚上，张羽妈妈将他叫到身边，拉着他的手说："儿子，妈妈知道你喜欢唱歌，但咱家的生活你也知道，妈妈实在没有能力帮你走这条路，我希望你能报考一所职业学校，早点学一门技术，早点工作赚钱养活自己。"张羽是个非常懂事的孩子，完全理解妈妈的苦衷，看着妈妈为难又略带愧疚的神情，当即把自己的梦想深深埋在心底，痛快地接受了妈妈的建议。到中考时，经过再三考虑，觉得国家小轿车步入家庭的速度越来越快，将来汽车维修这个职业一定前景不错，于是报考了公办的齐齐哈尔市职教中心学校汽车驾驶与维修专业。

虽然上了职业学校，但张羽对自己梦想的追求却没有放弃，他想："不能上专业艺术学校学习，我就自学！"于是他在学习之余，和几个好朋友组建了一支乐队，自己担任主唱，和大家一起，一边凑钱买名家演唱的音碟，认真聆听、学习，互相切磋、揣摩；一边寻找机会参加一些业余演出，在实践中提高自己。为了不使妈妈担心，张羽始终偷偷参加乐队的活动，什么商店开张、企业促销、公司庆典，只要有机会演唱，他就绝不放过。这期间他经历了许多难以想象的挫折，一开始很多人说他唱得不好，也有人说他长得不好看，甚至在台下起哄，面对这种状况，他不生气，也不气馁，下了台就诚恳地向伙伴儿们征求意见，寻找差距，并不断告诉自己："将来一定要唱出个名堂来！"正是凭着这股劲头儿，张羽的歌越唱越好，越唱越有味道。

读职业学校的最后一年，其他同学都选择去汽车厂实习，张羽却没有去，他坚持和朋友一起搞音乐，后来，妈妈知道了张羽的状况，劝他还是先找工作，有了稳定的收入再搞音乐，听了妈妈的劝告，张羽在当地一家汽车修理厂找了份活儿，边干边继续搞音乐。这期间，他就是一个流浪歌手，到处漂泊，街头他唱过，商场里他唱过，总之，只要有演唱的机会就绝不放过。一次张羽在一家商场得到了周末促销演唱的机会，事先说好了演出费200元钱，但等张羽演唱完后，商场却以他唱得不好为由，拒付报酬，当时张羽气得真是欲哭无泪，为了抒发自己的忧伤，也激励自己，他创作了一首名为《落叶》的歌曲，他在歌中唱道："我是一片小小的落叶，总是随风四处漂泊。北风吹呀吹，我的心已碎。我就是落叶，我也有我的美……"同时张羽还在日记中写道："我要用这首歌告诉自己，即使自己只是一名普普通通的修车工，也不该放弃自己的理想，也要拥有自己的美！"

后来，张羽听说大连的不少酒吧有歌手驻唱，只要歌唱得好，演唱的机会很多，便于2002年只身一人来到大连，先是凭着不错的技术，在市内一家汽修厂找了份活儿，随后白天铆足劲儿把活儿干好，下了班，便往酒吧跑，一家一家地毛遂自荐当歌手，刚开始酒吧老板们看他年纪不大，又没有在娱乐场所演唱的经历，都不愿接收他。一连几天，张羽都是乘兴而出，败兴而归，深夜，当他腰酸腿疼地躺在床上难以入眠时，两眼望着天花板，想着一次次被拒绝的遭遇，心里有种难以言说的酸楚。每当这时，张羽都在心中暗暗告诉自己："想到酒吧当驻唱歌手是你自己的选择，要想闯出一条音乐路，就得不怕遭白眼，是爷们儿就得挺住。"正是有了这股劲头儿，经过一番琢磨，他改变了方法，每到一家酒吧，简单自我介绍后，马上亮嗓子，展示自己的唱功，这一招果然奏效，几天后，他特殊的嗓音征服了一家酒吧的老板，被聘为驻唱歌手。有了演唱的机会，张羽每天都精心准备，不管白天修车多累，都保证以最好的状态投入演唱，张羽的高音柔和、感情激越，演唱很有特色，很快便在大连的酒吧歌手中红了起来，然而一个歌手要想从酒吧里唱出来，就需要参加各种比赛，当时张羽的收入虽说已经不错了，但要出去比赛还是难以应付的。于是一有比赛，只要他觉得够规模、适合自己，自己手头钱不够，他就会想方设法借钱参加。值得庆幸的是，张羽遇到了一位好老板，酒吧老板知道张羽的情况后，主动借钱给他参赛，至今张羽还欠着那位老板一万多块钱。经过各种赛事的不断历练，张羽的演唱水平有了大幅度提高。

2006年，张羽为了早日圆自己的音乐梦，毅然来到音乐人云集的北京。到了北京之后，他还是白天在汽修厂里干活，晚上学习音乐，四处演唱，不断寻找着机遇，结果来北京当年，他就抓住了参加中央电视台《非常6+1》节目的机会，并在比赛中脱颖而出获得了冠军，这次成功对张羽激励很大，也更加坚定了他圆梦的信心，比赛结束后，他便把目标瞄向了捧红了一大批平民歌手的央视《星光大道》栏目。

2008年，经过一段时间的充分准备后，张羽信心百倍地报名参加了星光大道的比赛，并经过激烈拼争，在没有夺得周冠军的情况下，沉着应战，反败为胜，一举拿下月冠军，继而越战越勇，最终以精彩的演唱成功卫冕年度冠军。担任决赛现场评委的金铁林、郭颂、戴玉强、卞留念等音乐界的权威，都认为张羽是一个少有的男高音，卞留念直言——他前途无量。一个汽车修理工的演唱，能让这些人看好，实在不易，张羽为此付出的艰辛可想而知。

现在张羽已经成为一名专业歌手，除签约在北京一家著名文化公司麾下，经常参加国内一些大型演出及一些电视台的综艺节目外，还应邀参加多部电视剧拍摄、为一些电视剧演唱片头片尾曲，其先后创作推出的《落叶》《红红大中国》《错爱》《梦的天空》等许多歌曲也深受人们喜爱，他用自己的执着追求和不懈努力圆了自己的音乐梦！

如果没有多年来矢志不渝的坚持，或许张羽如今依然在某个汽车修理厂当修理工。2017年12月参加完“不忘初心、敬老爱老”金霖《孝道行天下》公益演唱会接受记者采访时，张羽回望自己伴随梦想一路走来的歌唱之路：“我的成功，说到底，是心中有梦，又敢于去追逐梦，用执着的精神和无畏的奋斗去实现梦想！”毫无疑问，誓不言弃、执着追求是张羽成功的秘籍！

十年龙套，苦尽甘来

《红海行动》自上映以来就备受影迷关注，票房更是一路逆袭，已经拿下超32亿的惊人成绩。出演蛟龙突击队队长“杨锐”的张译，也一下刷爆朋友圈。很多人并不了解，就是这样一位演技爆棚的演员，早些年曾被认为“不会演戏”，导演甚至说“你不要演戏了”，为此他跑了10年的“龙套”。既不是小鲜肉也不帅的他，是如何实现人生逆袭的?

张译1978年出生于哈尔滨市，父母都是老师。高考时，怀抱播音梦的他以一分之差错失北京广播学院，后来只好以自费生的身份加入哈尔滨话剧院。1996年冬天，张译看了两个话剧，感动得在现场流泪，他震惊地发现，戏剧可以靠它的情境触及一个人的心脏。学了半年，张译发现自己喜欢上了话剧，开始到处找话剧剧本，一位老师建议他去北京，“天天都能看话剧”。

于是，18岁的张译只身从哈尔滨来到北京，参加了北京军区战友话剧团的考试。等通知的夏天显得燥热无比，他住的地方又是顶层，屋顶被太阳晒得特别烫。张译汗流浃背地坐在床上数着所剩不多的钱，估算着自己还能扛多久。

幸运的是，最终他被战友话剧团录取了。1997年，团里拍电视剧，战友们都成了主演，张译还是龙套，每天在剧组头也抬不起来。有一次演出结束，大家都喝了好多酒。喝高了的导演搂着张译说：“你是个好孩子，你得学习、努力！”张译含着眼泪不断点头。导演又接着说：“但是，可不要再演戏了。”导演走了，张译愣愣地站在原地，想哭。

太多的人奉劝张译别再做这行，说他不会演戏，应当另择他路。因为文笔不错，领导便让他当会议记录员，以及写各种材料，后来又开始写剧本。当时不流行电脑，所有材料都是用手写的。几年下来，累积的纸张高达一米半，他中指握笔的地方都塌下去了。领导劝他，说反正你也演不了戏，转文职当干事也是一条出路。

无奈那时张译已爱上表演，他不停地跑剧组。结果“跑了5年剧组，递出上千份简历，一个角色都没捞着”。张译说他平均一天能跑一两个剧组，只想以此来证明自己可以当演员。

其间，因没戏可演，张译也写剧本，有短剧、话剧、小品、电视剧。他的作品甚至还登过《剧本月刊》，拿过全国银奖。2003年，张译一度想过放弃表演，改行做编剧。写得最尽兴的一回，把自己感动到深夜里跪在地上痛哭。然而，已经写了18集的剧本最终却未能投拍，协议终止，他真是欲哭无泪。

2004年，正当他觉得可能连编剧这个工作也做不了的时候，却意外接到一个剧组副导演的电话。那部电视剧叫《民工》，康洪雷导演，张纪中做制片人。虽然《民工》这部戏没有给张译带来想象中的翻天覆地，但却让他正式开启了盼望已久的演员之路。也是这部戏，让导演康洪雷看到了张译的闪光点，这才有了后来邀请他出演《士兵突击》中的班长史今，这个角色给观众留下了深刻印象。

《士兵突击》让26岁的张译扬眉吐气。这部剧播出后，他穿着大裤衩出门买鸡蛋，结果被人认出来，他提着鸡蛋掉头就跑，女孩儿在后边猛追，结果跑得太急，鸡蛋在树上撞碎了，张译红着脸继续跑，蛋液顺着网兜往下滴。而在此之前，他已辛酸地跑了10年“龙套”。

到了2009年，康洪雷导演的《我的团长我的团》又让张译的演技再次得到认可，此时，已经没有人再说“张译不会演戏了”！

不过，这些角色虽让人印象深刻，却都不是主角。对此张译说：“我自己非常清楚，我是非常好的‘二传手’，不是主攻。但‘二传手’承上启下，也很美妙。”

在冯小刚的影片《我不是潘金莲》里，张译饰演法院庭长贾聪明，尽管才几分钟戏份，却演活了一个为了仕途无底线谄媚的小公务员，在一众男演员中尤为出彩。张译说他对这个角色之所以理解到位，就是因为生活中真正见过这种人。“一顿饭工夫，对别人的称呼就变了四次：最开始领导长领导短，过一会儿变成‘王总’‘李总’，后来开始叫老大，最后结束时假装喝多，就直接叫‘哥’‘你是我哥’。”把这类人的表现往角色身上加，就有了神形兼备的贾聪明。

都说演员忌讳表演时改剧本，但张译说他演每部戏都会改剧本。因为当过编剧，表演时他能从角色中跳出来，以客观的第三方角度看表演，一旦发现感觉不对就找原因，看问题出在哪儿。“如果是剧本有问题，那就要改。”

《追凶者也》里有一场戏，张译饰演的杀手董小凤要去追杀一个小混混。他跟着小混混上了大巴，在颠簸中，与旁边的一位女乘客靠着睡着了。结果等他醒来，小混混早已下车。气急败坏之下，董小凤扇了女乘客一巴掌。这一幕，观众笑得最大声。

其实一开始剧本中并没有扇巴掌这个动作，张译觉得董小凤睡着了的情节虽然有趣，“但没有那么好玩”。“怎么才能更逗、更符合他当时的心情呢？打自己肯定不行，打司机也不行，谁让他睡着了打谁，那就是旁边的乘客大姐了。”张译把自己的想法跟导演曹保平一说，曹保平笑弯了腰，最后出来的效果特别好。在这个被誉为贡献了年度最佳群众演员的电影中，导演曹保平称张译负责了很大部分的幽默搞笑担当。

2015年9月19日，张译还凭借《亲爱的》里韩德忠的角色，获得了第30届中国电影金鸡奖最佳男配角，这是他获得的第一个专业性大奖。当时颁奖嘉宾念到张译名字的时候，他抖了一下，不敢相信这是真的。

从长相上看张译并不帅，甚至可以说有点普通。然而，就是这张大众脸，让他在表演上有了更多的可能性。当演员十几年来，他在电影和电视剧中演绎的角色几乎没有重复的类型，民工、士兵、刑警、杀手、煤老板、文人等，千人千面，演啥像啥。陈凯歌赞张译“戏比天大”。杨树鹏更直言：“不管你要什么戏，张译都能给你。”

这与他对表演的走心密不可分：他给角色写人物小传，像做解析几何一样画下人物的命运走向图，为角色设计标志性的动作和台词。用他的话说，就是“用工匠精神演戏”。这一点，颇受林超贤导演赏识。所以，2017年在拍摄他执导的《红海行动》时，他一下就想到了张译，并邀请他出演男一号蛟龙突击队队长杨锐。

电影《红海行动》将也门撤侨的真实事件搬上银幕，讲述了蛟龙突击队临危受命，前往非洲解救中国人质的惊险过程。为真实再现故事情景，影片大部分外景选择了与也门风景类似的摩洛哥进行拍摄，许多大场面镜头甚至选择在偏远的荒漠无人区拍摄，这里自然环境恶劣。张译特意带了菜种子，想在那边能吃上最爱的火锅。不料却被非洲的天气给坑了，他种了28盆菜，种了两个多月，最后却都死了。

虽然种菜失败，但在拍戏方面张译是一刻也不敢放松。在北非拍摄中，张译无惧烈日、沙暴，这里白天地表温度超过40摄氏度，他经常需要趴在滚烫的沙子上完成各种动作；在沙漠拍摄时，扬沙经常吹得人睁不开眼睛："一场戏拍下来，感觉肺泡里全都是沙子。"

张译说，为了真实还原战争场面的残酷，林超贤导演在拍摄中摒弃绿幕和特效，一律使用真炸药。冒着随时可能被爆炸碎片击伤的危险，整个剧组可以说是用生命在拍戏。在拍爆破戏和后半部分的坦克戏时，噪声大、人声小，逼得林导不得不鸣枪为号，来指挥现场，这彪悍的工作方式在国产片中也算绝无仅有了。

剧组在北非取景近四个半月，张译在拍摄时不仅遭遇过暴雨、龙卷风、沙尘暴等极端天气，让他感到最困难的是开拍没多久就摔伤骨折。"在摔倒的一瞬间，就听见非常清脆的一声爆裂，我就知道骨折了。"极端痛感过去之后，张译觉得颇愧对导演，因为他知道男一号摔伤对一个剧组的打击太大了，"因为你一个人要面临耽误500至800人的工作，这种压力很难承受。"

骨折后的第三天，张译和医生一起想到了一个办法——穿"免负重靴"来帮助行走，"穿上后能把受伤的脚踝箍住，所有力量集中在小腿，基本可以一瘸一拐地走路了”。之后，在非洲的红海片场，总能看到一个坐着轮椅或是拄着拐杖的“瘸腿”演员。张译脚踝骨折无法站立，冒着巨大风险，穿上定制“免负重靴”坚持拍摄，演戏时他则要突破胆量把拐杖扔掉。

从陡峻的高山到荒芜的沙漠，从繁华的城市街头到落寞的古城老巷，《红海行动》剧组辗转近十个地区。本着“血战到底”的原则，影片几乎每隔三分钟就有一次炸裂式对决。张译的“玩命”，也激励了其他队员。他说，“蛟龙”们在这部戏中对自己可谓“狠”到了极点，爆炸、高空坠降等戏份亲自上阵，为追求真实效果，海清在一场戏中感受到了爆炸带来的非常大的热浪，她整个人都被掀翻了，手也流了血。

黄景瑜在经过几十次从30米高空“跳楼”拍摄后恐高症不治而愈，蒋璐霞则表示每次爆炸都发生在离自己不到1米的距离，好几次她都觉得自己的胳膊被炸掉了，每次喊卡后，她都会赶快摸摸自己的手还是不是完整的。

张译曾“控诉”导演，最大的缺点就是24小时连轴转，最长的一次连拍了20个小时。他说：“有一场爆破戏，爆破组在前面准备，我们跟着摄影机过去时，虽然做足安全措施，但还是有被爆破的石头溅伤。枪炮无情，拍摄中的战火、炮弹都是真的。每次导演喊卡，我都有种捡了一条命的庆幸感。”其间，张译还曾经历摔伤，以及被毒虫咬伤。

2018年大年初一《红海行动》上映，自上映以来就备受影迷关注，票房更是一路逆袭，拿下超32亿元的惊人成绩。作为男一号的张译，也因演技精湛，一下刷爆朋友圈。历经辛酸磨难，这个“不会演戏”的龙套大器晚成，终于红了！

第二章 坚持不懈

做人要像荨麻草一样坚韧，学习要像尖毛草一样厚积薄发。

一步一步走向成功

ZARA（飒拉）是享誉全球的快时尚品牌，而它的创始人阿曼西奥·奥特加却鲜为人知。这位出生于西班牙贫困地区的穷小子，凭借自己的努力，一步一步走向成功，走向世界。

一、学徒生涯

阿曼西奥·奥特加是从底层崛起的亿万富翁。他出生于西班牙的一个贫困地区，父母收入微薄，家庭经济拮据，全家人连吃饱饭都有困难。

8岁时，奥特加全家搬到偏僻的渔港小城——拉科鲁尼亚。这里是西班牙传统的纺织服装工业中心，也是奥特加奋斗的起点。

有一次，奥特加的母亲想给他买点糖果，可是商店老板却说，不能再让她赊账了。奥特加觉得十分受辱。

为了改变命运，13岁的奥特加决定辍学，去一家服装店当学徒。他从打杂做起，天天给客人送衣服，之后成为裁缝助手，慢慢接触到服装设计的核心领域。奥特加发现，服装从设计到制作，再到零售，整个过程有着巨大的利润空间，他希望自己也能从中赚到钱。“我一定得搞出些名堂！”于是，他越发勤学好问，逐渐掌握了服装行业的全套经营流程，为日后创业打下了坚实基础。

二、创业征程

几年后，奥特加进入一家高级服装店工作。凭借出色的表现，他很快从普通店员晋升为部门经理。

当时，奥特加负责销售一款精致的女士夹棉睡袍。他发现，这种睡袍深受女性消费者喜爱，但是由于价格高昂，鲜少有人问津。他抓住机会，决定自己生产物美价廉的睡袍。

1963年，奥特加创办一家服装厂，专门生产睡衣。挑选布料、剪裁、缝制，奥特加顺利生产出了类似的睡袍款式，送到当地商店售卖。由于符合市场需求，价格实惠，奥特加的睡袍销量火爆，服装厂规模迅速壮大，十年间员工增加到500多人。然而好景不长，20世纪70年代，石油危机爆发，一家德国企业临时取消了一大笔订单，奥特加濒临破产，他决定放手一搏，自产自销，ZARA（飒拉）应运而生。

凭借时尚的设计和亲民的价格，ZARA（飒拉）迅猛崛起，并以燎原之势火遍全球。而这背后，是奥特加独特的经营模式。

三、经营模式

从在拉科鲁尼亚开设第一家ZARA（飒拉）门店开

始，奥特加一直坚持“快时尚”经营模式。

首先，建立一支庞大的设计师队伍，紧跟潮流。奥特加聘请了260多名设计师，这些设计师常年穿梭于各种时装发布会，捕捉最新的服装时尚信息，反馈到公司总部。然后，设计师团队迅速进行改版设计，推出新产品。

其次，产品款式丰富，迭代速度快。ZARA（飒拉）的衣服设计时尚、款式丰富，而且迭代速度非常快。从设计到生产到成品上架，这一过程只需四五个星期，而如果是对已上架的产品做改进，只需要两个星期。

最后，快速复制线下门店，让ZARA（飒拉）遍布全球。在选址上，奥特加将ZARA（飒拉）的门店开在各个城市最繁华、客流量最大的地段。从纽约到巴黎，再到中国，ZARA（飒拉）一步一步走上国际舞台，成为全球快时尚巨头。

ZARA（飒拉）模式的成功，让奥特加实现了从穷小子到欧洲首富的跨越，也创造了一个时装界神话。

做一个敢于仰望星空的人

25岁这一年，青禾不顾上司的挽留和父母的反对，辞了渐渐稳定的工作，在她想要去的那个城市租了房子，开始准备考研。

几乎所有人都劝她放弃。

读过研的同学告诉她其实读研也就是那么一回事，换一个地方和另一群人无所事事几年，毕了业依然要和学历比自己低的人一起竞争；上司告诉她，如果她不辞职继续努力一下马上就可以升职，到时候会有一笔可观的工资；父母说他们老了，没有能力再给她提供学费生活费了，他们希望她来养这个家……

身边所有人都不理解她为什么突然决定考研，在旁人看来，本科毕业的她没有直接读研而是选择了工作，工作稳定之时她却又放弃了可以得到的所有选择从头再来，毋庸置疑，从头到尾，她做的都是错误的决定。

可是青禾还是做了，不管不顾，干扰因素再多，她也不在乎，她就是想去她向往的城市继续深造。

有人问她为什么，她说为了理想。

青禾已经不记得自己为什么那么向往读研了，她记得的是从大一开始她就已经在准备考研了。本科是喜欢的专业，所以她认认真真地上每一堂专业课，修了许多相关的选修课来为考研打好基础。同学们从高中升入大学后开始堕落，可她却还是过着和高中一样的生活，每天早晨6点起晚上11点休息。她在无人的操场上大声朗读英语，去参加英语角练习口语，去参加各种讲座。大学里，她没有一丝一毫的松懈。

大四那年，她获得了保研名额。她觉得总算她的努力没有白费，她的梦想触手可得。但是现实很残忍，她的父母不支持她读研。

青禾一直知道自己想要考研的决定不会被父母支持，所以她一直很努力，努力地兼职赚钱，努力地学习拿奖学金，努力到得到了保研名额，可是她的父母还是不同意。原来，无论她怎么做都不够。

青禾来自一个小县城，家境一般，她的大学学费全部是贷款的，她知道父母负担不起自己的读研费用，她也觉得她不应该再是父母的负担，所以她让自己变得足够优秀，她也一直以为只要自己不再是父母的负担就可以，但事实上她不仅不能是负担，她还要负担家里，负担她还小的弟弟。

她终究还是与梦想失之交臂，凭借还可以的简历找了一份还可以的工作，养着自己也养着那个家。工作的那两年，她也不曾放弃自己的梦想，她会做一些相关的兼职，关注着相关的动态，她忘不了自己的梦想。

王尔德说："我们都在阴沟里，但仍然有人仰望星空。"青禾不仅在仰望星空，她还想要得到喜欢的那颗星星。哪怕没有人支持，她也不在乎。

工作的这几年，青禾也想过如果她是一个没有理想的人就好了，那样她可以在大学里放肆地玩，然后拿一个文凭，毕业后按照父母的意愿工作、结婚，一辈子就这样碌碌无为，做一条永远不会翻身的咸鱼。但是很可惜，她不是，她已经见过更加广阔的世界，她回不去曾经那个狭隘的自己，更何况不管她生活在怎样的环境里，她都有自己想做的事情，她也愿意为之努力。

张爱玲一生有三恨：一恨海棠无香；二恨鲥鱼多刺；三恨红楼未完。而青禾只恨自己没有坚持自己。这么久以来，她一直遗憾两件事：一是学院有出国交换的项目，本硕连读只需要读4年，她符合所有的条件，但她放弃了，因为出国的费用真的太贵了，她实在没有办法负担；二是毕业那年她没能拗过父母，选择了工作，放弃了近在眼前的保研名额。

而现在，她终于没有办法忽视自己的内心，不论过去多久她依然不能说服自己就这样按照父母的安排生活，她也不甘心就这样放弃自己的梦想，所以她决定重新追求自己的梦想，哪怕身后空无一人。

其实我们每个人都只是平凡人，我们想做的事情也要很难才能完成，更或者即便全力以赴也不一定会成功，也许我们走了许久的路也到不了目的地，但无论如何，只要有梦想就是好的，只要我们敢于仰望星空，就总有机会实现。

浮生一场，有人沉沦，有人平凡，也有人站在山峰之巅俯瞰众生。所有人都想做站在最高处的那个人，但总有人中途退出、放弃，所以最后抵达目的地的只有那寥寥数人，只有那很少一部分人功成名就被人仰望。可我们要记得，没有人能随随便便成功，那些成功的人也曾在阴沟里被淤泥缠身，只是他们比大部分人强，他们出发了就不曾后退，旁人冷言冷语也不在乎，他们只是想做一个有理想的人。

人生需要不断地学习充电

赵普是中央电视台的一名新闻主播，但很少有人知道20年前的他居然是一名保安。

初中毕业后，赵普参军了。1990年退伍后，赵普到安徽省体育局下属的体育馆当了一名保安，但他的梦想是成为一个像样的电视节目主持人。从保安到电视节目主持人，距离似乎太大了，大得足以让人泄气。但赵普并没有气馁，他仍然执着于自己的梦想。每个月几百元的工资，大部分都被他用来购买有关主持艺术的书籍。

为了练好自己的普通话，咬准每一个字音，每天下班后，赵普都会将《新华字典》上的字连同拼音抄满6页，然后折成小卡片，放在衣兜里，一有时间就一个字一个字地练习。不到半年，赵普的普通话就已练得炉火纯青，就连当初曾笑话过他的同事，也都纷纷竖起大拇指，称赞他的普通话说得顺溜。同时，为了练好形象和表情，他又专门从书店里收集了一些印有电视主持人形象的挂历，贴在镜子旁边，对照着模仿。

当一个人做好充分准备的时候，机会就真的来了。1991年，安徽省气象台面向社会公开招聘一名临时气象播报员。气象播报员虽然只有短短3分钟的出镜时间，而且还是一个每月只拿200元劳务费的临时工，但赵普还是决定试一试。

当他向气象台主管人事的领导递上自己的简历时，那位领导只是草草地扫了一眼，便丢还给他，面无表情地说：招聘对象的首要条件是必须具备本科以上学历。看到对方如此怠慢，赵普心里难过极了，但是他不甘心就这样错过机会。

于是，他控制住自己的情绪，诚恳地说：虽然我没上过大学，但我学习了很长时间的主持艺术，恳请您给我一次机会。经过赵普的再三请求，那位领导听赵普的确吐字清晰准确，最终同意让他试一试。结果出乎意料，赵普的综合素质竟远远超过其他竞争者，应聘成功了。

赵普并不满足于只当一名临时气象播报员，而是想以此为敲门砖，最终成为正式而且出色的电视节目主持人。因此，为了能够系统地学习和掌握有关播音主持的知识，赵普报名参加了北京广播学院的自学考试。从此，他既要当体育馆的保安，又要做临时气象播报员，还要自学，每天都忙忙碌碌的。

转眼间，3年时间过去了。正当赵普蓄势待发的时候，打击却接二连三地落到了他的头上。1994年11月，赵普的父亲因患膀胱癌不幸去世。3个月后，他又意外地接到了体育馆不再续聘的通知。接连遭受丧父和下岗的双重打击，命运似乎对24岁的赵普过于残酷。

下岗后，赵普立即开始在合肥找工作。然而，整整两个月过去了，他连当搬运工的活儿都没找到。最终，他只好拿出仅有的2000元积蓄，加盟了一个同学的服装店。为了谋生，他不得不放弃自学考试。为了淘到物美价廉的服装，他每天凌晨就要赶往千里之外的武汉市汉正街，与小商小贩们讨价还价，并且在天亮前赶回合肥。虽然服装小店在赵普和同学的精心打理下，生意越来越红火，但巨大的失落感却使得他的内心十分痛苦。

恰好在这个时候，北京广播学院播音系干部专修班正在全国招生。这个消息就像一支强心针，扎在了他那休克了几个月的心间，让他发奋走出挫折的阴影。赵普毅然决定报考。但他从招生简章中得知，北京广播学院播音系属艺术专业，既要考文化课，又要考专业课。文化课需要参加全国统一的成人高考，专业课则是寄送本人主持或播音的作品。

时间已经是1995年6月，距离文化课考试只剩下4个月了。在这么短的时间里学完整整3年的高中课程，几乎是天方夜谭。赵普决心放手一搏，把不可能变成可能。他给自己制订了详细的学习计划，从早上5点到凌晨1点，所有的时间都被充分地利用起来。即使是上厕所，他也要带上英语单词书。

凭着这份决绝和勇气，1996年2月，只有初中文凭的他终于接到了北京广播学院播音系的录取通知书。毕业之后，赵普凭借自己的努力进入了北京电视台。后来，他又在魅力新搭档比赛中，从1000多名选手中脱颖而出，顺利地进入了中央电视台。

谁都希望自己能做重要的事情，但大多数时候，我们只能做些跑龙套的事情。在跑龙套的时候，我们同样要不断地学习和充电，因为只有学习和充电才能让我们立于不败之地。

拯救你自己

17岁那年，她认识了一位风度翩翩而又富有才华的男人。他比她大7岁，刚从美国留学回到利比里亚首都蒙罗维亚。她认定他就是她人生中的白马王子，对他钟爱有加；而他则被她的美丽和青春所打动，她与他结婚了。而后，他到美国攻读硕士学位，她则在美国威斯康星大学麦迪逊分校攻读会计专业。

她原本想着他们的爱情和梦想会在美国得到升华和实现。可是，等待她的却是一场噩梦。这场噩梦毁了她的青春，甚至差点毁掉她的一生。

她与他带去的钱很快就花完了。为了生存，她只好半工半读。她找到了一份保洁工作，这个工作的报酬勉强够维持他们在美国的房租和基本生活费用。可是，他并不认可她所付出的努力。他认为她做的这份低微的工作给他带来了深深的伤害。因此，当他知道事情的真相后，他来到她工作的场所，一把把她手中的拖把拽过来，扔到了大街上。然后，他用力把她抱起来，一边往外走，一边大声尖叫着。他的怪异行动让她大为不满，可是，一切都无济于事，她的反抗得到的是一顿毒打。

从此，她经常受到他的毒打，以至于被迫辍学。她想到过离婚，可是，离婚对于一位利比里亚的女人来说是可耻的。她为此犹豫，这一犹豫，5年就过去了。5年里，她为他生了4个孩子。而这时候，她才22岁，正是一个美丽得像花朵一样的年龄。她不能再沉沦下去，她擦干眼泪，最终与他办理了离婚手续。

婚离了，可是，摆在她面前的并不是什么金光大道。因为，她的身边还有4个孩子，最大的也只有4岁。她带着4个孩子，来到科罗拉多州，一边打工，一边求学，一边照顾孩子。

一次，她下班回家，看到自己出租屋的周围围满了人，有邻居，也有警察和医生。原来，她的一个儿子因为患了急性脑炎，发高烧。孩子们在屋里大声求救，因此惊动了邻居和警察。开始，警察还以为她是一名拐卖儿童的犯罪分子，把她传唤到警察局。在弄明白事情真相后，警察让她回了家。她匆匆赶到医院，看着病床上的孩子，禁不住泪如雨下。

学校劝她先休学，等把孩子养大后再回学校完成自己的学业。她不，她已经失去了一次机会，失去了诸多青春，她不能再荒废学业。不过，她再也不用把孩子锁在家里了。在学校的帮助下，她在一家大型金融部门谋到了一份兼职工作。有了较高的薪酬，她就把4个孩子全部送到了幼儿园，自己则全身心地投入到学习和工作中去。

她就这样咬着牙，努力支撑着，这一支撑就是8年。她不仅获得了科罗拉多大学学士学位，而且，考取了哈佛大学，并取得了哈佛大学公共管理学院硕士学位。而她的孩子们也都一个个快乐地成长起来。1977年，利比里亚爱国人士塞缪尔·多伊举行起义，推翻了殖民地统治，建立了统一的利比里亚国家。她带着她的孩子们回国，先后担任塞缪尔·多伊政府的财政部部长助理、副部长、部长。她开始了一种崭新的人生道路。

她的名字叫埃伦·约翰逊·瑟利夫，曾任利比里亚总统。她的一生经历了太多的磨难和挫折，可是，她从来没有停止前进的脚步。2010年，利比里亚在她的领导下，彻底消除了历史上积欠的巨额外债，成为唯一一个不欠外债的非洲国家。因此，她也赢得了“铁娘子”的美称，深受利比里亚人民的爱戴。

女孩，不哭。因为，泪水拯救不了你，能拯救你的还是你自己。请把泪水咽进肚子里，带着挫折和苦难，上路！

我始终相信努力的意义

我大学毕业的时候，第一个工作是互联网公司电话销售。每天就是不停地打电话，被骂，挂断，继续打电话。

记得一个客户在电话里跟我讲，你每天一个电话打给我找骂，你有病吧。我跟他说，对不起，可我的工作就是给你打电话。那个时候整个人过得相当压抑，打的每个电话都希望对方快点挂掉，最喜欢听的声音是没接通时的彩铃声和挂断后的嘟嘟声。但每天又有电话时长的要求，不得不打。干了一个月吧，觉得这一行运气的成分占的比重太大，技术含量不高，不想再浪费时间了，于是就从公司离职了。

当时兜里就2000元左右，在上海，住着30个人一个房间的床位房，洗澡排队要排到凌晨1点，每天只能吃方便面，真的觉得特别迷茫。幸亏机缘巧合认识了一个朋友，他介绍我来了这家公司。面试和入职都挺曲折的，总之运气好，加上熟人介绍，公司破格录用我了。工资是原来的两倍，由于工作性质，还给解决了住宿，一个人住两室一厅。这对当时的我来说，就像天上掉馅饼，还正好落在盘子里。

入职的第一天，刚好赶上华东大区会议，拿了些资料，还未培训就去参加会议了。这里还有个插曲，在酒店的电梯里，碰到个老头，因为那个酒店都被我们包了，我知道他肯定是我同事，就跟他做了个自我介绍，说我是新来的谁谁谁，请多多关照之类的。他冲我笑了笑，没有说话。开会的时候，发现原来他是我们部门的总监，他还就这个事表扬了我。当时我非常激动。会开到很晚，大部分时间都是头脑风暴，就现在行业转型，怎么保住行业领导地位，怎么带领经销商平稳过度之类的讨论。当时就感觉自己完全傻眼了，像个傻瓜一样，不但一点说不出来，而且听都听不懂。学生时代我还是很自负的，觉得自己是那种一怒而诸侯惧、安居而天下熄的不世出的人才。现在一看，连纸上谈兵的资本都没有。

那个时候，我对这个职位产生了前所未有的焦虑。我觉得我对不起这份工资。但这仅仅是个开始，我正式接手工作以后，拿到了人事给我的KPI（绩效考核），我可以毫不夸张地说，上面的每一个KPI（绩效考核）我都自认为无法完成。好在有三个月的试用期，不考核KPI（绩效考核），于是第一个月我就这么混过去了，KPI（绩效考核）得分0。当我给考核表签字的时候，我又被巨大的恐惧包围了，我觉得我马上要失去这份工作了。我连续一个星期都没睡好，有一天终于想通了，既然别人可以做好，那么我也可以，尽力去做嘛，大不了重新找工作。于是我开始拜访上海的每一个经销商，无论大小。跟公司里的所有人请教工作，无论职位。白天拜访客户，晚上处理文案，过流程。周六周日去一线市场，跟导购员了解最真实的销售情况。大概有半年吧，从未休息。当然，我顺利地转正了。

就在我觉得分内的工作开始得心应手起来的时候，我的直属领导突然调走了，公司拒绝了他走时让我暂代他位置的建议，而是让另一个分管领导监管我们部门。其实监管只是一个名头，活儿还是要我来干，于是那个时候我不光要做市场的工作，还要去背销量、压货、催款。本来驾轻就熟的工作，一下子又手忙脚乱起来。没办法，咬着牙继续干。就这样干了3个月，开始觉得销售也挺简单的，可能因为运气好，也可能因为客户跑得勤、客情好，我管的区域，从排名倒数第一，在第四季度，冲到了正数第一，年会时，大家都说这下终于要名正言顺地扶正了吧，说实话，我也觉得这次公司调岗调薪肯定要提拔我了。但春节之后，突然空降了一个领导过来。老板的自己人，这个位置一直给他留了一个季度，等着他从原来的公司离职。我交接完工作之后，又回到了自己的岗位上，相当失落。不再关心销量，就做自己这点事。事情一下子变少了，做起来便游刃有余，几个小时就能处理完一天的工作，剩下大把的时间做自己的事情。

我参加公司的选拔，成了内训讲师，评上了全国的标兵，做的优秀案例得到了老总的肯定在全国推广，参加集训，意外切入了个大的项目，最后还谈成了。当然我也开始思考起以后的规划。我开始的想法很简单，工作，升职，加薪，跳槽；工作，升职，加薪，跳槽，循环下去。于是那个时候想得最多的是要选职能这条路走下去还是选销售这条路走，以及怎么跟领导的自己人搞好关系，让我也能成为领导的自己人。慢慢地我觉得，给别人打工挣得再多也是少，而我的那些客户，自己做经销商，开的是保时捷，住的是别墅，还是要自己做老板。于是我的努力方向开始变为观察客户的经营模式，学他们的挣钱之道。努力思考，怎样能抓住机会做一番自己的事业。慢慢地，开始有猎头给我打电话，同行来挖我，薪水翻倍，待遇可谈。我的职能领导也找我谈话，说公司成立个新部门，想让我去带一下。大老板跟我讲，想不想再进一步发展，浙江那边刚好还有空缺。营销公司请我去讲课，十分钟开的价钱顶得上我一个月的工资。

人的眼界变宽了，这些我曾经耿耿于怀的东西，现在摆在我面前让我选的时候，我发现其实它们都无关紧要了，是我的总归是我的，但我现在有更好的了。我辞掉了工作，拉来了朋友，成立了公司，拿到了天使投资，就在刚刚，我寄出了一份跟互联网大佬签好的战略合作协议……太多太多的事情，因为去做了，而变得不同。

现在的我依然为自己努力，说不上有多拼命，多吃苦，但每做一点都觉得自己离成功更近一点，离梦想更近一点。如果让我停下来，我一定又会惊慌失措，我是真担心，再不努力就来不及了。所以如果你不懈努力，却发现别人用关系得到跟你一样甚至更好的结果，就像刚工作时的我，不用不平衡，因为关系给你的只是一个段位，如果你能力不够，相信我随之而来的是焦虑和恐慌。而努力得来的是放之四海皆准的实力，是你最坚实的依仗。换句话说，你青云直上，每一步都脚踏实地，他漫步云端，其实如履薄冰步步惊心。

永不停止前进的脚步

她是一个漂亮而又富有才华的女孩。她15岁考上大学，19岁在大学任教，22岁考入中科院研究生班，24岁在中科院教研究生。接着，她恋爱，结婚，生子。一切都顺风顺水，处处布满了鲜花和掌声。可是，在她29岁那年，上帝却突然关闭了那扇通往幸福的大门，一下子把她推入黑暗的深渊里。她的视神经发生了病变，双目失明。与光明一同失去的，还有她的丈夫和孩子。

她就像是一位武林高手突然被废了武功，所有的能力都在瞬间消失得无影无踪。她在父母的帮助下，开始学穿衣、学吃饭、学走路。这些看似平常的事儿，对于现在的她来说，简直比登天还要难。她用筷子夹菜，筷子竟然把菜碗推翻；她用吸管喝饮料，吸管竟然戳疼了自己的眼睛；她用盲杖探路，盲杖竟然把自己绊倒……当然，最令她憋闷的是不能看书，不能写字，不能获取知识和信息。这对于一个大学教授来说，是多么残忍多么可怕！

她要学习盲文，她要回到自己的知识领域里去。可是，这一年，她已经三十岁，三十岁的女人当然不能再上盲人学校了。因此，她只好自学。她开始“看”盲文。当然，她是用手指“看”的。她只能用手指摸字替代眼睛看。她摸的第一个英文单词是大白菜，字母为c-a-b-b-a-g-e。这7个英文字母，她用手摸了足足一个小时，可是，她到底还是没有弄明白这个单词就是“大白菜”。当父亲告诉她答案的时候，她哭了，她为自己的笨拙而流泪。她是中科院的英语教授，居然不认识“大白菜”这个英文单词。而在此之前，她可是一目十行啊！

她不相信自己就这么被一棵“大白菜”给绊倒了。她要活下去，她要站起来，她要做一棵能够飞翔的大白菜，重新翱翔在知识的天空里。她开始了自己的奋斗。她把自己一个人锁在房间里，一遍遍地练习，一遍遍地摸字，一遍遍地默记。然后，她再把学会的东西背诵给父亲听。一次，父亲在听取她背诵的时候，发现盲文字块儿上满是殷红的血。等她背完，父亲一把拉过她的手，这才发现她的十指都已经磨破。父亲把她的双手攥在自己的手里，不禁号啕大哭。父亲说："女儿呀，咱不学了。爸爸有工资，爸爸可以养活你一辈子。"她没有哭，反而笑着安慰父亲说："爸爸，您一定要相信您的女儿，我能行！"

一天晚上，她一个人偷偷地跑出了家。父亲很着急，四处寻找。最后，父亲在她工作过的教室里找到了她。学生已经放学，教室的灯光已经熄灭，她一个人站在讲台上，反复地用手丈量着黑板。父亲站在教室里，默默地看着黑暗中的女儿，心里一阵阵的酸楚。父亲知道，女儿这是想重返讲台呀。直到她准备离开的时候，父亲才走上前，牵着她的手。她激动地说："爸爸，我成功了，我已经找到板书的方法了！"父亲说："你是一棵能够飞翔的大白菜，你一定能够成功的！"

她终于重返讲台。她的板书依然是那么规范、飘逸；她的发音依然是那么准确、清晰；她的多媒体使用依然是那么丰富、绚丽；她的形象依然是那么风度翩翩、笑容可掬。一切都与生病前没有什么两样，以至于上了两个星期的课，同学们还不知道他们的老师已经变得双目失明了。终于，有同学发现她拄着盲杖在校园里行走，同学们这才知道了她的不幸，这才知道她为了上好每一堂课所付出的艰辛和努力。同学们感动得哭了，而她却笑了。她笑着讲述一棵大白菜的奋斗历程，鼓励同学们珍惜时光。

她的名字叫杨佳。杨佳学会盲文后，利用电脑盲文软件，踏上了事业的快车道。她以盲人的身份考上了美国哈佛大学肯尼迪政府学院公共管理专业，并获得了哈佛MPA（公共管理硕士）学位。现在，杨佳任联合国残疾人权利委员会副主席、中国第十一届全国政协委员、中国盲协副主席。

这就是杨佳，一位成功的盲人，一棵飞翔的大白菜！她的成功正如她在演讲中说的那样：一个人可以看不见，但不能没有见地；可以没有视野，但不能没有眼界；可以看不见道路，但不能停住前进的脚步！

点亮现实的那道光

全系都知道，我们宿舍的洛伊是铁杆足球迷，对西班牙队更是情有独钟。

大二时，系里开设了第二外国语课。为了“小特”，洛伊毫不犹豫地选择了西班牙语。“小特”是洛伊最喜欢的西班牙球员的昵称，可惜并不是什么大牌，估计这辈子都难有机会跨出国门远渡重洋到中国比赛。洛伊却毫不在意我们的冷水，一脸坚持地说什么“一想到能听懂‘小特’的语言，心里就特幸福”，仰着头虔诚地对着墙上“小特”的巨照发呆。

洛伊很努力，一学期下来，真成了班里的“西语狂人”。放假时，我们都兴高采烈地忙着会友出游，她却捧着一堆西语补习班的资料挑选合适的课程。

偶像的力量，还真不可忽视！

新学期开始，我们重返校园，可洛伊却失踪了。再见到洛伊是开学两周后。

“怎么才来，不会是偷渡到西班牙刚被遣送回来吧？”我们打趣地说。

“我是从西班牙回来，但不是遣送。”洛伊得意地摇摇头。

“无图无真相！”我们继续调侃她。

洛伊诡异地一笑，从包里掏出个金边的相册。古老的教堂，热烈的斗牛场，旁若无人的行为艺术家，还有——“小特”！照片中，洛伊站在高大的“小特”边上咧着嘴傻笑。经我这个高手鉴定，这照片绝不是PS的。

“你该不会是买彩票一夜暴富了吧！”大家惊呼。

洛伊故弄玄虚地摇摇头，说：“本美女的西班牙之行分文未花。”原本洛伊确实想报个西语班来个突飞猛进，可价格太贵！一天中午，她发现食堂边的广告栏里，贴了许多韩国留学生假期寻找中文语伴的广告，也想照葫芦画瓢找个西班牙语伴互惠互利。

后来，某网站左下角有个快沉下去的帖子引起了洛伊的注意：寻道友。点开一看，里面用醒目的红色字体写着“寻找一道旅游的北京朋友”。楼主叫伊莎，是位四十多岁的西班牙大婶，打算七月中旬到北京自助旅游，要找个懂西语和英语的北京姑娘陪同。洛伊不禁手舞足蹈，赶紧加了她的MSN（即时通信软件），操着生硬的西语毛遂自荐。

陪伊莎游玩的几天里，洛伊的天然呆发挥到了极致。她笑呵呵地说着学生半价优惠，坚持景点门票自掏腰包，吃饭、打车也绝对AA制；她还主动把伊莎带到她家的四合院，体验老北京生活，弄得伊莎颇感不好意思。可洛伊爽朗一笑：“只要您教我西语，一切OK！”伊莎一口答应，为在遥远的国度，有人如此喜爱她的母语而骄傲。洛伊却老老实实地说出了希望有朝一日，用西语和“小特”交谈的花痴梦想，惹得伊莎哈哈直笑。

半个月的时光一转眼就过去了。临行前，伊莎塞给洛伊一个大信封。洛伊撕开一看，里面有张办护照用的担保书和伊莎的亲笔信：她邀请洛伊八月中旬到她的家乡做客，以此感谢洛伊热情的招待；待一切准备就绪，她会把机票寄过来。信的末尾还有一行小字：我为你的单纯执着所感动，请搜索一下我的名字。

原来，伊莎是位政府官员，而她的丈夫是位出色的外科医生，受聘于多家足球队。就这样，洛伊去了西班牙，见到了魂牵梦萦的偶像。

大四那年，她破格和西语系的学生们一起参加了专业西语考试，获得了八级证书。在我们还为学艺不精而难找工作发愁时，洛伊已和一家西班牙贸易公司签约，做起了多语种翻译。

人生的每个阶段都会有各种各样稀奇古怪的梦想，有时，只需稍稍坚持，略作改变，兴许就会变成点亮现实的那道光。

征服自己的内心

这是洛杉矶市内的一座豪华别墅，每天，当落日的余晖斜斜地照在那个秋千架上时，人们总会看到一个40多岁的男人，带着一个四五岁的小女孩，在快乐地荡秋千。不过，更多的时候，不是荡，而是小女孩静静地坐在秋千上，男人在给小女孩表演故事。是的，不仅仅是讲故事，是表演。因为男人总是边讲，边把自己的故事表演给小女孩看。如果女孩被逗得大笑，男人会在手里的剧本空白处做个记号；如果女孩很平淡，男人就会蹙眉思考一会儿，重新表演。男人就是这样一而再再而三地表演自己的故事，去逗乐小女孩。男人每天乐此不疲，让人不得不佩服他的耐心和坚持。

你一定会说，这是一个百分百的好父亲。确实，他是一个百分百的好父亲，但绝不仅仅如此。看一看他那张脸上挂着的招牌式的美国微笑，你很快就会认出他来。没错，他就是好莱坞影视巨星，被各大电影公司誉为“印钞奶牛”的汤姆·克鲁斯。但这些赞誉已经是以前的事情了。2010年的奥斯卡红毯，人们没有看到克鲁斯的身影，就在前一阶段，人们还在报纸上看到他针对大眼妹安妮·海瑟薇撂下的狠话，说是要拒绝出席有海瑟薇参与的奥斯卡。讽刺的是，主办方不但毫不理会，还邀请海瑟薇做了主持。克鲁斯终于知道自己是如何的“过气”了。

各大电影公司争相抢夺的“印钞奶牛”，一直占据好莱坞票房首位的克鲁斯，已经是完全的明日黄花了。

陷入痛苦的克鲁斯，在一段落寞之后，做出了惊人举动，回归家庭。媒体早已断言，克鲁斯已经一蹶不振，从此销声匿迹。克鲁斯确实回归了家庭。人们每天都看到他在秋千架下带女儿苏瑞。但人们不知道的是，克鲁斯是在通过给女儿表演故事的形式，寻找生活中的幽默点。同时，从孩子的漫天幻想中，启发灵感。他想，如果自己设计的情节、动作，能把四岁的女儿逗乐，那他表演中的幽默，就完全可以让所有的成年人开怀大笑。还有，孩子的幻想是任何成年人都无法比拟的，他从女儿的幻想里，可以设计出许多特技动作和新颖的情节。

原来，他并没有因“过气”而泄气，只是在试验一种别人不以为然的方法，期望为自己的艺术创作注入新的活力。他从高调转入低调，以低调去突破人生的低潮。他成功了，他在给女儿的表演里，在与女儿的交流里，获得了许许多多大胆奇特的启发和创意。他把这些都写进了《碟中谍4》的剧本里。

电影里，有这样的一个情节，克鲁斯在世界第一高楼迪拜的哈利法塔828米高处的外侧，从容地做着表演。一般人，只要靠近窗口都会觉得眩晕恶心，而他却笑着跟大家打招呼：“嗨，这里真美。”他没有忘记女儿的嘱托，在世界第一高楼的最高处外墙上，写下这样的一句话："征服了自己的内心世界，才能征服身外的那个世界。"

是的，克鲁斯征服了自己内心的那个世界。当时，克鲁斯的公司已经陷入财政上的危机，他不得不自己出资才能完成耗资巨大的《碟中谍4》，这种孤注一掷的行为并不为业内所看好，更多的人是为他捏了一把汗，因为如果《碟中谍4》票房不佳，他可能会因此破产而成为一个遭世人白眼的流浪汉。但克鲁斯不为所动，执着到拼命的程度。迪拜高楼上，他坚决不用替身，戏里的特技都是他亲自设计的，每一个情节的幽默点都给女儿讲过。他相信自己的判断，相信自己一定会给自己重新充足充分的气，让自己如气球一般，高高飘上好莱坞的上空。

他成功了，他用自己的坚韧不拔，用自己的低调情怀，用自己的童心未泯，用自己一颗全心全意娱乐大众的心，赢得了自己的低谷崛起。《碟中谍4》从北美走向全球，票房早已突破了10亿美金。作为2012年第84届奥斯卡的特邀颁奖嘉宾，克鲁斯，在经历了落寞之后，再一次以特有的美国式的微笑，闪亮登场，辉耀全球。

人生拐点

一

纽约市民莉姿·茉芮，有一对嗜毒双亲。家庭失能，莉姿从13岁起，就逃离学校。就算偶尔上学，她一身脏衣服与长满头虱的乱发，总是被同学取笑。15岁那一年，她一个人流落街头，白天在垃圾桶中找食物，整夜搭乘地铁，就睡在车厢内。

更不幸的是，莉姿的母亲死于艾滋病。之后莉姿做了一个人生最重要的决定：重新掌握命运，重回高中上课。即便无家可归，她每天在地铁站的走廊写作业，一丝丝昏黄灯光，成了她学习的唯一依赖。如此拼命的结果是，她两年就读完了高中课程，每门学科的成绩都在A以上。

17岁时，她的经历、她的真诚、她的论文，深深打动了《纽约时报》的评委，决定给她一万美元的纽约时报奖学金。从此，她的人生步上坦途，并且成功申请进入哈佛大学就读。

从美国白宫计划组织领到楷模典范奖，美国电视节目名主持人奥普拉·温弗瑞颁赠无所畏惧奖时，这个8岁就在路边乞讨的小女孩哭了。她的眼泪，是为了最初的、最简单的，却不容易执行的选择。

莉姿如果不做任何选择，一辈子都当游民或许也不会饿死，但她目前却创立了一家称为“活出生命”（Manifest Living）的公司，鼓舞人们向自己所期望的人生目标前进。她也周游世界各地进行演讲，宣扬“革自己的命”“创造人生拐点”的理念。

同样是美国人，有一位已过世的老先生，中国人都认识他，苹果创始人——乔布斯。他选择休学，与一心向学的莉姿，正巧是对立的个案。他当年在里德学院待了6个月就不念了。因为他不知道这辈子要干什么，更不知道念大学能有什么帮助。“当时这个决定看来相当可怕，可是现在看来，那是我这辈子做过最好的决定之一。”乔布斯生前多次对年轻人说，不要害怕做重要决定。他相信船到桥头自然直，休学之后，他再也不用上没兴趣的无聊课程，20岁时与斯蒂夫·沃兹尼亚克在家中车库里开创苹果事业。

十年之内，两个少不更事的小伙子，就成就了一家员工超过4000人、市值20亿美元的科技巨头。现在的苹果，已经是富可敌国、全球最大市值的公司，但如果追溯到最初的源头，就是乔布斯的一个简单决定。

乔布斯的人生拐点，如今看来，也是高科技产业与全世界消费者的拐点。

因为如果没有iPod、iPhone、iPad（苹果公司的三款电子产品），我们每天的数字生活，将会缺少太多美妙的体验。

二

一个不屈不挠、奋斗求生的年轻女孩莉姿，一个全心全力找寻自我的年轻男孩乔布斯，听完他们的人生故事，你有什么感受?

事实上，很多人都没有认真想过人生拐点的关键影响力。因为每一个人的人生，都是由无数个点，一个接一个连在一起，串联成一条线的。在这一条线上，几个重要的节点，就决定了一个人一生的方向。往往不同的决定，就会造成迥异的最终结局。贫穷或富有，黯淡或辉煌，可能只是一个最初的轻易决定。人生的拐点掌握对了，就会走向正确的方向，掌握错了，就会走向错误的路。简单地说，一个小决定，或者只是一个小想法，日后就造成了天差地别的人生际遇。

据《哈佛商业评论》调查，在美国，75%的上班族对自己的工作感到痛苦，80%的上班族每天超时加班，85%的上班族长期睡眠失衡。痛苦指数这么高，每个人的人生好像都被桎梏着，往往都是别人在帮你做决定，自己没有决定自己命运的能力。是要闭上眼睛，沉浸在自哀自怜中，还是睁开眼睛，去努力奋斗？每个人都有自己做决定的权利。

商场不忌讳任何神话，每一个人、每一个上班族，都有可能成为下一个传奇，苹果的两个男孩，没有背景、没有资金，却成就了世界最大的企业，这就是最好的例子。

三

在中国，这个遍地是机会的大市场，也充满了无数故事。如果没有选择下海从商，新希望集团董事长刘永好，如今可能还是个中学教师；如果没有选择回国创业，百度创始人李彦宏，如今可能还是个硅谷工程师；如果没有选择一个电影梦，华谊兄弟董事长王中军，如今可能还是个摄影记者。他们本来都是平凡人，却做了不平凡的事情。

2005年，亚马逊中国总裁王汉华，从摩托罗拉转换跑道时，连老婆都反对。从手机这一个“飞黄腾达”的热行业，到电子商务这一个当时“无人问津”的冷行业，可以想见他遭遇的阻力有多大。王汉华口中说得轻松：“我坚信这个行业一定会成功，只是什么时候成功，这是个时间问题。”

2008年，雷诺汽车中国区总裁陈国章决定从美国到北京，接下一年只能卖出几百辆车的烂摊子。雷诺总部当时没有一个法国人愿意到中国，甚至所有中国经销商都看准雷诺牌子会垮，他却能绝处逢生，完全改造雷诺品牌。陈国章说：“多数人是顺着风向走，我是一个逆风的人。”

另外一个例子是，爱马仕运营长阿克塞尔·杜马斯，虽然是爱马仕第六代的家族成员，但他在金融圈十年战功彪炳，从来没想过转战时尚圈。虽然他从小耳濡目染，对于精品也有一些认识，但毕竟行业差距太大，很长一段时间内，每天一早睁开眼，他都害怕到不愿起床。现在爱马仕在他手上业绩增长惊人，他也被视为下一任CEO（首席执行官）的最佳人选，阿克塞尔·杜马斯最大心得是："人生不能选择平稳，必须保持热情，让自己的眼睛永远睁得大大的。"

事实上，你的工作，将填满你的一大块人生，唯一获得真正满足的方法，就是做你相信"伟大的工作"，而唯一做伟大工作的方法，是爱你所做的事。如果你还没找到这些事，就必须不断地找寻、不断地做选择，如果不去创造一个更棒的转折点，人生的这一条线停顿下来，甚至往下沉沦，最终耽误的不是别人，是自己。

莉姿、乔布斯都选择了向上的道路，你也可以。

世界不会辜负一个自律的人

有人说，谭元元的出现，呈现了《朗读者》两季以来最美的一段“朗读”。

如果说芭蕾是世界上最优雅高贵的舞蹈艺术，而谭元元，就是国际芭蕾舞坛最耀眼的那颗明珠。毫无疑问，谭元元的优雅舞姿，是跳跃在字里行间最美妙的注脚。

而这段舞蹈，险些一度未能达成。出于保护脚的需要，她近些年来都没有在舞团以外的场合跳舞了，哪怕只有几个动作。专业的舞者不会在硬地板上跳舞——这样脚部会有受伤的风险—— 而脚，对于一个芭蕾舞者来说比脸还要重要。

为此，我们紧急联系了跟她合作颇多的国内道具公司，特意在棚内铺设了专业级地胶，才达成了这一次的呈现。

这是一个舞者的坚持，这种坚持背后，更是像僧侣一般几十年如一日的修行和坚守。极致美的背后，是像苦行僧一般的自律。

1.67 米的个子，体重只有 47 公斤。她跳舞近 30 年来，一直保持这个体重。而跳舞前她是不能吃饭的。

每到一个城市，第一件事就是找练功房，连旅游都不放过。“因为歇一天， 自己知道；歇两天，老师知道；歇三天，观众就会知道，脚就会打滑，站不稳。”她说，舞蹈最辛苦的不是做动作，而是日复一日，重复做着已经做过无数次的动作。

她去过很多个城市，却没有办法看当地的风光，绝对不会爬山、野营、打网球或者是骑马。就算出去散步，也要注意避免过硬的水泥地和石板路，不仅要穿平底鞋，也不能走得太远。喜欢甜食和一切美味，但是要保持身材不能多吃。

作为一名美的创造者，她从没穿过露脚趾的凉鞋或者高跟鞋，因为长期练舞，她的双脚已经严重变形。她早已习惯了与伤病为伍，身上每一道疤都见证了那些最难的日子。身上的十几处伤中包括：骨裂，胯骨错位，腰间盘突出，腿上还有三处骨折的伤痕，右脚立骨变形。有一年夏天，由于脚指甲开裂、流血，缠上纱布再跳，舞鞋最后粘在纱布上，连皮带肉一起扯下来。对于没有练过舞的女孩子来说，这个过程简直难以想象。

她曾在演出《吉赛尔》时，因为用力过猛而使胯骨脱臼，这是一次可能断送职业舞蹈生涯的伤病，医生也提不出有效的解决办法，谭元元凭着意志力，一边翻阅在圣玛丽学院学过的解剖学和骨科学的书，一边做康复练习，开始恢复芭蕾基本功。她说："没有谁比自己更了解自己的身体。"就这样，通过研究人体骨骼、肌肉的结构和运动原理，结合自身寻找最恰当的发力点和支撑点，硬是慢慢恢复了，重返舞台。这个女人，挺狠。

如果不是强大的意志力和自律性，普通人很难撑下来。这简直是一个奇迹。

阿兰德波顿曾说：“众多美的事物正是在跟痛苦的对话中获得它们的价值。”山本耀司说：“我向往的自由，是通过勤奋和努力实现更广阔的人生。”而谭元元对我们说：“要当一个舞蹈家或者艺术家，你必须像一个僧侣一样修行。”这好像是通往成功的密钥。其实想想，世界上的真理也就这么几条，但是真正能做到的，只是寥寥少数。所以越往上，越是路广人稀。自律的人，终与孤独相伴。

“我都没有童年，因为我 11 岁进舞蹈学校，我就天天在训练，都说你的童年最好的记忆是什么？我说练功房。我只记得练功房，然后汗水、泪水、脚尖鞋，再然后血水。”

练功房、剧院、家，三点一线的生活一直延续到现在，年如一年，日复一日。掌声过后，喧嚣散场，每天从舞团到家的那条路，独自开车走了二十年；从18 岁只身来到美国，三年之内跳到舞团首席，那个时候远离家人、语言不通，还被孤立，没朋友；现在跳到四十一岁，依然是舞团首席，身上练功的酸痛恢复大大不如以前，照镜子会额外注意身体的线条……想想，这条路充满了难以言说的孤独。

“如果没有对这个艺术的爱，其实你天天就是自己折磨自己，真的是自虐狂，就像一个苦行僧。”既然选择了芭蕾，孤独，仿佛就是宿命。

“在舞台上，我不是拿出100%的努力，而是拿出120%。有时我甚至会问自己为什么要对自己如此严苛？但一切就是这样自然而然，甚至在我想退而求其次的时候，竟然发现自己做不到。”

采访期间，谭元元还跟我们分享了一位前辈的故事——一生传奇的舞蹈家玛莎·葛兰姆，20世纪70年代初，年过七旬的她决定退出舞蹈界，但很快，她发现这是一个灾难性的选择。“当你看着自己创建了30多年的，并且深爱的舞团，却要头也不回地走开，不能沉迷或回忆，简直如置地狱。”葛兰姆曾说，停止跳舞让她失去了求生的意志，她独自一人在家酗酒，食欲大减，身体状况一落千丈。在医院住院期间，她几乎都处于昏迷状态，甚至企图自杀。

1972 年，戒了酒的葛兰姆重返舞团，恢复了令人吃惊的活力，并继续编创十多个作品，直至1990年最后一部作品 *Maple Leaf Rag* 。在她漫长的96年生命历程中，舞蹈成为她唯一的信仰。

“一个舞者会死两次，第一次是一旦他们停止跳舞，这是第一次死亡，也是最痛苦的一次死亡。”

芭蕾艺术的极致和残酷，铸就了它在舞台上与众不同的生命力。谭元元深以为然。芭蕾，也已成为她终身的情感寄托。当这样一名充满魅力的女性对你说出：成就伴随而来的也有牺牲，我牺牲了个人生活，舞台意味着我的全部。那一刻，我突然理解了，为何每一次谭元元跳《小美人鱼》都会泪流满面，甚至在《朗读者》的舞台上，读到《海的女儿》童话，还是会哽咽。那是一种纯粹、为了爱可以奉献一切的精神，她和小美人鱼早已融为一体。

此前，作为观众的我，看到了她举手投足之间延伸出来的一种精妙美感，她在舞台上的任何动作，都能构成一幅漂亮的几何图。轻盈纤弱，仿佛自带光环。

而这次，与谭元元深度接触之后，我却看到了这种轻盈背后，是几十年如一日用自律打底的扎实基础；纤弱背后，是堪比运动员精神的强大和坚韧。除了欣赏，更多了一份恍然和敬意。

作为美国旧金山芭蕾舞团唯一的华裔首席舞者，谭元元早已成为登上《时代》周刊封面的“亚洲英雄”，并荣获“影响世界华人终身成就奖”。在2018年4月9日，更喜闻她荣获旧金山市长艺术奖，而这一天也被命名为旧金山市的谭元元日。

她的名字早已写满了荣耀，作为那一代人最伟大的芭蕾舞女演员之一，她以创纪录的速度迈向了事业的巅峰。可直到现在，她在演出季平均每天要工作13个小时，每周要跳坏四五双芭蕾鞋，每年还要在全世界跳上一百多场演出。而她已过不惑之年，跟了她19年的舞伴早已退役，她说自己只要一推开练功房的门，就停不下来了。

这个世界，永远不会辜负极度自律的人。

第三章 千锤百炼

真正的勇者，不是流泪的人，而是含泪奔跑的人；真正的拼搏不是尽力而为，而是全力以赴。

梦想，需要接近地气

一个15岁的男孩，为了逼迫父母出钱赞助自己学习音乐当歌星，于是割腕自杀、离家出走，最后，流落到收容站，彻底中断了学业。

还有一个是45岁的中年男子在繁华城市的城乡接合部，住10平方米左右的出租屋，每天为了生存，苦苦挣扎。他与那个男孩唯一不同的是，每天早晨，在熙熙攘攘的锅碗瓢盆交响曲中，臂膀上搭一条白毛巾，端着帕瓦罗蒂的姿势，高歌一曲《我的太阳》。

与那个15岁的少年一样，中年男人40多年来，心中始终都藏匿着一个瑰丽的音乐梦。而不同的是，这一路走来，他的音乐梦融化成血液流淌在琐碎平凡的日子里，而那个少年的音乐梦，却马上就要被个人的固执和莽撞所斩断。

更大的不同之处还在于，中年男人的音乐梦只是为歌而歌。而那个少年，他的终极目的恐怕不是音乐，而是舞台之上炫目的烟火以及舞台下沸腾的粉丝和所谓的名利。

15岁的少年是有机会从弥天大梦中醒来的，而这个世界上还有一些人，中了梦想的毒太深，等到迷途知返的时候，才知道积重已然难返。

听说过一个流浪歌手，年过三十，一直矢志不渝地在北漂，全部的生活来源皆出自女友拮据的工资和寡居妈妈那点可怜的退休金。女友想结婚，哪怕裸婚，只要他有个正常的职业即可。妈妈想看到儿孙绕膝，哪怕他一事无成，只要他能够懂得脚踏实地便是幸福。女友与母亲的这点最简单最基本的要求，流浪歌手却无法满足。他一再叫嚣：我距离成功只有半步之遥了。为什么你们就没有耐心等待？

在所有梦想狂人的眼里，只要他愿意等，梦想总有一天会施与怜悯和恩宠。可梦想不是慈善家，永远不会因为你看上去比较可怜，就悲天悯人地给予关怀。它需要的从来都是板上钉钉的成功份额，比如才华和勤奋。

但奢谈梦想的同时，首先应该区分开，梦想和渴望的不同。世间所有人都热望名闻利养，可名闻利养远不是梦想。真正的梦想是无关名利的一份美好，当事人从中能得到的，不只是形式上的愉悦，更是灵魂上的满足。

还记得多年以前，央视报道过一个来自西安某山区的女人的故事。那个30岁的女人从小到大的梦想就是走出大山，像个职业女子那样去生活。可彼时的她，有需要照顾的老公，有嗷嗷待哺的孩子，还有大片的需要打理的农田。走出大山的梦，对于一个没有受过太多教育的山里女人来说，不仅遥不可及，而且也不现实。

十年之后，我再次看到了这个女人的故事。此刻的她，满脸都是骄傲和满足。她没有走出大山，却在距离村子几十公里远的县城做了一名售货员。成为都市白领的梦散了，但取而代之的却是更贴近生活更具现实感的圆梦的风景——她终于看到了山外的风景，也终于有了自强自立的平台。

所有梦想都像高高飞在天空的风筝，是一直仰头看着风筝越飞越远，还是尽可能地拉回奢望的线，让梦想接近地面，具有踏踏实实的烟火感？这是所有人都有可能面对的人生命题。毋庸置疑的是，梦想只有接近地气，才能更具有生气和活力。这份勃勃生机的营养与厚重，只有地气能给，也只有脚踏实地才能行得通。

在创作的时候，不要去想会给别人带来什么样的影响，遵循自己本能的选择，比起寻找感觉，更多的时候，是抓住感觉，或者被感觉抓住。

如果你永不畏惧

大家好！黑曼巴是一种拥有致命剧毒的蛇，为什么我取这个名字呢？是因为我一旦进入赛场，我就是致命的，就像黑曼巴一样。所以在场下我可以开玩笑，但是我一旦进入赛场，我马上会像换了一个人一样，在球场上全神贯注。

我现在快40岁了，算是走到了职业生涯的后半程，像这样一些受伤也是司空见惯了。一旦受伤，你就觉得世界停止了，不管是膝盖受伤，还是肩膀受伤。我知道很多人因此而把整个职业生涯都葬送了，有的人甚至一蹶不振，甚至无法返回赛场。当那个时刻发生的时候，我会看着镜子中的自己说："科比你会怎么样？如果你经历这样的伤痛你会怎么样？"你知道我每次看到别人受伤，我见到很多人受伤后回不来，我看着镜子中的自己喃喃自语说："是不是应该退出了？是不是应该停止打球了？"我自己都不知道还能否返回赛场。我现在坐在这里告诉你，我要完全康复回到球场。但我不敢打包票，因为很多时候我也有疑问，但是我觉得，这才是迎接挑战的意义所在。

要抓住一切机会，向所有人证明你自己，证明你能够迎接挑战。向那些说你永远不可能成功、你一定会失败的人证明，这就是我的看法。如果有人说你这次受伤，要一蹶不振了，对我来说，如果别人受了这种伤可能就退出了，但是科比不能这样。别人说这下你不行了，我会说，你这样你才可能会退出。所以我必须要证明给他们看，尤其是给支持我、热爱我的粉丝们，我一定要赢了自己，要赢了伤痛，能够重返赛场。这样才能让那些怀疑我的人重新思考，什么叫"将不可能的变成可能”。这些伤疤的重要性体现在这里，这些伤疤就是我成长转变的体现。

作为一个球员，我与生俱来的激情就是想要成功，想要赢。同时也是人生最难却最重要的事情。作为一个球员，要到球场上去迎接最大的挑战，我觉得最大的挑战就是要把全队的人变成像一个人那样，要不断地取得胜利，这就是团队竞技比赛的最大挑战，这也正是我的激情所在。对我个人来说，最重要的事是不断地迎接挑战，而且永不畏惧。

但更重要的是要对事物保持好奇心，比如说怎么样打得更好，怎么样提高技巧，怎么样从别人身上学到什么。其实我从小到现在一直从各个方面寻找激励我的因素，不仅仅从迈克尔·乔丹身上，从魔术师埃尔文·约翰逊身上，还从迈克尔·杰克逊、贝多芬、达·芬奇、李小龙身上，这些伟大的人给了我激励，让我前进，所以这就是黑曼巴的精神。并不是说你要不断进攻别人，而是要永不停歇你前进的脚步。人生是学无止境的，于是不断学习就显得极为重要。你要不断地学习、学习、再学习，和别人交谈、了解、学习，而不是觉得你自己什么都懂。

只有这样，你才能成为一个更好的人，你的技巧才能进一步提高。最后才会有一个副产品，成为冠军，成为更好的自己。对我来说这就是黑曼巴的精神，我的精神的源头所在。所以如果我能够把这种精神传递给在座的各位，不管你想要做什么，成为一个篮球运动员、一个作家或者是主持人，不管你的梦想是什么，你们一定要坚持梦想，从成功的前人身上汲取经验和知识，各行各业的成功人士，他们身上都有一些共性使得他们脱颖而出，取得成功，这就是我今天想要传递给各位的正能量。

其实人生没多少难题

一

我毕业后第一份工作，是在一家很小的创业公司。公司管理松散，老板经常出差，基本不在。办公室里，大家每天都是聊聊天、看看电影，或者打打游戏。

有时我会陷入一种前所未有的恐慌，我知道如果不做出改变，不逃离这个舒适的怪圈，我只会在这样的环境里变得越来越麻木。

后来在一次饭局上，偶然认识了一位学长，当时他已经在某设计院工作了两年。聊天的时候，他告诉我说他们设计院正要招人，让我报名试试。

不过，他也委婉地暗示我，报名的人数比较多，而我的学历并不占任何优势。

我在心里估摸了很久，从二三十人里面选3个，拼学历，我最多平均水准；而论理论知识，不用说我都知道，肯定垫底。我被淘汰的概率非常高，而距离笔试的时间就一个多星期。

我有过放弃的想法，但后来一想，不如放手一搏，失败了也没事，知识总有用得着的时候。

我开始了疯狂一周，将大学的相关书籍翻了出来，从早上七点看到第二天凌晨。那几天，脑海里就一个想法，多看一遍书，就多一份希望。

最后笔试进去十个人，我正是其中之一。笔试过后，面试就成了我的优势，毕竟拥有大四一年的实习经验。最终，我顺利入职。

很多时候，真正让我们停止脚步的不是世界，而是自己。就像小时候，我们坚定地认为道路就在我们脚下，无知无畏。而长大后，我们却总是踟蹰于眼前的迷雾，常常望而却步。

二

有一个朋友小渊，两个月前，他跳槽到了现在的公司。上班第一天，领导丢给他一个项目，并告诉他尽力就好，完不成也没关系。

他花费整整一个星期，将项目高效地完成。可当他信心满满地把成果邮发给客户后，第二天便被客户打了回来，并提出很多修改意见。小渊二话不说，立马依照客户的意见进行了修改，结果又被打了回来，理由是没达到他们想要的效果。

凭着多年的行业经验，小渊觉得有问题，这是很明显的吹毛求疵。于是，他向客户提出面谈请求，却遭到对方的直接拒绝。

最后，他心一横，赶在下班前直接带着资料去了对方公司，将客户堵在了公司门口。尽管明显感觉到对方的各种有意刁难，但他一直保持足够的耐心，脸上更是全程挂着笑容。用他的话说就是尽可能地满足对方，而且不留给他们任何借口。

往后一段时间，他天天准时出现。不到一个星期，对方妥协了，主动和他交代了具体要求。临走的时候，客户告诉他说，正是因为他这种执着与耐心，让他们觉得把项目给小渊公司非常放心。

当小渊回去向领导汇报成果的时候，领导愣了很久，然后有些不好意思地笑了。

这个项目其实已经遭到了其他公司的压价，对方碍于合同已签、不好毁约，只能吹毛求疵到处找毛病，想让公司知难而退。领导都准备把事情直接移交给公司法务部解决了。给他的时候也就是死马当作活马医，却没想到还真被小渊搞定了。

这个项目的圆满解决，不但为小渊带来一笔可观的奖金，更让他在公司扎稳了脚跟，获得了同事和领导的一致认可。

三

国内一家知名体育论坛上，有一则被誉为“镇街神帖”的帖子。发帖人问：你们最艰苦的战役是什么？

帖子发出后，后面的跟帖人数上万，许多人讲述着自己平凡生活里不平凡的经历：有突发疾病，几乎步入死亡的；有创业失败，一夜之间一无所有的；有情感受挫，差点走入绝境的……有的已经成为过去，有的还正在进行。

而那些被点赞最多的帖子，都有一个共同点，就是无论面对怎样的困顿，尽管最开始的时候会有失落，有害怕，但最后还是坚信人生没有跨不过去的难题，所以也都在各自的境遇中寻到了困难的出口。

世界那么大，总会有人和你经历着相同的事情。不同的是，有些人一开始就选择了绝望地放弃，而另一些人，尽管同样深陷沟壑，却永不失光。

生活中，有些事情是无论我们怎样努力，都是无法改变的。但还有更多事情，我们明明可以改变，明明可以努力将自己置于更好的境地，但我们却被周围的环境所迷惑，被自己的预判所吓倒。

很多时候，真正让我们感到为难的并不是事物本身，而是我们自己那颗尚未开始就已经退缩的心。

四

你觉得外语是你人生的难题，所以从没去过学校的英语角，也从未翻过任何学习资料，就直接抱怨说英语太难了。

你觉得减肥是你人生的难题，所以从没在健身房里挥汗如雨，也从未想过如何健康饮食，就直接颓丧地说减肥太难了。

你觉得爱情是你人生的难题，所以从没主动拓展自己的圈子，也从未想过怎样提升自己，就直接吐槽真爱太难了……

可是，你要明白，害怕困难，那么生活到处都是困难。不敢开始，那你永远都只能原地不动。

许多荆棘遍布的道路，只有当自己一步步地走过之后，才发现自己原来可以坚强如斯。

人生没有那么多的难题，难的是拥有一颗迎难而上的心。

不服输的倔强是我青春期的叛逆

大家好，我是惠若琪。今天来到这里可能要给大家带来一段略带沙哑的演讲，因为我今天确实有一点小感冒，不过我并不担心，因为今天的这段演讲讲的是从我内心呐喊出来的声音。刚才在后台，导播就告诉我，我是历届星空演讲的嘉宾中个头最高的。其实你们这个范围说小了，算上幕后的工作人员，以及台下的你们，我的身高也应该是名列前茅的。不要再问我到底吃什么才长得这么高了，我从科学的角度来回答一下大家，这就是基因，是遗传的问题。我爸一米九七，我妈一米七，所以我从生下来开始就比同龄孩子高了。

不过你们先不要急着羡慕我，因为身高，我也苦恼过很久。每当转入一个新的学校的时候，我都要和别人解释半天，我不是留级生，我只是个子长得高而已。再有，就是在我的童年的时候，我很早就已经享受不了儿童票的票价了。

自从偶然间进入到了排球队，我仿佛找到了组织。看到身边都是个子高高的女生，让我一下子就有了归属感。我发现自己的身高不再是让人取笑的事，反而是我引以为傲的优点。但要说当时的我多么热爱运动，那其实没有，是排球让我慢慢建立起对体育的认知，对自己身高的自信。这也是我课业之余最愿意做的一件好玩的事。其实当时我有一点点小私心，因为每天下午上完两节课我就可以去打排球了，对于一个像我这样喜欢自由的人，这个感觉真的是太爽了。而且这样一来，如果我哪一次考得特别好了，老师都会说你看人家天天打球还考得这么好，我这心里就有点暗爽。所以，在我看来，那个时候打球是一件特别特别划算的事。

但是，我也不是一开始就是学习成绩很突出的人。在很多人的印象里，体育生总是班级里拖成绩后腿的。我当时很希望能扭转大家的看法，所以我反倒产生出一种莫名其妙的倔强和责任感，我不希望我们这个集体被打上这样的标签，至少从我身上，我希望能够打破大家的固有印象，这个想法激发了我的小宇宙。

于是，我开始主动把学习抓得很紧，每次外出比赛的时候都会把课件随身带到身上，方便拿出来复习。很多人认为对于学生来说，去打球是不务正业，可打球非但没有影响我的学习，反而让我成绩更好，这应该是体育最初为我带来的改变。

再来讲讲那个球场上的我吧，因为起步比较晚，身体又不是特别协调，别人能垫两三百个球的时候，我只能垫两三个。那个时候，亲戚看到我这个样子，都说你小女孩家家的搞什么运动，还耽误学习时间。那时慢慢爱上排球的我暗下决心，你们越说我不行，我就偏要打好。

现在想想看那可能是我青春期里最大的叛逆期了。

后来经过努力，我终于从旁边捡球的小女孩变成了梦寐以求的主攻手。慢慢地，我被教练委以重任，成为了队伍里的队长。第一次穿上有队长标志的赛服时，我可开心了，但是这道杠也是新的责任的开始。

那个时候队友防不完的单兵，我来扫尾，临近考试没有人来训练，我一个个去打电话叫。有一次在场上我一着急埋怨了队友，我爸爸看到了，一把把我拉到旁边就是一顿教训。那时他要求我，不管队友出现什么样的问题，你的第一句话都要说“我的”，一开始我没有应声。我爸说：“你是不是这集体的一员呢？”我说：“是。”“那不就对了，不论谁的失误，都是你们全队丢了这一分，而你作为队长就应该去承担。”

我点了点头，知道该怎么做了。我知道并理解了身为队长需要承担的责任。它不是像我们平时在电视机前看到的，队长只需要去挑个边，选择一下谁来发球，回来站在场上就可以了。也不只是你的队服下面只比别人多了一条杠。身为队长，你承担的是全队每一个人的责任，一个人可以走得更快，但一支队伍可以走得更远。

所以后来，即便是我16岁进入到国家队时还只是个小队员，我还是会看、会学习，看这些大姐姐是怎么做的，队长是怎么做的，习惯性地以一个团体的标准去思考每一件事。这也为我之后在省队和国家队的队长生涯奠定了很大的基础。

从业余球员到职业球员，这也是人生的一道分水岭。选择走专业这条路，就意味着放弃了大多数人走的那条路，而这条路又是不是光明的呢？我们谁也不知道。体校的时候，省队的教练来到我们家找了很多次，我父母一开始不同意我去，他们更希望我好好学习，走一条普通的路、稳稳的路。我也问过自己，如果进了队，生活就是以打球为主了，爱好将会变成职业，那会不会是我想要的生活呢？可那个时候我觉得自己还是更喜欢打球，好在父母也开明，让我去练个两三年，试试，不行再回来。这也是我人生第一次为自己做出的重大决定，从迈进专业队的第一天，我就想，不管再苦再累，我都要为自己做的决定负责。

后来的机遇让我进入到了国家队的视野，以最小的年龄到了一个最顶级水平的地方，也慢慢发现了自己的差距。那时候身边的大姐姐都说，你还小，慢慢来。可是我不觉得，因为那时候的我全力以赴都不一定和别人平齐，那我就更不能怠慢一丝一毫，而且赛场就是战场，没人会因为我小就不往我这里打，反而会处处刁难我、找到我，把球往我这里处理，所以一切都要靠自己不停地自我突破。

那时候的训练，我从准备活动开始就特别玩命地做，大家有时候还取笑我，你悠着一点，正课还没开始呢，你看你这一身都湿透了，不过也就这样，体育把我性格中的这份倔强不断地激发了出来，帮助我一步步成长为现在大家熟悉的惠若琪。甚至三次从手术台上回到了球场，最终站在了奥运会的最高领奖台上。

现在回头想一想，我自认为身上拥有这些还不错的品质，其实都是我运动员生涯带给我的，而今天我就是想跟大家分享这份感觉，现在我退役了，当时养成的很多习惯依然影响着我现在的生活。目前我就读的博士学位是体育人文社会学，就读这个专业，让我的观察和思考都比从前更进了一步，我越来越深刻地意识到，我对以前所认识的那些体育有了改观，体育不仅仅是对人类的身体进行塑造，更是对人类的精神进行塑造。

而这也是大多数人存在的认知误区。很多人对于体育还停留在竞技体育，单纯的竞技体育，认为体育的存在仅仅是为了为国增光，即便现在的白领们越来越注重锻炼身体，健身卡基本是人手一张，但他们大多数都会觉得我为什么要运动？为了减肥呀。

体育的作用仅仅是为了让人变得更瘦吗？事实上，通过体育，改变的不仅仅是人的外在，更是内在。作为从体育中受益的人，我深切地感受到体育精神的力量，也希望把这份力量传递给更多的人。于是我发起了惠若琪女排发展基金，希望让大家多多关注运动，关注体育教育。

但对于刚从象牙塔里退役出来的我来说，建立一个基金每一步都是一个巨大的挑战。比如说在募资的过程中，我也遇到了之前我看到的像董卿姐采访中提到过的一些窘境，对着对方说了一大堆理念之后，最后被人拉着说“我们来合张照吧”。我有时真的想不通，但在球场上都不曾服输的我告诉自己此刻我不应该放弃，所以，我走到了更多更大的舞台上来分享体育的力量，比如说今天在这里。

我想告诉大家我们现在做的事，我的基金成立一年多，我走访了很多地方，接触了很多孩子，我发现，体育教育在我们的基础教育中往往是处于劣势的。城市里，在座的各位应该经常会有这种感觉，特别是我上学那会儿我就有这种感觉，体育课经常是会被霸占的，虽然现在这种现象少了，但是体育课开展的质量仍然有待提高，很多家长觉得体育就是玩，玩就是耽误时间。不，科学证明，适量的运动能增强体质，同时还能提高记忆力和集中力，促进孩子的智力发育。

有一次，我们在学校里做公益活动，孩子们组成两队PK，当时最后输的那个队伍里面的一个小孩子哭起来了，他旁边的小孩也跟着他哭，我们就傻了，一时间不知道该怎么办。其中有一个小女孩哭得尤为伤心，能看出来她对输赢特别特别在乎。

后来，我把她拉到旁边，问她，你今天玩得开心吗？她不说话，她想说开心，但又觉得自己没赢，所以不开心。我说，你们这支队伍是临时组成的，这次虽然输掉了比赛，但你们每个小朋友都表现得特别棒，下一次你们能不能做得更好呢？她小声地说可以做得更好。

我又问她，你下次还愿不愿意参加这种比赛啊？你回去坚持锻炼，加强配合，没准就能超越旁边的那支队伍了。听到这里，她终于擦干了眼泪，点了点头，也能看得出来她对下一次燃起了新的希望，这对我触动很大。我的倔劲儿又上来了，我想要通过体育教育让孩子们正确地看待胜负，学会团队协作、学会相互鼓励。

我在青海支教的时候，发现当地的教育设施非常的完备，跟我想象中不一样。我以为那里的教室两边透着风，呼呼地刮，但其实不然，而那里真正缺少的就是老师，一个老师往往身兼多职，专业的体育老师就更别提了。可能有人说了，乡村的孩子身体个顶个的好，学什么体育？那我觉得你们真的是小看体育的力量了，它作用于人的肉体，但磨砺着我们的内心。

这些孩子非常善良、淳朴，私下的时候，他们也笑、也闹，但我发现他们见到外人的时候，全部都低着头，你把东西给到他们，他们也不敢跟你直视地去接过来。我们的志愿者和他们交流，也显得非常吃力。后来我们开会的时候，一位老师告诉我，那是因为害羞。在和陌生人接触时，他们严重缺乏交流的能力和自信心。甚至接触自己长辈的时候，有时候也会有胆战心惊的感觉。但在后来，经过游戏和比赛的互动后，大家很快和我们打成了一片，孩子们的脸上也洋溢出了笑容，彼此之间也拉近了距离，而我也学会了一句话："颗粒系（音）。"就是这张照片，当时我们在跟孩子们玩接力游戏，一个小朋友喊出了"颗粒系"，两个小朋友跟着他，后来所有的孩子都在喊这三个字，之后我知道了"颗粒系"是当地"加油"的意思。看见孩子们小小的身躯里爆发出这么大的能量，我的眼睛湿润了，我多么希望在这些孩子未来的成长道路上，无论遇到多大的风雨，多少的困难，他们能记住今天呐喊出的这三个字——"颗粒系"。

这就是我为什么想要坚持下去的原因，这也是更加坚定了我想要去普及体育教育的原因。这份决心我今天也想跟在座的各位进行分享，这对于孩子的健康成长非常重要，当孩子们在努力学习文化的同时，能够通过体育的作用提升自信心，建立规则意识、执行能力、团队协作、抗压能力，对他们今后融入社会、打消对社交恐惧等都有很好很好的帮助，而这些是仅仅依靠读书得不到的。

我们不妨看看一些国家的经验。体育运动是日常这些孩子生活当中最重要的部分，请注意，我所说的这个“最”，没有加“之一”。

很多国家的体育课程从幼儿园开始就非常丰富，到了大学更是包罗万象。除了大、小球等常规的课程外，几乎所有的兴趣爱好都能得到满足。为什么他们如此重视体育呢？因为和学术教育相比，体育教育更能给孩子带来积极健康的生活态度、坚强不屈的精神状态。在他们看来，体育教育能让孩子明白什么是健康、良性的竞争，对于培养“领导力”至关重要。

当下，我们身边的很多人也开始有了类似的反思，我也多次在微信中看到有人分享类似的这种文章，说到的就是很多国内外的精英、成功人士，他们往往都是运动达人，身材和健康管理都做得非常好，不信我觉得大家可以问问看今天来演讲的各位嘉宾，他们肯定多多少少有着自己的运动爱好。

如果说之前的我，是在竞技赛场上追求着更快更高更强。那么现在的我，则希望通过体育教育来带动更多的人、更多的孩子参与其中，让每一个人能和我一样，发觉自己那一份不服输的倔强。让我们的身心都能够足够坚强。而我们强，则中国强。

希望大家听完今天的《星空演讲》能够回去选择一项自己喜欢的运动，甚至影响一下自己身边的人，这样子我觉得我今天的演讲就非常有意义了。也相信在未来我们再相见的时候我们都会有一个更加充满激情的精神状态，好，今天就到这里，谢谢大家。

来自太阳的勇者

我小时候是一个特别爱幻想的小孩，我总希望自己可以跑得很快、跳得很高，最好可以飞，就像那些有特异功能的超级英雄一样，可以用他们自己的能力来拯救全宇宙。可是不知道怎么搞的，年纪越来越大，做梦的勇气就越来越小，我不晓得那个很有热情的自己跑到哪里去了。可是有一次我看见了一个马戏团，因为他们的表演挑起了我的热情，我后来才知道这个马戏团是世界顶尖有名的太阳马戏团，他们被誉为一生一定要看过一次的表演。我开始幻想自己能够踏上那样的舞台，我觉得我的人生有了目标了，可是这个目标在别人的眼中看起来还是一个痴人说梦，就是个白日梦而已。我跟大家说我好想加入太阳马戏团，我的老师听到了我的目标，他说，你想改行啊，来不及了，没机会了；我爸爸跟我说，一个正常的人应该有一份正常的工作。我觉得大家都不相信我，虽然我不知道在未来到底有没有办法踏上那个舞台，可是至少我选择了踏出第一步。

2006年的时候，太阳马戏团真的来台湾举办甄选了，我当然去参加报名，把我的资料送出去，然后两个礼拜之后我收到马戏团的回复，说我通过初选进入复选名单了，我又离我变成超级英雄的目标更近了一点点，可是事情不是我想象中的这么顺利，因为我根本没有拿到太阳马戏团的工作合约。到了第二年，我主动把我练习的记录寄到马戏团在加拿大的总部，希望马戏团看见我的进步，然后我收到马戏团的回复了，说很开心看见你的进步，而且我们也相信你绝对能够在太阳马戏团的舞台上找到属于你自己的位子，只是我不晓得机会什么时候出现，所以你要有耐心。到了第三年呢，我有机会上电视台表演我最喜欢的水晶球，然后我把这个演出的记录寄到加拿大总部去，又收到马戏团的回复了，说很开心看见你的成就，我们也相信你绝对能够在太阳马戏团的舞台上找到属于你自己的位子，只是我不晓得这个机会什么时候出现，所以你要有耐心。就这样三年过去了，到了第四年，我甚至写信告诉马戏团即便不支薪我都愿意跟你们一起工作，因为对那个时候的我来说这辈子我最想做的事情应该就是踏上太阳马戏团的舞台了，我马上收到马戏团的回复，说我们终于看见你的决心了，不过后面还是有那一小段话，说我相信你绝对能够在太阳马戏团的舞台上找到属于你自己的位子，只是我不晓得这个机会什么时候出现，所以你要有耐心。

就这样一直等、一直等、一直等、一直等，又因为长期训练的关系，我的身体有椎间盘突出的问题，身体状况最差的时候呢我的左脚是麻的，所以我觉得太阳马戏团离我越来越远了，就这样等啊，等啊，等啊，在2010年8月25日，我接到一通电话，要正式邀请我加入太阳马戏团成为他们的一分子，所以我十七岁做的白日梦经过十年的累积，我终于成真了，我终于成为了超级英雄的一分子。

你知道吗？到了太阳马戏团呢，我们每天晚上要做两场表演，每个礼拜十场，一年最起码超过四百场演出，而且我们的观众席一次可以坐下两千个观众。我又开始在怀疑我自己到底有没有办法接下这样的挑战呢，可是有一次演出结束，我走到台口鞠躬、跟观众敬礼，两千个观众一起起立鼓掌，我觉得他们的掌声变成一阵风吹上舞台吹向我，那时候我觉得虽然我现在还是不会飞，可是因为我的等待让我有机会体验到变成超级英雄的感觉了，所以在接下来呢，每当我面对挑战的时候，我就会告诉我自己再多坚持忍耐一下下吧，或许你想要的时间都会给你。

我是来自太阳的勇者，我是陈星合。

可以慢，但不能停

大二时，我被分配到新生班级给辅导员帮忙。我第一次注意到学妹，是因为新生中秋晚会。她走到讲台上，很用力地介绍自己。

那时她有些微胖，脸色偏黄，短发，戴眼镜，深情得有些不自然，说完就主动隐匿到角落里。

我隐隐觉得她与别的学生不同。看她神情难过，忍不住叫住她，让她跟我去宿舍聊聊。

那一天学妹告诉我，她家有姐弟四个，父母老实本分，一辈子勤勤恳恳地过日子，种地、做工、放羊、喂猪，供养他们念书。姐姐已经出嫁，妹妹在读大专，弟弟快升高中了，她是家里不太赞成上大学的那个，父母渐渐老了，想将她留在身边，毕业了，找份安稳的工作，也能随时看顾家里。但学妹不想那样过一辈子，她想去看看外面的世界。

父母无力支付的学费，成了牵绊她走远的障碍，但她并未妥协。入学前的暑假，学妹一直在饭店里打工挣钱。一天十小时，上菜、撤桌、招呼客人，忙得昏天黑地。

她指着手掌上刚刚要结痂的几个地方跟我说："端盘子也磨手心，刚出泡的时候，我拿针挑破了，里面的水儿一出来，肉接触到空气挺疼的。"

两个月赚了4500块钱。她一天也没有休息，又一个人拿着录取通知书去教育局申请助学贷款。她心里憋着一口气，就想出去看看，哪怕就一眼。

但刚入学第一个月，学妹就有点迷茫了。她觉得自己和周围的世界有些脱节。她不知道宿舍姑娘说的服装、化妆品品牌，也不知道最新最火的游戏、动漫，她觉得自己不知道怎么融入其中。

我听着学妹的叙述，有些动容，找出纸和笔，对她说：“你写出想做的事情，一件一件实现它们。记住，不要去跟随别人，最重要的是找到自己的节奏。”

她趴在我书桌上开始写字，并跟我说：“学姐，大学期间我要拿奖学金、赚生活费、买电脑，还要坚持写东西。”我看着她笑了笑，知道她已经好了许多。

为了实现想做的事情，学妹的生活开始忙碌起来。周六日去兼职，做过家教，发过传单，还做过推销员。有次在去食堂的路上碰见她，看到她比入学那会儿黑了、瘦了，但脸上多了一份从容。

大学的时间过得很快，期中考试很快到来。她成绩排名年级前三，很顺利地申请到了当年的国家级奖学金。

寒假之前见她，她已经联系好了一家韩国烤肉店去当服务员。她笑着对我说：“寒假时间挺长的，我想着赚点钱，给爸妈和弟弟妹妹买点东西再回家。”

我知道，我永远没有办法体会学妹的生活。她来自全国最贫困的县区，需要自己负担学费和生活费，回家之后还要帮家人劳动，洗衣做饭，放羊喂鸡，洒扫院子。但对于生活的辛劳，她从不抱怨，只是说自己终于可以自食其力，她要让家里的日子好起来。

后来，我去北京实习，渐渐少了学妹的消息，偶尔回学校才能再见她一面。她已经越变越好，虽然又瘦了，但气色不错，打扮入时，我为她感到高兴。

她说："学姐，大学最后一年我要去房地产公司实习。"

我有些疑惑，问："你不是想做记者吗？"

她眼圈微红，停了一会儿，说："家里情况不太好，有一些借款需要还。弟弟妹妹也需要花钱。我想先去房地产公司赚些钱，帮帮家里。尽了责任，再想自己。"

我心里微酸，有些心疼她。学妹明明和我差不多的年纪，却不能在最好的年华去放纵追逐自己想要的东西。梦想，对她来讲是一件昂贵的奢侈品。

我没有立场否定她的选择，只能在她需要时伸出援手。

2014年年末，学妹突然打电话给我。她激动地说："学姐，我终于攒够钱了，还清了家里三万多的外债和助学贷款，也供得起弟弟妹妹的生活费。我决定辞职，明年就找跟新闻有关的工作。学姐，你能给我推荐一下工作方向吗？”

听到这个消息我比她还高兴。这些钱对刚毕业的学妹来说，并不是小数目。她是加了多少班，拼了多少力才做到的啊！

学妹回家前我们见了一面。从车站见到她，我有些惊喜。那天学妹穿着一件乳白色的羽绒服，头发已经扎起来，很精神，面带笑意，出了站就上前抱我。那天我们聊到很晚，凌晨才睡去。她躺在我身边，睡得那么好。也许，是因为她知道，她有不用惧怕未来的能力。

没几天，我接到了学妹的电话，她说去报社实习的事儿得往后推一推。“母亲的膝盖受伤了，劳损，大概需要动手术，需要人照顾。弟弟明年高考，也需要我辅导一段时间。”

我听她说完，心里有些难受。学妹也有自己的人生要过啊！她很自然地对我说：“学姐，再过半年我就能做自己想做的事儿了。你知道我有多么羡慕你吗？你想去西藏，努力赚够路费就行，但我还要考虑下学期的生活；你想去北京做杂志，连老师推荐的报社实习都可以推掉，立刻赶去北京，我实习还得想想家里。但我一点儿都不嫉妒你，因为我知道，只要自己努力，接下来的日子我也可以像你们一样。”

她说得我热泪盈眶，隔着时空痛哭起来。

西北的风沙，吹过她贫困的家境，但给了她丰盈而坚韧的精神，那些曾经受过的苦，使她变得坚强而独立。

家庭的背景不会阻碍你努力的程度，自身的相貌不能阻止你变好的决心，只要你愿意努力，总有一条路可以到达你想去的远方，成为你想成为的自己。

我知道学妹会越来越好。

第四章 坚持就是胜利

总有一天，梦想会开满我的梦想花园，
我越来越自信，越来越自强，我以我为傲。

寻找真实的路

我们每一个人都会走出一条自己生命的路，那么我的生命的路，我就希望能够站在舞台上真实地为大家歌唱，今天看到那么多大学生，也让我想到十几年前，像你们一样的年龄，我刚刚在中国音乐学院读书。

大学毕业的时候我找到了一份很好的工作，当时我是在中央民族乐团唱歌，然后2000年，就是我工作了一年以后，我就得到了中央电视台青年歌手电视大奖赛民族唱法的银奖。按照这样的路往下走，应该说我的唱歌的梦想应该是很顺利的，可是那个时候我却开始迷失自己。因为我演出开始越来越多，我唱了很多的歌，但是那些歌都是导演给我安排的，我慢慢地觉得自己越来越像一个木偶，很盲目，只是每天在唱歌，在赚钱。我记得有一次，我到一个城市去唱歌，我记得当时音乐起来，我穿着这么高的高跟鞋，很漂亮的长裙子，浓浓的妆，拿着麦克风徐徐地走上舞台，看到了上万的观众。然后该我唱的时候，我却记不得歌词，因为那是前一天才录的歌，是一首新歌。然后当时我就是这样开始，一二三四，二二三四，动作还特别美，三二三四，你们笑了吗，你们觉得好笑吗，但是我当时看见上万的观众，他们真诚的眼睛，每一对眼睛就像一把剑，深深地刺穿我的心。我觉得我自己如果再这样唱下去的话我就会变成一个躯壳，一个毫无灵魂的人，我觉得我在欺骗观众，也在欺骗自己，从那一刻开始，我开始反复地思考，我最初的梦想是什么？我为什么要唱歌？

我的家乡在贵州贵阳，那里有很多少数民族的歌曲，我记得我最喜欢的一首歌叫《螃蟹歌》，我给大家唱一句这个。“我来唱歌，我来唱个螃嘞蟹歌哎，螃嘞蟹歌哎，螃蟹的原来哎，脚啊脚多哎，脚脚多哟喂，两只嘞大脚脚，六只嘞小脚脚，我去挑水塞，夹着了我的脚，疼又疼得很，扯又扯不脱，这个哩螃蟹真可哟恶呀咿哟。”所以在我很小的时候，我就有一个梦想，我长大了要当一名歌唱家，而且一定要唱很有特色的中国歌曲，后来我考上了中国音乐学院附中。就在我十七岁的时候，我记得第一个星期上课，那时候老师就说，来，龚琳娜，你念这段台词。让我一念，真冷真冷，猛地一阵冷风，人人都说冷。当时全班的同学就像你们一样，大笑。但是我心里很难过，所以我决定我要好好地学，我要加倍地努力，然后那时候在学校，我每天早上五点钟就会起床，五点半就一定坐在教室里面，认认真真地，一个字一个字地，真冷，冷冰冰猛地一阵冷风，更冷。

我太珍惜这个学习机会了，我太喜欢音乐了，那么我就在反复地想，唱歌的目的到底是为了什么，不是出名，不是金钱，是为了我热爱的舞台，是为了我能够唱出自己的声音，但是我怎么样才可以找到自己的声音，怎么样才可以拥有自己的舞台呢？我要去找，我就开始去听所有的音乐会，就在我寻找的这个过程中，那个时候是2002年，在一场音乐会里，他在台上弹琴，弹着德国的巴伐利亚琴，唱着他自己写的歌，边弹边唱，他的名字叫老锣，他听说我是唱歌的，他当时就说，哪天我们一起去玩音乐吧，他说的是玩音乐。我记得第一次我们在一起，在一个安静的房间，当时我第一句唱出来的时候，他就开始用他的琴慢慢地弹，当我的声音唱到一定高的时候，我不知道怎么往下接的时候，他的琴声就带着我，我就听着他的琴声开始即兴，就是想唱什么唱什么，想唱什么歌词就唱什么歌词，我再也不用考虑我是在为别人唱歌。他对我说了一句话，他说你是一个特别好的歌手，你应该坚持走自己的路，你要不要跟我一起做乐队，我们去探索一条新音乐的路？他当时就邀请我。我会不会有未来，我会不会成功，我们做的音乐有没有观众，我都不知道，但是那个时候，我知道一点就是：我不要的是什么，我不要的是假唱，假唱伤害我的心，所以我就拉着他的手说，我愿意跟你一起走下去。

其实当我决定和老锣拉着手走这个方向的时候，也有很多很多的困难。我记得第一次我们在德国演出，真的可以说很紧张很忐忑，那天演完的时候，观众的掌声还可以，但是我和老锣回到家以后，他就收到一封信，是他最好的朋友，也是一个很好的音乐家写来的一封信，说我真的很受不了琳娜的演唱和表演，有点恶心。他当时这样说的时候，我就感觉到在我的表演里面有做作的成分，我过去的那些跟音乐无关的动作和表情，让他感觉到受不了，我就决定我要丢掉所有的这些跟音乐没有关的动作，包括我的虚荣心。

正好我生了第一个小孩，然后我和老锣就租了一个房子，那房子在巴伐利亚森林一个小山坡上。我原来练歌，我在北京的家是八楼，然后我只要在楼上一唱高音，楼下老太太就来敲门，说，你一唱高音我的心脏病就发，所以我在楼房里特别不敢唱歌。当我搬到德国，看到一个小山坡，哇，这么漂亮的大森林，我太兴奋了，我记得那天我拿一个带子缠着我三个月大的小孩在这里，然后我走到山坡上，我就这样把它喊出来，当我这样喊出来，唱得正尽兴的时候，很大的声音从远处传来，我一看，十几匹马，有白色的，棕色的，黑色的，全部嘚嘚嘚嘚就朝我跑过来。当时吓死我了，因为我还抱着一个小孩，我不知道我是跑还是站在那儿，它们非常迅速，四面八方，然后它们围了我一圈，把我一个人围到中间，离得特别近，我站这儿，它们就在那儿。我当时在发抖，我不知道马会对我怎么样，我也从来没有这样近距离地接触过动物，有一匹马，白色的马，它用它的鼻子和脸，轻轻地就是这样抚摸我这里，特别温柔，然后当时所有的马不约而同地抚摸了我一下，它们就分散走开了。那一分钟让我感觉到唱歌不光是为了表演，也不是就为了舞台下的观众，好像也是为了天地，为了所有的生命。

如果歌声能让每一个生命都能更快乐，让他们更有这种生命力，我就觉得很幸福。我和老锣在欧洲的几年间，我们做了很多的音乐会，我每一个歌的安排就得特别到位，有的歌我唱得非常温柔，我会听到台下的观众说，太美了。当唱完这个以后，我突然又唱一首，“小表妹爱唱歌，唱得红花满山坡，哎咯，歌儿唱进我心窝，小表妹说她面皮薄。”观众每一次都会很激动，然后很好奇地问我。“哇，你小小的身体怎么发出这么多不同的声音。”我就教所有的观众一起喊“一，二”。教他们怎么喊嗓，全部西方的观众跟着我一起喊那个声音，那一分钟我就觉得我好自豪，我做一个中国的歌者，真的很好，我要坚持这条路走下去。

非常幸运，2010年，因为一首《忐忑》让大家认识了我，我又可以回到中国的舞台上给观众们唱歌，太高兴了，我今天想现场教你们唱一下。请大家起立，试一下，就在这儿，这个位置，然后如果你再试一下用鼻音，就在这儿，我们来试最后一部分，盯住你前方的一个点，一个方向，高音，走！收。谢谢大家！其实这首歌，你唱完《忐忑》你就不忐忑了，它跟生命的路是一样的，你要经过很多很多，但是这个过程还是很爽，唱歌的过程很爽，生命的过程也很爽，谢谢！

花开不败

我不知道应该怎么写，准确地说不知道用怎样的文字把这一年的心情完整地串起来，让它们如绚丽的水晶不失原味地挂在那儿，让你们分享，让你们明白。

写下这个热得要命的八月的第一个字的时候，我突然注意到窗外成片绽放着许多不知名的小花，红的，黄的，粉白的，花花绿绿地漾在一起，满目漂亮的色彩。天啊，这些花是什么时候开放的？这样如火如荼的势头应该不会只有几天的时间吧。

我不知道这一年里这些花儿是不是也是这样漂亮地

开放着，如果是，我想我应该感谢它们。我嗅得出空气里有许多甜美的味道，有一个很美丽的词突然冒出来：花开不败！

花开不败。

花开不败啊！

我想我终于可以平静下来，告诉你们这一年里发生的许多故事，我想无论将来发生什么事情，这一年里的点点滴滴、滴滴点点，我是再也不会忘记了。

高三开始的前一个星期，开了一次家长会。

那是一次很严肃的家长会，一次没有人缺席，甚至没有人迟到的家长会。老师在那次会议上调动起了家长们几乎所有的情感。高三的重要性自是不用多言的，所谓“成也高三，败也高三”，无论过去孩子们多么辉煌，也无论他们多么失败，班主任那么一个瘦弱的小姑娘，竟然靠在讲台上一讲就是斗志昂扬的两个小时，无非是让我们相信，什么事情都是可能发生的。奇迹或恶果，都会在这一年里戏剧般地粉墨登场。

学校为了让每个学生清楚地了解自己在班级、

年级，甚至在区里、全市的排名位置，精心制作了一张高一高二的各科成绩排名表。现在想起来，我不得不承认，那张表真是做得太精致了。每一门成绩的总分、标分、名次，与年级里的均分对比情况，甚至还有精心设计的由此得出的成绩走势图，最后还附带综合名次的具体分析。密密麻麻地挤满了一张纸，真可谓是煞费苦心。

父亲是阴着脸从学校回来的。情况如我所估计的一样不容乐观：年级排名190名。可怕的位置。

“还有希望的。老师说的，什么都是有可能的。”父亲说他是相信我的，然而我却不知道是不是应该再相信自己一次。可是，已经没有退路了。我们是过了河的卒子，不能回头。

我唯有扬鞭策马，奋起直追，才对得起父母，对得起老师，最重要的是对得起自己。

11年漫漫的准备期，终于到了要拉开战幕、拼命一战的时刻了。我必须和我的散漫、不负责任的过去说再见了。

我在已输得一败涂地的情况下仓促应战，然而战斗已经开始了，躲都躲不掉。

高三真的很不一样。

如果说高三题海战术的可怕还没有在这位恶魔登场伊始显露出来的话，那么高三所带来的改变首先是在心理上的。你的脑子中始终会有一根弦紧紧地绷在那儿，它无时不在，无刻不在。上枯燥的英语课，你的思绪悠悠地飘到窗外浮想联翩的时候；做计算量大得要命的纯属练耐心的“超级低级”的数学题，你动了一丁点儿想参考别人答案的念头的时候；深夜12点强迫自己坐在桌前背长得绕舌的“人民民主专政”含义，背得脑袋如小鸡啄米一般的时候，那根弦“嘣”地就来了个震耳欲聋：“高三了，怎么能这么堕落！”然后，整个人一激灵，紧跟着心脏的狂跳不止，马上强打精神，继续应战。

在高三刚开始的那段时间，几乎每个人都踌躇满志地跃跃欲试，每个人都魄力异常地非复旦交大不进，我在床头贴上一张“杀进复旦”的特大标语，在每天早起和入睡前都大喊几遍，以增加自己那点少得可怜的信心。所有的梦想都在高考的压力下抽象成了自己认定的那座神圣学府，当时一听到关于复旦的任何消息，就立即热血沸腾，激动不已，仿佛所有的东西都在那所学堂耀眼的光环下黯然失色。

我从来都没有想过190名的分数和复旦的巨大差距，周围的同学们似乎也意识到那种千军万马过独木桥的可怕阵势。我们固守着心中的梦想，祥林嫂般地嚷嚷着“我要××”，那种心理和由此制造的一触即发的紧张气氛，是不到高三的人所不能体会的。

来自高三的第一次真正较量很快来临了。

第一学期的期中测验，一次我们认为已经准备好却被杀得惨不忍睹的考试。我们的排名就如同老师先前所预言的那样来了一个天翻地覆的变化。班里许多名不见经传的同学如同一匹匹的黑马，一下子让大家大跌眼镜。起起浮浮，蹿上滑下之间，许多人开始变得实际起来。北大的校门的确艺术得够格，可并不是每个人都能够在那儿感受高雅的，粥少僧多的尴尬让每个高三学生在现实与梦想的巨大落差前狼狈不已。

我是那极少数仍抱着幻想不放的人。请注意我用的是“幻想”一词，也就是那种在当时看来是绝对不可能实现的事，按理说，我这种在高一高二不争气地徘徊在二三百名之间，而在高三已过去四分之一，却仍是保持小幅盘长势头的人对复旦这样一所全国顶尖的学府是不应该再产生任何幻觉的。可是天晓得我当时怎么就会有如此一种革命乐观主义精神。我固执地抱着“每考一次，前进50”的念头，痴痴地盘算着，傻傻地得意着。

而后来的事实也证明，正是由于当初自己那种吓人的乐观，才有了执着下去的动力，才使绝对不可能的事逐渐地一步步闪现出希望的曙光。

用残酷的事实去挫败年轻人原本就不堪一击的脆弱的自信，是高三向我们抛出的第一道杀手锏。

心理防线的牢固程度是能否在这场战争中战胜的一个极为重要的原因。

当时的我并没有意识到这种执着得有些傻气的劲头竟有如此大的魔力，只是一味地坚持“复旦”那个守了11年的抽象名字，我甚至没有意识到要用什么样的代价去交换这个儿时就有的美丽的概念，只是紧紧地跟着它，一遍遍地默念它。

我在毫无知觉的情况下用自己的狂妄换来了一丁点儿优势，其实我没有意识到，这的确是一个不错的开始。

我去找班主任谈了一次，那个长得娇小可爱的女人味十足的老师一见我就柔柔地说：“这次考得不错，下次保持，华政可以冲一冲。”我到现在还想不通自己当时怎么就那么斩钉截铁，胆大妄为：“我要考复旦。”一向淑女气十足的老师竟也掩饰不住地张开了“O”字形的嘴巴，好在她很快顾及到我的感受，继而柔柔地说：“那你可要再努力一些啊。不过，有希望的，有希望的。”我傻傻地咧开嘴笑。桌子上有一束玫瑰开得正艳，红得像要滴出水来，朝气蓬勃地向上舒展着。阳光斜斜地射进来，照得初秋的办公室里一阵暖意。

现在想起来，那个老师轻描淡写的一句话给了我多大的动力。且不说她的话里到底有多少肯定的成分，但那句“有希望的”却如同一盏明亮的灯，在接下去的日子里始终不远不近地悬在我的脑子里，连带着那天桌子上玫瑰香甜的味道，让我觉得整个人都暖和了起来。

接下来的日子开始变得越来越平淡，越来越简单，单一的重复。

每天早晨，我气喘吁吁地冲进那间坐得扑扑满的教室，放书包，拿练习，开始演算。那一日一日相似却又不太相同的日子现在想来已经抽象成了总是写得密密麻麻的草稿纸，黑板上一直擦不干净的公式、习题，老师一句句发自肺腑的叮咛和永远飘浮在空气里的窸窸窣窣的粉笔屑。

男生们的头发总是乱蓬蓬地一根根杵在那儿，女孩子们所有的漂亮衣服也都被简化成了整齐划一的清一色的校服。我们偶尔也会从堆得像小山一样高的乱七八糟的纸堆里抬起目光涣散的眼睛，瞅一眼黑板上新近抄写出的交多少钱、买什么书之类的歪歪斜斜的通知。日子就这样在平平淡淡的点滴中流走。

班里同学的幽默细胞在这种单纯的环境中被训练得

异常尖锐，任何一点细枝末节的小事一旦被抓住了，就立即被夸张地扩大再扩大，然后引来全体的轰动。某作家的一篇关于“放狗屁/放狗屁/放狗屁”的文章，竟然引来了全班同学拍桌子笑、拆桌腿敲打的疯狂举动。老师说，这是一种高三综合征的表现。因为我们的生活太单一了，因此，任何一点儿能激得起涟漪的东西都会给我们带来不可估量的快乐。

高三的体育课是学校规定的唯一不能被侵占的课，男生们经常在体育课上打篮球打到毛衣都能拧出水来，女生们则在一边踢毽子、跳皮筋，逍遥快活。

每周五下午两节课后的短暂时光被我们定为“游戏日”。我们绞尽脑汁拼命地往学校带东西玩。有一种“弹硬币”的小儿科游戏特别受我们青睐。弄几个一角、一元的硬币放在桌上，用几块橡皮搭起来做球门，不管男生女生全趴在桌上大叫大笑，煞有介事地玩得不亦乐乎。我自己也搞不明白，已经举行过成人仪式的我们怎么会这样的容易满足，笑起来怎么就这样歇斯底里。

“玩的时候就拼命地玩，学习的时候就拼命地学习。”是我们高三信奉的一条颠扑不破的真理。

高考倒计时牌上的数字越来越小，我们已经没有时间了。老师向我们嚷：“该干什么就干什么吧。”我们没有像别的书上写的同学之间那样钩心斗角，大家在一起的时候总是快快乐乐的。无论多么苦，多么无聊，我知道，至少还有和我站在同一条战壕里的兄弟。没有那种在学校里装着玩、在家拼命用功的学生，因为没有时间也没有精力去准备那些虚伪的东西，没有人愿意那样做，坦白地说，是不屑去做。

后来有一天，不知是谁在教室里插了一捆新鲜的百合，粉白的那种香水百合，一整个秋季，教室里始终萦绕着百合恬静的味道。我们就不经心地在淡淡的甜香里一日复一日地演算，没有人去刻意注意那捆恬然的百合，但它和它的味道却真真实实地深深地烙在了每个人的心里。

我不知道该用什么词语来准确地表达那一阶段自己的感觉，可能是“踏实”吧。我依旧在每天早起和晚睡的时候大喊一句“杀进复旦”，但却不再一遍又一遍地将“复旦”挂在口头了。每个人都小心翼翼地将梦想收藏在心底，用各自的方法尽最大的可能努力着，进步和荣誉这些缥缈的东西都是我们不能抓住的，只有这一天一天实实在在的日子是我们可以看到并握有的。我看得见我的同学们和我自己在这一天天质朴的日子中真实的努力，我的成绩就在这种踏实感中稳步攀升，一点一点不快也不慢地前进。这种感觉，现在想起来，真是很好。

高三第二学期的日子较之第一学期的平静有了较大的改变，增添了许多躁动与不安的成分，第一轮对知识的梳理和第二轮对综合题的系统掌握已经告一个段落，第三轮紧张的考试和题海战术的轰炸接踵而至。

那真是一段难以形容的日子，课表改成了“语语数数外外自修自修”这样可怕的形式。

老师上课时不再帮我们概括什么，只是发下一沓一沓的各科模拟卷当堂测验。我不知道老师怎么会有那么多的考卷，每个区的每种卷子我们都要做一遍、分析一遍，再抽查一遍。还有别的市的，全国的各类统考卷，以及历届的高考卷，甚至连那些不知名的学习报上的怪试题也被老师无一遗漏地搜罗下来给我们做。一节课的就小测验，两节课连在一起就大测验，全年级统一的自修课就模拟考。所有的考卷都是算分的，老师来不及批改的小测验就让同学们相互交替着批改。分数等于是成了这个冬春交替的忽冷忽热的季节里的最刺激人又最不值钱的东西。

那真是一种强有力的刺激。

自己的实际分数和原先所设想的是一个刺激；别人的分数和自己的分数一比较又是一个刺激；而几次分数排成的总趋势则是最大的刺激。我在这一天几个的刺激中渐渐变得麻木，刀枪不入，在一次又一次的打击中“再重头收拾旧山河”，在惨不忍睹的失败中锻炼和血吞牙的勇气和毅力，变得越来越沉稳，越来越坚强，那是高三最刻骨铭心的一段日子。

考试和分析成了生活中的全部内容。算时间做卷子、订正、分析，根据错题再做练习，反反复复，复复反反。我们将“今天回去做n张卷子”改成“今天回去把这本书做掉”，将睡觉的时间一拖再拖，将叫醒的闹钟越拨越早。

每天背好多个单词，每天做好多张考卷，每天完成好多份订正。

计划表上涂得密密麻麻，每完成一样就用彩笔划去一样。那一道一道触目惊心的杠杠和考卷上红艳艳的大叉叉，滴零滴落地洒满了每一个黄昏和早晨，铺满了学校和家之间那条唯一看得见漂亮花朵的小路，像山一样高的发黄的纸页，浸在发霉的空气里缓缓地挪动。有时候在家背书背得眼泪都要掉下来，书都想扔到窗外去，可是，只要默念几遍“复旦”马上就会平静下来。我载着沉重的脑袋、空白的心，甘心情愿地埋在那间要馊掉的屋子里一遍遍地“之乎者也”“abcd”。执着啊执着，我不明白我这么一个散漫惯了的人怎么会一下子变得这么正襟危坐，感天动地。

到如今，我坐在空调房里惬意地整理着高三一年的书籍，仍是佩服自己当时的毅力和勇气，几大本密密麻麻写满批注的笔记，每张都仔仔细细做、仔仔细细订正和分析的半米高的考卷，还有一本字典一样厚的16开的数学经典习题，每道题竟都有四五种解法，被看了不下十遍以上。在那个冷得要命的冬日和气候怪异的春天里，我用皲裂的双手、粗糙的笔迹一个字一个字、一道题一道题地编织着心中那个神圣又唯一的梦想，我想这就是高三所带给我的影响与改变吧。

成长是憧憬和怀念的天平，当它倾斜得颓然倒下时，那些失去了月光的夜晚该用怎样的声音去抚慰。——高晓松

老狼的歌我很喜欢，在那一段日子里，老狼让我安静，让我释然。我想如果要用一个人的歌声去给我的高三配乐，那老狼的就很合适——平静下藏着波澜的声音。

我带着190名的耻辱，用一种破釜沉舟的心情和现实做最后的搏斗。我仔细审视了一下手中的砝码，什么都没有了，只有努力。我想，每个曾经拼搏过的高三学生都体味过这种拦截掉所有退路的狭隘的美丽，都是在

用心感受最后的心情里的那种悲壮情怀。

填志愿是一件要命的事情，远比我想象的要复杂，让人受不了。

“保守，保守，再保守些。”成了填志愿的首要原则。

我的处境有些令人绝望，全家上下的那点可怜的背景不足以引起任何让人慈爱的眷顾，自己的成绩又软弱得没有半点呐喊的能力。纵是大半年的努力换来了年级前80名的稍稍靠前的位置，但在前几年190名的阴影和复旦这道高不可攀的门槛前也变得怅然无力起来。

最后，甚至连校长也发话了：“你考复旦，只有30%的希望。要考虑清楚啊！”

那几日我的神经变得空前脆弱起来，在难以企及的梦想与相对保险的退步中飘忽不定，犹豫不决。

于是，我选择放弃。我不敢让复旦如同一个美丽的童话一样仅仅存在于口头，我不敢用不自信的鸡蛋去碰一下那块坚硬无比的石头。我无法忍受万一失败所带来的那种从天堂到地狱的绝望。我在全票赞成的欢呼声中，颤颤抖抖地写下了那所我想也没有想过的学校的名字，任“背叛”的字眼在脑中炸开。

交掉表格后，我一个人坐了两个小时的车偷偷地跑到复旦的校园里去坐了一个下午，去哀悼我梦想的破灭。复旦真漂亮啊。铺天盖地的杜鹃安静地在校园里醉人地开放。恰到好处地映衬着如我想象中的肃穆、神圣的复旦校园。我的眼泪一下子流了下来。我不甘心啊，我不甘心一个做了12年的梦就这样被一张薄薄的纸所彻底打碎，我不甘心高三这一年来日日不顾一切的拼搏就这样被一句“保险”理由而葬送。我知道没有什么可以代替复旦在我心中那种举足轻重的地位，若是真的以高分进了其他学校的任何一个系，那种遗憾又岂是坐到复旦门口去大哭一场所能排遣的呢？

我知道那一个燥热无比的星期天下午，对我而言意味着一种执着意念的胜利。现在想起来，那一个下午的宁静美丽的复旦，帮助我做出了一个属于我自己的多么重要的决定。

最后，我终于做出了属于我自己的决定——在所有人诧异的目光下要回了我的那张志愿表，郑重地在表格上工工整整地填上了“复旦大学”那四个令我激动的大字。那真是我12年来写得最舒服的、最漂亮的四个字，这四个字也是我这么多年来凭自己的意愿所做出的最重要的一个决定，是体现我人生最初分量的一个决定。

我要我所要的，纵使是在现实面前被撞得头破血流，纵使是在高考场上输得一败涂地，这是我自己做出的选择。

正如战士，死也要死在战场上。

接下来的日子就再也没有什么值得书写的地方了。

拿到复旦的通知书后终于还是忍不住去看了那间熟悉的教室——五楼南边走廊向里走的最后一间屋子，高三一年的青春从这里流走。讲台上的玻璃瓶里意外地插着一束淡紫色的勿忘我，嫩绿的小碎花瓣零星地点缀其中，轻轻地在风里摇曳。

高三的三百多个日日夜夜里的一点一滴，也正如一朵一朵姹紫嫣红的小花，开在每个人的心里。也许不是每朵花都美丽得惊天动地，不是每朵花都香艳得惊世骇俗，也并非每朵花都能结出丰硕的果实。但那些花儿的确真真实实地在每个人心中最柔软的地方绽放过一回，也确确实实留下过一些花开的甜香。这些花儿的影子连同高三带给我们的，是今天我们用来看世界的一双成熟的眼睛，这份刻骨铭心会影响我们今后在人生路上的每一个选择，每一个决定。

花儿开过了。我们承认也好，忽略也好，只要花开，就会不败。

在谷底崛起

于正终于下定决心在横店给自己买套房子。

他在横店一家小宾馆的一个房间住了9年。在那个逼仄狭窄的房间里，他写出了很多毁誉参半的剧本，收割无数注意力，也收获漫天嘲讽，从一个无名小卒走到了编剧圈的金字塔尖。住他隔壁的演员一茬又一茬，红了，就搬了出去，而他，一直住了下来。

在靠写作获得巨大的财富之后，他不敢享受，害怕自己太安逸了，就写不好剧本了，吃穿用度，他都按最低的标准来。“住个小房子，对自己差一点，我的目标就会更加远一点，因为我不想让自己太靠近那个目标。我想让自己过得苦一点，这样到任何谷底我都能站起来。”

岁数渐长，他突然发现集中精力越来越难，窗外车子经过的声音都能打断他的写作思路。纠结了很久之后，他终于决定支付在北京买个厕所的价格，在横店住上了安静的大房子。

他自称所有的选择都服务于能不能更好地写剧本，那是他一切成就感的来源，是唯一能给他安全感的事情。他每天雷打不动，花6个小时的时间写剧本，一年如果没写出一个本子，他会很不安，写完才踏实。他没什么别的爱好，一段时间不工作，就会变得很焦虑。

最近由他担当监制和编审的《延禧攻略》火了，这部剧的整体风格迥异于他此前的作品，精美厚重。过去的很多年里，他的大部分作品不得不面对热度和口碑的背离，这次罕见地在《延禧攻略》上获得了统一，豆瓣评分6.9，接近他的历史最高。“很多人问我，你是不是又翻身了，我说我从来没有翻过身啊，我以前什么样，现在还是什么样……我从来没有低谷，因为我一直在谷底。”

就像他的作品一样，于正身上交织着各种矛盾的特质。他渴望成功，又害怕成功，担心因此招来是非；他自大，看不上别人的剧本，只觉得自己写的最好，又自卑，年少时的挫败和不被认可总是让他深怀不安；他看似平和，说着不在意别人的评价，自己开心最重要，又暴躁易怒，动不动和人在网上掐起来；他渴望成家，但想了想，又觉得还是一个人最开心，爱情是消磨人意志的东西，还是不要了。

对于很多东西，他总是渴望而又恐惧。那些无法在他身上自洽的特质，最终塑造了外界眼里那个分裂的于正。

他今年迈入了40岁的门槛，一个让他觉得可怕的年纪，他觉得自己一直活在18岁，从来没有变过。审视他的少年时代，会发现那是一个和家庭格格不入的年轻人。父亲强壮威猛，喜欢篮球、足球，骑着摩托车横冲直撞，爱好一切彰显男性力量的运动。于正却斯文瘦小，体育课总是逃课，每天窝在屋里看书、看电视、看戏曲。父亲总赶他出门玩，于正在街上逛一圈又回来了。

他沉默寡言，不爱交朋友，永远独来独往，因为瘦小，总是被小朋友欺负，于是一个人躲在屋子里看书的时间更久了。“我觉得我有很多缺陷，人到中年回想起来，我如果遇到那个时候的自己，我也不太喜欢。”

他要强，数学老师说他成绩不好，这辈子和理科无缘，他咬着牙努力，期末数学考到了年级第一。父亲不但没有表扬他，反而觉得他心胸狭窄，什么事情都往心里去，学数学也不是为了自己，只是因为老师的一句话。父亲想着，有机会要带他去看看大海。

“他总觉得我心胸不宽广，这造成了我进入编剧这一行业以后，我没有很大的东西。”于正说。

年少的于正总是不能达到父亲的期待，性格里有很多自己也不知道从何而来的矛盾之处。他永远成不了父亲那样爽朗大方的人，为此充满了紧张和焦虑。那种痛苦无人可诉，只有诉诸写作，高三的时候，他写过一个关于探案的剧本，幻想自己是那个男主角。

他想成为男主角。高考时，咬着牙考了两年上海戏剧学院，终于考上了。但他发现自己成不了男主角，演《雷雨》的时候，他觉得自己应该演周萍（男一号），可拿到的角色是鲁贵。大二汇报表演的时候，因为过度紧张，音乐还没起，他抢先跳了出来，台下哄堂大笑。他在强光照射的台上看不到台下观众的表情，手一直在抖，就这样信心就没有了。“一旦你没有信心的时候，演戏这条路就卡死了。”于正说。

他只好转行去做编剧，到《新龙门客栈》导演李惠民手底下当学徒，学习怎么写剧本，那一年没有工资，他的房租和日常花销都靠之前的积蓄支撑，起初作品没有署名权，后来有了，也大都放在片尾。

学徒期间，他写了一个40集的《荆轲传奇》，李惠民的妻子说，写完给你包红包。交稿之后，他兴高采烈地拿着红包回家，拆开一看，里面是很少的钱。他眼泪当时就掉了下来，那时上海的行情是，20集剧本给8万块钱，他的积蓄已经花完，于是决定离开。

在编剧生涯四处碰壁、陷入低潮的时候，父亲得了食道癌，从发病到去世不到3个月，那个过程过于迅速，让于正有一种不真实的感觉。在此后的人生里，成了他过不去的一道坎儿。“我还不太了解我爸爸，还没有好好地跟他对过话，他就走了。这十几年，清明节给他上了两次坟，我都接受不了。我说我不去，我就当他还活着。”

他最大的遗憾是父亲在世时没能看到他成功，只看过他编的一个剧，是佘诗曼和陈浩民主演的《带我飞带我走》。他总是记得一个场景，父亲被推入手术室前，举着胳膊跟他说了两个字：“加油！”那是他们的最后一面。

他耿耿于怀，父亲没有享受到他的一点荣耀。但这两年又觉得这也不重要了，“他没有看到我的成功，同样他也没有看到我的失败，挺好的”。

父亲的去世让他决定活在当下。“我就突然之间，从那一刻开始，我很坚定我要快乐，就是我觉得人要去做你自己喜欢的事，然后我在那一瞬间开始，别人怎么看我，对我没那么重要了。”

于正说自己不是什么大家，也成不了曹禺、巴金那样伟大的剧作家。“我就是一个编故事的人，我在古代就是一个说书人。我未来的目标，就是我能做一些国民剧，中国电视史上有于正一笔就够了。如果抹掉了也无所谓，就是被淹没了……现在这个人生阶段对我来说是一个我可以逐渐把更多的人生历练告诉给观众的时候，然后也是我要警惕的，从此刻开始到我的句号之间，要让我这一生做个定义。在这个过程里要给观众留下最后的印象，这是我很在意的。不求你觉得于正的剧本好，他曾经带给你欢乐，他是个努力的人，他曾经创作出来的东西能抚慰你的心灵，这就是我要的。”

于正说：“我为什么说希望被人尊重呢？我不希望我这一生牺牲了所有的生活，这么热情地投入这个行业，到最后被钉在一个所谓的耻辱架上。”

人生需要不断前行

有梦就有希望，付出才有回报。

她和我真正成为朋友，用了整整八年时间。初见时，冬雨是一个如花般美艳的女子，如同一株在温室中备受宠爱并被精心培育的蔷薇，不曾被世间风雨侵袭，她那灿烂的粉红色脸颊仿佛蔷薇的花瓣。

冬雨与我是同期进入公司的。当时共有六个女孩进入这家颇具实力的财产保险公司，其中就包括冬雨。六个人分属不同的部门，但都在一栋大楼里工作，大家相处得不错。

穿着同样的制服，冬雨和我并排站在那儿，简直就是美女姐姐和不起眼的妹妹。冬雨总是将指甲修剪得很漂亮，柔顺的头发富有光泽，修身的连裤袜与驼色浅口高跟鞋搭配和谐。如发现公司附近有新开业的餐厅，她便邀大家去聚餐，还喊来很多男性朋友一起商谈打网球和滑雪的计划。时兴的服装她总是第一个穿，六个人中有谁不开心，也是她提议去唱卡拉OK调节一下心情。

我比较喜欢这样的冬雨。冬雨平时大大咧咧的，性格开朗，大家很少注意到她在细微之处的用心。为他人着想却不被人察觉，这不也是体贴他人的表现吗？

在公司工作的前三年时间里，冬雨与我的关系很普通，她只是“六人帮”之一。我们开始亲密相处是到公司后的第四个年头。那一年，六个人中有两个人从公司辞职，一人是因结婚，还有一人是想成为室内装饰设计师，因此去学校读书深造了。这样一来，剩下的四个人自然而然地分成两组。

我和冬雨都是来自外地的单身女，其他两位同事则与父母住在一起，所以，我和冬雨下班后时常在一起吃饭。聊起私人话题，我才知道她家是地方名门，她是独生女，现在的住处是父母为投资所购的高级住宅。冬雨告诉我，她父母总是唠叨着叫她回去相亲。我深切感受到，虽然我们都是独自生活，但生活水平相差甚远。不可思议的是，她的家庭条件很优越，但一起去吃饭时，她绝不会任意挥霍；本来可以去高档餐厅，但她邀请我去的都是比萨饼店。

我和冬雨也聊过个人的事情。我以前从未这样做过。冬雨听后大声笑道："没想到你是这样的人。"

所谓这样的人，是说我在几年前就利用下班后的时间去读专业学校。我认为自己能力有限，于是在专业学校里学习电脑知识并拿到了证书，此后又获得了秘书专业的证书，目前正在攻读财务学校的簿记专业，想取得劳动社会保险师资格。我下决心做这些事情，并不是想超越别人，而是为自己的将来考虑。所以，冬雨她们邀我去滑雪以及海外旅行，我都没有参加。我并不是不想去，我和大家一样喜欢游玩，但确实是经济条件不允许。

“干吗要拿那些资格证书呢？”冬雨没有半点儿奚落之意，她是真的不懂。

“我是一个担忧未来的人。”我很不确定她是否听懂了我的话，但还是直言相告。今后的经济形势不明朗，能否结婚成家还是个未知数，即便结婚了我也想继续工作，这就叫未雨绸缪吧。

“不过，你的担心是不是有些过度了？”微醉的她笑道。

我颔首以对：“可能吧……你可能会觉得可笑，但是如果可以的话，我想一直当一名办公室职员，所以想要把需要的资格证书提前拿到手，于是就愿意去做这方面的事情。”

冬雨听后，露出赞赏的神情。那天晚上，我喋喋不休地谈自己，我觉得实在是不好意思。

那次交谈后不到一年，冬雨就离开了公司。在她走之前，我们四个人中还有一个因工作调动离开了公司。这些对我来说震动不小。冬雨离开公司的理由是“想成为一名花卉艺术设计师”。新老员工离开公司的理由五花八门：想成为服装色彩搭配师的有之，想成为电影剧本作者的有之，想成为食品设计师的亦有之。总而言之，不是因为公司单调的工作而离职，而是打算去干“有价值的工作”。换工作，寻求新的生存方式虽然不是坏事，但在我看来这有些异想天开。她们竟天真地认为，只要改变职业就能找到工作的价值。事实证明，那些辞去公司工作的女孩子后来真正实现愿望的屈指可数。

当然这是别人的事情，我还是按自己的信条去生活为好。我喜欢公司的业务，对目前的生活基本满意，想要学习的东西还有很多，无法操心别人的事情。我从来没有想到冬雨也会离开公司。她以前从未说过她喜欢花卉艺术，如今这样说很难令人信服。

公司为冬雨举行了欢送会，冬雨和我话别时对我说：“看到你，不知为什么，我会感到自己是个平庸之辈，所以很想做点什么。”我只说了句：“努力吧！”这样的话，似乎有点冷漠。我心想，今后可能再也见不到她了。

再次见到冬雨是两年以后了。当时已经是深秋，我和冬雨在银座偶然相遇。一开始我并没有认出她。只见一名留着齐耳短发、穿着工装裤的女子迎面走来，朝我高兴地摆手，我想，这是谁呢？后来才发现那是冬雨。

“真巧啊！买东西？”冬雨微笑着问，她那以往总是娇嫩鲜艳的嘴唇显得有些干裂。

“没想到碰到你啊！挺好的吧？”

“嗯，还可以吧。”冬雨穿着褪了色的运动衫，系着一条斜纹粗布围裙，怎么看都不像是来买东西的。

“正在忙工作？”我问。

“是啊，在忙圣诞节的装饰。我刚从前面的鞋店过来，忙得不得了。这些活儿总不能拖到下个月啊！”

“这些工作就你一个人干？了不起！”我诧异地说。她离开公司才两年左右，已经从事商店的花卉艺术设计工作了。

“花卉艺术设计是我的主业，总的来说，我什么都干。我现在还做得不够好，要想做优，估计得十年左右时间的磨炼。”

“是吗？是有些辛苦，但你真的很棒。”我钦佩地说。没想到她真的做了她想做的事情。

“嗯，不过……”冬雨露出一丝微笑，“这项工作乍看上去不错，实际上是难以想象的重体力劳动。”她理理前额的头发。我看见她的手已经发红，变得粗糙，指甲也没有精心修剪，灰暗的脸上带着倦意。“最近想了想，喜欢鲜花的人是不是反而不太适合做这项工作啊？采摘来的鲜花都一株株地被丢弃了。我整天忙着搞花卉艺术设计工作，连享受季节的时间都没有。”她面露无奈，我无言地凝视着她，“啊，抱歉，我还要去另外一个地方，再见。”说罢，她钻进停在道边的货车，我目送她离去。

我去看了看她装饰的花艺，真是太漂亮了。她的设计理念相当出色，不过大概是因为看到了冬雨疲倦的身影，所以眼前的花艺愈漂亮，我的心情反而愈沉重。那天晚上，我很想给冬雨打个电话。不过转念一想，如果她和我商量说要辞掉这份工作，那我该怎样应对呢？于是，我放弃了这个念头。

再次见到冬雨，又是一年之后了。同期一起参加工作的最后一名女同事也因即将步入婚姻的殿堂而离开了公司。结婚典礼在教堂举行，她说请花卉艺术设计师冬雨来设计婚礼的花艺和她的头饰。我没想到冬雨仍在从事这项工作，不由得松了口气。

我们六个人很长时间都没有见面，现在终于聚在一块儿了。那是10月的一个休息日，天气晴朗，我前往那座教堂。在这喜庆的日子里，我应当开开心心地送去祝福，但此刻我的心情却很凄凉。当初一起参加工作的六个人就只剩下我一个还在公司了。这种局面我也曾想过。如有可能，我打算在现在的公司一直干到退休，最后只剩我一个人我也早有心理准备。虽然我按自己的节奏去工作，但时常也被孤独感和烦恼事所缠绕——结婚的另一半目标尚无；看上去稳定的企业，由于当前经济不景气，奖金微乎其微……冬雨在银座坦露的苦衷，此时我能够理解了。每个人都希望有人在自己身旁，聊聊所思所想。今天冬雨应该也会到场，我想对她表示歉意，因为以往面对她的时候我太冷漠了。

典礼之前我想一睹新娘的芳容，便叩开休息室的大门，进去之后我惊讶不已。新娘身披婚纱，坐在休息室的大镜子前，令我吃惊的不是新娘的风姿，而是新娘旁边穿一身牛仔装的冬雨。“怎么样？装扮得漂亮吧？”冬雨望着我说。她的双颊恢复了往日的光泽，整个人比新娘还精神。新娘手持的花束汇集了种类不同的白花，给人一种轻松感，突出了新娘的芳容。新娘的发际镶嵌着好多白色小花，让她显得异常动人。冬雨的花艺设计让我赞叹，但是，更让我惊叹的是冬雨的装束——今天是朋友的结婚典礼，冬雨也是嘉宾之一啊！

“还换衣服吗？”

“嗯？为什么？”她耸了耸肩，“现在正是婚礼季节，我一会儿还有两项工作要去做。”她没有露出丝毫遗憾或悔意，无论怎么看，她的脸上都写满了愉悦。去年见面的时候她嘴唇干裂、手指粗糙，可今年不一样了，她脸上的光泽是那时所没有的，她看上去越发成熟了，可能是困难时期已经过去。“哎呀，我得走了。”冬雨说。

我连忙叫住了她。

“怎么啦？什么事？”冬雨问。

“常联系呀！下次见面时一起吃个饭？”

她十分快乐地点了点头。我注视着冬雨钻进装满鲜花的大货车，远去了。

工作绝非娱乐，或许，艰难是必然的。失去自信，又以另外的方式重获自信，人可能就是如此不断前行的吧。

你的努力要配得上你的年纪

微博上看到这样一段话，一位80岁高龄的老奶奶说："年轻时你不去旅行，不去冒险，不去拼一份奖学金，不过没试过的生活，整天刷着微博、逛着淘宝、玩着网游，干着我80岁都能做的事，你要青春干吗？"

说得真好。如果年轻时就追求安逸舒适，不去突破极限挑战自己，年纪大的时候我们又有什么资格享受生活呢。

你的努力，要撑得住你的年纪。

一

表妹带的高三班，这次高考满堂红，全班无一例外都考上了本科，还有好几个拿到了名校的通知书。她因此得到了学校奖励的一笔丰厚奖金，职务也提升了。

很多人都去祝贺她，夸她能干。表妹低调地说，哪有那么厉害，就是死撑着，再难也没想过放弃。她带的班从高一开始，就是全年级基础最差的混合班，学校里最调皮难搞的学生都在她班上。她除了要管学习，还得操心纪律，对付那几个早恋和沉迷于电子游戏的熊孩子。教学之外，同时要忙于培训写科研论文，熬夜备课改试卷是家常便饭。尤其是高三这一年下来，她瘦了有七八斤。因为一心忙于工作，每天早出晚归，家里顾不上太多，周末只能休息一天，还常常得去做家访。她的婆婆对此颇有微词，抱怨表妹只想着工作忘了家："就是个死脑筋，这个工作能挣多少钱啊，值得你那么拼命！"

"但世上哪一份工作是容易的呢，在自己最能拼的时候不投入不付出，以后只会留下遗憾，对不起自己，也对不住学生啊！”表妹说。她的辛苦付出，除了得不到家人的理解，有个别学生家长有时也会因为成见和短视不配合表妹的工作，让她颇为头痛。但这些，她都一个人默默承受下来了，面对不理解和委屈，她的选择是不顾他人眼光，坚持到底。

泼冷水是旁人的自由，坚持下去则是你的自由。那些成功的人，不一定最初就是最优秀的人，但一定都是坚持走到了最后的人。人生很多时候没有那么多道理可言，挺住，就意味着一切。

二

沙粒进入蚌体内，蚌觉得不舒服，但又无法把沙粒排出。好在蚌不怨天尤人，而是逐步用体内营养把沙包围起来，慢慢地这沙粒就变成了美丽的珍珠。

人生不如意事常八九。如果我们能像蚌那样，设法适应，以“蚌”的肚量去包容一切不如意的境遇，那么，困境也可以成为转机。

一个曾做过销售的朋友，说起他多年前的一段经历：有一年年关将至时，他丢了一个大单子。跟了大半年的大客户，被竞争对手撬了墙脚。而他下半年的主要业绩就靠这个单子了。况且当时，他背负着房贷，母亲有慢性病，常年需要服用进口药物，到处都要用钱。一下子失去了一大笔经济来源，他心灰意冷，不知道该怎么渡过眼下的难关了。他的妻子却没有一句责备，反而安慰他：多大点事儿呀，大不了以后阳春面一人一碗呗。他咬咬牙，重拾起信心：过年时还到外地跑客户找资源；生活上，两个人省吃俭用；找朋友借钱周转了几个月的房贷，度过了最寒酸的一个春节，算是熬过了寒冬期。开春后，他继续重整旗鼓，主动申请到另一个城市去开辟新市场，将异地当成了大半个家，忙得昏天暗地。最后努力没有白费，他的新业务蒸蒸日上，不仅打通了客户关系，自己也慢慢积累了业内资源，开始创业。如今他的企业发展势头很好，但他还是很踏实地工作，也常常以自己的亲身经历告诫自己的员工："人生就是苦熬。你以为过不去的坎，再坚持一下，就会看到另一片风景。”

三

没有谁的人生是一帆风顺的，更没有谁天生就是上帝的宠儿，永远都能过着不劳而获的生活。有时候，我们距离成功，只需要一个转角的距离。但是多少人，却在那个转角之前，自己选择了放弃。

电影《中国合伙人》里有一句台词说：“成功路上最辛酸的是要耐得住寂寞、熬得住孤独，总有那么一段路是你一个人在走。也许这个过程要持续很久，但如果你挺过去了，最后的成功就属于你。”

人生难免挫折，也不可能没有挫折。挫折只会吓退软弱的人，真正的强者只会越挫越勇，将苦难的岁月一点点熬成甘甜的果实。有时候经历得越多，才会明白在这个世界上，总有几样东西，是别人拿不走的，比如，你读过的书、看过的风景，更包括你那些曾经被嘲笑的梦想。

只要你力气用对了地方，它们终会融入到你的血液与身体，变成谁也夺不走的力量。

每个人都在尝试中成长

“你说，你不爱种花，因为害怕看见花瓣一片片地凋落。是的，为了避免一切结束，你避免了所有的开始。”看到这句话时，她哭了。这些年，为了避免结束，她拒绝了太多的开始。

卸下伪装的面具，面对真实的自己，她不得不承认，骨子里的自己是一个极其自卑的人。她害怕去挑战未知的东西，害怕面对不熟悉的事物，害怕丢掉狭隘的自尊，害怕独自体会失败。所以，很长的时间里，她都像柔弱的小猫一样，蜷缩在自己的世界里，贪图着安逸，维持着那份安全感。

考大学那年，她发挥失常，成绩比平时低了四五十分。这样的结果，她并不甘心，可在面临复读与否的问题时，她坚定地拒绝了复读。她故作轻松地对周围的人说：没关系，读哪所大学都一样，现在找工作又不是单看毕业院校的名气。她这么说，旁人也便这么信了。其实，她在背地里哭了好几次，为自己的失败流泪，为自己的懦弱流泪。她实在害怕，怕复读之后，自己再次发挥失常，到那时，那骄傲的自尊该放在哪里？

18岁，她义无反顾地去了不熟悉的远方，读了一个不知名的大学、一个不喜欢的专业。填报志愿的时候，不少人都疑惑：咦，你那么喜欢英文，为什么不读英语专业？她说：英语现在已经是辅助专业了，读不读都无所谓的，学其他专业的同时，也能自学英语。这样的解释，听起来恰到好处，可谁也不知道，她其实是害怕失败。考语言专业必须得通过口语测试，如果没通过，那么这点儿唯一的尊严都会变得一文不值。

因为害怕失败，她与心中的目的地背道而驰，渐行渐远。

20岁，她再一次选择了逃避。这一次的逃避，给她的心灵留下了难以弥补的遗憾。

她喜欢上了一个男孩，他性格开朗，阳光帅气，有理想有抱负，从读大一开始就已经给自己未来的人生做规划了。每次跟他相处，她都觉得周身充满了正能量，是他身上散发出的气场感染了她，让她有一种想要变得更好的渴望。

她是那么想跟他在一起，让今后的每一天都变得璀璨耀眼。可是，她不敢说出那句话，她怕！怕自己不够漂亮，配不上高大帅气的他，跟他站在一起时无法够得上“般配”两个字；怕自己家境平平，无法融入他和他那优越的家庭。她想，等自己变得足够优秀时，或许就可以坦露自己的心声了。

《傲慢与偏见》里说：将感情埋藏得太深，有时是件坏事。如果一个女人掩饰了对自己所爱的男子的感情，她也许就失去了得到他的机会。

有时候错过一时，便错过了一世。爱情这回事，当时没有抓住，过后就只有后悔，没有谁会一直在原地等你。当她毕业后，有了光鲜体面的工作，觉得自己足够优秀时，他已经漂洋过海，在海的那一端找到了自己的真爱。

她嘲笑自己的懦弱和傻气，他始终都不知道自己的心思，又怎么会想到与自己共度余生？现在的自己，虽已比过去优秀，可输了他，赢了全世界又如何？如今，自己也不过是他最亲爱的路人。

待年岁一天天渐长，突然有一天，她觉得自己对生活失去了兴趣。在过往的岁月里，错失了太多想得到而不敢去争取的人和事。人生的轨迹与理想中的模样大相径庭，留下了太多的懊悔。

因为害怕，所以逃避；因为逃避，所以失去。或许，是违背心愿做了自己不想做的事；或许，是隐藏了深埋在心底的感情，错过了最爱的人；或许，是畏惧改变而得过且过，放纵了生活，待许久之后回过头看，发现生活已经完全走样。当年出发时的起点，已经与现在不在同一条轨道上。这一切是什么时候转变的，竟然毫无知觉。

其实，你怕什么呢？人生最大的一种痛，不是失败，而是没有经历自己想要经历的一切。有些事，尝试了，努力了，就算没有达到预期的结果，也可以坦然地说，我真的尽力了。

想想看，毛毛虫把自己裹在千万丝缕中，从沉睡到初醒，张开眼睛，无尽的黑暗充斥着整个世界。没有明媚的阳光，没有嫩绿的树叶，看不到春华秋实，看不到碧草蓝天。蜕变的痛苦焦灼着它的身体，它试着挣脱黑暗的牢笼，挣脱灵魂的枷锁。它用柔软的头，一次又一次地冲撞厚厚的蚕蛹，一次，两次，百次，千次。在不断的尝试中，它变得强大，最终冲开丝茧，起舞翩跹。

不要因为害怕结束，就拒绝所有的开始，没有人会知道明天要面对的是什么。你想要破茧成蝶，就得勇敢地尝试，每个人都是在尝试中成长的，绝无例外。

不放弃，便有希望

一

转眼间十几年过去了。当初学围棋时，先生送我一幅字画，如今挂在书房中央，上面写着：人生如棋，落子无悔。

先生告诫我：不管境况有多糟糕，也都要全力以赴。

记得那年，受《围棋少年》的影响，我央求着爸妈要学棋。开始时，学得很顺，断续学了一年，通过了业余2段考试。尽管如此，但还是被先生责备。

当时，我很懒，不愿看谱，几乎想到哪就走到哪。棋风飘忽，不懂布局，气势容易被人打散。先生说我缺少灵性。但尽管如此，还是很关心我，不断地让我做死活题。

因为懒，所以喜欢执白子，这样可以走模仿棋。在升段赛的第三局，不幸轮到我执黑子。但由于急功近利，使得棋面蓄气不足，以致于中期乏力，对手将我打得支离破碎。

那盘棋让我捉襟见肘，赛后先生耐着性子跟我讲解。最后，我恍然大悟：当时棋面旗鼓相当，但我缺乏应变能力，一步步钻入圈套。

先生了解我不擅长布局，所以让我勤练死活题培养应变意识，但我却置之不理。我没有习惯去找最优解，反而埋怨棋面太糟糕。

人生如同棋局，你可千万别掉以轻心。

二

没有完美的人生，谁都会遭遇坎坷。当遭逢坏局面时，你应该积极面对，寻找解决办法，而不是让焦虑压垮自己。

朋友本科学的是临床学，可他并不喜欢，在学校玩网游，耽误了几年青春。每次见他挂科，父母也没少责备。但他总是说，做医生太累，没前途。

在实习那年，母亲不幸中风偏瘫，为了治疗，家里拿出了大部分积蓄。仿佛一夜之间，朋友长大了。他幡然悔悟，主动去找工作。

可是，工作也不是说找就找，在招聘会上，他拿着几近空白的简历，不知该投向何方。眼见同学都找到心仪的工作，而自己却没着落，巨大的落差感让他很悲伤。

但是，当他想到偏瘫的母亲，念及满怀期望的父亲，心一狠，硬着头皮承受面试官无情的蹂躏。

辅导员对他说：有些事，不是硬着头皮就能解决。你该认真思考自己适合哪一行业，而不是像无头苍蝇，到处乱飞。找到人生的最优解，而不是无脑乱画。

朋友把目光投向游戏产业，花了两天时间逛遍相关论坛，选择了几家公司，并对其产品写了一份体验报告，以及对游戏产品的理解。

面试时，他镇定自若地与产品经理交流想法，条理清晰地阐述他的看法。签完录用信后，他在朋友圈签名上写了那么一段话：尽管握着一手烂牌，也要认真打完。

其实很多时候，你手中的烂牌并非上天的刁难，而是对你过错的惩罚。生活给你烂牌的意义，不是让你撕掉它，而是给你改过自新，让你来一次逆袭的机会。

当你熬过漫长的冬季，跨过生活的阻拦，猛然回首，你会看到阳光明媚，春暖花开。

三

白莎在销售部实习，长得不漂亮，出身也并不鲜亮，但她很有拼劲儿。在公司时，每天利用空闲时间准备注会考试。

虽然环境糟糕，但她活得很乐观。曾有人问她为何那么拼命。她说想在深圳买一套房。别人笑而不语，内心嘲笑她异想天开。条件那么差，野心却那么大。

当时工资也不高，但她没有放弃花钱去学习。每一天的成长，都让她感觉到喜悦。周末有空，就去市场扫货，回家自己改衣服。那时钱不多，但日子过得很丰满。跑步，看书，跑步，不知疲倦。

卡夫卡曾说：生活中没有侥幸，生活将以铁一般的逻辑，粉碎任何人发自内心的背叛和疏离倾向。

无论现在处境有多糟糕，但你别害怕，更不要放弃对生命的希望。毫无背景不是你堕落的理由，而更应该是你前进的动力。

每当你前进一步，都将会收获一份胜利的成就。

我们大多数人都很普通，拥有的牌都不会太好。但上天既然给了我们一双手，就意味着给了我们翻盘的希望。

既然没有获得幸运，那也别轻易放弃任何一个坏局面。你要想办法把死局盘活，把糟糕的生活过得更有诗意。

四

你该花时间思考如何打好一张烂牌，而不是抱怨命运，或者干脆撕牌。当做出积极的选择时，你也会变得更优秀，生活同样会反馈于你不一样的精彩。

我曾遇到一位大叔，十六岁那年父亲去世，母亲车祸卧病在床。为了生计，他不得不背井离乡，远赴外地打工。曾因言语不通，被人骗过不少钱。但尽管如此，他咬牙挺了过来。

生活在他脸上刻下了岁月的痕迹，却没有让他心灵疲惫。在艰难之际，他没有心存侥幸，更没有破罐子破摔，而是选择坚强迎接生命的挫折。

就命运而言，休论公道。有人命好，有人命歹。怕什么困难无穷，进一寸有一寸的欢喜。

至今，我依然怀念围棋先生。虽然我不是他最优秀的弟子，但依然感激他对我的教诲。

先生曾说，人生恰似棋盘，利用得好，那就不存在废子。可一旦放任，就算妙子也会沦为废子。

我们正当年轻，虽然欠缺宏大的布局观念，但你应该学会最基本的挫折意识。

放心，生活不会将你置于死地，总会留有生路。而你所要做的，就是寻找最优解，把烂棋做活。

不放弃，便有希望。进一寸，便有欢喜。

生命中最简单而又最困难的事情，是永远无法得知下一个困难是什么。在你选择的路上，不惧困难地坚持！

努力奋斗，成就励志人生

蘑菇定律

黄明哲　主编

红旗出版社

红旗出版社
RED FLAG PRESS
推动进步的力量

图书在版编目（CIP）数据

蘑菇定律 / 黄明哲主编. — 北京: 红旗出版社, 2019.9
（努力奋斗，成就励志人生）
ISBN 978-7-5051-4937-3

Ⅰ. ①蘑… Ⅱ. ①黄… Ⅲ. ①成功心理—通俗读物 Ⅳ. ①B848.4-49

中国版本图书馆CIP数据核字（2019）第193255号

书　名　蘑菇定律
主　编　黄明哲

出 品 人　唐中祥　　总 监 制　褚定华
选题策划　华语蓝图　　责任编辑　朱小玲　王馥嘉

出版发行　红旗出版社　　地　　址　北京市北河沿大街甲83号
编 辑 部　010-57274497　　邮政编码　100727
发 行 部　010-57270296
印　　刷　永清县晔盛亚胶印有限公司
开　　本　880毫米×1168毫米 1/32
印　　张　30
字　　数　780千字
版　　次　2019年 9 月北京第1版
印　　次　2019年12月北京第1次印刷

ISBN 978-7-5051-4937-3　　定　　价　149. 00元（全5册）

版权所有　翻印必究　印装有误　负责调换

前言

FOREWORD

蘑菇定律是指职场新人常常会被安排在不受重视的岗位，做的基本都是打杂跑腿的工作，就像培育蘑菇一样，有时还要被浇上一头大粪，接受各种无端的批评、指责，或代人受过，得不到必要的指导和提携，处于自生自灭的状态。蘑菇生长必须经历这样一个过程，人的成长肯定也会经历这样一个过程。蘑菇定律又称为萌发定律。

初入职场，当“蘑菇”是很多年轻人不得已而为之的事情，但如果你在“阴暗的角落里”待得太久，就很难再引起别人的注意，他们会认为你只适合做那样的工作，任由你自由发展，没有人会对你委以重任。更糟糕的是，你自己也会逐渐认可现在的命运，久而久之，你就很容易被人遗忘。所以，一直默默无闻地埋头苦干在职场中绝对是不可取的，因为这样，你就只能一直当“蘑菇”。作为一个职场新人，一定要抓住机会来表现自己，来缩短自己的“蘑菇”期。

“蘑菇”经历，还可以消除年轻人对成绩沾沾自喜的心态。对于职场新人来说，在完成一件工作、取得一点儿成绩之后，总是希望上司和同事注意到自己，最好还能对自己说上一两句赞赏的话。不要有了一点儿成绩就沾沾自喜，要沉下心来，脚踏实地、一步一个脚印地工作，才能在工作中取得更大的成绩。

要想在职场竞争中游刃有余，不仅需要有过硬的专业技术，还必须学会各种社交能力。职场新人能否适应职场中的行为模式和游戏规则，往往取决于最初的“蘑菇期”，“蘑菇”经历能使职场新人更快地适应社会。

无论多么优秀的人，刚开始工作时都是从最简单的事情做起，“蘑菇期”对年轻人来说，就像蚕茧，是羽化前必须经历的一步。事业中的很多机会都是在每一次单调的工作实践中挣得的，如果你一开始就不想从事单调的工作，那么你永远也不会得到提升的机会！

目录
CONTENTS

第三章　敢于表现自己

第四章　找准自己的定位

第一章
培养良好心态

当期望与现实发生矛盾时，年轻人往往会丧失信心，会失去对工作的热情，工作的时候就会采取敷衍了事、应付的态度。其实，职场与人生的道理是一样的，低起高谋，分步到位，方能成就大事。因此，在职场的蘑菇期，年轻人要不断调整自己的心态，保持静心、耐心、细心、专心，乐观自信地对待工作和生活。

善待身边的同事

那一年，我刚到一家公司就职。有一个不爱说话、高高大大的男孩子坐在办公室的角落里，他就是小韩。小韩坐在那个角落，看起来有些压抑，但他从来不抱怨。在其他同事抱怨开窗太吵、空调冷气太小的时候，他也不吭声，仍然专心致志地处理自己的数据。坐在我旁边的阿美告诉我，办公室里最好欺负的人就是小韩，什么事情只要找小韩，肯定可以搞定。

一段时间之后，我发现小韩的谈吐和思维都不错，以他的条件，他完全可以在办公室做高高在上的王子，而他却在办公室里做仆人，就连倒垃圾这事，他都去帮忙。我很奇怪，他为什么乐意被其他同事呼来唤去呢?

一天，小韩正在忙着输入新收集来的一组数据，小陈突然让他去给一个客户送资料。可是，就在几分钟前，老板还在催小韩尽快完成数据输入，整个办公室的人都听到了。我想，这下小韩完全有理由拒绝同事的“无理要求”了吧！然而，小韩却对小陈说：“我用五分钟时间，就可以把数据录入完，然后就去把这份资料送过去。”说着，他主动伸手从小陈的手中拿过资料。看到这，我心里都有些看不起小韩了，做男人做到这么软弱，也够可悲的！

有时候，因为对方是个好人，我们敬佩他，但有的人会因为对方是好人，是好欺负的人，就会真的欺负他。

在那家公司工作的两年多时间里，我见过太多在我看来对小韩不公的事情，但小韩却从不在意。很多工作明明是他做的，功劳却都记在了别人的头上；他做的事情总是比别人多一些、难一些；他背了无数的黑锅……面对老板的责骂，他从来不顶嘴、从来不举报其他同事。

在小韩 26 岁生日的时候，我看到他的 QQ 空间里，几乎每个同事都给他送了礼物，虽然是虚拟的，但你见过谁会给不喜欢的同事送礼物？有一天下雨，小韩不小心摔了一跤，一天没有来上班，几乎每个同事都给他打了电话问候……小韩以他的勤劳和包容赢得了大家的友谊，从开始有点儿欺负他，到后来大家都默默地关心他。

后来，小韩另谋发展，递交了辞呈。在告别宴上，大家一起向小韩敬酒。有同事说：“小韩，你走了，办公室再也没有人好欺负了。”小韩笑着说欺负是另一种爱。在餐厅的角落里，小韩揽住我的肩，对我说：“兄弟，我知道你一直为我鸣不平，其实没有什么，职场就是这样，退一步，海阔天空！善待身边的同事，就可以快乐地享有公司这个平台。在这个平台里，做个仆人也快乐，因为你会发现，原来自己会被这么多人需要！”刹那间，我理解了他所有的包容。

再后来，我离开那家公司进入另一家公司，一做就是五年。很多人都奇怪，我怎么在一个民营公司待这么久？在他们看来，有些不可思议。在广州，一年跳两三次槽，都是很正常的。

我觉得那些不断跳槽的人，没有几个是快乐的，他们总是从不快乐的岗位跳到更加不快乐的岗位，他们的眼里没有好的同事，没有好的上司。其实，在工作中，如果你对一个人好，他也会把一部分好还给你，你对十个人好，十个人都会把一部分好还给你，那么你的好就多得不得了。

面对挫折要有一颗平和的心

公司要裁员，名单上有内勤部新来的小林和小文的名字，她们都刚来不到半年，人事部通知她们月底结束工作离开岗位。那天，她俩的眼圈都红红的，大伙儿看她俩都小心翼翼的，不敢和她俩多说一句话。这事摊到谁身上谁都难受。

第二天上班，小林的情绪还是很激动，跟谁都没有好脸色，谁跟她说话，她都气冲冲的，像灌了一肚子火药，逮着谁就向谁开火。裁员名单是老板定的，跟其他人没关系，小林也知道，可心里憋气得很，就拿杯子、文件夹、抽屉撒气，“砰砰”“咚咚”，大伙儿的心被她提上来又掉下去，空气都快凝固了。人之将走，其行也衰，谁忍心去责备她呢？她不敢去找老板发泄，就跟主管诉冤，找同事哭诉：“凭什么把我裁掉，只给我一些杂活干，我还没有真正发挥我的能力，都没有给我施展的机会……这对我来说太不公平了。”她声泪俱下的样子，让人很同情，但大家又不知该怎样劝慰她。而她只顾到处抱怨诉苦了，以至于她的分内工作——办公室订盒饭、收发信件、传送文件都耽误了。

后来，小林又找人到老板那儿说情，老板没有通融。小林再次受到打击，很气愤，她用异样的目光在每个人的脸上扫来扫去，仿佛要把那个背后捣鬼的人用眼钩子给钩出来。同事们开始怕她，都躲着她。原来的小林是很讨人喜欢的，但此时，人还没走，大家却有点儿讨厌她了。

在裁员名单公布前，小文也很讨人喜欢的，同事们都习惯这样对她：“小文，把这个打一下，快点儿！”“小文，快把这个传出去！”小文总是连声答应，手指也像她的舌头一样灵巧。

在裁员名单公布后，小文虽然哭了一晚上，但第二天上班，她仍然像以前一样工作，大家都不好意思再让她做什么，她就主动找活儿做。面对大家同情和惋惜的目光，她笑笑说：“是福跑不了，是祸躲不了，反正这样了，还是干好最后一个月吧，以后走了想起来也不会觉得有什么遗憾。”她依然每天非常勤快地打字复印，采购办公用品，随叫随到，坚守着岗位。

到了月底，小林如期下岗，而裁员名单中小文的名字却被删掉了，小文留了下来。主管当众传达了老板的话：“小文的岗位，谁也不可替代；小文这样的员工，公司永远不会嫌多。”

小林知道自己要被裁员时，抱怨公司只给她安排杂活干，要知道，一般初入职场的人都可能会被安排在不重要的岗位上，这是很正常的事情。这时，职场新人需要做的，就是在自己的工作范围内，做一个低调的“杂家”。而且，只要在职一天，你就要认真工作一天。当小林知道自己要被裁员时，就抱怨公司，抱怨别人，工作也不做了，她的内心充满了怨恨，这一点小文做得很好。

在工作和生活中，谁都会遇到挫折、不平或委屈之事。面对困难，我们要有一颗平和的心，从容应对，坦然处之。而牢骚抱怨不仅于事无补，还会显得自己肚量窄小，小家子气。俗话说：“没有过不去的坎。”与其苦恼怨尤，不如平静地去调整自己的心态。心态的平和，也许会带来事件的转机。

切勿过早地锋芒毕露

小李是一位图书情报专业的硕士研究生，毕业后被分到一家研究所工作，主要从事标准化文献的分类编目工作。

小李认为自己是学这个专业的，比其他人懂得多。刚上班时，领导也说让他多提意见。于是，他便无所顾忌地提出了很多意见，上至单位领导的工作作风与方法，下至单位的工作程序、机制与发展规划，还列举了现存的问题与弊端，并提出了周详的改进意见。对他提出的这些意见，领导表面上对他点头称是，其他人也没有反驳，可结果呢？他提出意见之后，不但单位没有考虑他的意见，他还成了一个处处惹人嫌的人，单位的一个领导甚至认为他是一个狂妄、骄傲的人。入职一年多单位竟没有安排他做什么具体的工作。

后来，一位同情他的老太太悄悄对他说："小李啊，你还是换个单位吧，在这儿你把所有的人都得罪了，别想再有出息了。"

这时，小李才明白，为什么所有的人都在有意无意地为难他，连正常的工作都没有人支持他。于是，他只好"炒领导的鱿鱼"，离开了这家研究所。

临走时，领导拍着他的肩头："太可惜了！我真不想让你走，我还准备培养你当我的接班人哩！"

小李一边玩味着"太可惜"三个字，一边苦笑着离去了。

小李作为一个新人，自认为自己学历高、懂得多，说让他提意见他就提意见，有点儿不知天高地厚，因此得罪了单位的人。在现实社会中，与小李一样的年轻人有很多。他们处世往往不留余地，锋芒毕露，有十分的才能与聪慧，就要表露出十二分。殊不知，职场有职场的游戏规则，你如果想在职场有所作为，就要先适应职场的游戏规则，只有等自己的实力壮大、羽翼丰满之后，才能通过你的能力来制定新的游戏规则，否则，你一定会被碰得头破血流，留下"壮志未酬身先死"的哀叹。

中国有一个成语叫"大智若愚"，行走职场，必要的时候一定要学会做一个"愚人"来保全自己，这往往能让你以不变应万变。

管好自己的嘴

小丽是一家宠物杂志社的记者，她特别喜欢小动物，很庆幸自己能够找到一份非常适合自己的工作。因为喜欢和动物接触，她不仅工作努力，而且很热情。但一个月前，一个工作能力和工作业绩都明显不如她的人却因为善于奉承主任而轻轻松松地升了职、加了薪，而小丽却没有升职加薪。

小丽怎么也想不通，愤愤不平之余把自己的一肚子委屈告诉了一个跟自己关系不错的同事，说主任提升人不是看谁的工作能力强，也不重视人的才能和热情，而只喜欢那些只会溜须拍马的人。这些话说出去后没多久，小丽明显感觉到主任对她的态度急剧下降，并且经常在一些事情上压制她。年底，当小丽的合同快到期时，主任以单位人力资源部门对她的绩效考核不合格为理由，没有与她续约。

就是因为小丽在同事那里抱怨主任的话被传到了主任那儿，主任才会压制小丽，还不跟她续约。在工作中，自己受委屈、受到不公平待遇时，要管住自己的嘴，不要和同事去抱怨，要知道，世上没有不透风的墙，你所说的每一句话，随时都有可能传进别人的耳朵，到头来吃亏的是自己。

刚毕业的大学生小王也遇到了同样的事情，她刚刚来到一家新公司，她想尽量在较短的时间内跟大家熟悉起来。表面上，同事虽然都对她客客气气，但是她一眼就能看穿他们没有将她当作自己人，只有一位姓李的大姐对她比较关照，跟她有说有笑，经常坐在一块儿聊天，李姐还将公司的大小事情通通告诉了小王，比如各个同事的性情脾气和隐私，应该注意些什么人等。

小王初来乍到，对公司情况什么都不了解，有这样一位"热心"的大姐对自己这么"照顾"，自然对她很感激，将她当作知心人看。于是，小王也将自己平时看不顺眼的事情，全都告诉了李姐，有时甚至在背后指责身边同事的不是。

可是她忽然发现，公司的同事变得对她更加冷漠了，见到她都爱搭不理，她很懊恼，不知道自己做错了什么事。后来有一天，正当她打印一份资料的时候，忽然听到外面李姐的声音："新来的小王人品太差了，昨天还说你目中无人呢……"

这个李姐就是那种人，说话做事，人前一个样，人后又是一个样。这样的人在你面前时虚伪奉承，谈论别人的隐私，而背后却很可能说你的隐私和坏话，给你造成不利的人际关系，严重破坏你和同事之间的关系。

有的话可以说，但是有的话却只能放在心里。当一句话从你嘴里说出来后，你就再也没有这句话的传播权了，传播权只属于听到你的话的人。

社会就是一个大染缸，龙蛇混杂，大家都是奔着利益去的，所以你很难看清楚别人的真实面目。比如唐朝“口蜜腹剑”的李林甫，“笑里藏刀”的李义府，都是活生生的例子。职场中这样的人俯拾皆是，如果你没有防范之心，将自己的秘密和对别人的抱怨全部告知于人，那么你就要倒大霉了。

在职场中，一定要注意这一点——管好自己的嘴。在别人背后说三道四，常常会造成意想不到的后果，甚至断送自己的职业生涯。有人说，造物者让我们长两只耳朵，一张嘴巴，就是让我们多听、少说。

自古以来，灾祸多出于口舌。一方面，在背后谈论别人的是非本身就是不礼貌的行为。另一方面，言多必失。逞一时的口舌之快，不知道约束自己，常常会引来无数麻烦。

人在职场，管好自己的嘴，比做好该做的事要重要一万倍。

摆正自己的位置

两个月前，小邓在一家化妆品公司做品牌文案。现在他离职了，因为他发现有人擅自动用了他的电脑。他认为公司给他配备的电脑，就是他的私人工具，不经他的同意，别人是不能动的。虽然办公室主任再三解释，说那台电脑之前是公用的，里面存了一些公司常用的文档，放在一个专门的文件夹里了。打开这台电脑，也只是取一下这个文件，并没有检查什么。

但小邓把过火的话已经说了，说出去的狠话，就像泼出去的污水，已经伤及他人，回头无岸，他一怒之下，只好走人。“我好歹也是一个名牌大学生，岂能任由他们这样折腾我？说白了，这家公司里就是一帮土人，与我的格调相差太远！”小邓说这句话的时候，我们都感受到了他眼中的不屑。

后来通过朋友介绍，小邓去了另一家化妆品公司做策划。但仅仅两个月，他又给朋友打电话，说他准备离职了。朋友觉得很不理解，他现在的公司在业内影响很大，公司给他的福利待遇都不错，他为什么又要离职？他刚入职时，还和朋友说这个老板是他职场上的贵人，肯给他提供这么好的平台。为什么短短两个月，他却要闪电离职？

原来，公司参加了业内在上海举办的一场盛会，主办方为每个参展的公司提供了三张世博会的门票。小邓是这次公司参展的总统筹，他认为这三张门票应该有他一张。可是，事情出乎他的意料，直到他坐上通往机场的的士，老板也没有把世博会的门票给他。这就是他决定离职的理由。

小邓也是一个有着多年工作经历的职场老人了，但他的行为简直不可理喻。你以为你是谁？电脑是公司的，其他同事动动怎么了？老板出钱做活动，主办方把世博会门票给老板，老板为什么一定要给你？你是老板的家人吗？

聪明人有原则，但从不搬石头砸自己的脚，因为他在搬石头之前，总是先摆正自己的位置。待人接物要摆正自己的位置，不要老把自己当人物，老是自我感觉良好，即便真是小有作为，业绩斐然，也要谨慎，要虚怀若谷，要大智若愚。其实人的最终结局都一样，只是别把自己看复杂了，有句俗话说得好：千万别太把自己当回事。

别让眼高手低毁了你

小张毕业于某大学汉语言专业，并获得研究生学历。在找工作的过程中，她经历了无数次的被忽略、被鄙视，直到毕业前夕，终于决定放低要求，到一个民营外贸公司去上班。原以为自己是研究生学历，到这个小公司就会被委以重任，但实际上她的工作只是收发邮件、复印文件、打印资料，甚至还有打扫房间等一些琐碎的工作。她常常自嘲说："我的三年研究生算是白读了！"

工作了3个月以后，小张就去找老板谈："老板，我现在干的工作太简单了，我想做可以真正体现我实力的事情，我要求调到营销部门。"随后，老板就把她调入了公司的营销中心。

小张作为职场新人，越级去找老板报告，而且在自己毫无客户资源的情况下，还要进入公司营销部门，同事都说她眼高手低。结果调入公司的营销中心后，小张的工作毫无进展，公司的每个人都对她敬而远之，一时间，小张陷入了尴尬的境地。

而小孙的工作经历却和小张不同。小孙也是一名硕士研究生，她应聘的职位是一家公司的销售部经理。刚上班时，公司安排她做销售代表去站柜台，一开始，小孙对这种安排十分不满意。工作了一段时间后，她逐渐认识到公司对自己的良苦用心。公司这样安排主要是因为自己对这个行业还不熟悉，只有从基层工作做起，才可能全面了解公司，熟悉业务的整个流程。

3个月以后，小孙开始正式负责销售部门的全面业务。她充分利用自己的基层工作经验，带领团队取得了良好的业绩。1年后，她又被提升为业务副经理。在谈起这段往事时，她颇有感慨地说："刚开始工作，心里的确是有很多怨言，但是后来我明白了，这是公司在锻炼我。于是就坚持了下来，认认真真地从基层干起，最终赢得了公司的信任。"

眼高手低是年轻人存在的通病，这也是他们容易遭到失败的原因所在，他们内心充满了激情和理想，一心渴望成就一番大事业，这种雄心壮志是值得鼓励与赞美的。但是，有些人在做具体工作的时候，一心只想着做大事，对平凡的、琐碎的事情却不屑一顾。他们习惯高谈阔论，却缺乏实际做事的良好心态。

如果一进单位就给你一个中层位置，十有八九是干不好的，因为你根本就不了解工作的流程，没有经验可供借鉴，也没有时间去熟悉、去适应。

事业绝非是空说大道理，每个人都要认真对待当前的工作，无论当前的工作是多么微不足道。任何伟大的事业都是由一件件烦琐的小事累积而成的，每一件小事都要做好。那些梦想成真、事业有成的人，都是踏踏实实地从最底层、最基础、最简单的工作做起的，都是在平凡的工作和低微的职位上一步一步走上来、慢慢发展起来的。

要学会放低姿态，从底层开始努力，根据职业的要求不断发展自己，更新自己的知识和技能，使自己具有更强的竞争力，从而在职场中找到适合自己的发展道路。

正确对待别人对自己的批评

在一个同学小聚会上，一个漂亮女孩在喋喋不休地诉说她东家的不是。

女孩说那个法国老太太，根本没法沟通。

她说的那个法国老太太，是个肥胖又行动不便的老人。她的女儿在上海工作，为了照顾她，女儿把她从法国接到了上海，雇了能讲法语的女大学生做护工。但许多女大学生都在这位苛刻的法国老太太面前败下阵来，有的不辞而别，有的甚至会与她发生争执。

正在漂亮女孩义愤填膺的时候，胖女孩小徐凑上来，问她："那你是不是不愿意再做下去了？如果你辞职，能否把这份工作让给我？"

漂亮女孩一听，说：“那好啊，我正求之不得呢！”

后来，胖女孩小徐成了那位老太太的护工。

谁也没有想到，她们相处得非常好。更让人不可思议的是，这位老太太还动用她在法国的社会关系，让小徐到法国去深造。

许多人都觉得奇怪，那么多女孩都不能接受老太太的脾气，为什么小徐不仅与老太太和睦相处，而且还能得到老太太的帮助呢？

小徐说：“老太太的确很苛刻，我去照顾她的第一个月，她经常批评我，说我走路姿势不对，坐姿不对，眼神不对……有一次，我用手直接取了一块萨其马给她，老太太大怒，斥责我没有教养，说应该把萨其马放在碟子上再给她。当时，我真想辞职。但事后，我觉得用手直接取食物给她，的确不太妥当。”

小徐说，她回家对着镜子看，果然发现自己走路时脚步有些重；坐下时，双腿没有合拢，的确很不雅观；看人的时候，是有那么一点点儿斜视……

原来，老太太所说的全是对的。只不过，由于自尊心的原因，她在心里排斥批评。

后来，小徐了解到老太太出生在一个贵族家庭，从小就接受了上层社会的教育，是那种处事极有条理、生活极其精致的人。

自从小徐知道自己的缺点后，她对老太太刻薄的批评有了全新的理解。老太太所批评的正是自己的缺点，为什么不去改正呢？

此后，每当老太太提出批评时，小徐都会认真去想，自己到底对不对？ 如果不对，她就努力去改正。而且，她还阅读了大量的资料，了解了法国人的一些生活习俗和禁忌。

在老太太生日那天，小徐花了好几个小时做了一道精美的法国传统菜——烤牛排。当小徐捧着香喷喷的烤牛排出来，祝她生日快乐时，老太太流泪了，她说："我的外甥女也曾经为我做过烤牛排，你和她一样漂亮，一样可爱。"

那一刻，小徐感动极了。照顾了老太太那么长时间，她还是第一次得到肯定。

后来，老太太很少批评她了，她们经常在一起聊天，开心相处，一老一小会发出轻轻的笑声。

有一次，老太太的女儿带着欣赏的眼神看着小徐，由衷地说："你真优雅，很迷人。"

小徐真的变了，她的神态变得安静了，她的气质变得优雅了，还有她的法语口语发音、她说话的神态、她的眼神……

小徐说，人就像一株含羞草，一遇上外界的小小侵犯，就会把自己重重保护起来。其实，如果换一种角度，换一种思维去理解，这个虽刻薄但又精致的老太太就是自己的生活指导师。

无论是在职场中还是在生活中，身边朋友、同事、领导等都会给我们一些指导意见，有时他们也会批评我们。当我们被批评的时候，我们一定要忍耐，尽管我们感到不愉快。我们要耐心地倾听对方的批评，认真思考自己存在的问题，并找出一个合适的解决办法，还要提醒自己以后不要再犯。对于那些不恰当的批评，不能一味地去接受，而要去澄清，否则别人会认为是你没有做好这件事，甚至是你没有能力做好这件事。忽视周围投来的目光，不要失去自信，只要虚心接受批评并改正，就会取得更大的进步。

在日常的工作或者生活中，别人的批评，是你的幸运，可以使你避免以后造成更大错误，所以，一定要珍惜那些批评你的人。

我最好的背景就是我自己

我们大多数人会这样想：如果有一个好的背景，就可以找到一份好的工作；如果有一个好的背景，就可以找到更优秀的配偶；如果有一个好的背景，就不愁身边没有朋友。

人都是越长大越发现自己的渺小。在中小学时，我们周围的大多数同学，家都相隔不远；接触的人，也比较单一。在县城读中小学，同学几乎都为县城周边的；在市里某个区读，也就是某个区域内的。可是到了大学，会发现同学们都来自各个城市，大家除了学习以外，也比中学时代有更多的时间去接触其他新事物。这时候贫富差距就会表现出来，家庭背景也存在许多不同。

我大学将要毕业时，认识了一个大一的小学妹。她看上去比较自卑。我和她聊了聊，她说自己是农村的人，家里毫无背景，和其他同学完全没有办法比，好不容易走到今天这一步，但最担忧的是今后的工作问题。

我明白她的焦虑。我们抱着满脑子的美好愿望走进大学，却发现这个世界跟我们想象的根本不一样。普通、自卑，甚至懦弱。不懂化妆品，不会弹钢琴，连最火的外国明星好像也不认识几个。我们都害怕，没有背景就没有机会。她就像刚刚走入大学的自己，带着对世界满满的渴望，可仍然惴惴不安，不知道该做什么。我自己也没有总结多少切实可行的经验，于是只好跟她说：如果你不知道该干什么，就干三件事吧：刷高分，多读书，多实习。没有背景，你自己就是背景，只要足够努力。

学妹最自卑的地方也许就是英语口语。她的发音不标准，因为从小学开始英语老师的发音都不标准。她走到英语角，一句话都不敢说。但她还是一直去，用她自己的话说——“真的是厚着脸皮去呀！”她还结识了好几个外国留学生，疯狂地用自己带着“乡音”的英语和他们聊天。每天，在别人还没起床的时候，她便开始背单词和课文，顺利地通过了英语四六级考试。那时候，我每天早起跑步，总能在操场看到她。

大三时她参加了一个演讲，她认为，自己要自信就必须要克服胆小和自卑的心理。演讲比赛的前夕，为了让自己不要那么害羞胆怯，她竟然走进教学楼里的一个自习室，对着整个教室的人说：“大家好，非常抱歉打扰大家，可不可以请大家抽出三分钟的时间，听一下我的演讲？”讲台下，本来一脸蒙圈的大家，见证了她一点一点由声音发颤的紧张到语调从容的自信。演讲那天，她鼓起勇气走到了台上，虽然没有取得好的名次，但还是顺利地完成了演讲。那天她开心得像花儿一样。

后来，她参加过很多比赛并取得了好名次，还当了几次在学校开展的国际学术会议的主持人。从第一次穿高跟鞋，连路都走不好，到后来如履平地，在一个又一个会议中健步如飞。

我知道，带给她底气的，不是别的，是她终于知道了自己的能力以及实力。

前不久她毕业了，在某个外企通过了试用期，顺利转正了，还获得了公司外派到美国工作的机会。

我说：“你还怕自己没有背景吗？”

她笑了笑：“我没有背景，但我自己，就是最好的背景。”

从一个最自卑最胆怯的普通女孩，到现在人前人后自信又有光芒，哪里是一句鸡汤可以概括的，更不是一个建议可以指点的。

而我能想象到她用流利的英语和外籍同事交流工作的样子，她不再是那个怯懦的小学妹，而是一个真正的职场女性了。而当年那个站在我面前又自卑又胆怯的小女孩，就这样成功地跳出了她的躯壳。

没有背景，你自己就是最大的背景！我们都不能决定自己的出身，但是能决定自己的未来。

调整心态适应生活变化

一匹狼吃饱了，安逸地躺在草地上睡觉。另一匹狼气喘吁吁地从它身边经过。这使它十分惊奇。它问："你在追赶羚羊吗？"

"没有！"

"有人在追赶你吗？"

"没有！"

"那你为什么没命地奔跑呢？"

那匹狼说："听说狮子要来了。"

"狮子要来？"听了这话它放下心来，"狮子是我们的朋友，有什么可怕的呢？你去跑你的吧，我要睡觉了。"

后来，狮子真的来了，只来了一只，然而由于它的到来，整个草原上的羚羊奔跑速度变得极快。这匹狼不再那么容易得到食物，不久便饿死了。死的时候它还在想，是狮子破坏了它宁静的生活。

这则寓言包含的意义深刻，值得我们每个人深思。居安思危，永不懈怠，竞争永远是生活的真正主题，生活不可能时时处处都适应你，但是你却必须学会时时处处适应生活。也只有这样，你才能永远立于不败之地。

阿依莎来到加拿大后，发生了很多事情，她就是不断地调整自己的心态来适应生活的变化的。她是 17 岁从伊朗以留学生的身份来到加拿大，当时一句英文都不会讲。在入境时，海关人员问她的行李包里有什么东西，她听不懂，也说不清楚，对方大为紧张，出动许多先进仪器把她的行李探测了个仔细，才敢打开她的行李检查。就这样，她只身踏上加拿大的土地，一边学英语，一边在多伦多大学修读电脑课程。毕业后她跟随丈夫移居卡尔加里。

20 世纪 80 年代初的卡尔加里还是一个小城市，当时经济也不太好，阿依莎遍寻工作无果，就开始为一个私人雇主编写程序。但 6 个月后她到雇主家发现该地址已人去楼空，过去几个月的工作完全白费，自然也没拿到工资报酬。

没有报酬的第一份工作成了敲门砖，后来阿依莎在一个公司找到一个电脑编程的工作，后来也换过几家公司，经过多年的努力和经验积累，她做到了 ×× 公司加拿大地区的副总裁。然而在为 ×× 公司工作了十多年后，在机构重整中，她和其他 20 多位副总裁一同被请出大门。这是她职业生涯中的一次巨变，但她却笑着说："终于可以休一个长假，好好调整一下身心了。"说到今后的打算，她把这次变更看作是新的机遇和挑战，因为现在可以去做一些自己真正喜欢的事情了。

人生中，有很多难以控制的因素影响着我们的发展，无论我们到了哪个阶段，都会有新的问题出现。人生就是一个适应不停变化的过程，我们唯一可以控制的是自己的心态和方向。

世事变迁，物转星移，阡陌红尘，都充满了变数。没有什么是一成不变的，若水静止，就会干涸，若是生长，必会凋零。阳光会被白云遮挡，即使有着阴霾，也会伴随着一丝清凉。所有的改变，没有绝对的对与错、是与非，但我们必须去接受与承受，接受不可改变的改变，承受已经改变的改变，在改变中学会爱，爱自己，爱他人，爱世上的每一个变化。

戒掉消极的口头禅

小陈在一家电器公司上班，他工作能力很强，但不管对什么他总是抱着无所谓的态度。如此一来，他不但在竞争主任时失利，而且在领导推荐优秀员工参加业务培训的时候，依然没有他的名字。

对于这样不公平的待遇，小陈非常不解，于是他去找领导谈话，想问个究竟，没想到领导吃惊地看着他："你不是不喜欢销售工作吗？还一直想转行？"小陈听了生气地说："谁说我要转行？我可是取得了很多成绩呀！"领导笑着说："我觉得，一个人只有安心在自己的岗位上工作，并忠于自己的工作，才能取得更大的成绩，才会给单位带来效益。所以，我们从长远的目光来看，挑选的都是有恒心、有毅力的同志。也许你现在的成绩很出色，但是你能否长期坚守在岗位上，也是我们需要考虑的问题。”

小陈一听，有点儿急了：“谁说我坚持不下来？我一直很忠于自己的工作！”上司满脸惊讶地说：“是吗？记得你第一次拿下单子的时候，我问你感觉怎样，你说‘没劲’。”小陈想起来了，自己确实是这么说的，但那只是个口头禅而已。

领导接着说：“我也一直很看好你，可是每次你都说‘没劲’，时间长了，我就对你失去了信心。一个整天觉得自己工作没劲的人，怎么能坚持下来做销售工作呢？毕竟这是一份枯燥辛苦的工作！我们需要的是对工作充满激情和热忱的人，你看和你一起进公司的小朱，他每次拿下一个单子的时候，都会主动找我讨论，并且总是说：‘谢谢您的栽培，您放心，我一定会继续努力，不辜负您的期望！’知道为什么人家比你进步得快了吧？”小陈如梦初醒。

可能有很多人都有过小陈这样的经历。当工作的新鲜感过去后，心情也会平淡如水，再也激不起一点儿波澜。面对日复一日的工作，总是提不起干劲，于是“没劲”“无聊”“烦死了”这些词就成了口头禅。尽管你并不是消极的人，但是，说者无心，听者有意，消极的情绪通过这些消极的口头禅传达给你的领导，这无疑是自断前程。

能力再强，也要对工作有足够的激情和热忱，这是一种积极进取的人生态度。只要你足够勤奋，不管朝哪个方向发展，都会取得成功。与领导相处更是如此，无论哪个领导都喜欢工作热情的员工。

著名的管理学家彼得·德鲁克曾指出："未来的历史学家会说，这个世纪最重要的事情不是技术或网络的革新，而是人类生存状况的重大改变。在这个世纪里，人将拥有更多的选择，他们必须积极地管理自己。"

所以，今天大多数出色的企业对人才的期望是：积极主动、充满热情、灵活自信。的确，热情是工作的原动力，激情是成就事业的根本。要想摆脱职场困境，我们就必须想办法保持工作激情，当然，消极的口头禅最好要戒掉。

学会看轻自己

有一句话说得好：天使能够飞翔是因为把自己看得很轻。懂得看轻自己，不但不会减轻你的分量，反而会在另一个层次上让你变得厚重。

生活中，我们不管做什么事，都可能招来别人的议论和评价，如果你特别在意他人的看法，行动起来未免畏首畏尾，把自己搞得很紧张，好像为别人活着似的。不要让取悦别人成为自己的“潜规则”，这样活着太累了。你既不是演员，又不是在表演，别人的看法只是过眼云烟，同时你对别人也有过看法。

莫言在获得诺贝尔文学奖后，各种评论都有。莫言超然地说：“起初，我还以为大家争议的对象是我，渐渐地，我感到这个被争议的对象，是一个与我毫不相关的人，我如同一个看戏人，看着众人的表演，我看到那个得奖人身上落满了花朵，也被掷上了石块，泼上了污水，我生怕他被打垮，但他微笑着从花朵和石块中钻出来，擦干净身上的脏水，坦然地站在一边。”

我们不要太在意别人的看法，因为只有自己对自己的肯定才是生命的重心。别人是别人，你是你，人生匆匆，也就几十年的光景，何必为别人的看法买单呢！

曾有人问美国华尔街 40 号国际公司前总裁马修布拉：“你是否对别人的批评很敏感？”马修布拉说：“早年对这些非常敏感，我力争使公司里的每一个人都认为我非常完美，要是他们不这样想的话，我就会感到忐忑不安，甚至很焦虑。只要有一个人对我有怨言，我就会想法子取悦他。可是我做了讨好他的事，总会让另外一个人生气。等我想补偿这个人的时候就又会惹恼其他人。最后我发现，我越想主动地讨好取悦别人，就越会使我的敌人增加。”

在工作中，你只要超群出众，就一定会听到各种言论，所以要学会趁早习惯。把自己分内的事做好，不要在乎别人的评论，不要让别人来影响你的工作和生活。

英国文学家萧伯纳一日闲着无事，同一个不认识的小女孩玩耍谈天，黄昏来临时，萧伯纳对小女孩说：“回去告诉你妈妈，说是萧伯纳先生和你玩了一下午。”没想到小女孩马上就回敬了一句："你也回去告诉你妈妈，就说玛丽和你玩了一下午。"后来，萧伯纳对他人讲：人，切不可把自己看得过重。

在人性本源中都有一种渴望获得别人尊重的原始欲望，其实人们苦苦追求的名利、地位、金钱，说到底就是为了满足这个欲望。能否获得尊重，就是看别人对自己的评价，于是很多人是活在别人的评价里。其实大家都很忙，没有时间去在意你，你的惊涛骇浪在别人心里可能引不起一丝的波澜。如同暗恋，对方的一举一动都会牵动你的心弦，可你的一言一行，对方可能没在意过，所以暗恋只是一个人的兵荒马乱。

香港女作家李碧华有很多部作品被翻拍成电影，如《胭脂扣》《霸王别姬》《青蛇》等，名气也越来越大，但她的行踪却十分神秘。李碧华一直坚持不露真容，不接受电视采访，更不参加任何宣传活动。至今对大众来说，她仍是容貌不详、年龄未知的存在。有一次，她被一个编辑缠得没办法，最后只好给对方发去了一张三岁时的照片，让这个编辑哭笑不得。李碧华说："藏比露好，谁也别把自己看得太重要，我虽然低调，但我活得逍遥自在。"

看轻自己其实是一种良好的心态。正像诗人鲁藜说的那样：如果你总是把自己当成一颗珍珠，就老是有被埋没的痛苦。看轻自己绝不是一味轻视自己、贬低自己，而是时刻清醒地认识自己，不以物喜，不以己悲，在荣誉面前不忘形，在困难面前不低头。

有句话说：20 岁时，我们顾虑别人对我们的想法；40 岁时，我们不理会别人对我们的想法；60 岁时，我们发现别人根本就没有想到我们。这是一种人生哲学，学会看轻自己，轻装上阵，人生之路才更坦直。

用心就会成功

布里格姆22岁那年大学毕业，像所有的年轻人一样，他怀着对未来的美好愿望进入了社会。那时，他希望自己能做一名教师。他从小就向往教师这个职业，觉得它很伟大很神圣，也很有意义，受人尊重。

于是，他慕名来到剑桥市，之所以选择这个城市，是因为他觉得这座小城因剑桥大学而闻名于世，这里幽雅僻静，有文化底蕴，学术氛围浓厚。能在这个城市里成为一个优秀的教师，是他一生最大的幸福。

但现实不遂人愿，他一连向几所中学发出求职简历，却没有任何回音。后来，他降低求职标准，把目光转向小学。可这个城市仿佛容纳不了他似的，他又被各个小学拒绝。

那段时间，他心情糟糕透了，甚至怀疑自己的能力。没有工作，没有经济来源，他的生活陷入困境之中。就在这时，布里格姆看到一个招聘信息，剑桥市政府要招一批清洁工，任务就是打扫大街，保持城市的净洁，给游客留一个好印象。他犹豫了许久，最终还是报名了。要知道，清洁工离教师这一职业是多么遥远啊，那不是自己的梦想所在啊！

这次很顺利，他被录用了。他的工作同中国城市的清洁工一样，就是推着垃圾车捡行人丢下的垃圾。起初他不太适应。不过没多久，他就喜欢上了自己所从事的职业，他不再觉得这个职业卑微，反而觉得很光荣。能为剑桥这个美丽的城市奉献自己的辛劳，他认为很荣耀。

清扫空隙，他常常听街边的一些老人闲聊，聊城市的历史以及许多秘闻。剑桥市是一座古老的城市，学术气息浓厚，历史名人众多，随着历史的沉积，许多东西已经很少有人知道了，而这些正是游客迫切想知道的。耳濡目染，他对剑桥的了解越来越多了。

一次偶然的机会，有几个游客向他问路，他不仅给游客指引了道路，还讲解了这条路的由来和历史渊源。没想到他的介绍把游客迷住了，于是让他当导游。由于他本身口才不错，又有文化基础，所以讲解起来朗朗上口、绘声绘色，给人留下了深刻印象，以至于后来许多人来剑桥旅游，特意点名让他来当导游。

而他不负众望，每次都能让游客满意而归。他对剑桥的热爱和理解，对文化精髓的吸收和运用，使得他名气大增，备受尊重，尽管他的身份还是一名清洁工。

2009年末，布里格姆获得了“蓝章导游”的资格，这是这座城市授予最优秀导游的荣誉，同时，他还成为了民俗博物馆主席。为了表彰他对剑桥市及其历史、建筑和人民充满坦率的热爱和感情，剑桥大学授予他“荣誉文学硕士”的殊荣。领取这项殊荣的有两个人，另一位是微软创办人比尔·盖茨。

如果你现在去剑桥旅游，说不定也能遇见布里格姆。他游走在这个城市的大街小巷，一边清洁着美丽的城市，一边向人们展示它的精髓和内涵。

当一个清洁工和当一名教师的梦想差距很大，但布里格姆在做好清洁工作的基础上，不断丰富自己的知识，成为“蓝章导游”，并被剑桥大学授予“荣誉文学硕士”的殊荣。这也是布里格姆人生的成功。

人生的成功多种多样，但有一点可以肯定，成功的人虽然往往不是最聪明的，但一定是最用心的。细心发掘需要，用心锤炼细节，耐心等待机会，真心铸就成功。每一个机会都有一次选择，机会对每个人都是平等的，关键在于你如何选择，如何发挥自己的特长，把自己展示出来。布里格姆用行动告诉我们：用心就会成功。

一切皆有可能

社区一角的垃圾堆在阳光下显得格外刺眼。旁边的棚子就是我的办公室——从今年夏天起，我开始为 ×× 垃圾公司工作。棚子外面的那一堆是我从垃圾中挑出来的“精品”——拉去垃圾场填埋太可惜了，如松了一格的木梯子、旧铁锹、生锈的金属配件、旧板条箱等。

我也曾有一份体面的工作，在西部航空公司当部门经理。但突如其来的经济危机令我失去了一切。

刚来的时候，我就注意到这里的山雀可多了，我喜欢听它们叽叽喳喳的叫声，后来我还弄来鸟食喂它们。往往刚投食，各种小鸟便欢聚一堂，甚至还有松鼠。而我就把棚子当成掩体，躲起来悄悄观察它们。观鸟成了我在垃圾堆里上班最愉快的事。我甚至买了一本书，对照着上面的图画，一一辨认它们。

夏去秋来，从加拿大吹来的寒风一天紧似一天，很快地上就会有积雪。到那时候，小鸟觅食便会成问题，它们将会更加依赖我。我应该给它们做个更好的食盒，还有能够遮风挡雨的窝。

那天，看着山雀在一边啄食，我突然有了灵感。垃圾堆里面有多少好东西可以拿来利用啊！我搜出一架旧梯子，将它安置在棚子旁边，然后把一个方形盒子钉在梯子顶端；为了更好地保护它，我又翻出一块塑料板，从中间掰弯了做成三角形屋顶，再放一些松树枝条在梯步上做装饰，好啦，一个高高的鸟食盒！

许多灵感接踵而至。我把另一个废弃塑料盒粘在一个旧雪橇上，然后用树枝盖上，挂在棚子外面。我还找到一个长了青苔的旧条板箱，把一个碗安在侧面，做成一个鸟食盒；在和碗相对的另一面，我放了一个陶瓷做的猫头。嗯，还需要点儿什么？我一眼看到一顶橄榄球帽，好，把它戴在猫头上；然后，在箱子上放一些断箭和树枝。这看上去有点另类，不过，我很喜欢。

现在，来测试一下小鸟们喜不喜欢。我在新作品里装满鸟食，溜进棚子。几分钟后，小家伙们就争先恐后地扑了下来。我刚开始新的构思，下班时间就到了。

第二天一大早，收垃圾的车来了，司机走出来，不向垃圾捣碎机那边去，反而向我的鸟食盒这边来。他难道要投诉我"贪污"这些垃圾？

"这些都是你做的呀？"他好奇地东摸西摸、东看西看，"非常古朴，很像在艺术画廊看到的作品。"

"谢谢！"我回答道，"很高兴你喜欢它们。"我敢打赌，我的脸肯定红了。

"你该多做一些。"他临走前对我说。

因为受到了鼓励，于是我又把旧靴子和一些松树枝绑在生了锈的铁锹上，挂在墙上。在它的旁边，我挂上一个旧轮胎，中间拴一条铁链，吊着一个鸟食盒。

整个上午，周围的居民来了一拨又一拨，不断对我的作品评头论足。"好看！有创意！真了不起！"可我觉得，这有些奇怪，我只是把人们丢弃的垃圾重新整理了一下，他们就对着自己的垃圾欣赏备至。

"人呀，真滑稽。"我对着自己，也对着小鸟嘀咕道。

那天下午，一辆高级轿车开了过来。一位打扮入时的高雅妇人从车上走出。"你能不能把那个卖给我，给你四百美元？"

她指着我那个由旧轮胎、铁链、鸟食盒组成的“艺术品”说。

我惊讶得哑口无言。“啊，夫人，”怔了一会儿，我才试着说，“是这样，这不是我卖东西的地方。实际上，这是社区的垃圾处理站，你知道的。”

她挺奇怪地看着我。“是的，这些原材料可能是垃圾，”她说，“可你把它们变成了艺术品，很不错的艺术品！这样吧，如果你改变了主意，就给我来电话。”她递给我一张名片，开车走了，留下我站在原地，看着那个轮胎发呆。

也许，被改造的不仅仅是这堆垃圾，我自己也在这里找到了自我。在这些人们丢弃的废物中，我居然发现了美，找到了艺术的灵感，也许，是上帝在试图启迪我的潜力，还有我内在的艺术创造力。

不久，周围的居民便陆续拿来一些东西，问我可不可以在我的艺术创作中派上用场。他们在这些鸟食盒旁边摄影留念，还把他们的朋友从大老远的地方请来，专程参观我的作品。

谁能料到一堆废物会变成旅游景点？更令人没有想到的是，在经当地媒体报道后，“垃圾艺术”迅速成为了新锐艺术的代名词，以不可阻挡之势席卷全美，那些我从未谋面的著名艺术家也在殿堂之上呼吁全民收集垃圾，打造自己的“艺术作品”。但这一切都与我无关。我依旧当我的垃圾清理工，挑拣垃圾，在灵感来时敲敲打打做新的鸟食盒。

一天，一位叫约翰的中年男人来了，他住在这附近，他径自走进我的棚子。“我来只是想告诉你，你的工作干得很漂亮，作品也非常吸引人。”他说，“我想过来看看又有什么新作品问世了。有你在，明明是最不乐意干的倒垃圾的活儿却让我们觉得很愉快。”

“谢谢！”我说，“这里对我来说也成了个特别的地方。”

阳光正照在一个旧电视机的屏幕上，我又有了一个新的灵感——把它变成一个鸟食盒，小鸟们将和戴安娜·克瑞儿一起歌唱。

废物堆上，我迎来了新的一天。仿佛上帝在向我展示：一切皆有可能。与新的艺术灵感联欢的一天就这样开始了。我又有了新的追求。

我本来有一份很体面的工作，但是当我不得不去垃圾场工作的时候，我没有消沉下去，而是找到了新的兴趣和爱好，而我的生活也有了新的追求。所以在困难和挫折面前，要调整自己的心态，事情并不是一直朝着坏的方向发展，有可能新的开始马上就会来到。

在蘑菇期受苦不一定是坏事

湖边有两棵树，一棵粗如熊腰，一棵细若手臂。给湖底清淤泥时，它们被锯掉了，于是岸上就多了两个树桩。

一天，来了一个园林工人，要挖掉它们重新植树。这时一个散步的老人走过来，说，大的不敢保证，小的一定会活。园林工人看了看树桩，没有动，收起工具走了。

一年过去了，小树桩上的嫩芽长成手指粗的枝条，大树桩上的嫩芽长成了一丛灌木。园林工人很希望大树桩上的嫩芽也长出粗壮的枝条来，于是他砍去多余的枝条，留下最有希望的一枝。可是，一点儿用都没有。三年后，这个抽过多次芽的大树桩，在最后一根枝条枯萎后，悄无声息地死了。

有一天，散步的老人又来这儿，园林工人遇见了他，很想解开心中的疑惑。老人说，树和人一样，凡是早年受挫的人都是幸运的，他们还有从头做起的时间，可以鼓起勇气来不忧不惧地学一门东西，最后成为有用之材。到了四五十岁才灾祸临头，就真正可怜了，他已没有从头做起的时间和精力。

这个故事对于很多职场上的新人都有借鉴意义，因为他们往往正处于蘑菇定律的困境之中。如果你刚进入职场不久，或仍对那个时期记忆犹新，相信这个故事一定会让你发出会心而苦涩的一笑。的确，绝大多数初出茅庐的年轻人都有过一段“蘑菇”经历：被置于阴暗角落（不受重视的部门，打杂跑腿的工作），浇上一头大粪（无端的批评、指责、代人受过），自生自灭（得不到必要的指导和提携）……总之，那是一段很不愉快的日子。

受苦受难不一定是什么坏事，特别是在一切刚刚开始的时候。当上几天“蘑菇”，能够消除很多不切实际的幻想，能够使我们对形形色色的人与事有更深的了解，这些对一个人的成长是必要的。

“蘑菇”经历对于成长中的年轻人来说，就像蚕茧，是羽化前必须经历的一步。但是如果茧太厚，蚕就可能闷在里面，永远不会化成蛾。所以，如何最高效率地走过生命中的这一阶段，从中尽可能汲取经验，成熟起来，并树立良好的值得信赖的个人形象，同时又避免可能的负面影响，是每个初入职场的年轻人必须面对的课题。而你在这一阶段的成绩如何，直接关乎事业的成败乃至一生的成败。

在我们被看成“蘑菇”时，一味强调自己是“灵芝”并没有用，利用环境尽快成长才是最重要的。当你真的从“蘑菇堆”里脱颖而出时，人们就会认可你的价值。

为喜欢的事早起一小时

最近我迷上了骑马，喜欢骑马不是心血来潮的事情。在很多年前，我就是一个骑着马驰骋的姑娘。骑着马在蒙古草原的秋天看衰草连天，在北京的野鸭湖惊起飞鸟一片，甚至在秦皇岛的海滩上踏浪。我喜欢在马上自由奔放的感觉，喜欢风从耳边刮过的声音。那个时候，我觉得自己在飞翔。

不幸的是，我从马上摔了一回，摔得有点儿疼，竟从此不再上马了。而今年不知道什么原因，忽然被某个念头击中，我想再去骑马。

但我接下来发现，和所有其他的运动项目一样，你很难保证时间。因为这实在不是一件必须去完成的事情，实在是可做可不做的事情，实在是你所有事情中可能会排在最后的事情。

任何事情都会叫它让步。写文章，会让你取消骑马；接孩子放学，会让你取消骑马；陪孩子读书玩耍，会让你不忍心离开，取消骑马；约了女朋友喝茶，会让你取消骑马；和人谈事，会让你取消骑马；甚至有时候一个电话打得太长，你下面的计划又如期而至，你还是得取消骑马。

于是我发现，心潮澎湃也难耐现实残酷。如果这样下去，我的骑马计划可能就像健身房的年卡一样，成为了一枚书签。

后来，我想了个办法。我把起床时间提前了一个小时，六点起床，七点前到马场，八点骑完马，九点前回家。这样，当我完成了骑马这件事，我的一天才刚刚开始，按部就班，和以前一样，不耽误任何事情。而只有这样，我才能给这件事情保证时间。

我真的不是一个对自己严格要求的人，也不是为了瘦身，或者学习某种技能而奋力拼搏的人。可是，每天早上六点爬起来，对我而言却没有丝毫的痛苦，甚至一想到马上要骑在马背上了，就感到幸福。这就是真的喜欢。

生活可能原本如此，喜欢的事情，恰恰不是生活中必须要完成的事情。不带有任何目的、责任、义务，就是喜欢。但我们往往对责任、义务、目的很上心，当然这也无可厚非，对自己喜欢的事情可能有点儿太残忍。

我们喜欢的事情，可能以世俗的眼光看，不能带给我们什么。不能带给你金钱，不能带给你更多资源，可能也不能带给你更高的品位。而生活中，还有那么多你认为有意义有价值的事情要去做。

于是到最后，你的人生就充满了各种遗憾。为了老公你放弃了这个，为了孩子你放弃了那个，为了工作你放弃了更多。老公、孩子、工作、正常日子，这都是我们每个人必须面对的，当然不能因为自己的原因就向他们讨要时间，只能自己挤时间比较合适。

不是每个人都必须睡够九个小时。你每天睡觉前，每天起床后，还不是会花时间刷朋友圈。把这些时间零零碎碎加起来，估计一个小时也就有了。

为自己喜欢的事情早起一个小时吧。这是完全属于你自己的一个小时。世界还没有苏醒，你不用与任何人交流，你不需要和任何事情协商，你也不用对谁有任何亏欠，心安理得地享受这属于自己的一个小时。

写字、插花、跑步、画画，任何事，哪怕只是去看花园里的一片叶子。当你回来，看见孩子欢笑的脸，围上围裙为他做饭，你会快乐地哼着歌吧。因为这一天，属于你的喜悦，你已经装好了。现在，是你绽放笑容的时刻。

收起你的“玻璃心”

小红今年25岁，已经工作了两年，可是在职场上总是不如意。尤其是最近的一份新工作，她觉得身边的同事都在针对她，吃饭不叫她，工作上嫌弃她，还会嘲笑她的穿着打扮。我帮她分析，说：“要是有人故意针对你，你先把事情做好，再适时反击；不过，如果一群人都不喜欢你，你可能也得反思一下自身的问题，毕竟一个巴掌拍不响。”

她说，比如，到了饭点，有人站起来喊了句：“走啊，吃饭去！”很多人就都起来一起下楼了，她不明白为什么没人到座位上喊她一声，这也太冷漠了。

但这并不是别人必须做的事情呀，她是个新人，想和大家快点融入到一起，终究要自己积极主动些。这些在我看来都是挺正常的事情。但她又说："唉，你没在我们公司的环境里，她们真的很过分，根本就没想过要叫我。"

我们身边也有这样的人，内心敏感得像一只受惊的小鸟。生活里和他开一些无关痛痒的小玩笑，他总会觉得是对自己的人身攻击。更别提工作上的问题讨论，你就事论事，给他设计的图片提了些小小的改进建议，他想都不想就立刻反驳："你觉得我能力不行你来做啊。"通常，我们会给这类人下一个定义，那就是"玻璃心"。

玻璃心指很容易就受到打击，内心过于敏感。直接的字面意思指内心太脆弱敏感，非常容易受到伤害。进一步引申为，别人不经意的玩笑话或打趣，都能使他受到伤害，胡思乱想。我们平时生活里讲的一般都是这层意思。

我有一个朋友就是玻璃心的典型。因为我了解她的性格，所以尽量不去碰她的一些雷区。但是她的同事并不了解这种情况，也不可能处处照顾她的情绪。

她经常会给我打电话抱怨："你说 ×× 说的那句话是什么意思啊，是不是我最近哪里工作不太好啊？""我那个高中特别要好的朋友结婚了，可是她竟然没找我当伴娘……"总之，这样的事例不胜枚举，我其实挺烦的了，但又不忍心拒绝她的吐槽，毕竟，我曾经也玻璃心过，可以理解她的感受。

我刚入职场的时候，在一家教育公司做活动运营。有一次开会，我的三个活动策划方案全都被毙掉了。大家七嘴八舌地提了一些建议，有个同事说："我觉得隔壁家公司做活动做得挺好的，我们可以借鉴下。"本是善意的提醒，我当时感受到的却只有攻击和敌意。心想：你觉得人家做得好，你去找他们做啊。

玻璃心不仅阻断了我对自己的向内反省，还让我对周围的同事生出一股恶意。后来随着经验的慢慢积累，几年之后，我已经摸清了市场上做活动的基本套路，当别人和我建议有更好玩的可以学习时，我的第一反应已经变成了兴奋。说到底，玻璃心终归是自己的自卑心理在作祟。

因为确实没有别人做得好，所以被人指出就丧失了理智，立马想要跳起脚来反驳。就像你很有钱的时候，可能不会介意别人说你穿的衣服是淘宝淘来的，甚至还会大方分享你的省钱心得。而如果你很穷，别人的一句"我前两天在淘宝上看过你这件衣服"，就会让你觉得自尊心受伤。

人是需要一定的自尊心的，但过度地自尊其实就是自卑。由此衍生出来的就是我们所说的玻璃心。总觉得别人是针对你或者坑害你，总因为周围人一句话或者一个眼神就心情低落，思来想去。这样的结果就是越活越累，到最后甚至觉得全世界的人都能让自己心碎。

可是，你有没有想过，这世上最不缺的就是玻璃心。人活着，无非是想以最小的阻力去探索最多的世界，但玻璃心却把你困于牢笼，让你每一天都活得克制又小心。你不往前走正好，给别人腾出了大把空间去闯荡。

玻璃心的人，生活里大部分精力都消耗在处理各种应接不暇的消极情绪上了。这样的结果就是，让自己往前走的每一步都平添了一些阻力。

那如何处理自己的玻璃心呢？我觉得，随着人年岁的增长，每个人的玻璃心或多或少都会有所好转。不过要想快速彻底地解决掉这种心态，还是要有意识地去克服，主要从两个方面入手。

首先要让自己的能力变强。努力在生活中或者工作中做到比大部分人要好，至少要达到中等水平。这样可以先建立基本的自信心。

其次是强大自己的内心，主要是培养自己的钝感力。要知道，一个人莫名地对你不友好，有时候并不是你有问题，很可能他对谁都是那个样子。

所以，不要凡事都往自己身上去联想，也不要敏感地想东想西，否则负面情绪会一点点把你吞没掉。去专注自己的目标，去让自己变得越来越厉害。这样，终有一天，你曾经假装的强大会真正变成坚韧有力的翅膀，带你飞得越来越高。

第二章 适应环境

从学生到职场新人，从比较单纯的学校走向纷繁复杂的社会，最重要的是适应性问题。学生的行为标准和思维模式，与职场人的行为标准和思维模式，是完全不同的。因此，要沉下心来，学会独立思考，独立行事，学会承受和忍耐，少说多做，努力适应工作环境，适应社会。当你到了一个并不满意的公司，或者被分配在某个不理想的岗位，做着无聊的工作时，要学会适应，因为要想改变环境，前提便是先适应环境。

生存比什么都重要

一个哲学家坐上一个渔夫的小船准备渡河。

船行到河中之际，哲学家问渔夫："你懂数学吗？"

渔夫摇了摇头："不懂。"

哲学家又问："你懂物理吗？"

渔夫又摇了摇头："不懂。"

哲学家再次问道："那你懂化学吗？"

渔夫还是回答说不懂。

哲学家听了叹道："那真是遗憾！这样你就等于失去了一半的生命。"

刚说完，水面上刮起了一阵狂风，把小船给掀翻了，渔夫和哲学家都掉进了河里。这时渔夫对哲学家喊道："先生，你会游泳吗？”

哲学家回答说：“不会。”

渔夫非常遗憾地告诉他：“那么你就失去整个生命了！”

这个故事寓含着一个非常深刻的人生哲理：一个没有学会在人生长河中游泳的人，即使他学到了其他很多东西，也是无法生存下来的。

先适应环境，生存比什么都重要。“既来之，则安之。”这句千古名言就是在告诉我们，做人要学会适应社会，适应环境，适应他人，要以坦然之心面对一切，这是我们生存的基础。无论是所处的地理环境还是社会环境发生了变化，你的观念也要随之变化，以适应这个新的环境。如果你无法适应环境，那你就只有两种选择：要么你可以改造这个环境，让环境来适应你；要么你就只能被社会淘汰。然而，让大的社会环境来适应你一个人，显然不太现实，既然环境适应不了你，那么只有你去适应环境。

生存比什么都重要，人首先要有基本的适应能力。人是自然和社会的统一体，婴儿在出生时只需适应自然这个环境，他长大后踏入社会这个大环境，成为社会的一分子，就必须经历社会化的过程，而人的社会化过程就是个体不断调整适应社会的过程。

有一个政治犯，被关了二十多年。在被释放出狱后，有记者问他是如何在那样艰难的环境中度过了这二十多年。这位坚毅的政治犯说："我把自己变成橡皮泥，你可以捶我撞我，捏我拉我，我会变形，可是橡皮泥依然存在。换句话说，环境再怎么折磨我、打击我，我的外在会随着改变，但我的内心依然不变，我就是我！"

多么强的适应能力！只有这样才能在恶劣的环境中生存下来，这是一个很伟大的适应哲学。

其实，每个人的一生当中都会遭遇困境，有的困境挺挺就过去了，然而有的困境却让人感到茫然与绝望，那些不懂变通、意志薄弱的人，很容易在严苛的环境中被淘汰，或是丧失自我。懂得变通的人善于在困境中将自己化为"橡皮泥"，改变自己来适应环境，外形变了，但本质却没变。

现在大学生毕业后，刚开始踏入社会的时候，很多人都不能一下子适应这个截然不同的新环境。他们仍然将自己定位在学生角色，造成适应上的困难。人们在面临一个陌生的环境或者加入一个陌生的群体时，都会很自然地产生一些困惑和焦虑的心理，这是一个人自我保护的本能反应。但如果长期处于这种心理状态，无法调适，那么就很容易被社会淘汰。理想和现实是有一定差距的。因此，你踏入一个新环境后，就要根据现实的环境及时调整自己的期望值，尽量把期望值降低一些，这样有利于减少心理的落差，也能帮你更快地适应新环境。同时也要充分了解和熟悉自己所处的新环境，比较全面地认识和把握它，当你面对困境时，可以去做一些你平时看不起或不愿意做的事，才能在角色适应上领先一步。比如，当你失业，又未找到如意的工作时，为了生存，摆摆地摊、搬搬砖块、当当跑堂等又有什么关系呢？

当然，这只是你为了适应环境而改变了工作形态，但你的壮志与抱负不能因此而磨损，不能丧失了自我。这样你总有一天会冲出困境，获得新生。也许有人会认为，这样的生活显得太没志气，可是当你无力改变所处的环境时，也只能尽量保持“我”的存在，否则，你连自我都消失了，还谈什么理想与抱负呢？也许你还没有遭遇困境，但是在人际关系中，如果遇到一些不愉快的事情，那就试着让自己适应这个环境，包容这个环境吧。

人生的道路上，你总会遭遇到各种不同的环境，你不可能把环境换掉，那么只有你去适应各种环境，这样你才能生存下来，而不被淘汰。

积极主动地适应别人

有一个人在社会上总是落魄、不得志，于是他找到智者寻求帮助。

智者舀起一瓢水，问他："这水是什么形状？"

这个人摇头不知其意。

智者把水倒入杯子，这个人恍然："我知道了，水的形状像杯子。"

智者又把杯子中的水倒入花瓶，这个人又回答："我知道了，水的形状像花瓶。"

这个人对智者的做法恍然大悟，高兴地说："我知道了，您是通过水告诉我，社会处处像一个个规则的容器，人应该像水一样，盛进什么容器就是什么形状。"

智者听后点点头，说道："是这样，但又不完全是这样！"

说完，智者出门来到屋檐下，用手指着门外青石板的台阶，说："你看，台阶上有一个凹处。一到雨天，雨水就会从屋檐落下，这个凹处就是水落下的结果。"

这个人于是大悟："我明白了，人可能被装入规则的容器，但又像这小小的水滴，改变着这坚硬的青石板，直到破坏容器。"

社会处处像一个个规则的容器，人应该像水一样，盛进什么容器就是什么形状。而且，人还极可能在一个规则的容器中消逝，就像这水一样，消逝得无影无踪，而且一切无法改变。

人的适应能力有多强？当我们面对一个性格不合的人，是让自己适应对方，还是让对方适应自己？当我们来到一个陌生的环境中，会在多长时间内适应？在人生旅途中，总会遇到这样或那样的矛盾，是你去适应别人还是别人适应你？可以说，我们无论置身什么样的境遇，都有一个艰难的适应过程，无论是孤独闭塞的人，还是阅历丰富的人，在这一点上，谁都不能避免。

在人际关系中，我们不能试图去改变别人，但可以做到适应对方。每个人在自己所接触的人中，必然会有两种类型的人：一种是与自己合得来，一种是与自己合不来。与上司、同事相处，如果自己不能积极主动地努力适应对方的性格特点，工作就不可能顺利进行。

没能积极主动地去适应别人的性格特点，却一味地批评别人“那个人有缺点”“这个人令人讨厌”，这样就不可能与别人建立良好的人际关系。与合得来的人建立良好的人际关系，大多数人都能做到。对于性格合不来的或自己讨厌的，也应该努力适应他们，并和他们建立起良好的人际关系。

要与合不来的人多沟通、多交流，只有掌握了对方的性格与个性，才能消除误会和偏见，进而才会相互信任和理解，达到消除隔阂的目的。学会适应别人的优点和不足，这是建立良好人际关系的最大秘诀。这样，我们就不会因为与人相处不好而感到痛苦和烦恼了。

事实上，金无足赤，人无完人，一个心智健康的人应当能够理解，而不是蛮横地苛求。但是，如果在问题和矛盾面前抱着逃避、漠视，甚至反抗的态度，那就不是理性和良善的办法。对自己所处的环境不适应，表现出不满、对抗等情绪，甚至做出不合理的行为，也是不成熟的表现。我们不必去改变环境，但一定要学会适应环境；我们不必去改变别人，但可以去适应对方，这才是最重要的。

新变化带来新收获

半年多以来，小兰过得很辛苦。因为公司部门大调整，还换了领导。

新领导一上任，组织结构、岗位职责、工作流程等都变了，而且新领导的沟通方式、性格特点、个人喜好与原来的领导也不一样。

新领导不再给出明确的要求和方向，反而要求员工自己发挥。小兰的工作从原来的听要求给方案，变成了既要给要求又要给方案。领导下达工作任务时喜欢轻描淡写，但验收工作时却极其明确和严格。新领导本就是技术出身，又是自我要求极高之人，对自己负责的产品经常要比肩行业头牌，因此，交给小兰的课题非常前沿和高深。

于是，小兰经常要在两三天之内啃掉一本英文资料；在一下午的时间里想出三个方案；在半小时内解决掉领导随手扔出来的炸弹。工作上的变化，让英语一般、技术不专的小兰痛苦不已。

和小兰相同岗位的同事们，都习惯了不接触英语和技术的工作方式，他们不想按照新领导的要求而改变自己的工作方式，所以陆续离职了。当每一次产生不想干了的冲动时，如果不是小兰极力忍耐，根本也无法再坚持下去。

大约在半年后，小兰和表弟闲聊，谈到了当今的某一前沿技术，正好是小兰这段时间以来一直研究的课题。见表弟对这方面有很多疑问，小兰就把自己了解的内容给表弟从头到尾讲了一遍。表弟听后直夸小兰专业。这句“专业”触动了小兰的内心，让她突然缓过了神儿，要不是熬过这半年多的痛苦，她又怎么能得到“专业”的夸奖呢！

她慢慢回忆最近的工作状况，发现很多变化已经悄然发生：英语文档越看越顺、被领导驳回的方案越来越少、发表的意见越来越被认可、承担的任务越来越重。曾经在团队边缘可有可无的她，现在已然成了核心成员。而那些离职的同事，只不过换了一个公司，做着早已熟练的工作，轻松但却毫无长进。

如果小兰也以不适应新的工作方式、不适应新的领导为理由离职，那她就不会有成长和进步。而她是努力地去适应新的环境，她的每一个成长和进步，都蕴含着她曾经忍的痛苦、受的寂寞、洒的汗水、流的眼泪。每一个收获和成长，都是坚持不懈、努力适应的结果。

改变人的本性

一位 90 后男孩大学毕业后，在一家公司谋得一个文员职位，月薪 4000 多元。在就业形势如此严峻的情况下，这位男孩的起步职位，在别人看来还是相当不错的。但是，他仅上了两周的班，就辞职不干了。父母问他为什么辞职，他毫不掩饰地说，公司规定按时上下班，纪律太严，他做不到；稍有不慎说错话或做错事，就要遭老板严厉批评，他忍受不了。

从这位男孩身上，我们可以看出某些成长在优越环境中的 90 后年轻人，已经养成了致命的本性：自由散漫，拒绝批评，率性而为。

俗话说："江山易改，本性难移。"先说改造江山很容易，只是个引子，重点是要衬托人的本性是很难改变的。何谓"本性”？词典释义为“原来的性质和个性”。据此，结合现实生活，我们似乎可以解读得更直白些，人的本性是受遗传基因和后天成长环境影响所形成的。专家指出，在心理学上，人的本性是个人特有的情感、思想及言行的总和，它包括气质、性格、认知风格和自我调控等。

说人的“本性难移”，实际上是在批评个别人不识时务，固执己见，一意孤行，或是人们口头所说的“一根筋”“死脑筋”。显然，这些说法都带有贬损色彩和意味。

如今社会处在剧烈的转型期，面对职场中不同境遇和挑战，就应摒弃“本性难移”的陈旧观念，要学会变通，改变自我，完善自我，以寻求自己的谋生之职、取财之道，按照社会规范去生活和工作。

所谓改变“本性”，说白了就是不断改变不合时宜的思维方式和行为方式。应该认识到，人都是有劣根性的：干出成绩受到表扬，往往就会沾沾自喜，目中无人，骄傲自满；说错话或做错事受到领导批评和同事指责，就会情绪低落，心情郁闷，产生自卑感。你要明白，职场不同于家庭，周围的人并不会都宠着你、赏识你。面对批评和指责，要有“闻过则喜”的胸怀，应该抱着“有则改之，无则加勉”的态度，深刻反思自己的言行。这样，你在待人处事方面才能逐渐成熟起来。

“流水不腐，人活不输。”“头脑活一点，海阔天空任我行；心态活一点，游刃有余自从容；眼睛活一点，笑看风云世事明；耳朵活一点，对错兼听辨分明；嘴巴活一点，左右逢源处处灵。”这些人生箴言，值得所有人，特别是那些抱有“本性难移”的论调者，好好品味和感悟。

做一条奋力游动的鲨鱼

上帝造了一群鱼。这些鱼种类多样，大小各异。为了让它们具有生存本领，上帝把它们身体做成流线型，而且十分光滑，这样游动起来可以大大减少水的阻力。上帝使每种鱼拥有短而有力的鳍，使鱼在大海中自由自在地游动。

上帝把这些鱼放到大海之后，忽然想起一个问题，鱼们的身体比重大于水，这样，鱼们一旦停下来，它们就会向海底沉下去，沉到一定深度，就会被水的压力压死。于是，上帝赶紧找到这些鱼，又给它们一个法宝，那就是鱼鳔。鱼鳔是一个可以自己控制的气囊，鱼们可以用增大缩小气囊的办法，来调节沉浮，这样鱼们在海里就轻松多了，有了气囊，它们不但随意沉浮，还可以停在某地来休息，鱼鳔对于鱼来讲，实在是太有用了。

出乎上帝意料的是，上帝没有找到鲨鱼，鲨鱼是个调皮的家伙，它一入海，便消失得无影无踪，上帝费了好大的劲也没有找到它。上帝想，这也许是天意吧。既然找不到鲨鱼，那么只好由它去吧。上帝又想，这对于鲨鱼来讲实在是太不公平了，它会由于缺少鱼鳔而很快沦为海洋中的弱者，最后被淘汰。为此，上帝感到很悲伤。

亿万年之后，上帝想起了他放到海中的那群鱼。他忽然想看看当年他放到海中的鱼，现在到底如何了。他特别想知道，当初没有鱼鳔的鲨鱼如今到底怎么样了，是否已经被别的鱼吃光了。

当他将海里的鱼家族都找来的时候，他已经分不清哪些是当初的大鱼小鱼、白鱼黑鱼了。因为，经过亿万年的变化，所有的鱼都变了模样，连当初的影子都找不到了。

面对千姿百态、大大小小的鱼，上帝问："谁是当初的鲨鱼？"这时，一群威猛强壮、神气十足的鱼游上前来，它们就是海中的霸王——鲨鱼。上帝十分惊讶，心想，这怎么可能呢？当初，只有鲨鱼没有鱼鳔，它们要比别的鱼多承担多少压力和风险啊，可现在看来，鲨鱼无疑是鱼类中的佼佼者。这到底是怎么回事呢？

鲨鱼说："我们没有鱼鳔，就无时无刻不在面对压力，因为没有鱼鳔，我们就一刻也不能停止游动，否则我们就会沉入海底，死无葬身之地。所以，亿万年来，我们从未停止过游动，没有停止过抗争，游动、抗争成了我们的生存方式，因此，我们自然练就了最强壮的躯体。正是因为没有鱼鳔，我们才成了海中的霸王。"

听完这番话，上帝恍然大悟。

鲨鱼没有鱼鳔，为了生存，它们只能不停息地奋力游动，这反而造就了它们的强大。鲨鱼无鳔，是它们的悲，也是它们的喜。

有一首歌唱得好："把握生命里的每一分钟，全力以赴我们心中的梦，不经历风雨怎么见彩虹，没有人能随随便便成功……"是的，每个人都会遇到挫折和不如意的事情，尤其是刚刚步入职场的人，面对着各方面的压力和挑战，但只要能顽强地战胜自己的消沉和软弱，磨炼自己的意志和毅力，最终都会取得更大成功。

逆境中要懂得变通

在我国东北大兴安岭的森林里生活着一种会变色的兔子。如果你是第一次看到它，并不会觉得它和其他的兔子有什么不同。可是一到冬夏两个不同的季节，它们的身体就会随着四周的环境而改变。

譬如，到了夏天，大兴安岭到处都是黑色的泥土、褐色的山石、红色的花朵、绿色的树木和草地。而变色兔身上的毛也会全部变成茶叶一样的颜色，人们只看见一团绿色的东西在树丛里和草地上窜来窜去，却看不清是什么。有时，连狡猾的狼和狐狸都会被骗过。

一到冬天，大兴安岭就变成一片白色的世界，这个时候变色兔为了适应环境，身上的毛很快就变成了雪白的“毛衣”，既保暖抗寒，又避免被狼和狐狸发现。

变色兔正是因为能随季节的变化而改变毛色，从而与周围环境相适应，才使自己得以巧妙地生存下来。

变色兔是一种缺乏安全感的动物，它跑不过狼，打架也打不过老鼠，可它能随着季节的变化更改毛色，这让敌人很难发现它，从而生存下来，这种做法真是一种高明的智慧！与此同时，它也告诉我们：当你发现环境或者他人对你的生活和目标有所影响的时候，就要努力改变自己。达尔文的话是最好的忠告："要想改变，你必须先适应环境，别等环境来适应你。"当你改变不了环境的时候，就要试着改变自己。

有一匹老马，由于不慎而掉进了一口枯井里。人们想尽了一切办法也不能顺利地把它从里面救出，后来便打算把它活埋算了。而当泥土铲入井中的时候，老马便立即看到了逃生的希望。它不断抖落身上的泥土，倒入井中的泥土越来越多，老马脚下的土堆也越来越高，结果，老马顺利地逃出了枯井。老马透过创新的思维与创新的行动拯救了自己，从而获得了最后的成功。

大千世界的变化不在任何人的掌控之中。在当今复杂的社会当中，人要学会为最后的胜利而做适时的变通，从而来实现自己的理想与心愿。

当你身处逆境的时候，要懂得变通，对自己的心态、思维和行为做出调整，努力去适应环境，就可以摆脱窘境，达到理想的目标。而不是在逆境中，怨天尤人，坐以待毙。这就是人们常说的："穷则变，变则通。"

在职场中，一旦落入"枯井"，你要懂得变通，利用自身的各种优势，寻找"出井"的方法，这样才能在逆境中摆脱被动，赢得机会，走向成功。

世上没有绝望的处境

澳柯玛戈三角洲，是非洲荒漠上一块与世隔绝的平原，一年四季，大部分时间遭受洪水的侵袭。平原上唯一的一块高地岛屿，被一群狮子占领着。

成年雌狮萨多，是澳柯玛戈岛屿狮子部落的“王后”。可是，在萨多生下卡勃和汤波这对儿女后，虚弱的身体让她在新的群狮“争霸赛”上失去了王后之位。它和它的一对儿女，被无情的新狮王逐出了“团队”。

狮子，是唯一一种群居的大型猫科动物。它们依靠团体的力量捕猎、生存、繁衍后代。一旦离开狮群的保护，随时会遭遇多如牛毛的鬣狗的围剿、伏击，面临死亡的危险。在陆地上，它们勇猛无敌、凶悍无比、称王称霸。但它们却是一群

“旱鸭子”，天性畏水，与水不相容。而且，狮子在水中体能的消耗，是陆地上的25倍。

失去家园和权势的萨多，领着一对小狮子，凄凉落寞地跋涉在齐腰深的洪水里，浑身冰凉、精疲力竭、饥肠辘辘……然而，面对所处的绝境，作为母亲的萨多明白，如果想在这里生存下来，就必须适应这里的环境——改变原有的生活习性，学会在水中觅食。

萨多和一双儿女忍着饥饿和死亡的威胁，开始训练体能，学习游泳、潜水，并尝试着捕猎。

一次次尝试失败后，萨多用狮脑“总结”出：澳柯玛戈平原，除了低矮枯瘦的水草，四周没有任何遮蔽物，各种动物都相互清晰地暴露在彼此的视野里，这给捕猎增加了难度。它们必须要练就一身“轻功”，才能保证在水里行进时不发出任何声响。

经过几天的忍饥挨饿、刻苦自学后，萨多准备“出手”了。她把目标锁定在前方不远处的一头肥硕的马羚身上。萨多示意孩子们待在原地，自己施展“轻功”，洑水向马羚靠近，马羚毫无察觉。

突然，萨多一个跳跃，蹿出水面，扑向马羚，用前爪将个头高出自己2倍的马羚扑倒。马羚强而有力的四蹄，不断蹬踢。萨多稍有不慎，就有肚破肠穿的危险。萨多小心地避其锋芒，身体在马羚头的一侧，用尖利的长牙，咬住马羚的咽喉，将其沉入水中。它的儿子卡勃，及时赶来，学着母亲的样子，用前爪死死摁住马羚的头。不一会，马羚不动了。它们成功了。

马羚120公斤的肥美躯肉，足可以供母子仨享用2天。更让萨多欣慰的是，就在萨多母子合力制服大马羚的同时，小狮子汤波，用同样的手法，成功捕获了一只小马羚。为了不让水里的食腐动物抢夺来之不易的美食，萨多和孩子将猎物转移到岸上的安全地带。湿漉漉的猎物是它们自身体重的两倍。它们一点一点艰难地拖移着，时不时气喘吁吁地放下食物休息片刻，然后继续……

夕阳下，它们一家三口，围着马羚这顿饕餮美餐，神情是那么从容自得。

就这样，狮子萨多不但顽强地生存了下来，打破了狮子与水不能相容的神话，也将自己的儿女训练成为澳柯玛戈平原上"水陆两栖"的"蛟龙"。

面对所处的绝境时，要明白，如果想在这里生存下来，就必须适应这里的环境。应对绝境时，坚强和行动是治愈恐惧的良药，犹豫和消沉是滋养恐惧的温床。每个人都有潜在的能力，只是很容易被习惯掩盖，被时间迷离，被惰性消磨。困境中，不论何时何地，都要勇敢坚强地、积极努力地去适应环境。因为，世上没有绝望的处境，只有对处境绝望的人。

“车到山前必有路”就是说人在遇到绝境的情况下，要发挥人的主观能动性，积极地去面对它，解决它，最终战胜它，世上没有绝望的处境；反之，当遭遇绝境的时候如果消极地对待，看不到凡事都是对立统一的，就会坐以待毙，真正身陷绝境了。

在面对挫折、困难时，不要就此放弃，不要因为胆怯而后退，不要因为失败就气馁。只要你不放弃，只要你够努力，只要你积极对待，只要你相信自己，即使你面对绝望的处境，你也可以很好地解决你所面对的一切难题。要时刻坚信世界上没有绝望的处境，最后成功与否的决定权就掌握在你的手里，如果你勇敢地面对困难，也许你会发现，其实它并不可怕，相反会给你带来无形的动力。

在迷茫中成长

我认为，这个世界上只有两种人不迷茫。第一种人从来都知道自己的目标是什么，从小到大都靠着强大的内心，朝着自己早已定下的目标拼命狂奔。在途中从来没有张望过别人，从来没有想要过放弃，他们不需要迷茫。第二种人是觉得眼下的生活理所当然，所以，他们也不迷茫。第二种人其实很危险，因为眼下的不迷茫，可能会为日后的生活埋下很大的雷。

一些年轻女孩，在二三十岁的时候，轻易听信了“只要把家和老公照顾好”“女孩子不用那么努力”“岁月静好才是最好的生活”，然后就心安理得、停滞不前了。她们曾经一点儿都不迷茫，她们曾经觉得照顾好家就是一切。却不知道，告诉她们这一切的老公和婆婆，在她们中年失婚的时候，早已变成了陌生人。

与其如此，我宁可你迷茫，宁可你挣扎，宁可你质疑，至少说明你还独立思考过，你还理性地替自己想过未来。

我有一个女友，毕业后就在上海的外企工作。工资涨幅稳定，职位晋升、跳槽薪水翻番都有固定模式，出差都是商务舱+五星级酒店。她从毕业后就享受着外企的各种好，过着很滋润的日子。然而，就是去年和今年，她所在的外企不断缩减规模。女友频频抱怨，公司要裁员降薪，猎头提供的岗位一个不如一个，接受降薪至少还能够保住工作。女友说，真的不知道未来在哪里，前途一片迷茫，根本就不是毕业时想象的发展路径。过去十年都运行良好的模式，这两年突然有些失灵了。

女友说，她有一个同事，身在外企却一直对自己的前途感到迷茫。她经常参加一些行业论坛，经常会和别人讨论分析民企的利弊，分析自己的职场路径。就在前几年，这个经常迷茫的姑娘被看成是异类，大家都不知道她在迷茫些什么。而在今年，大家前景一片黯淡的时候，这个女生却以工资翻了三番的身价，跳去了业内第一的公司。大家这才醒悟过来，正是那些迷茫不安、患得患失的岁月，让这个同事始终保持着高昂的斗志和灵敏的行业触觉，一刻不停地提升着自己，所以才能始终保持着超高的竞争力。

适时的迷茫期，反而能让你不倦怠，永远保持对这个世界的好奇心，永远跟上时代的步伐，在大势到来前就做好准备。

而我那位女友却从没有想过有一天，升职加薪不再有固定的模式，她从来没有想过自己这几年除了变成了职场老油条，深谙一些所谓混外企的法则，对薪水的要求越来越高之外，其实本事并没有长多少。

有时候，在一个好的企业工作所带来的光环，会让人有一种自己很有本事的错觉。觉得按部就班地加薪升职是理所当然的，最不济就是跳槽到另一个企业薪水翻番。而如今的焦虑和不安，终于让工作了7年、进入职场疲惫期的她重新分析了自己的优势和劣势，分析了行业的前景和未来。她说："我终于明白，那些焦躁、不安、迷茫恰恰能够让你从错误的道路上惊醒过来，从混沌度日中彻底被唤醒。而这一段迷茫期变成了我自己调整方向的最佳时机。"

我想起了我的好朋友小聪，她之前在事业单位从事建筑设计，拿着死工资，工作五年进入迷茫期不能自拔。如今，小聪勇敢地跳出了舒适区，辞职成立了自己的工作室，开启了自己的互联网+建筑，给大家设计理想房屋，订单接到了国外。小聪本来社交狭窄，就是公司到家的两点一线。过去几年，她都一直在迷茫，她的未来到底在哪里。后来，她积极参加各种行业内活动派对，把事业版图拓得越来越宽。她说，如果没有五年的迷茫期，就没有今天风生水起的她。

迷茫期让你从固有的生活状态中走出来，站在一个局外人的角度重新审视你的生活。这是一个最佳的时机，调整方向，重振旗鼓，再次出发。他们都曾和我们一样，迷茫，彷徨，不知道未来在哪里。但也正是这一段日子，让他们找到了新的方向、新的事业版图，找到了为之奋斗的理想和远方。

当你正在经历一段迷茫时，你不知道未来的事业要朝什么样的方向发展，你不知道另一半会在什么时候出现，又会是什么模样，你不知道自己究竟有没有可能真的过上梦寐以求的生活。如果你能理性看待这些迷茫，并且试图做出改变，那么恭喜你，你正走在正确的道路上。因为，这是一个人最好的增值期。它让你打破已有的知识边界，让你的认知、格局、眼界再上一个台阶。到时候回头看，你会清楚地看到这一段时间的迷茫是如何成全了后来的你。毕竟，谁的青春不迷茫！重要的是在迷茫中成长！

顺势而为

我们这代人压力太大，竞争激烈、时间紧迫，因此虽然不奢望一帆风顺，但总希望人生的路是笔直的，哪怕中间遇到什么困难和挫折，但始终是在前进——不走弯路、不停留原地、不浪费时间。只是可惜生活总是会不断出现意外。其中最让人难受的，往往不是失败和挫折，而是无能为力的煎熬。

所谓失意，就是这种感觉。不是一场巨大挑战后的失败，而是根本没有挑战的机会——无论现状在别人眼里看来是好还是坏，在自己看来都是没有希望的牢笼。

我曾经有过这样的经历。当时还是一个普通的基层销售经理的我，莫名其妙地牵涉到集团的内部斗争，而被派遣到一个总人口刚过百万的北方工业城市负责当地市场。由于当地消费水平较低，因此我的物质生活虽不是很清贫，但是我在精神上非常苦闷。

首先，我原来工作的分公司有非常好的信息交流机制，通过这种交流能学到很多新的战术和思想，同时通过实验和分享验证自己的创意，总之，这种交流能让人快速地成长，并且有利于形成思维体系。可是在我现在所在的地方，不仅与同行其他公司的交流成为一种禁忌，而且内部同僚之间也讳莫如深，极少交流。在这样的地方待上一段时间以后，我感觉自己成了瞎子和聋子。

其次，就是员工心态的僵化。这种僵化一方面表现为安于现状、不思进取，无论是对业绩还是对收入都没有任何不满，对未来也没有更多的追求和期待；另一方面自然而然地表现出抱残守缺——既然对现状没有什么不满，自然也拒绝接受工作方式上的任何改变。

可是，作为新上任的销售经理，尤其是作为还想有更多作为的年轻人，我毫无疑问是希望能通过一些改革来获得比前任更好的成绩。我认为个人努力可以逆转不利环境，我在当时的环境下尝试做出各种努力，包括灌输新的愿景和价值观、建立新的奖惩制度以形成对行为的激励、设立试点部门以结果来带动其他人、招聘新员工组建新部门用鲇鱼效应来刺激老员工等。这些方法并非毫无成效，我所辖市场的业绩也是逐步攀升；但是，无力感仍然挥之不去——我最终发现我不可能从根本上改变整个公司，只要我的推动力稍微减退，公司马上恢复原状。更可怕的是，我自己从这个过程中得不到任何能力上的进步，我感觉我的前进之路在这一站停滞了。

我终于承认，人有无能为力的时候。我所能做的，就是像西西弗斯一样每天重复着不能不做却徒劳无功的工作。这样浪费生命对像我这样心性的人来说是一种巨大的折磨，可是我无法逃脱。后来我回头想想，自己当时的状态近乎抑郁症——幸好我当时不知道这个名词，否则很有可能陷入自我暗示的恶性循环。

有趣的是，经过几个月的煎熬以后，我开始产生一种想法：无所事事本身也是一种成长。既然在工作上我做不了更多，那么我尽我所能做到极限就好。于是我把更多的时间用在自己身上——白天出门工作，晚上回到自己的住处读书，睡前出门溜达思考一个多小时。那半年我读书的量不大，但读书的认真程度是前所未有的；同时，关于自己的现状和未来，关于自己的心性，关于行业和职业的发展，我进行了一轮又一轮苦闷无解的思考。

这种经历的价值在当时是体现不出来的，可是在沉寂了一年后我重新获得一个释放才华的机会，这时候我惊喜地发现自己虽然在具体工作的技能上跟以前并没有太大进步，但是性格却成熟了不少，在处理问题的全面性、柔和度上都有了很大的改变，也更能体会工作中处于不同角色的人的不同立场和想法。可以说招数还是那些招数，但是内力已经大涨。

沉寂一年的另外一个作用是，重新获得舞台的我不再把机会当作自己才华和努力必然的结果，而是把它当作上天的恩赐而格外珍惜。我把每一项工作的细节都做到臻于完美，对每一个同事或客户的困难都尽力帮助，对任何一个承担责任的机会都格外珍惜，因为我知道它们未必会再来。一年积累后的尽情释放让我大放异彩，我就像一个刚出山的江湖新秀一样吸引了很多人的眼球，一下子从一个寂寂无名的小角色成为行业内年青一代中略有名气的人。

之后，我又经历了一些起起落落，但这时我已经明白了起落之间的真意。人生的发展永远不可能是匀速或者一直加速，而是走走停停，也有走弯路和掉头的时候。所谓"自知之明"的重要一点，就在于清醒地判断自己现阶段所处的状态，也就是自己在多大程度上对周遭的环境和事情的结果具有掌控力。很多时候我们并不能真正改变什么，这个时候强迫自己逆势而为，不仅徒劳无功，让自己更挫败，还可能让自己的生存环境更恶劣；而当我们有能力去影响事情的结果的时候，如果无所作为，则是对自己生命和才华的最大浪费。

在失意时苦练内功，不仅仅是因为此时对其他事无能为力，更是因为这是难得的静心学习的机会。我们有很多重要而不紧急的事情，因为忙于事务性工作一直没有时间去做，遇上难得的闲时，正好补上这缺失的一课。很多成功者在失意时，都不约而同地做了两件事：读书、跑步。因为这两件事都是很重要的，得势时没时间做，当下能自由地做而且是唯一能做的。

在得意时努力绽放，也不仅仅是为了补回失意时落下的时光，更是因为这是难得的机会。台上一分钟，台下十年功，人生的舞台亦是如此。再好的功夫，都未必有展现的机会，因此有了机会就一定要做得精彩，不留瑕疵，在有限的机会中尽可能多走一步。此外，得意时的绽放给人留下的印象，很可能是把自己拉出下一次失意的力量。

生活不易，必须努力

刚上大学时，我们谈的最多的就是以后一定要做企业的高层、月薪上万等，那时离步入社会还有几年，我们却对外面的世界充满了向往，总觉得读大学了以后工作一定不会差。

如今三年已经过去了，我们已经步入社会开始了实习生涯，我们说的最多的便是："唉！现在的工作太难找了，工资一个月也就1800元左右。"此时和从前意气风发的我们形成了强烈反差。学弟诧异地问："你们当初不是说要进入企业找一份好工作吗？"我说："步入社会才知道，当时的自己有多么可笑。一直在想着以后会怎样怎样，却不知道努力，眼高手低，步入社会才知道，竞争是多么激烈，有时光有一腔热血是不够的，还得自身有实力。所以，你还在学校，就要好好努力，为以后步入社会打基础。”听了我的话，学弟愣了许久。

我们毕业后参加了工作，出现了各种各样的问题，有些人觉得工作好但工资低，有些人觉得工作太累，自己受不了等。

我们拼命努力只是为了去过一种特别而平凡的生活，去实现心中那一个个小小的愿望。我们想要一个属于自己的居所，因为这样能让我们有一种归属感。其实我们只是想要一份自己喜欢的工作，哪怕累一点儿但每天过的是快乐的。但这些看上去普通的愿望，要实现起来并没有你想象的那么容易，却需要我们花很多很多时间去争取去获得，然后长久地拥有。所有人都想生活得轻松又快乐，但事实是大多数的我们不得不拼了命地往前跑，才不至于离想要的生活越来越远。在电影《谎言西西里》里面有这样一句台词：“有时候我们拼命奔跑只是为了留在原地。”

生活从来都不容易，我们都是在不断的跌倒中站起来的。如今这些韬光养晦的艰难日子都是在为某一天做铺垫。就像那句话：总要打败一些你不喜欢的，才能得到某些你所渴望着的。特别疲倦的时候你也难免心里不舒服，你会问一句：为什么有些人会那么轻松，但还是能拥有理想的生活？

《看见》里有句话说：“有些笑容背后是咬紧牙关的灵魂，你无法对别人的境遇设身处地，也就无法了解那些看起来成功的人在背后跌倒过多少次，每个人的生活都不容易，只是有些人擅长表达，有些人习惯隐藏，当我们逐渐成熟，我们会学着把自己的悲伤和不得志收起来，在所有人面前表现出一副‘我很好’的样子，我们不再到处倾诉我们自己的不幸，即使再难过也尽可能去避免给别人添麻烦，而我也一直相信这些改变就是我们坚强的开始。”

成年人的世界，路不好走，谁的生活都不容易。从青涩稚嫩到成熟稳重，我们每个人都有着旁人无法感同身受的经历，每个人都有自己必须熬过的苦、必须承受的难。

以前是带着梦想地憧憬，现在却常常遭遇现实的残酷。我们总是要花费很多的时间和精力，才能闯过那些难关，为自己谋取一份平凡踏实的生活。

很多人倾诉生活中的艰难和不易，也许是面对分离，也许是熬夜加班，也许只是一些让自己不开心的小事攒到一起，汇成一股来势汹汹的负能量。

我们在遇到困难和挫折的时候，总免不了会去羡慕他人的高起点，然后暗叹自己的不如意。其实，每个人都有自己要走的路，谁都不比谁容易多少。欲戴王冠，必承其重。人前的光鲜亮丽背后，谁不是咬紧牙关地拼搏和努力。

这个世界本就没有免费的午餐，不经一番寒彻骨，哪得梅花扑鼻香。所以当你想要成为什么样的人时，请先问问自己凭什么。理想和梦想虽是一字之差，但是意思却差得太多。努力也许不一定成功，但是不努力一定失败。

生活最后到底会不会如我们所想，谁也无法预测；明天和意外到底哪个先来，谁都不知道。但我们可以笃定的是，命运不会辜负每一个用力奔跑的人，你越努力，就会越幸运。我们知道人生实苦、生活不易，但我们也知道这世间并不是只有苦难，所以不该轻易认输。

熬过生存期，才有追梦的能力

小郝刚毕业时，做了销售，但他特别讨厌酒桌饭局谈生意，他的梦想是当个大律师。于是，他利用业余时间考取了律师资格证。刚当律师那两年，日子过得很艰辛。因为年轻没经验，律所里的大案件不敢给他接手，每天来律所咨询的当事人，一看到小郝年轻的娃娃脸基本就绕着走。

整整两年，他没接手过什么案子，每个月也就 800 元的基本工资，吃喝都不够，何谈其他。逢年过节不敢回家，因为没有钱孝敬爸妈；房租经常是跟几个朋友借，拆了东墙补西墙才能凑够；好不容易接个案子挣点钱，全都得还债。因为挣得太少，连女朋友都吹了。好几次他给我打电话说，熬不住了，想回到老本行，干销售去。但是，撂下电话，他又回到律所接着等案子。

终于，在一个朋友介绍的离婚案中，他帮助当事人胜诉，有了小名气。渐渐地，经人介绍的案子、自己找上门来的案子多了起来。最重要的是，律所主任看到小郝的韧劲和坚持，认为他是个可塑之才，于是，主动带他接手大案，亲自指导他，使他名气越来越大。

现如今，小郝已经是律所的合伙人，能够独当一面，真正实现了自己当大律师的梦想。像小郝一样，那些看似光鲜亮丽、轻松实现梦想的人，其实是经历了如此艰难的低谷，才有机会破茧成蝶。所以，没有人是随随便便成功的。在现实面前暂时地苟且，是为了攒足爆发的资本，努力地熬过生存期，才等到了冲击梦想的那天。

2015 年 7 月，我辞职离开了体制，和老公创办了一家教育培训机构，主营初中生的语数培训。

刚开始，我们豪情万丈，觉得只要努力干，就一定能实现自由生活的梦想。我们租房子，印传单，打电话，力争在暑假招上一大批学生，红红火火地开展业务。

梦想很美好，但现实很骨感。忙活了整整一个月，我们只招到了两个学生。眼看着还有一个月就开学了，再想招上更多的学生是不可能了。极少的生源，几近于无的收入，让我和老公的梦想遥遥无期。

更尴尬的是，吃饭，印传单，电话费，房租样样要钱，况且，我们还要养活老人和孩子。长此以往，坚持下去只能喝西北风了。

正在我们打算放弃之际，有个家长打来电话，问我们有没有幼小衔接的课程。她说孩子要上一年级了，但没有提前上衔接课，怕开学后跟不上，想找个快班，一个月就补完幼小衔接课程。如果我们能上课，还会带五六个孩子一起上。

撂下电话，我和老公经过商量，一致认为可以开课，家长能够带来一个小班的生源，就会有一定的收入，有了收入，就能让机构生存下去，就有机会慢慢开展自己的主营业务。

于是，我们联系家长，打电话找老师，最后不仅机构存活了下来，到现在，我们也顺利开展了主营业务，而且，幼小衔接课程经过三年的打造已经成为我们的特色课程。

梦想，真的没有因为我们向现实妥协而离我们远去。相反，幼小衔接课程，就像生活给我们埋下的彩蛋，使得我们的机构积累了人气，经过家长的宣传，我们的生源年年增长。

梦想的力量不在于实现它的形式，而在于那个一直奔跑在路上的你自己。在追梦的路上，坚持自我很难得。但是，若无法生存，再崇高的梦想也是水中花、镜中月，可望而不可即；再高贵的坚持，也会被一地鸡毛打败。

那些实现梦想的人，又有几个没有被琐碎的现实吓到过。老话说得好：“留得青山在，不怕没柴烧。”当我们单枪匹马地与现实对抗时，别忘了给自己留座郁郁葱葱的青山，才能保有实力等到曙光出现的那天。所以，面对生活的重压，我们要先学会生存。在现实面前稍稍退步，重新整理，也许就等到了机会的来临。

不要拒绝向生活妥协。也许，正是那几次妥协，为你积攒继续走下去的力气，使自己不断增值。希望你我在追逐梦想的路上，都能熬过生存期，赢得生存的资本，赢得实现梦想的能力。也许，我们还能幸运地遇到彩蛋。

迷茫时，就做好眼下的工作

我已经在上海3年多了，这几年我变化很大。这让我想到了2013年10月我来到上海第一年的生活，那个时候变化也非常大。

我为什么大学毕业2年后，才从家乡来到上海呢？

官方的回答：不甘于小城市的平凡。这的确是一个非常重要的原因，但还有一个原因，促进了这件事情提前到来。那就是我失恋了，没脸待下去了。

事情的起因是这样的，我前男友在北京，我决定辞职去投奔他，这个事当时同事、朋友都知道了。辞职后，我和男友先去旅行了。可是旅行途中，我们就分手了。

这时，我就骑虎难下了，如果回到原来的公司上班，我面子上过不去；如果去北京，我感情上过不去。恰好，好友汤姆在上海，当时正在做优米网的代理，喊我一起干。我也没有更好的选择，就从北京转去上海了。

我本来就打算离开生活的小城市，两年了，每天都在下定决心，但因工作很受重视，工资还不错，自然没什么动力。而一段感情却可以，不管怎样，事情就这样发生了。

到了上海的第一个月，我先给汤姆打杂，可是我的能力达不到要求，对互联网一无所知。这一个月的积极意义是，优米网上的课程，我都认真听了，学到了一些东西。

2013 年 11 月，一次偶然的机会，我和汤姆一起吃饭时，认识了他以前的同事徐老师，徐老师自己创业开辅导班，他感觉市区太难做了，就去了上海南汇下面的一个小镇泥城，租的毛坯房，自己装修的。

他自己设计单页，去学校门口发单页、招生。徐老师听得懂上海话，这是一大优势。当时在泥城，他的招生情况非常好，就想在南汇再开一家辅导班，为了节约成本，他还是租的复式毛坯房，需要重新装修。

徐老师是一个非常有诚意、说服能力又强的人。他告诉我："你看你就周一到周五晚上、周六周天上班，平常时间自由，可以做你喜欢的事情，工资也不少，比你在市区这么大的生活压力强多了。”

就这样，我从浦东八佰伴附近搬到了南汇，房租一个月500元钱，条件还可以。我基本工资1500元钱，上一节课一小时30元钱，销售部分有提成。

刚开始没有学生，一个月拿不到2000元钱，但是生活费够花的。后来，我的业绩越来越好，一个月可以拿3000元钱，在没有任何其他事情发生的时候，可以更好地养活自己。

一开始我看到毛坯房时，有一点儿绝望，但我感觉没有退路了。我跟着徐老师去市场上买木板，给房子做隔断，然后盯着别人装修。在淘宝上，我们买墙纸，全部自己贴完。宣传单页，是我们在淘宝30~50元钱找人设计的，然后再在淘宝上找人印刷。反正为了省钱，我们把万能淘宝的作用发挥到了极致。装修的同时，我们就开始招生了。

那时候正是冬天，天气已经很冷了，我们天天骑着电动车去扫楼，每一个楼都去发单页。不过，我还挺有信心的。我在楼梯里，碰到了一个人，我和他交流了几分钟，彼此留了联系方式。他是我第一个学生的爸爸。

第二天，学生的妈妈就给我打电话了，因为还没有装修好，第一次我与学生和她的妈妈在咖啡厅里聊了很久。“杨老师，如果你亲自带我们家孩子，我相信你。”

就这样，我有了第一个学生，她是班级里的活跃分子，给我带来了很多学生，这样算是正常运营起来了。徐老师要负责泥城校区，南汇这边有我，还有一个上海的同事，他教数学，我教语文和英语。

其实，我更擅长数学，但没有办法，只能硬着头皮上，拾起英语。我害怕误人子弟，买了很多新东方的书籍和课程来研究，并且把心理学的方法融入教学，根据每一个学生的薄弱点，有针对性地补习。

我的英语发音不够标准，真的很怕误导他们。我坦诚地向他们承认了这一点，他们说："老师，你只教我们方法，我们自己读。"为了弥补，我又去买了很多听力练习，这样也不会耽误他们。

那时候，冬天没有空调特别冷，学生从未抱怨，上完课，他们去下面有空调的咖啡厅写作业。就这样，我也开始了在咖啡厅写作的生活，每个月多余的钱我都贡献给咖啡厅了，因为那里有空调，我可以一下午都在写作。从那时开始，直到现在，我坚持了 3 年。

其实，这段日子虽然没有挣多少钱，但并不苦。晚上和周六、周天上课，白天的时间自由，南汇的物价水平很低，一天三顿饭都很规律，我对吃没有特别的追求，感觉还行就可以。

加上那群可爱的学生，给了我待下去的勇气。他们学习很努力，有个初二的学生，初三的单词和语法在我的监督下都学完了，英语 100 分能考 98 分，成绩也提到年级前三。

在这所有的工作中，只有一样我不愿意干，就是发宣传单页。我不会上海话，每次在学校门口和家长交流都有点儿困难，只能硬着头皮让家长讲普通话。还有，如果去小区的话，我也经常被保安轰出来。

就这样到了寒假，徐老师在泥城校区的生意特别好。其他老师都回家过年了，有一个学生没有人带，我过去教她。这样我早晨 5 点就起床，坐一个多小时的公交车，经常来不及吃午饭，再赶回来上课。

2013 年，那年冬天特别冷，我非常害怕生病，因为生病后，一点儿积蓄都没有，只能增加父母的负担。当时，还有一件很无奈的事情，我的大学好友要结婚了，我多么想见证她的幸福，可我连来回的机票都买不起，我以工作忙为由拒绝了她。

每当这时，我心情很低落，会把眼下的困难放大。写文章时，我也会这样劝自己："现实就是这样一点点把一个人击碎的，尸骨无存。"

读书，可能不能教一个人赚钱，但确实可以给一个人精神的支持，让我有尊严地活着。那时候，我上午备课，下午没事的时候，就写作、看书，同时思考未来的出路，当时唯一想到的出路是边工作边考研。

当我已经投入第三次考研复习时，汤姆给我打电话：“我认识一个姐姐，她要创业了，正在招人，我觉得你们肯定有共同语言。”那个姐姐，就是我后来的老板——语姐。

我们先加了微信，一个月后约在了现在的家附近的广场喝咖啡。第一次见面，据语姐后来讲，她对我并没有太满意，根据过往判断，可能能做点事情。

她给我布置了一些任务，比如读特劳特的《定位》，还有写月子行业的软文。《定位》这本书，我用了两天就读完了。虽然我不会写软文，但赶快买了这方面的书籍，学习基本方法，写了两篇给她。结果，她不是很满意，但感觉我态度很积极，愿意学习，应该可以培养出来。

这次见面以后，我白天去语姐那里工作，晚上和周末给学生上课。我住在郊区，离市区来回要坐 4 个小时的地铁，我早晨赶最早一班地铁去市区，晚上赶回来给学生上课。为了不耽误备课，我早晨 4 点就得爬起来备课、写教案。

当时，我一点儿都不觉得苦，特别有干劲，因为我看到了希望。大概两个月后，语姐拿下了第二个咨询案子，公司业务也稳定了，我成为了语姐的第一个员工，也是助理，然后跟着一家创业公司成长起来了。

恰好暑假到来，学生也带完一个学期了，算是可以正式交接了。这时，我遇到了刘先生，徐老师一直特别理解我，感觉遇到这么好的男朋友，应该去市区。

来到市区后，第一件事情就是租房子，当时加上押金，需要 1.2 万。我没有钱，但不好意思借刘先生的。我给高中同学李民打电话借钱，他问要多少，我说 1 万。然后，我和房东协商，我先付两个月房租，下个季度开始付三个月的。

房东同意了。就这样，来上海的第一年，我终于在市区定下来了，有了一份工作，一个男朋友，欠外债 1 万。此外，还有我在 QQ 空间写的近 100 篇文章。又过了 1 年，2015 年，我把这 100 篇文章，还有 2014 年写的文章，用成长后的眼界修改融合后，发布在了简书上，这样我算小范围火了。

无疑，我是非常幸运的，从来到上海，到遇到徐老师和语姐，都是因为朋友汤姆的牵线。汤姆是我大学的学弟，比我低一级，每当我对他表示感谢时，他都讲："姐，你还跟我客气，在我大学的每一个节点，都是你开导我，并支持我。我们是相互的。"不管怎样，做人还是要热心一些，因为你永远都不会想到自己不经意的举动会为你带来多大的惊喜。

当我们经历一些事情后，再回头发现也没有什么，原来时间就是这样把记忆冲淡的。这一年，我从市区到郊区，再回到市区，有点儿折腾，但日子过得还可以，至少还有心情相亲、找男朋友。

不管怎样，一定要有一份可以养活自己的工作，生存第一位。不知道前途在哪里时，那就做好眼下的工作，这会让你有一定的价值感。业余时间，做点儿自己感兴趣的事情，有机会就把握住，没机会就好好提升自己。

第三章 敢于表现自己

初入职场，要从一点一滴的小事做起，从别人不愿干的工作做起，埋头苦干、不断学习、发展能力，这些是最基本的要求。但是，如果认为单靠辛勤工作、埋头苦干就能在职场上出人头地，那就有点儿无知了。一个聪明的人不仅要善于做事，还要“善于表现”，一定要寻找机会让自己迅速地脱颖而出，毕竟现在已经不是“酒香不怕巷子深”的时代了。

你的表现会令人刮目相看

大学期间，小东的成绩平平，能力平平，毕业以后找工作也不太顺利，几经周折，好不容易才进入到一家公司担任财务助理。

进入公司上班以后，内向、少言寡语的小东很少在办公室和大家一起八卦聊天。大多数时候，同事们都在闲聊，而他总是在认真地埋头工作，他的工作无非是帮老板整理各种需要报销的票据而已。但每次小东都是一丝不苟地将那些皱巴巴的票贴得整整齐齐，一边贴一边还在笔记本上做各种记录。同事们在暗地里常常拿这个事笑话他。

同事们觉得小东很平庸，也没有什么发展潜力。

然而，一年后，在公司的一次财务预算会议上，小东拿出了自己精心制作的财务预算草案。他结合这一年里的各种票据，建立了一个有用的表格来总结规律和模式，从而提出了一个合理的、有计划的财务预算草案。这让同事们对他彻底刮目相看了。

在工作中，有这样一类人，他们总是默默无闻地工作，他们比很多员工都要勤快，通常最早来到公司、最晚离开公司，也很少请假。但是公司领导或老板不知道他们做了什么工作，甚至连他们叫什么名字都不知道，公司的一些福利、奖励总是与他们擦肩而过。对于这类好员工，公司为什么会视而不见，让其默默无闻呢？最主要的一个原因，就是公司领导或老板根本就不知道自己有这样一个能力强、态度好的下属或员工。他们没有把自己的才能表现出来。

如果小东只是默默无闻地工作，没有拿出那个合理的预算草案，大家也不会对他刮目相看。所以，在职场上，并不是说你努力工作，按时按点完成领导交代下来的任务就可以了，更多的是，你一定要表现出你的才能。

首先，要经常向领导汇报工作。平时做的有哪方面的工作取得哪些工作成果，在工作过程中遇到什么样的困难，而这些困难又是用了什么方法去解决的，这些都要让你的领导知道。

其次，要主动去邀功。在工作中，有很多人太过默默无闻，从来“不争”。小范在学校是学霸，毕业后到一个很大的外企公司工作。以他的能力与才华在这种专业对口的公司，应该很快就能升职，但是他在那个公司待了 3 年，却仍然只是一个普通的员工，为什么呢？因为他不喜欢争功劳、不喜欢争福利，尽管他去争这些也是理所当然的。后来，慢慢地，他在公司变得更默默无闻了。所以，在工作中，我们要主动去邀功，最起码还可以在领导和同事们面前刷一下存在感。

最后，要跟上领导的思维。平时要细心地把领导在会议或工作指示中的讲话要点记下来，在工作中按这些要点去落实，站在领导的角度去理解领导在工作中提出的设想，不要随意去推翻领导。这时，领导自然就会发现你的与众不同。

一个职场新人，一个没有背景、没有资历的新人，如果你自己不去表现，不去争取，茫茫人海，没有人会去关注你，也没有人会去提拔你，你也不会有晋升空间。所以，在工作中，不能让领导和同事漠视你的存在。

不要闷头做“蘑菇”

那年，小王大专毕业，进入了一家轻纺企业，职位为营销经理助理，名头很好听，但实际上，他的工作内容基本上就是在车间选布料、剪布料，做的都是最底层的活儿。刚开始，小王心态还很平和，认为自己的学历没法跟本科生相比，而且自己以前也没这方面的工作经验，是应该从基层做起。但是工作了两年，小王仍然还在车间里打转，这让他开始有些焦急。因为，和他一起进公司的同事已经被调走做营销跑单了，而他做的还是那些工作。

一天，小王按捺不住了，在中午吃饭的时候，和一个老员工聊了这个事情。那个老员工明白了他的心思之后说了一句话：“如果你不主动要求，积极寻找机会，你以为领导会把馅饼砸到你头上吗？”听了这话，小王顿时恍然大悟。小王听出了他的意思，这事他得找领导去谈。

快到端午节了，小王想这是个机会。于是，小王带着礼品就去了领导家。在和领导谈的过程中，小王先给领导讲了他这两年在基层的勤恳业绩。领导会意，对他说："下个季度的考级考试，你可以试试。"这不就是迈向新级别的开始吗？小王听了禁不住内心狂喜。

很多人只知道埋头苦干，低头拉车，但是不知道抬头看路，抓住机会，因此在恰当的时候表现自己是非常重要的。现在已经不是酒香不怕巷子深的时代，对于个人来说，个人的品牌建立和个人能力的展现是非常重要的。

在工作中，要关注一些细节，只要用心，这些积累的细节都会成为你成功的杠杆。在任何岗位，做事时你只要用脑用眼用心，你就不会困于现状。

"蘑菇期"对于职场新人来说，是一个不可避免的过程。刚走出校门的年轻人，由于缺乏工作经验，也缺乏担当重任的能力，当一阵"蘑菇"不一定是坏事，经过一段时间磨炼，就会慢慢成长起来。但阴暗久了的"蘑菇"也要有脾气，重要的是，用适当的方法，去做适当的努力。多与同事、领导沟通，多向有经验的老员工讨教，也是很有必要的。如果一个人总是闷着头做"蘑菇"，永远也不会成为"向日葵"。

让自己的闪光点被发现

由于在公司长期不受重用，彼得终于决定辞职离开这个公司。

他对朋友说："我要离开这个公司！我恨这个公司！"

朋友建议道："我举双手赞成你的决定！一定要给这些家伙一点儿颜色看看。不过你现在离开，还不是最好的时机。"

彼得不解地问道："为什么？"

朋友说："如果你现在走，公司的损失并不大。你应该趁着还在公司的机会，努力地去为自己拉一些客户，成为公司里独当一面的人物，然后带着这些客户突然离开公司，这样公司才会受到重大损失，陷入非常被动的局面。"

彼得听了，觉得非常有道理。于是在报复心理的驱使下，他开始努力踏实地工作，从手上的平凡工作做起，一步一步、脚踏实地。终于事遂人愿，通过一年的努力，他有了许多的忠实客户。

和朋友再见面时，朋友说："现在时机到了，要跳槽就赶快行动吧。"

彼得坦然笑道："老总跟我长谈过，准备升我做总经理助理，我暂时不打算离开了。"

很多刚刚参加工作的年轻人都有眼高手低的通病，总是把自己看得很高，自命不凡。在面对单调乏味的工作的时候，他们会觉得自己被大材小用，对现实产生不满。但是当他们被委以重任的时候，他们又没有能力做好。这种情绪不仅会影响工作，甚至会使他们对自己的职业生涯失去信心，丧失人生的目标。

事实上，在实践之前，我们无法证明自己的能力，也不一定会得到适合自己的工作。只要我们用积极的态度面对眼前的工作，踏踏实实地努力做好每一件事情，总有一天我们会有机会来证明自己的能力。而且，只有经过一段时间的历练之后，我们才能真正学会面对现实。

在你的能力没有表现出来之前，你和大多数人是一样的。所以，与其抱怨自己怀才不遇，不如放低身价，多一份努力。

当你做出出色的业绩之时，你的能力自然就会被发现。

只有付出，才会有收获，只有让上司看到你的能力，才会给你创造更多的机会，将你放在一个恰当的位置上，并给予你丰厚的待遇。浮夸和烦躁的心理不能解决问题，反而会让你处于不利的境地。与其整天抱怨公司，不如用实际行动展示自己的业绩与能力，让自己的闪光点被发现。

不敢表现，只能靠边站

一位移居美国的华人去观看儿子参加的一场足球赛，这场比赛险象环生，就是进不了球。最后，不得不靠点球决胜负。一说到要射点球，早已累得快散架的孩子们又欢呼雀跃起来，纷纷在教练面前乱嚷嚷。只有他的儿子小明，背着手，站在人群后面，显得与世无争。

他认为第一批的5名射手中，肯定会有小明，哪知道事情的结果出人意料，小明并不在首选的5名射手之内。他有点恼火，凭什么不让我儿子上？论点球，他是第一！场上已经开始射点球，小明他们队赢了。小明和孩子们都欢天喜地地翻滚在足球场里。

庆功宴上，教练问他："我不大明白，为什么小明今天没要求射点球？”

他说：“我还以为是教练让没进球的孩子也有个进球的机会呢。”他心里却想：这是什么话？教练不让上，能自己上吗？

教练说：“他不说要上，我也不好派他上。”

他说：“小明确实十分想上。不过教练不叫他上，他绝不会自己要求上。”他有点生气了，这种大事怎么能由孩子说了算呢？

教练一脸茫然：“为什么？”

他说：“中国文化很讲究谦虚，自己说自己能行，就是不谦虚。特别是说自己行又没成功，那叫自不量力，会被人看不起的。”

教练一脸惊讶地说：“你的意思是说自己不能说自己行，而要让人家说你行？”

他说：“如果您选他上场，他会非常认真地执行您的要求。”

教练说：“我还是不太明白。你不要求，我就以为你没有欲望。没有欲望，就表明你没有自信心，表明你认为自己不能干好这件事。”

小明爸爸和教练的这番对话是不是给我们以触动？中国人喜欢让别人来鉴定自己行不行，美国人首先要自己看自己行不行。如果自己行就要勇于表现，何必在乎别人的眼光！把“不为天下先”变为“敢为天下先”。这种敢于证明自己、敢于推销自己的心态，决定着人的思维方式和行为方式，在很多情况下，也决定着人的命运和前途。

中国传统文化崇尚“谦谦君子”，人们不敢出头，羞于主动冒尖，排斥自我表现。这种传统也体现在被人认可的经典教诲上，如“枪打出头鸟”“出头的椽子先烂”“木秀于林，风必摧之”等。这些给人的心理影响是：凡事别逞能。在过去，这些传统的思想有利于人们的平安和生存。而在今天，不敢表现自己则意味着放弃竞争，你将永远没有机会赢得你渴望的东西。我们要敢于出头，勇于冒尖，这样才能赢得机会，否则，你只会被冷落在一旁。

大胆地表现自己

敢于表现自己是一个人迈开成功的第一步，每个人都是一匹千里马，而千里马常有，伯乐不常有。只有做一匹敢于表现的千里马，才不会成为被埋没的千里马。

20世纪，英国某公司准备拍摄电影《飘》。男主角已经确定好了人选，但女主角的演员一直没能确定下来，导演很着急。

毕业于英国皇家戏剧学院的费雯·丽得知了这一消息，她认为自己非常适合演这个角色，但怎样才能让自己被导演选中呢？于是，费雯·丽决定毛遂自荐。

一天，导演刚刚从外景地选景回来，正在为女主角的人选烦恼。这时，他看见了穿着女主角那样的裙子的费雯·丽，缓缓走上了楼梯。导演大叫："天啊！那不就是我要找的斯佳丽吗！”

费雯·丽通过毛遂自荐为自己赢得了女主角的机会。她也凭借这一角色，在影视界占据了一席之地。费雯·丽勇于表现自己，使自己获得了成功。

同样，在面试中也要敢于表现自己。小张高考没考好，他的分数距离大专分数线差了 20 多分，不得已去部队参军了。在部队两年后，转业一回来，小张就开始找工作，在投了无数份简历之后，终于有一家公司通知他去面试。

激动的小张到了地方才知道，来面试的人实在是太强大了。这些人不是研究生及以上学历的，就是出过国、留过学的，自己在这些人面前实在是太没有竞争力了。这次的招聘形式先是海选，然后是初试和复试。小张已通过海选，现在是初试。

面试官到了会议室，先是简单介绍了一下公司文化和业务，然后又分析了一下目前的市场情形。小张在仔细听的时候，发现了一个错误。而且通过观察，他看到发现这个错误的不止他一个人。但是大家都在交头接耳，却没有一个人站出来纠正面试官的错误。小张不知道自己能不能进入决赛，但是他清楚地知道自己必须要让面试官注意到自己。于是，小张站起来，大声地说出了面试官的错误，说完之后，大家都等着面试官的反应。谁也没想到面试官笑着鼓掌，说：“很好！ 恭喜你，成功进入到复试。这就是我们初试的试题，我很佩服你的勇气。其实不是只有你一个人发现了我的错误，但是只有你一个人站了起来。”小张简直不敢相信自己的耳朵，大家也是目瞪口呆，懊恼不已，但是事情就是这样。或许小张会在复试被刷下来，但是他已经明白了一个道理：大胆地表现自己，是迈向成功的一个重要因素。

人就是要大胆地表现出自己的才能，才能不被掩盖，才能离自己的目标越来越近！不要总站在人群中，看着别人，跟着别人，要知道成功的人只是少数。如果总跟着人群，那你可能就永远不会成功。

在很多招聘会上，成功应聘的往往都是那些敢于表现自己、敢于展现自己的人。可能他们的能力不是最好的，但命运就是这样，你不敢张口、不敢表现，就只能站在别人的舞台下做一个观众。这个时候，你不要抱怨，因为别人敢于表现自己的时候，你也有着同样的机会，但你没有抓住机会表现自己。

要走出自己的世界，或者说让别人进入你的世界，这样你才会拥有更广阔的世界。这个社会不会“包容”那些胆小的人，如果你不出声，别人就会永远也看不到你。不要再躲在别人身后，大胆地表现自己吧。

增强积极的表现欲

一个年轻人大学毕业后被分到一所学校当老师，他只是在毕业前去一个学校实习过半年。虽然他的教学经验不太多，而且对现在这所学校的情况也不熟悉，但是他一点儿也不自卑，因为他有强烈的表现欲，他相信自己有打开局面的能力，有教好课、带好学生的能力。他来到学校后，主动要求担任差班的班主任，每天他都认真地备课，常常加班到深夜，上课时也非常投入，倾尽全力，因此他受到领导和学生的好评。没出半年，他就脱颖而出成为同龄人中的佼佼者。他深有体会地说："积极的表现欲是个好东西，它给人自信，给人激情，给人力量，也会给人机会和成功。"他的话很有道理，值得我们深思。

有一个单位要推荐一个人去参加上级举办的演讲大赛，但是不少年轻人不敢报名，或找借口推辞。这时，有一位貌不惊人的小伙子主动请缨，领导很欣赏他这种精神，当即应允。这个小伙子接受任务后，为了取得好成绩，他下了很大的功夫写讲稿，并到处拜师，在短时间内他的演讲水平有了突破性的提高。后来，在大赛中他得了第二名，从此知名度大大提高，并得到领导的好评。在选择工会干部时，单位领导首先把他作为了第一人选。这个事例也说明，积极的表现欲是人们提高自己才干的加速器。

一个单位新分配来三个大学毕业生，其中有一个毕业生敢想敢说，表现欲较强，事事走在前面，并有出众的表现，在领导眼中他是个人才。而且，他不负众望，策划了几次重大公关活动，为企业打开局面做出了贡献。不久他被任命为这个单位最年轻的经理。而与他同来的另外两个毕业生，在学校时成绩很突出，是高才生，但是在单位因为没有出众的表现，工作业绩平平，始终没有大的发展。因此，他们之间的距离渐渐地拉开了。在这里，不能不说表现欲的强弱是一个重要的制约因素，缺乏表现欲的人是很难把自己推销到关键岗位上去的。

欲望对人们的行为有很强的制导作用。表现欲是人们有意识地向他人展示自己的才能、学识、成就的欲望。实践证明，积极的表现欲是一种促人奋进的内在动力，谁拥有它，谁就会争得更多的机会发展自己，接近成功的彼岸。对于年轻人来说，增强自己积极的表现欲尤为重要。

在现实生活中，有一些人对表现欲存有偏见，认为那是“出风头”，是不稳重、不成熟。所以，他们不喜欢在大庭广众之下表现自己，仅满足于埋头苦干，默默无闻。也有一些很有才华、见解的人，缺乏当众展示自己的勇气，遇事紧张胆怯，每次都退避三舍。这样一来，他们不但失掉了很多机会，而且给人留下了平庸无能、无所作为的印象，那他们自然就得不到好评和重用。这些现象从反面告诉我们，表现欲不足无疑是一种缺憾，积极的表现欲应该成为现代人必备的心理。对于青年人来说，自觉纠正认识上的偏见，懂得它的作用和价值，并努力增强自己的表现欲是十分必要的。

毛遂自荐

秦将白起在长平一战大胜赵军之后，乘胜追击，包围了赵国的都城邯郸，值此国家生死存亡之际，平原君奉命前往楚国求救。

临行前，平原君决定从众门客里面挑出20人随自己同行。结果挑到最后，还缺一个人。正在此时，一个叫毛遂的人找到平原君，说自己愿意跟随平原君出使楚国。

平原君闻言，说："先生在我的门下已经几年了？"

毛遂回答："已经整整三年了。"

平原君说："我听说，贤能的人在众人之中，就好比是一把锥子放在囊中一样，它的锥尖立即就要显现出来。可是先生在我的门下已经三年了，并没听到有人对您进行赞赏，如果今天您没站出来的话，赵胜都不知道先生屈居在我的门下，由此可见，先生的才能还不够啊，这次就请留下吧，不要一道前往了！”

毛遂对此却很不以为然，说：“我之所以没能从囊中突出来，只是因为您从来没把我放到囊中。如果您早把我放在囊中的话，不要说锥子尖了，恐怕连锥子把也早突出来了。”

平原君听完之后，觉得也有道理，便带毛遂一同前往楚国。

到了楚国之后，楚王在鹿台上召见了平原君。可是对于出兵救赵的事，两个人一直从早晨谈到中午，仍旧没有结果。

毛遂大步跨上台阶，大声说道：“出兵本来就是非利即害，非害即利，这么简单的事，为何议而不决？”

楚王听了非常恼火，问平原君：“这个人是谁？”

平原君答道：“这个人叫毛遂，是我门下的一个食客！”

楚王听了更加怒不可遏，大声喝道：“赶快滚下去！我和你的主人说话，哪里有你插嘴的份儿？”

谁知毛遂不但没有退下，反而向前紧走了几步，手按宝剑对楚王说：“大王之所以敢在我主人的面前这样呵斥我，就是因为这是在楚国，可是如今十步之内，大王的性命却在我的手中！我听说汤以七十里的地方统一了天下，周文王以百里的土地使诸侯臣服，难道他们所依靠的是人多吗？其实是他们能够凭借自有的条件而奋发他们的威势所致。当今天下，楚国是最强大的国家，土地方圆五千里，持戟的士卒有上百万，可是却被白起，一个默默无名的小子，率领几万兵士，一战拿下鄢、郢，二战烧掉夷陵，三战侮辱了大王的祖先。这是百代的仇恨，就连赵国都感到羞辱。况且‘合纵’这件事，根本上是为了洗刷楚国的耻辱，并不是为了赵国呀！”

楚王听后深以为然，于是说：“确实如先生所说的，我愿意拿社稷来订立‘合纵’盟约。”

回国之后，平原君待毛遂为上宾，并感叹地说：“毛先生一到楚国，就使赵国的威望高于九鼎和大吕。毛先生的三寸之舌，强似上百万的军队啊！”

很多人的成功，就在于他们积极地表现自己而赢得机会。然而，更多的人却并没有把自己表现出来，致使自己错失了大好时机。

俗话说：“世有伯乐，然后有千里马。”由此可见，一匹马即便有日行千里的能力，如果没有一个在众人面前施展的机会，那也只能拉着沉重的炭车艰难地跋涉在山间小路上。相同的道理，一个人的能力无论多大，也必须让伯乐来发现自己。可是世间“千里马常有，而伯乐不常有”，因此，只有通过积极地表现自己，才能使伯乐发现自己。

一个很抢手的岗位，有几十个大学生竞争，最后却被一个中专生争取到了，这样的事情可以说不乏其例。与大学生相比，中专生的能力也许不是最突出的，为什么会被他竞争到呢？就在于他善于表现自己，敲开了机遇那扇门。

在现今这个人才济济的职场中，相互之间的竞争如此激烈，如果你不勇于表现自己，就只能被人群淹没，失去大好时机。

不要过度表现自己

小孟研究生毕业之后，到一家大型的咨询公司工作，这让同学们都非常美慕。对此，小孟也很得意。有个朋友看出了她的傲气，便告诫她："老同学啊，你太优秀了，什么都好，就是太张扬了点儿。"

小孟不同意，当即反驳："那不叫傲气，那叫自信！"

朋友苦笑道："你说得对，可就怕别人误会啊。"

小孟不以为然："他们怎么想，我可管不着。"很快，她就把朋友的话抛到脑后。

在办公室，与小孟坐对桌的，是个姓刘的中年女人，大家都叫她"刘姐"。也许是因为小孟是新人，刘姐总是找她的碴儿。有一次，刘姐还公然指责小孟："办公桌上不要摆那么多饰物和明星照片，这样容易影响工作。”

小孟听了，想也没想便回道：“刘姐，您不了解年轻人，现在的年轻人是能边玩边把工作做好的一代人，而且工作累了看看这些时尚的东西，既养眼又舒心，对工作有好处。”

刘姐听了没再说什么，不过，脸色变得很难看。

几天之后，小孟的账目上出了点儿小差错，刘姐毫不客气地对小孟进行了指责。此后，二人的摩擦便多了起来。

因为学历高、业绩突出，所以小孟的奖金很高。同事便开玩笑地说：“小孟啊，你才工作不久就做出这样出色的成绩，一定要请客啊！”

小孟得意地说：“这算什么啊，再过一些时候，我的业绩肯定比现在更突出，到时候一定请你们去饭店大吃一顿！”

不久，小孟发现大家突然都变得不爱搭理自己，有时候大家谈得热火朝天，她很兴奋地跑过去加入，可是大家很快便找理由散去。

正当小孟困惑之时，一年一度评先进的时候到了。她私下里盘算了一下，觉得凭业绩，这个先进奖非自己莫属。然而最终她并没有得到先进奖。小孟很不服气，直接去找领导。

领导看到小孟进来，便一脸微笑。小孟正想要说话，领导却笑眯眯地先开口了：“小孟啊，我正有一个好消息要告诉你，因为工作需要，你暂时被借调到分公司去工作一年。你可要好好努力啊！”

小孟顿时呆住了，所谓“借调”，其实就是“下放”。最后，小孟没有去分公司工作，而是选择了辞职。

有一个女大学生的经历与小孟很相似。她一毕业就进入一个广播站工作，她的内心充满了激情。当时，与她搭档工作的是一个有三年播音经历的工作人员。

在一次播音前，女大学生进行播音练习。她读了一遍讲稿，感觉还不错。为了让自己有所提高，她就找到搭档，希望得到他的指点。

“这个，看出你的认真了。”他看了看那讲稿，笃定地继续说，“我猜啊，这篇文章你看过不下三遍！”

“没有，就一遍。”女大学生毫不犹豫地说，心里暗自高兴。

然而，话一出口，她的搭档的笑容凝滞了，有些尴尬地说：“是吗？那行了，你已经很出色了。”说完，他马上把讲稿还给了她。

不久，广播站里的人都知道，新来的那个女大学生非常骄傲，目中无人。女大学生也发现，自己已经成了众矢之的。

聪明是一件好事，但若时时处处去表现自己的聪明，就显得不太聪明了。在老员工面前要谦虚一点儿，在适当的时候再适当地表现自己。在职场中要大胆地用适当的方式展现自己，做人一定要保持低调谦虚，主动请教，这样才能在职场上走得更加顺畅。

一定要勇敢

我曾经做过一段时间的保险推销工作。为了激励员工勇往直前，公司每天都会开早会，不但销售达人们可以做激情澎湃的演讲，新人也可以上台诉说心得体会。尽管氛围很好，新人还是有些腼腆，至少，我就一次也没有上过台。

但是，和我同时入职的一个女孩却总是想方设法找机会上台。她普通话说得很差，常常让人听不清她说的什么，表达也不流利，总是磕磕绊绊。听她讲话，不是享受，而是一种刑罚。因此，每次只要她一站到台上，下面就开始窃窃私语，有人抱怨，有人挑错，有人鄙视。好在，经理总是竖起大拇指，不停地给她鼓励，所以，她也就能一而再再而三地站到台上。

只是，这份工作并不如想象中那么好做，性格内向的我只得重新找了份适合的工作。

后来，听说公司因发展需要，另设了一个分部，负责人居然就是当初那个连普通话都说不好的女孩。我大跌眼镜，辗转从同事那里打听到，当初她确实没文化没背景，甚至连一句流利的普通话都说不好，但是她不顾众人嘲笑，坚持上台练胆，不但练就了一口标准的普通话，业绩也直线上升。公司领导就是看中她的勇敢，所以任命她做了分部经理。

因为勇敢，她快速地完成了职场菜鸟到职场精英的转变。

表妹 1.55 米的身高，长相也不甜美，既不是才女，也不是财女，可令人称奇的是，她却找了位一表人才的老公。

那个男人是表妹公司的部门主管，1.8 米的身高，不仅英俊潇洒，温和亲切，前途更是不可限量，每天还开着辆私家车上下班，最最重要的是，此人单身，是个不折不扣的钻石王老五。

公司里的女同事，芳心暗许的不在少数，其中有模特身材的，有明星脸庞的，也有家世颇好，或者满腹才华的。大家聚在一起，总是会有意无意地谈起“男神”，甚至还暗暗较劲，希望博得“男神”的关注。

在这些女同事中，表妹是最不起眼的一个，但让人没想到的是，一年后，“男神”结婚，新娘居然就是毫无亮点的表妹。

原来，表妹也喜欢上了“男神”，她知道，凭借自己的条件,“男神”是不可能注意到她的,所以,她就主动出击,请对方吃饭,邀对方一起旅游,最后,又来了个深情表白,“男神”大为感动,说从来没有见过像表妹这么勇敢的女孩子,情意也就慢慢地滋长了。

因为勇敢,表妹为自己争取到了金玉良缘。

有位朋友,长得不漂亮,家境一般,也没有炫目的学历,甚至没有一技之长,所以,当她在婚姻里过得不如意,想要离婚时,遭到了大家一致的反对。已到中年的女人,价值早就缩了水,男人不找小三已经谢天谢地了,还闹离婚?

但是,所有的反对都没能让她动摇半分,她迅速离了婚,带着年幼的儿子搬出原来的家,在郊区租了一间房子,开始了单亲妈妈的生活。紧接着,她干出了更出格的事:辞掉工作,回家写作。

父母气得不轻,朋友也劝,旁人更是极尽挖苦之能事,但是,她完全不为所动,坚持自己的选择。那段时间,收入确实很少,她甚至交不起水电费,不敢到菜市场买菜,等到天黑时悄悄去捡些别人扔下的菜叶子,勉强维持着自己和儿子的生活。

就在周围人等着看她被生活重重摔倒时,她的生活却越过越好,稿费收入越来越多,出了第一本书,买了辆小汽车,交了许多知心的朋友，还有了崭新的爱情，并很快披上婚纱，做了幸福的新娘。

因为勇敢，她的生活过得丰富多彩。

无论工作、爱情，还是生活，想要春风得意、美丽滋润，总得有资本，要么貌美如花，要么才情逼人，要么家世显赫，如果很不幸，这几样都没有，那么，请记得一定要带上勇敢，勇敢地说，勇敢地爱，勇敢地闯，不被别人的嘲笑打倒，不被自己的虚荣羁绊，就一定会撞出一片开阔美好的天地。

不要多聪明，只要有勇气

小夏的求学和刚毕业找工作的经历，只能用一个“勇”字来形容。

上大学时，小夏为了练好口语，不得不鼓起勇气去参加各种英语沙龙，还千方百计和老外们搭讪，跟他们用英语聊天。慢慢地，她那蹩脚的英语口语竟然变得流利起来。

她找工作的经历更好笑。有人跟她说，广州那边有一座写字楼，里面全是外国人设在本地的办事处。于是，她就跑到那座写字楼去，一家一家地敲门，问他们要不要请人。

当她敲到第十家的时候，刚好碰到他们的老板在，于是叫她进去面谈。十五分钟后，她得到了自己人生的第一份英语翻译工作，薪水还不错。

现在回想起来，小夏还是觉得庆幸，自己可以在年轻的时候，那么有胆识和勇气。这份工作的意义是非凡的，它让她的英语学有所用，让她接触到了许多供应商，也为她的外贸生涯打开了一条康庄大道。

后来，小夏进入销售行业，头两年是她职业生涯最鲁莽也最有勇气的两年。

有一次部门例会上，上司让他们多去出差见客户。小夏头脑一热，马上申请了去香港出差。跟客户约好时间后，第二天一早就匆忙上路了。

那是小夏第一次去香港，也是第一次出远门，没有人做伴，就这样单枪匹马地来到了那个陌生的国际大都市。小夏有一丝慌张，但转瞬一想，觉得也没什么大不了，于是向路人打听着来到地铁口，进入了迷宫般的香港地铁。出了地铁一路走一路问，穿街过巷，从湾仔到中环，再从旺角到葵涌，一天她见了四个客户。

可是，从客户公司出来后，小夏的心里充满了挫败感，因为此行基本是一无所获。虽然香港客户在告别时称赞她年纪轻轻就有勇气来跟他们谈生意，可是小夏想，光是勇敢有什么用？有勇无谋，不过是浪费时间而已。

回到公司，小夏惴惴不安，深恐上司责骂。没想到，上司不但没有批评她，还当着所有同事的面表扬了她，称赞她勇敢。她才知道，原来在她之前，从来没有一个同事敢单独去那么远见那么多客户。她开了先河，实在是勇气可嘉。

那次，上司对他们说："年轻的时候，有时你并不需要太聪明，只要有勇气，就能开山劈石，走出一条属于自己的路。"

说来也神奇，从香港出差回来后，小夏整个人都变得无比幸运起来，很快就拿下了一个小客户，然后又拿下一个客户，到了第四个月，她又拿下了一个大客户，她的职场生涯简直像开了挂一般。也许真如她的上司所说，当一个人内心充满勇气时，便会无所畏惧，连困难也会为你让路。

有一句歌词是这样写的："我也不是大无畏，我也不是不怕死，但在浪漫热吻之前，如何险要悬崖绝岭，为你亦当是平地。"人的一生，所惧何其多。正因为如此，勇气，很多时候往往成了一件事情成功的关键。

小玲是个外表平凡的女孩，左腿不是很灵活，走路一瘸一拐的，学习成绩也很一般。为此，她很自卑，从来不敢高声说话，连走路也是低着头。

有一次课间的时候，她的同桌听到她在小声地哼歌，简直如同黄莺出谷一般婉转清亮。同桌说："小玲，你唱歌这么好听，如果去比赛，肯定会轰动全校。"

小玲羞涩地笑着说："我长得这么丑，上台肯定会吓死别人。"

很快，元旦就到了，学校要搞晚会，他们班报了一个大合唱的节目，要选一个同学出来领唱，班主任就让同学们毛遂自荐。有好几个同学都试唱了，可都不尽如人意。同桌看看小玲，她的眼神晶亮晶亮的，手藏在书桌斗里，拳头紧握，一副有所期待但又很害怕的模样。同桌知道，她真的很想尝试，却不够有勇气。

于是，同桌决定帮她一把。趁她不注意，同桌出其不意地把她的手从桌子底下拉出来，高高地举了起来。小玲吓了一大跳，挣扎着想把手放下，可是老师已经看到了她，并让她起来唱一小段。

小玲只好唱了起来。刚开始时，她还有点儿害怕，连声音都在发抖。可是唱完第一句后，教室里顿时变得鸦雀无声，所有人都惊呆了。

那一次的元旦晚会，小玲用她的嗓音征服了全校师生，老师更是安排她做了我们的文娱委员，让她来教我们唱歌。

鼓起了勇气、放开了歌喉的小玲慢慢就变得开朗活泼起来，走路虽然还是一瘸一拐的，但已经不再低头。她面带微笑的模样真的很美，同学们都亲切地叫她"黄莺"，仿佛早已忘了她不灵活的左腿与平凡无奇的相貌。

谁天生就有一身“豹子胆”呢？很多人，在那些自卑而内敛的时光里早已经修炼了一身的本领，可就是因为缺乏勇气和自信，让自己的才华成了深巷子里的好酒，错过了很多机会，浪费了许多时光。

如果能勇敢一点儿，可能一切都会不同。

当别人还在畏首畏尾怕这怕那时，胆子大的人已经勇敢地迈出了步伐，吃起了螃蟹。都说读万卷书不如行万里路，想得再多也不如动手开始做。有时候，看似很难的事，一旦我们鼓起了勇气，开始动手做，一切困难便会迎刃而解。

不够聪明无所谓，只要有勇气去尝试；失败也没有关系，只要有勇气不断尝试。年轻的时候，很多人都缺少智慧，那也没关系，只要有勇气去尝试，我们就还有成功的可能。

第四章 找准自己的定位

在工作中，要提高认识社会和认识自我的能力，认真地对待每一件小事，力争把每一件小事都做好，并以乐观、自信、向上的心态去面对你的组织、领导和同事，尽快适应职场环境，并找到适合自己的职业规划，这样才能高效顺利地结束“蘑菇期”，才能去迎接事业发展的春天。

做自己擅长的事

表妹是个沉默内向的女孩，一说话就脸红，而且天生说话声音小，小时候我们总叫她“小蚊子”，因为姥姥说她说话声音小，跟蚊子叫一样。

大学毕业后，表妹开始准备就业。她本来学的是财会专业，做财会工作也适合她细致沉稳的性格。但看周围很多人都在跑保险，表妹有些沉不住气了，开始跃跃欲试。她满怀信心地对我说：“我就是想挑战自己，我知道自己不善言辞，卖保险要跟更多的人打交道，需要口才。我这样做，就是为了锻炼自己。我不信做不好，书上说古希腊有个演讲家，小时候口吃，后来他嘴里含着石子锻炼，终于成了一个了不起的演讲家。我一不口吃，二不笨，怎么会做不好呢？”这丫头从小就倔强，认准的事必定要尝试一下。

我也以为表妹经过一段时间的锻炼，一定可以战胜自己的弱点，为自己的人生赢得第一声喝彩。谁知我再见到表妹时，还没来得及问情况，她竟“哇”地哭了起来。原来，表妹卖保险遇到了太多的困难和尴尬。她尝试跟别人介绍保险，但因为性格内向，不善交际沟通，她的人脉资源也不够丰富，于是就通过同学介绍，接触到了不少陌生人。虽然她做了不少准备，但经常会遭到冷漠的拒绝，有时甚至还会遭到讥讽。表妹脸皮薄，又不是那种伶牙俐齿的人，其中的尴尬可想而知。她尝试了一段时间后，不仅没有丝毫进步，反而大大挫伤了表妹的自信心。她沮丧地对我说：“我觉得自己真是太糟糕了，笨嘴笨舌，什么都做不好！”我看着表妹的样子，很是心疼。

平时大家总在说，要挑战自我，赢得更精彩的人生。其实，很多时候人生不是用来挑战的，而是用来妥善对待的。

跟自己的弱点较劲，与生活拧巴着，却弄得自己狼狈不堪，最终可能没有战胜自己，反而落得丢盔弃甲，落荒而逃。有人会说，你不试试怎么知道你的潜力有多大。不过你自己的弱点你心里应该最清楚，拿自己的弱点去跟现实对抗，无异于以卵击石。

所以，人生最智慧的做法不是打着“挑战自我”的旗号跟自己的弱点较劲，而是要善于规避弱点，把长处发挥出来。每个人的天赋都不同，只要把自己最大的潜能和长处发挥出来，就可以获得成功，完全没必要拿自己的短处去跟别人的长处较量。人如同植物一样，开不出美丽的花就结不出丰硕的果，没有醉人的芳香就长不出繁茂的枝叶，只要有自己的风采和亮点，你就是世界的一道风景。

我把这些道理讲给表妹，她听完后点点头说："你说得对！总跟自己的弱点较劲，非常不快乐，总是被挫败感困扰。只有做自己擅长的事，才能如鱼得水，成为最好的自己。"

不久后，表妹找到一份在私企做财务管理的工作。她做了半年多，没有出丝毫纰漏，领导也很满意，表妹很快在单位站住脚了，这份工作也让她颇有成就感。她喜滋滋地说："看来，人只有扬长避短才能成为赢家！"

做自己喜欢的事

阿兰是我的一个好朋友，我们是同期进入公司的，当时我们一共有六个女孩进入这家颇具实力的财产保险公司。我们六个人分属不同的部门，但都在一栋大楼里工作，大家相处得不错。

阿兰总是将指甲修剪得很漂亮，柔顺的头发富有光泽，修身的连裤袜与驼色浅口高跟鞋搭配和谐。如发现公司附近有新开业的餐厅，她便邀大家去聚餐。流行的服装她总是第一个穿，六个人中有谁不开心，也是她提议去唱卡拉 OK 调节一下心情。

我比较喜欢这样的阿兰，平时她大大咧咧的，性格开朗，她在细微之处也很用心，总是为他人着想却不被人察觉，非常体贴。

到公司后的第四个年头，六个人中有两个人从公司辞职，一人是因为结婚，还有一人是想成为室内装修设计师，因此去学校读书深造了。

我和阿兰都是来自外地的单身女孩，其他两位同事则与父母住在一起，所以，我和阿兰下班后时常在一起吃饭。聊起私人话题，我才知道她家是地方名门，她是独生女，现在的住处是父母为投资所购的高级住宅。阿兰告诉我，她父母总是唠叨着叫她回去相亲。我深切感受到，虽然我们都是独自生活，但生活水平相差甚远。不可思议的是，她的家庭条件很优越，但一起去吃饭时，她绝不会任意挥霍。

一天，我跟阿兰聊了一些个人的事情，我以前从来没说过。我告诉她，我在几年前就利用下班后的时间去读专业学校。我认为自己能力有限，于是在专业学校里学习电脑知识并拿到了证书，此后又获得了秘书专业的证书，目前正在攻读财务学校的簿记专业，想取得劳动社会保险师资格。我下决心做这些事情，并不是想超越别人，而是为自己的将来考虑。以前阿兰她们邀我去滑雪以及海外旅行，我都没有参加。并不是我不想去，我和大家一样喜欢游玩，但确实是经济条件不允许。

“干吗要拿那些资格证书呢？”阿兰没有半点儿奚落之意，她是真的不懂。

“我是一个担忧未来的人。”我很不确定她是否听懂了我的话，但还是直言相告。“今后的经济形势不明朗，能否结婚成家还是个未知数，即便结婚了我也想继续工作，这就叫未雨绸缪吧。”

“不过，你的担心是不是有些过度了？”微醉的她笑道。

我颔首以对：“可能吧。你可能会觉得可笑，但是如果可以的话，我想一直当一名办公室职员，所以想要把需要的资格证书提前拿到手，于是就愿意去做这方面的事情。”

阿兰听后，露出赞赏的神情。那天晚上，我喋喋不休地谈自己，我觉得实在是不好意思。

那次交谈后不到一年，阿兰就离开了公司。在她走之前，我们四个人中还有一个因工作调动离开了公司，这些对我来说震动不小。阿兰离开公司的理由是“想成为一名花卉艺术设计师”。新老员工离开公司的理由五花八门：想成为服装色彩搭配师的有之，想成为电影剧本作者的有之，想成为食品设计师的亦有之。总而言之，不是因为公司单调的工作而离职，而是打算去干“有价值的工作”。换工作，寻求新的生存方式虽然不是坏事，但在我看来这有些异想天开。她们竟天真地认为，只要改变职业就能找到工作的价值。事实证明，那些辞去公司工作的女孩子后来真正实现愿望的屈指可数。

当然这是别人的事情，我还是按自己的信条去生活为好。我喜欢公司的业务，对目前的生活基本满意，想要学习的东西还有很多，无法操心别人的事情。但我从来没有想到阿兰也会离开公司。她以前从未说过她喜欢花卉艺术，如今这样说很难令人信服。

公司为阿兰举行了欢送会，阿兰和我话别时对我说：“看到你，不知为什么，我会感到自己是个平庸之辈，所以很想做点儿什么。”我只说了句：“努力吧！”这样的话，似乎有点冷漠。

再次见到阿兰是两年以后了。当时已经是深秋，我和阿兰在银座偶然相遇。一开始我并没有认出她。只见一名留着齐耳短发、穿着工装裤的女子迎面走来，朝我高兴地摆手，我想，这是谁呢？后来才发现那是阿兰。

“真巧啊！买东西？”阿兰微笑着问，她那以往总是娇嫩鲜艳的嘴唇显得有些干裂。

“没想到碰到你啊！挺好的吧？”

“嗯，还可以吧。”阿兰穿着褪了色的运动衫，系着一条斜纹粗布围裙，怎么看都不像是来买东西的。

“正在忙工作？”我问。

“是啊，在忙圣诞节的装饰。我刚从前面的鞋店过来，忙得不得了。这些活儿总不能拖到下个月啊！”

“这些工作就你一个人干？了不起！”我诧异地说。她离开公司才两年左右，已经从事商店的花卉艺术设计工作了。

“花卉艺术设计是我的主业，总的来说，我什么都干。我现在做得还不够好，要想做优，估计得十年左右时间的磨炼。”

“是吗？是有些辛苦，但你真的很棒！”我钦佩地说，没想到她真的做了她想做的事情。

“嗯，不过，”阿兰露出一丝微笑，“这项工作乍看上去不错，实际上是难以想象的重体力劳动。”她理理前额的头发。我看见她的手已经发红，变得粗糙，指甲也没有精心修剪，灰暗的脸上带着倦意。“最近想了想，喜欢鲜花的人是不是反而不太适合做这项工作啊？采摘来的鲜花都一株株地被丢弃了。我整天忙着搞花卉艺术设计工作，连享受季节的时间都没有。”她面露无奈，我无言地凝视着她。“啊，抱歉，我还要去另外一个地方，再见。”说罢，她钻进停在道边的货车，我目送她离去。

我去看了看她装饰的花艺，真是太漂亮了！她的设计理念相当出色，不过大概是因为看到了阿兰疲倦的身影，所以眼前的花艺愈漂亮，我的心情反而愈沉重。那天晚上，我很想给阿兰打个电话。不过转念一想，如果她和我商量说要辞掉这份工作，那我该怎样应对呢？于是，我放弃了这个念头。

再次见到阿兰，又是一年之后了。同期一起参加工作的最后一名女同事也因即将步入婚姻的殿堂而离开了公司。结婚典礼在教堂举行，她说请花卉艺术设计师阿兰来设计婚礼的花艺和她的头饰。我没想到阿兰仍在从事这项工作，不由得松了口气。

我们六个人很长时间都没有见面，现在终于聚在一块儿了。那是10月的一个休息日，天气晴朗，我前往那座教堂。在这喜庆的日子里，我应当开开心心地送去祝福，但此刻我的心情却很凄凉。当初一起参加工作的六个人就只剩下我一个还在公司了。这种局面我也曾想过。如有可能，我打算在现在的公司一直干到退休，最后只剩我一个人我也早有心理准备。虽然我按自己的节奏去工作，但时常也被孤独感和烦恼事所缠绕——结婚的另一半目标尚无；看上去稳定的企业，由于当前经济不景气，奖金微乎其微……阿兰在银座坦露的苦衷，此时我能够理解了。每个人都希望有人在自己身旁，聊聊所思所想。今天阿兰应该也会到场，我想对她表示歉意，因为那次我对她太冷漠了。

典礼之前我想一睹新娘的芳容，便叩开休息室的大门，进去之后我惊讶不已。新娘身披婚纱，坐在休息室的大镜子前，令我吃惊的不是新娘的风姿，而是新娘旁边穿一身牛仔装的阿兰。“怎么样？装扮得漂亮吧？”阿兰望着我说。她的双颊恢复了往日的光泽，整个人比新娘还精神。新娘手持的花束汇集了种类不同的白花，给人一种轻松感，突出了新娘的芳容。新娘的发际镶嵌着好多白色小花，让她显得异常动人。阿兰的花艺设计让我赞叹，但是，更让我惊叹的是阿兰的装束——今天是朋友的结婚典礼，阿兰也是嘉宾之一啊！

“还换衣服吗？”

“嗯？为什么？”她耸了耸肩，“现在正是婚礼季节，我一会儿还有两项工作要去做！”她没有露出丝毫遗憾或悔意，无论怎么看，她的脸上都写满了愉悦。去年见面的时候她嘴唇干裂、手指粗糙，可今天不一样了，她脸上的光泽是那时所没有的，她看上去越发成熟了，可能是困难时期已经过去。“哎呀，我得走了！”阿兰说。

我连忙叫住了她。

“怎么啦？什么事？”阿兰问。

“常联系呀！下次见面时一起吃个饭？”

她十分快乐地点了点头。我注视着阿兰钻进装满鲜花的大货车，远去了。

今天晚上我真的要给阿兰打个电话，听听多年未见的她讲述经历过的事情。

有明确的目标才会成功

在一支雪域远征军中，战士们的眼睛不知疲倦地搜索世界，却找不到任何一个可使目光停留的落点而使眼睛因过度紧张而失明，这支队伍也丧失了战斗力。这是一个让人难过的故事，但它至少告诉我们：盲目地前进，没有目标其实和不前进没有太大的差别。

一个人只有树立明确的奋斗目标，才能产生前进的动力。因而目标不仅是奋斗的方向，更是一种对自己不断成长的鞭策。有了目标，就有了热情，从而也就有了迅速成长的巨大推动力。

许多人怀着羡慕、嫉妒的心情看待那些取得成功的人，总认为他们取得成功的原因是有外力相助，于是感叹自己的运气不好。殊不知成功者取得成功的原因之一，就是确立了明确的目标。

美国一个研究成功的机构，曾经长期追踪100位女士，直到她们60岁。结果发现：只有一人很富有，其中5人有经济保障，剩下的94人情况不太好，可以说是失败者。这94人之所以晚年拮据，并非年轻时努力不够，主要是因为没有选定清晰的目标。

一个没有目标的人就像一艘没有舵的船，永远漂流不定，只会到达失望、失败和丧气的海滩。

前美国财务顾问协会的一位女副总裁曾接受一位记者采访，记者问道："到底是什么因素使人无法成功？"这位女副总裁回答："模糊不清的目标。"

记者请女副总裁进一步解释。她说："我在几分钟前就问你，你的目标是什么？你说希望有一天可以拥有一栋山上的小屋，这就是一个模糊不清的目标。问题就在'有一天'不够明确，因为不够明确，成功的机会也就不大。

"如果你真的希望在山上拥有一栋小屋，你必须先找到那座山，我告诉你那个小屋的现价，然后考虑通货膨胀，算出5年后这栋房子值多少钱；接着你必须决定，为了达到这个目标你每个月要存多少钱。如果你真的这么做，你可能在不久的将来就会拥有一栋山上的小屋，但如果你只是说说，梦想就可能不会实现。梦想是愉快的，但没有配合实际行动计划的模糊梦想，只是妄想而已。”

一个聪明的人，一个有理想、有追求、有上进心的人，一定都有一个明确的奋斗目标，他懂得自己活着是为了什么。

一个人所有的努力，从整体上来说都能围绕一个比较长远的目标进行，他知道自己怎样做是正确的、有用的，否则就是做了无用功，或者浪费了时间和生命。

显然，成功者总是那些有目标的人，鲜花和荣誉从来不会降临到那些没有目标的人身上。

有明确目标的人，会感到自己心里很踏实，生活得很充实，注意力也会神奇地集中起来，不再被许多繁杂的事所干扰，干什么事都显得成竹在胸。相反，那些没有明确目标的人，总是感到心里空虚，思维乱成一团麻，分不清主次轻重，遇事犹豫不决；不知道自己该干什么，不该干什么。

只有确立了前进的目标，一个人才会最大限度地发挥自己的潜力。只有在实现目标的过程中，我们才能够检验出自己的创造性，调动沉睡在心中的那些优异、独特的品质，才能锻炼自己、造就自己。

路上的时间

“小张要去朗讯美国本部工作了，今晚一起聚餐吧。”午休时研发部的小徐走过来跟我们说，大家都不信。小张是那种扔在人堆里不好找出来的人，朗讯公司可是大名鼎鼎的跨国公司，在国内招聘的都是一流大学的尖子生，他哪里来的好运气呢？

小张是我的同事，其貌不扬，少言寡语，毕业于本省一所二流大学，用他自己的话说：“比较适合跟机器和代码打交道。”我们是同一年进入这家公司的。四年间，他一直默默无闻地做着研发工作，住乱哄哄的集体宿舍，我们俩住对门。

晚上，大家喝着酒，我们不约而同地问起小张凭啥诀窍一步登天闯到了美国。

小张说今年合同到期，想换一下工作环境，抱着试一下的态度给正在招聘的这家外资公司中国分公司投了一份简历，后来经过几次笔试、面试被录用了，因为英语成绩第一名，他被派往美国本部工作一年。

小张轻描淡写地解释让我很疑惑，我知道他的英语基础很差，大学四年期间，四级考了三次才过，这样的英语水平怎会挫败那些名校的人？

“平时根本没见你学英语，怎么会取得这么好的成绩？”我的疑问引起了同事们的共鸣。

小张喝了酒，满脸通红地说：“我在这里工作了 4 年，但是我花在英语上的时间足足 2 年啊，每天 7 个小时雷打不动。”

“别吹牛了，你天天在我们眼皮子底下，每天晚上看电视、打牌到半夜才熄灯，啥时候看你学习过？”阿强说。

小张站起来说：“我们的确共同生活了 4 年，但是我每天上下班路上都在学习。每天乘车上下班能学一个半小时，一个月就是 45 个小时，若按每天学习 7 个小时计算，每月就白捡了 6 天多，4 年下来，我用在英语上的时间足足 280 多天。大学四年我们用在英语上的时间累计起来不过 4 个多月而已，我这可相当于上了两次大学啊。”

我们都惊呆了。

原来每天上下班看小张挂个 MP3（音乐播放器），我们认为他是在听歌；他偶尔买几本《英语世界》坐在熙熙攘攘的公交车上，我们还曾怀疑他在装小资企图泡美眉，原来他正按照自己的节奏进修外语。

弹指四年，两百多天金子般的光阴被我们白白扔在了上下班的路上，永不再来，而小张每天都在奔跑，都在加速度，今天终于以一个漂亮的“撑竿跳”站上了生活的新高度。

当大家碰杯，一饮而尽的一瞬间，我的眼前升起一团雾水。

别总把“没意思”挂在嘴边

前不久见到表弟，他整个人胖了不少。

我笑着调侃他：“看来你最近日子过得不错，心宽体胖。”

表弟也笑了：“就是吃得多，动得少呗。”

表弟已经在银行工作了大半年，我问起他工作怎样，他心不在焉地说：“就那样。”

我一愣：“那样是哪样？”

他说：“就是按部就班。”

我点点头：“那也不错。”

表弟问我：“这有什么不错的？”

我解释说：“年轻人能够有一份收入不错的工作，衣食无忧，就是不错。”

表弟撇撇嘴：“可我总觉得没劲，这日子没意思。”

表弟对我说：“上班时动力不足，感觉浑身不舒服，明明没有做多少工作，却依然感觉很累。回到家筋疲力尽，做什么都提不起精神。有人约吃饭，借口工作忙拒绝；有人约聚会，推托不去。只要提到工作，就是烦透了；只要提到生活，就是没意思；只要提到梦想，就是沉默，甚至是批判。”

表弟问我：“我这样是不是不对？”

我点点头说：“可能真的出现了一点儿问题。在心理学上，这是慢性心理疲劳的一种，是自我的发展停滞状态。”

表弟坦言，他设想过无数的生活状态，有的光鲜亮丽，有的刺激有趣，有的跌宕起伏，但最后，却走上一条最平庸的路。

我对他说，既来之，则安之。一个人不是在更好的环境下才能成为更好的人，而是如何能够在现有的条件下，最大限度地做好分内的事。

我能够理解他的想法，现在的年青一代，已经和我们当时完全不同了。曾经的80后，毕业后能找一份稳定的工作，租得起房子，吃得饱饭，工作有前景，就是其他人羡慕的对象。而现在的年轻人，更看重自我价值的体现。现在的年轻人找工作，考虑的不只是薪资、前途，还有这份工作是否有意思，是否能给他更多机会，是否能让他觉得有趣。

"生活没意思。"这句话好像我最近经常听到。

有时是一些年长的人，他们有的已经成功，有的还在浑浑噩噩，上有老下有小，谈起话来老成，滴水不漏。稍微多说一些，就说生活没意思，无非是一天天得过且过。

有时是一些年轻人，他们有的长期做一份工作，有的三天打鱼两天晒网，都有各种压力和负担。稍有不满，就说这日子真没劲，还不如去穷游。

面对生活，我们好像越来越多地给予了它一些负面评价，并且将内心的负能量变作一堵墙，阻隔了与外界的联系。人们总是对很多事情抱有幻想，期待自己的生活犹如影视剧般丰富多彩，最好是有一种猜得中开头猜不到结尾的人生在等待着自己，每天充满刺激和新鲜感。可长大后发现，生活和期待落差巨大，并没有那么精彩。虽然每天都在做着不同的事，但大都在自己的掌握之中，很少有一件事可以让自己特别有成就感。丧失了成就感，实现不了自我价值，于是很多年轻人将自己的生活做出"没意思"这样的概括。

很多人越是长大，越是活得焦虑。这一点体现在他们将本应关注自我的眼睛，放在了别人的身上。很多人看着别人成功的故事，不断地进行对比和羡慕，只剩下一声叹息。

总是在纠结中活着，担心未来，担心自己不能实现理想，每一步都走得跌跌撞撞，这样的日子，谁都没办法快乐地继续。

生活的无趣不是说它没意思，毕竟生活不是过山车，不会永远都刺激，更不会天天都大起大落让你感受到价值。它更像是一条缓和的抛物线，有时在顶点，有时在谷底，有时需要我们攀爬，有时需要我们俯冲。而这个过程，却是漫长的，它会漫长到让你以为日子是一成不变的，漫长到你以为自己的人生可以一眼就看到尽头。可这个世界上，哪有这么笃定的一成不变？

生活是一把刻刀，它将你身上的那些锐利剔除干净，像是专业的厨师一般，只留下最适合烹饪的部分。不要把刺激当作生活的真相，也不要把刺激当作你的生活梦想。既然失去了，就别再执着，一个人不应该在生活中寻找刺激，而是要在平淡的日子里，成为那个有趣的人。

你心里有梦想，却在怀疑梦想；你内心有期望，却觉得它一文不值；你看着别人的成功，认定那是运气；你觉得任何努力，最终都丧失了意义。曾经意气风发的你，在现实生活中败下阵来，成为一个浑身负能量的人。

更重要的是，你期望未来，需要刺激，却惧怕失败，恐惧未知，于是，或主动或被动地选择了最普通的生活。到头来又埋怨生活没意思，这是谁的错？

人最怕的不是过不了想要的生活，而是明明你可以做得更好，却因为自己的胆怯和彷徨，丧失了最佳的行动机会，连现在的日子也过不好了。

别总想着在生活中寻找刺激，或许我们更应该在平淡的日子里，成为有趣的人，别总把“没意思”挂在嘴边。

目标是方向，也是动力

在非洲，羚羊每天早晨睁开眼睛，所想到的第一件事就是：我必须比跑得最快的狮子跑得更快，否则我会被吃掉。而就在同一时刻，狮子从睡梦中醒来，首先闪现在他脑海中的念头是：我必须能赶得上跑得最快的羚羊，要不然，我会饿死。于是，几乎同时，羚羊和狮子一跃而起，迎着朝阳跑去。

这是生物圈里一个很普遍的现象，羚羊和狮子疲于奔波都是为了同样一个目标——生存。这也是动物的本能，而人生在世总要为这样或那样的目标去劳作去追逐——有意识的活动和单纯的本能是人与动物的重要区别。动物尚且能为生存而奔跑，何况人乎？人生活在世上，就是要实现自己的生存价值，就是要让社会承认自己价值的存在，这才是有意义的生活。自暴自弃蝇营狗苟之徒，或许也能活得下来，但这绝不是生活！

著名物理学家库珀说："人生就像打高尔夫球时击出去的球，要有一个明确的目标。"是的，人的生活不能没有一个明确的目标。没有目标，就没有前进的方向和动力，就像大海中的船舶，没有舵手，它就随时可能触礁或搁浅；没有目标，人就活得消极被动，庸庸碌碌无所作为。譬如，庙里撞钟的和尚，他从来不会去考虑自己哪天会失业，或者哪天去跳槽，只是苦度年华，静待归西的涅槃。如果羚羊和狮子都蛰伏不起，它们也难免要被吃掉或饿死；但它们总是一跃而起向前奔去，这是因为它们有生存的目标，这既是方向，也是动力。

有了心中的目标，就要去追逐它，去为它潜心地付出，哪怕是为伊憔悴、衣带渐宽。真正的生活，就要有百折不挠的激情，就要去做自己力所能及的事，就要有中流击水的魄力和不到长城非好汉的气概！库珀补充说："当你把手中的球投向目标之后，你就要奋勇地向它奔去。"这就是积极的活法。如果整天耽于幻想，坐井观天不思进取，那么，最亮堂的目标最终也不过是南柯一梦罢了。

然而，奋斗后总有失败和成功两种结果，失败是让人痛苦的，而痛苦的人们并不因失败就痛不欲生、裹足不前了，而是擦擦眼泪又上路了。正如羚羊被吃掉和狮子饿死荒野并没有阻止它们向前奔跑的脚步一样。阿富汗的著名作家乌尔法特曾经说："无论什么人，只要他没有尝过饥与渴是什么味道，那他就永远无法享受到饭与水的甜美。"没有目标的人，或者不曾为目标而奋斗过的人，永远品尝不到潜心追逐目标的幸福与快乐。就算是失败了，也可以对自己说一声：我无怨无悔！

优胜劣汰、适者生存是一个亘古不变的自然规律。不管是怎样的活法，人都应以一个积极向上的心态，去投身生活，去追逐目标。不管你是羚羊还是狮子，当太阳升起之时，就要毫不迟疑地向前奔去。生活就是这样。

我们现在的生活竞争激烈，每个人都不想被淘汰，每个人都想让自己的生活过得好些，每个人都有着自己的梦想和理想。但是成功与失败最大的区别是，成功的人不会花时间去说他们的梦想和理想，不会花时间去抱怨他们的苦难与困境，不会花时间去羡慕和仰慕别人的成功而让自己感到自卑；成功的人只会去做他们该做的事情，只会面对他们的困难，不会有抱怨，更不会有羡慕，因为他们心中有目标、理想、动力以及那颗沉淀的心。

我的人生我做主

小林像大部分出生于大西南的人一样，家境贫寒，父母为了照顾生计常年在外打工，他从小就成了不被生活温暖的“留守儿童”。他随爷爷奶奶生活到16岁，终于因为家中没钱供他读书而辍学。小林像他的父母一样，背起行囊远走他乡，开始独自谋生，他把广东东莞选为人生第一站。这也是他第一次走出大山，他不知道东莞是什么样子、在哪里，只是从爷爷口中打听到了父母在这座城市打工。只可惜爷爷奶奶上了年纪，怎么也记不起父母工作的具体地址。东莞太繁华了，街道太宽阔了，各种店面、商品琳琅满目。

小林第一次看到如此与众不同的世界，他不知道自己该去哪里，能去哪里。然而坐了30多个小时的火车，他早已饥肠辘辘、疲惫不堪，只想着能快点找到一个愿意“收留”他的地方，好好地吃上一顿饭。走了几条街道，终于有家电子厂因最近急招工收留了他。这是他的第一份工作，全年无休，不加班的情况下一天工作 12 个工时，月薪 1300 元钱。为了填饱肚子，他坚持了下来。小林从小热爱文学创作，下班一有时间就写写文字，买不起纸笔，就用捡来的断粉笔头在周边废弃的墙壁上写。数额不多的工资，除了按月拿出一部分寄回老家，剩下的几乎全部买了书籍。涂涂抹抹中，小林在工厂里一待就是两年。那时候，一些年纪比他大的流水线工人，总是拿他业余创作这件事嘲笑他：“哎！我说你可别写啦，每天上完工累得够呛，你还有闲情写这玩意，要能写出名，你也不至于在这儿待着啦！”还有一些人说他是“装有文化”，笑他明明大学都没上过，还愣去搞这些个知识分子干的活儿，但小林从不为所动，尽管那时候他也不确定自己将来一定就能做一份相对“高级”的工作，但他还是坚持了下来。两年后的一天上午，小林走进老板的办公室，把一张字迹工整的“辞职报告”放在老板面前。老板拿起辞职报告扫了一眼，整个房间的气氛开始变得严峻。由于当时并不是“招工季”，老板为了挽留他，同意年底多给他一个月的工钱，但他执意要走。在他两脚踏出办公室的门槛时，他听到老板在里面歇斯底里的叫喊声：“你小子要能找到比这更好的工作，我名字倒过来写！”

之后，小林去了湖南，那有一家杂志社正在招聘编辑，他是从网上得到的消息。像往常一样，他不知道自己能否成功，但还是决定试一试。没想到，两轮面试过后，小林从一大堆有学历的应聘者中脱颖而出。人事经理拿来合同让他签字的那一刻，小林还好似在梦中。只是那一刻，他确实相信了，自己的看法比世界对你的看法更为重要。今天的小林，已经是北京某家大型文化公司的策划经理了。小林有篇文章这样写道：“很多人需要获得别人的肯定、鼓励以及支撑，才有勇气开辟自己的新天地，于是在这条寻找自我、成就自我的道路上，一多半人死在了别人对自己的冷漠、孤立和嘲笑上。但他们却无一例外地忽略了，每个人都是一个独立的个体，有完全独立的思想、观点和对这个世界的理解，只有那些真正相信自己、肯定自己的人，才能顺利绕过世界布下的‘分类陷阱’，成为真正想做的人。在这个世界上，除了你自己，没人能知道你到底行不行！”

小林说：“你能想象得到吗？按照世俗的看法，我这样一个出生在落后地区、贫困家庭的小孩，命运给我的安排似乎就是早早辍学，老老实实地在底层打工，靠着微薄的薪水艰难地养家糊口——直到耗尽余生，可今天的我通过自己的努力，在这座繁华的一线城市有了自己的房子、车子，甚至可以把爸妈从社会的底层解救出来，接他们到大城市生活。因为我始终都相信，我的人生只有我说了才算，世界怎么看，跟我一点儿关系都没有。”

是的，人生原本就存在很多的可能性。虽然上天并没给予大多数人优良、富裕的生活条件，但只要努力，你终可以通过扎实的奋斗，一步步获得自己想要的生活。学着不去在意这个世界的看法，你将活得更自在，也将在成就自我的道路上，少一些障碍。

为自己的人生定位

从前，一个乞丐站在路边卖橘子。傍晚，一个路过的商人来到了乞丐卖橘子的地方，向乞丐面前的纸盒投了几枚硬币，就急匆匆地赶路了。商人没拿橘子就走了，乞丐心想这钱应该是那位商人施舍给自己的吧。

可是没过多久，这个商人突然又回来了，原来是回过头来取橘子，并且对乞丐说："对不起，我忘了拿买的橘子，因为你我毕竟都是商人。"正是这句"你我都是商人"，改变了乞丐的一生。

多年以后的一天，这位商人参加了一次高级酒会，遇见了一位衣冠楚楚的先生向他敬酒致谢，并告诉他，说自己就是当年那个卖橘子的乞丐。是商人的那句"你我都是商人"的话改变了乞丐的想法，使乞丐重新燃起了希望，信心十足地定位好自己的“商人”身份，多年以后乞丐真的成为了自己心目中的真正的商人。

汽车大王福特从小就在头脑中构想能够在路上行走的机器，用来代替牲口和人力。而全家人都希望他在农场做助手，但福特坚信自己可以成为一名机械师。

于是他用 1 年的时间完成了别人要 3 年才能完成的机械师培训，随后他花 2 年多时间研究蒸汽机，试图实现自己的梦想，但没有成功。他又投入到汽油机研究上来，每天都梦想制造一辆汽车。他的创意被发明家爱迪生所赏识，邀请他到底特律公司担任工程师。经过 10 年努力，他成功制造出了第一部汽车引擎。福特的成功，完全归功于他的正确定位和不懈努力。

在现实中，总有这样一些人：他们或因受宿命论的影响，凡事听天由命；或因性格懦弱，习惯依赖他人；或因责任心太差，不敢承担责任；或因惰性太强，好逸恶劳；或因缺乏理想，混日为生……总之，他们做事低调，遇事逃避，不敢为人之先，不敢转变思路，而被一种消极思想所支配，甚至走向极端。

成功的含义对每个人而言都不同，但无论我们怎么看待成功，必须要符合自身的定位。一个人怎样给自己定位，将决定其一生成就的大小。志在顶峰的人不会甘于平地，甘心做奴隶的人永远也不会成为主人。

你可以长时间卖力工作，而且创意十足、聪明睿智、才华横溢、屡有洞见，甚至好运连连——可是，如果你无法在创造过程中给自己正确定位，不知道自己的方向是什么，一切都会徒劳无功。

所以说，你给自己定位什么，你就是什么，定位能改变人生。

思路决定路程

爱诺和布诺同时受雇于一家超级市场，开始时大家都一样，从最底层干起。可不久爱诺受到总经理青睐，一再被提升，从领班直升到部门经理。布诺却像被人遗忘了一般，还在最底层混。终于，有一天布诺忍无可忍，向总经理提交辞呈，并痛斥总经理不公平，辛勤工作的人不提拔，倒提升那些吹牛拍马的人。

总经理耐心地听着，他了解这个小伙子，工作肯吃苦，但似乎缺少了点儿什么，缺什么呢？总经理忽然有了个主意。

“布诺先生，”总经理说，“你马上到集市上去，看看今天有什么卖的。”

布诺很快回来说，集市上只有一个农民拉了一车土豆在卖。

“一车大约要多少钱，有多少袋？”总经理问。

布诺再次跑到集市上。

总经理望着跑得气喘吁吁的布诺说：“请休息一会儿吧，看爱诺是怎么做的。”

说完，总经理叫来爱诺，对他说：“爱诺先生，你马上到集市上去，看看今天有什么卖的。”

爱诺很快从集市回来了，汇报说到现在为止只有一个农民在卖土豆，有10袋，价格适中，质量很好，他带回几个让总经理看。这个农民过一会儿还将弄几筐西红柿出售。爱诺认为西红柿的价格还算公道，可以进一些货。这种价格的西红柿总经理可能会要，所以，他不仅带回了几个西红柿做样品，而且把那个农民也带来了，现在正在外面等着回话呢！

总经理看了一眼红了脸的布诺，对爱诺说：“请他进来。”

爱诺由于比布诺多想了几步，所以在工作上取得了较大的成功。

在现实生活中，远见卓识将给你的生活和工作带来极大的好处。

凯瑟琳·罗甘说：“远见告诉我们可能会得到什么东西，远见召唤我们去行动。心中有了一幅宏图，我们就从一个成就走向另一个成就，把身边的物质条件作为跳板，跳向更高、更好的境界。这样，我们就拥有了无可衡量的永恒价值。”

远见会给你带来巨大的利益，会为你打开不可思议的机会之门。远见会发掘你人生发展的潜力。要知道，一个人越有远见，他就越有潜能。

一方面，远见会使你的工作与生活轻松愉快。远见令人生更有乐趣。它赋予你成就感，赋予你乐趣。当那些小小的成绩为更大的目标服务时，每一项任务都成了一幅更大的图画的重要组成部分。

另一方面，远见会给你的工作增添价值。同样，当我们的工作是实现远见的一部分时，每一项任务都具有价值。哪怕是最单调的任务也会给你满足感，因为你看到更大的目标正在实现。

远见使人们在人类的巨大画卷中洞察到未来的情景。只有看到别人看不见的事物的人，才能做到别人做不到的事情。远见是成功者必备的素质之一，每一个渴望成功的人都要有意识地培养自己的远见能力。

一个成功的人，必然是一个具有长远眼光的人。用锐利的眼光洞察现实，预见未来的发展方向，就能使你摆脱困境，走向成功。

戴高乐说：“眼睛所到之处，是成功到达的地方，唯有伟大的人才能成就伟大的事，他们之所以伟大，是因为他们决心要做出伟大的事。”教田径的老师会告诉你：“跳远的时候，眼睛要看着远处，你才会跳得更远。”

一个人要想成就一番大的事业，必须树立远大的理想和抱负，有深远的思想和广阔的视野，按照既定的目标，坚持不懈，到最后，一定会获得成功。

如果你认定自己不能成功，就局限了自己的远见。你应该开动脑筋，敢于有伟大的理想，试一试你的最大能力。不管出现什么问题、逆境或者障碍，只要长期不懈地努力，就能实现自己的梦想。

不怕事难干，就怕心不专

小妹上半年都在纠结当中度过。她看着周围很多同学都在准备公职考试的资料，便和大家一起，早早地就把需要的资料都买回来了。可翻看没几页就放置在书桌的一角，跑去准备实习所需的材料，再也无心翻看。

她既想毕业之后去大企业里实现自己的职业梦想，又想追求稳定考公职，还想自己创业，心思总是不定。

毕业时，小妹很遗憾，与心仪的大企业失之交臂，自己的创业计划也不了了之。而她考公职的资料却如新的一样，潦草看的几页像一个巴掌似的，把小妹打醒。她终于坚定了自己的方向，心无旁骛地准备下一次公职考试。

毕业季，很多人内心浮躁不安，对未来感到迷茫，眉毛胡子一把抓，事事都做，又事事都落空。但也有人目标坚定，认真做好眼前事，一步一步稳稳地往前走，并最终抵达自己想要去的地方。

每到周五工作结束，我坐在回家的汽车上，就会计划周末要干什么，几点起床，什么时候看书，什么时候写文章，计划得可以说是非常完美，简直无懈可击。

可第二天早上，闹钟准时响起来，而我却迟迟不肯起床。心里一边纠结着要不要起床看书，一边又想继续补觉。在这种无限纠结的情绪中，我又继续睡觉。可睡眠质量明显不好，做梦都在看书、构思文章，醒来又是一阵头疼。等真正起床后，拿起计划要看的书，没看几页，又沉不下心来，担心当天的文章写不完，就又扔下手中的书，跑到电脑桌前写文章。一天结束时，我才发现，计划看的书没有看完，文章也没有写好，时间就这样浪费过去了，内心悔恨交加。

到了第二天，又循环重复前一天的状况。虽然罪恶感常常来袭，却怎么也改不掉三心二意的习惯。

很多时候，我们急于完成很多事，想要快速达到自己想要的目标，看似我们每天都忙忙碌碌、马不停蹄地追求效率，实际上，每一件事都做得马马虎虎，甚至半途而废。

有这样一段话：没有人生活在过去，也没有人生活在未来，现在是生命确实占有的唯一形态。的确，我们不得不承认，只有“现在”是我们能够把控的。沉下心把当下的事情做好，才能做好今后的每一件事。当我们三心二意地对待生活的时候，生活自然不会一心一意地对待我们；当我们对眼前事持有敬畏之心，保持专注，结果一定不会让我们大失所望。

在这个快速发展的时代里，我们容易打乱自己的节奏，急于求成使得我们很难保持对一件事的专注程度。凡事总讲究一个速度，做一件事时，总想着下一件事该怎么办，这样的话，往往不能保证每一件事都有良好的效果。而我们要明白，欲速则不达，想要事事都做到极致，就要先慢下来把眼前的事做完美，这样才能真正做到循序渐进。

当我们内心浮躁不安时，才会急于求成；而当我们内心笃定时，才会沉下心来，稳步前进。就像我们看书，若总是三心二意，这本没看完，就想赶紧开启另一本，那永远也不能专心看完一本书。或者就像一个练书法的人，本身练书法讲究的就是一个心神合一，若内心浮躁不安，当然不能练出自己满意的书法。

有一句话这样说：不怕事难干，就怕心不专。什么事都想做，又什么事都沉不下心来做，最后的结果只能是一事无成。你若笃定，内心便不会浮躁，沉下心做好眼前事，走好眼前的每一步路，才能为人生之路打下更加坚实的基础，抵达那个你认为遥不可及的远方。

珍惜你的每一份工作

一位某连锁卖场的高管，在20个世纪90年代中期，一流大学毕业，不到30岁就做到接近高层的职位。而年轻气盛的他却在人事争斗中失败，于是，开始寻求另一份工作。他很长时间没有选择，最后由于生活所迫，不得已从超市的低端岗位理货员做起。理货员比较辛苦，工作强度非常大，基本属于超市的最底层员工，但他当时没有选择，只有坚持下去并告诉自己，虽然在一线，但也正是学习自己曾经不了解的东西的机会。8年后，他又成为500强中某企业的大区经理。30岁的他，经历了另一个“第一次”，坚持下来，成功了。

8年时间，几十个字讲述出来，似乎很简单，但恰恰是这8年的蛰伏让他成功。

一位区域市场总监，涉足教育行业已经8年，乍一看经历丰富，能力突出，但除第一份工作之外，其他的工作都未超过一年。问其原因，种种抱怨：老板坑人，员工坑爹。对于他的创业经历，他怀才不遇地感叹："没有资金，团队不和！"其实，他不是没有能力，不是不优秀，他在其他公司任职市场主管之时，用了不到一个月的时间就用自己的真诚与公立学校建立了良好的合作关系，但他说："我后来发现这个公司没什么意思，做了四个月就离开了。"那可是一家在美上市公司，至少它在制度和管理上比大部分企业都要健全，而他所想象的乌托邦式的企业文化和制度是不存在的。

"没事，不做了，先随便找个工作再说，反正我先把老板炒了。"随便找个工作对于老板没有什么，而你却浪费了自己宝贵的青春。

外企的管理培训生似乎给人很多光环，比如指定大学的招聘，全国只招30人，4到5轮面试，可谓"过关斩将"，无不辛苦。但你知道很多快速消费品行业的管理培训生在进入企业的半年甚至一年是在做什么工作？不是叱咤风云地管人，也甭谈什么公司战略，真正要做的是把每件商品的价格和货架摆放位置记好，记住一年四季的产品位置都不一样，每个超市的价格各有不同，无论男生女生，都要进入仓库摆货柜。有的人说，不是叫管理培训生吗？为什么还要做这些？因为只有记牢每件货品你才能测算后期销量，只有安装货柜你才能真正和超市人员熟识……所有的一切都需要半年甚至一年的打磨，才能练就专业素养。

那些在短时间内离开的管培生，大多数不是因为思考后去选择自己真正适合的职业道路，而是带着抱怨现实与理想的反差，抱怨自己做着如此烦琐和枯燥的工作“愤然”离开。而这些离开的人，在以后的工作中仍然在以同样的方式抱怨着自己工作的企业，非得给自己贴个“众人皆醉我独醒”的标签。

大多数人都憧憬成功之后的日子，但任何成功学的书籍在最后一页之前都写着失败和尝试，而真正成功的人会珍惜每一次失败。

现实很残酷，刚出校园的大学生们要和许多优秀的同龄人竞争。对于大部分的学生来说，第一份工作选择的余地不多，更多的是为了能够生存。当我们找到工作的时候，又会面对一些悖论，是选喜欢的工作还是选好的平台？其实，有时候这还真由不得你。即便是你喜欢的，就真的是你以后愿意做的吗？很多时候我们没有选择的余地，而当你没有选择的时候，就做好你现在唯一的选择吧。

很多人说，80后这一代人背负着巨大的压力，但哪个年代的人不背负着时代的压力呢？ 至少现在有更多的选择，而正是因为有太多的选择，所以我们没有珍惜每一次的选择。每个人都有自己选择的权利，跳槽也并不一定是坏事，关键是我们能否认真对待每一份工作。不在于感激别人，不在于企业好坏，而在于是否真正对得起自己。

抱怨工作简单，是因为我们没有珍惜，是因为我们没有对自己负责。凡德洛说过的一句话："Less is more."意思是"少即多"。我们忽视了太多，认为太多的工作不值得去做，所以没有珍惜。而那些真正坚持下来的人，虽然后面也有跳槽，后来几乎也都不在原来的公司，但他们都很珍惜每一份工作的成长。正是由于这种成长，他们一直在朝着最适合自己的方向前行，他们当中也不乏快速成长为外企大区经理的卓越人才。

所以，工作就像恋爱，我们洒脱地离开每一个公司，挑剔着每一个人、每一个公司。而真正想得到爱情的人，会抓住每一个机会。

走下自己设立的"神坛"，和工作谈一场认认真真的恋爱吧。没有抱怨，敢爱敢恨，就算失败，也让你知道什么才是自己最适合的，让你真正走上适合自己的职场之路。

找到属于自己的圈子

“你以后想做什么？”这是一个我们经常被问到的问题。

小时候，我们会无所顾忌地把自己内心对未来的所有期盼摊开在众人面前：“我想当科学家”“我想当音乐家”……

人们不会认为我们不自量力，因为我们还这么小，未来又那么长，一切看起来都有可能。

甚至，如果我们的理想过于微小：“我想当司机”“我想当保姆”……人们还会鼓励我们：“还有没有其他想做的？比如舞蹈家、作家……”于是，在被视为权威的大人的肯定下，我们自己也认为自己可以成为自己想成为的任何人。

然而，等到我们真的踏入社会，开始承担责任、面临职业选择时，我们必须要务实、理智，必须选择最有可能实现而非最喜欢的路，必须做最应该的选择而非最宏大的梦想。

“会写东西的人那么多，能当作家的有几个？成为知名作家的又有几个？”

“喜欢唱歌的人那么多，但不是谁都能当明星！”

“你现在的工作这么稳定，发展前景又很好，为什么要跟自己过不去呢？”

“你是在开玩笑吧？你没有任何基础，怎么做一个画家？”

……

年少时，我们的理想越耀眼，越被认为有抱负、有出息；长大了，我们的目标越远大，却被认为不切实际、好高骛远。

这是我们每个人都不得不面对的现实。人们可以哄你、劝你、鼓励你，真正面临选择时，不管是出于善意还是恶意，同样可以拦你、挡你、否定你。

渐渐地，我们把内心的渴望、野心搁置，仿佛只是午夜做的一个梦，还安慰自己：“把自己现在的生活过好就是胜利。”

我们做的每一个决定，出发点不是我们的潜力是什么，而是我们的能力是什么；不是我们可能做成什么，而是我们能够做成什么。

我们越是清晰地意识到，如果我们“离经叛道”，如果我们发出出乎意料的宣言，面临的将是质疑、不屑和轻视，别人可能会觉得我们是傻瓜，只会做白日梦。

我们不想成为异类，从而自我压抑，浑浑噩噩度日。但是，很多时候，错的不是我们，也不是别人，只是我们把自己摆错了地方，选择了错误的圈子分享另一种生活期待。

有一个作家说，在第一本书面世前，她没有跟任何人提起过，包括家人、朋友。因为对于她实际所处的生活圈子来说，文学这件事太过遥不可及，无异于天方夜谭，而在过往，她也从未展现过任何与之相关的荣誉和才华。

唯一发生过的关联，就是她在高中时偷偷帮一位被她认为是才女的好友投过稿，却石沉大海，那时她就知道这不是她能够驾驭的领域。她怕面对周围人不理解和不认可的眼神，所以她选择沉默，羞于提起。

偷偷摸摸地做一件事是疲惫的，无人分享的努力则分外寂寞。在稿子被一次次推倒重来，在灵感枯竭无力为继，在收到一封封被拒稿的邮件时，她不止一次产生过放弃的念头："反正也没有人指望我真的能够出一本书。"

所幸，在阴差阳错中，她加入了几个作者群。在这里，他们或许连彼此长什么样子、真实的名字是什么都不知晓，却可以毫无障碍地交流。他们相互支持，给予信心和力量，不再是孤军奋战。

这时她才发现，写作这件事没有她想象的那么遥远，也没有她以为的那么高门槛。某个大神可能还未高中毕业，某个专职作家以前可能只是一个农民工，某个成名作者还有一个小职员的身份……她认识了很多被认为理所当然应该成为作家的人，也认识了很多被认为跟写作毫无关系的作家。

这时她才意识到，一些人的“不可能”或许正是另一些人的人生，一些人的“奇迹”或许是另一些人的习以为常。

我们不是没有才华，我们只是合错了群。就像天鹅在鸭群中只是一只“丑小鸭”，但在天鹅群里飞翔却是自我的本质属性。我们必须清楚，任何沟通都需要恰当的对象。

就像一个保姆告诉你她要做一个伟大的摄影师，周围人都在嘲讽。于是为了赢得圈子的认可而你也假装赞同，但转过头来会说：“她什么都不懂，还异想天开，简直是痴人说梦。”

保姆想做摄影师，她跟其他保姆说，会被不屑，于是只能埋在心里，度过平庸且与自我期待背道而驰的一生。其实，她需要找摄影圈的人说，在那里才能获得尊重和共鸣。

因为每个人的经历、思考方式不同，面对别人的质疑，你就改变想法吗？或者安于现状吗？不。不如找到同类人，你会轻松得多，也会有更多的信心。

没有人说过实现理想是一件容易的事，但是如果你从未开始，就永远只是一个梦而已。梦想需要同路人、指路人、教练和支持人，这个人绝不存在于那些质疑你的人中。我们常说"道不同不相为谋"，梦想这件事尤其是。

我们应该保持自知之明，但是也不必妄自菲薄，更不必因为不同的想法或者评论就熄灭内心的渴望之光。

我们首先要做的事，就是对自己坦诚，只有这样才能找到出路。你有没有想过："我们一直在为谁奔跑，在巨浪的生活里，在唯独没有爱过自己的那么多年里，你何时才为自己而跑，什么才是你生命的速度？"

美国作家杰克比林斯说："了解自我，不仅是最困难的一件事，更是最不方便去做的一件事啊。"因为在我们的世界里，充满了太多干扰、噪声和诱惑，让我们轻易迷失，得过且过。"可是如果我们不为自己想过的生活努力，我们就不得不应付不想过的生活。"

我们要认清自我的本质，我们要过的不是别人的生活，而是把生活过成自己的。不管是喜是悲，是好是坏，是贫穷还是富有，关键是心之所向。别人说什么、评论什么其实都不重要，重要的是自己认可自己。如果一种生活你过的话虽然艰难，但是不过的话更加痛苦，你会听见自己内心真正的声音。

然后，找到属于你的圈子。"潜力"和"实力"是两个不同的词，在潜力转化为实力前，有人会踩我们，但也有人会支持我们。所谓“天时地利人和”，你想成为怎样的人，先进入这个圈子。

试试和那些具有相同野心的人为伍，让你置身于可成长的环境中——在那种你不仅可以让自己进步，其他人也会推动你前进的环境。在这里，你会直接接触到你需要的一切，你会快速地提升，你会获得心灵的共鸣和继续的动力，你会有一个看得见的目标而非别人口中的奢望，你会获得更为客观的评价和自我判断，你会获得归属感。哪怕依然可能面临别人的贬低和嘲弄，但至少你知道，这不是对你的“梦想”，只是对你的能力。

我们只是需要一个开始，去实现自己的梦想。因为，花有重开日，人无再少年。

努力奋斗，成就励志人生

蝴蝶效应

黄明哲　主编

红旗出版社

红旗出版社
RED FLAG PRESS
推动进步的力量

图书在版编目（CIP）数据

蝴蝶效应 / 黄明哲主编. —北京：红旗出版社，2019.9
（努力奋斗，成就励志人生）
ISBN 978-7-5051-4937-3

Ⅰ. ①蝴… Ⅱ. ①黄… Ⅲ. ①心理学—通俗读物 Ⅳ. ①B848.4-49

中国版本图书馆CIP数据核字（2019）第207946号

书　名　蝴蝶效应
主　编　黄明哲

出品人　唐中祥　　总监制　褚定华
选题策划　华语蓝图　　责任编辑　朱小玲　王馥嘉

出版发行　红旗出版社　　地　址　北京市北河沿大街甲83号
编辑部　010-57274497　　邮政编码　100727
发行部　010-57270296
印　刷　永清县晔盛亚胶印有限公司
开　本　880毫米×1168毫米　1/32
印　张　30
字　数　780千字
版　次　2019年9月北京第1版
印　次　2019年12月北京第1次印刷

ISBN 978-7-5051-4937-3　　定　价　149.00元（全5册）

版权所有　翻印必究　印装有误　负责调换

前言

FOREWORD

蝴蝶效应是美国麻省理工学院气象学家洛伦兹在华盛顿的美国科学促进会的一次讲演中提出的。对于这个效应最常见的阐述是："一只南美洲亚马孙河流域热带雨林中的蝴蝶，偶尔扇动几下翅膀，可以在两周以后引起美国得克萨斯州的一场龙卷风。"其原因就是蝴蝶扇动翅膀的运动，导致其身边的空气系统发生变化，并产生微弱的气流，而微弱气流的产生，又会引起四周空气或其他系统产生相应的变化，由此引起一个连锁反应，最终导致其他系统的极大变化。

蝴蝶挥动翅膀的力量，看似微不足道，产生的威力却难以想象，最后的结果同样出乎意料。古语有云："风起于青萍之末。""失之毫厘，谬以千里。"这都是典型的蝴蝶效应。回顾数千年中国以及世界历史，很多大事件是由小人物，或微不足道的小事件点燃了导火索，产生了连锁反应，引起历史大爆炸，有时甚至改变了历史的走向。春秋时，两位采桑女的争执，引发八国之战；1485 年，英国国王查理三世因为一个马掌钉失去了一个帝国；1969 年，因为一场足球赛，引发了中美洲两个小国——洪都拉斯与萨尔瓦多的奇葩战争……

其实，蝴蝶效应在我们生活和工作中也是随处可见。一个小小的梦想能成就非凡的人生，一个小小的隐患会酿成重大的灾难，一个小小的善意会带来惊人的奇迹……

所以，不管是国家还是集体，不管是公司还是个人，一定要防微杜渐，重视对于细节的管理，避免蝴蝶效应的负面影响发生。因为一些看似极微小的事情，却有可能造成集体内部的分崩离析，使得事业的摩天大厦轰然垮塌。那时，岂不是悔之晚矣？

为此，我们编辑出版《蝴蝶效应》一书。本书通过一个个具体实例，生动地诠释了蝴蝶效应在多领域、多方面产生的巨大影响，让广大读者从中得到借鉴，更好地在生活和工作中未雨绸缪、防微杜渐，进而让自己在生活和工作中左右逢源、顺风顺水。

目录

CONTENTS

小小的变量会引发惊天的变故

小小的梦想能成就非凡的人生

小小的隐患会酿成重大的灾难

小小的恶习会黯淡你亮丽的人生

小小的善意会创造惊人的奇迹

小小的变量会引发惊天的变故

古语有云："风起于青萍之末。"这是典型的蝴蝶效应。回顾数千年中国以及世界历史，很多大事件是由小人物点燃了导火索，产生了连锁反应，引起历史大爆炸，有时甚至改变了历史的走向。

桑叶之争导致的八国之战

蝴蝶效应告诉我们，一个微小的变量会引起整个系统的巨大连锁反应，虽然有的观点认为二者并无因果关系，实属牵强附会。但在现实中，蝴蝶效应却又真实地存在，古今中外不断上演。《礼记·经解》：“《易》曰：君子慎始，差若毫厘，谬以千里。”可解读为最早的“蝴蝶效应”。中国最著名的一次“蝴蝶效应”发生在2500年前的春秋后期，两个女孩因为桑叶之争，进而引发了一场旷日持久的八国之战。

春秋末期，吴楚两国相互敌视，摩擦不断，尤其在两国边境，双方官民之间屡有冲突。吴楚地区气候适宜，温暖多雨，两国都有种桑养蚕的传统。公元前519年，有一天，吴国卑梁和楚国钟离的两个女孩在采桑，两人同时看上了一棵桑树，双方对桑树的归属产生了分歧，彼此互不相让，很快从口角发展成扭打。这时，楚女的家人闻讯赶来帮忙，于是，势均力敌的对打变成了一边倒的围殴。

伤痕累累的吴女回到了卑梁，梨花带雨地向村民哭诉自己的不幸遭遇，吴国村民见自己人受了欺负，抄起家伙就去找楚民算账。楚民早就看吴民不顺眼了。他们召集了很多的同乡前来援助，与前来复仇的吴民发生了械斗。楚民人多势众，吴民力战不敌，死伤数百人，只有一半的吴民逃回了卑梁。

吴民逃回卑梁以后，立即向卑梁的长官控诉楚国人的暴行。长官听罢，怒不可遏，立即调拨军队围攻楚国的钟离。楚平王正没机会讨伐吴国，听说吴国发兵攻打钟离，立即下令发兵攻吴。吴王僚也不是好惹的，马上派公子光率军增援卑梁。吴军势如破竹，很快攻下了钟离和居巢。原本简单的民事纠纷升级为激烈的军事行动。因为一棵桑树丢了两个城，恐怕是当事人始料未及的。后人以“卑梁之衅”为典故，用来比喻因为鸡毛蒜皮的小事引起的争执和流血。

其实，吴楚两国积怨已久，“卑梁之衅”成为导火索，引爆处于白热化的两国矛盾。春秋时期，吴国本是楚国的属国，自吴君寿梦继位后开始崛起。中原大国晋国与楚国争霸，为了削弱楚国，晋国联吴制楚，吴国开始登上历史舞台。自吴君寿梦到吴王僚统治的60余年间，吴楚在淮河流域的争夺日趋激烈，但双方互相掣肘，互有胜负，谁也灭不了谁。

而借着“卑梁之衅”这一导火索，吴国大举进攻楚国，后来，又攻占楚国要地州来（今安徽凤台）。楚平王急忙命司马薳越统率楚、顿、胡、沈、蔡、陈、许七国联军前往救援，双方在鸡父（今河南固始东南）大战，吴国出奇兵大获全胜，占领州来要地。鸡父之战，楚国遭受沉重打击，此后吴楚争霸，楚国陷入被动，再无力主动攻吴。并在公元前506年的柏举之战，被吴国3万大军攻破郢都，楚国元气大伤，从此一蹶不振。

这是中国历史上最为著名的一次“蝴蝶效应”，两个女孩争抢桑叶，引发八国大战，最后吴国把楚国从霸主地位上拉了下来，也间接促使了公子光（吴王阖闾）成为后来的春秋五霸之一。

从恶霸抢人到百年战争

东汉与西羌的战争，持续百年，为害一方，死者无数，对东汉的政治格局产生了重大影响。

公元58年7月，东汉将军马武等打败烧当羌族，其他造反的羌人部落悉数投降或者逃散。滇吾在第二年投降，亲自朝见汉明帝，东汉和羌族进入和平期。滇吾死后，他的儿子东吾、迷吾继立。

公元77年，汉章帝在位，安夷县（今青海省乐都）乡下有一个小官，依仗手中的权势，强抢一个当地的羌族妹子做妻子。这个羌族妹子的丈夫忍无可忍，当场杀了这个恶霸。

安夷县县令宗延不问青红皂白就下达通缉令，还亲自带人追到了塞外。羌族妹子的丈夫所在的部落害怕受到牵连，于是，一起杀了宗延，并且联合勒姐、吾良两个部落一起发动叛乱。羌族烧当部落首领迷吾也加入了叛乱的洪流。金城太守郝崇率军镇压，反被羌人击败。

西北边境军事镇压一时失利，引起了汉章帝的高度重视，他任命傅育为护羌校尉，试图招抚羌族部落。羌人对东汉政权失去了信任，拒绝了东汉政府伸出的橄榄枝。迷吾又与封养部落首领布桥联合，羌人武装达到五万余人，兵锋直指陇西和汉阳两郡。一时间，羌族叛乱呈现燎原之势。

汉章帝见软的不行，决心来硬的。同年8月，他派遣车骑将军马防和长水校尉耿恭，率领三万东汉精兵，武力镇压羌族叛乱。双方在冀县（今甘肃省天水）展开激战，羌人大败，斩俘四千余人。经此恶战，大部分羌人选择了投降于东汉。只有布桥率领二万余人，盘踞望曲谷，伺机而动。第二年初，马防击败布桥，一万余羌人投降。

这次羌人叛乱，是由一件普通的刑事案件产生的蝴蝶效应。当地基层官员欺男霸女，罔顾事实，最终酿成战争。在战争中，羌人斩杀万余人，汉军死伤也不在少数。更重要的是东汉末期，董卓、马腾、韩遂、宋健等人，利用汉羌矛盾，割据西北边陲，敲响了东汉政权覆没的警钟。

一念之仁带来的灾难

我们总喜欢对历史上诸多决定性的时刻满怀假设，想象着另一种可能性，但我们也清楚，历史不存在如果，一念之差，历史的发展便无法挽回，就像蝴蝶效应一样。

项羽在鸿门宴上，怎么也不会料到未来会败在刘邦之手；关羽在华容道上，也未能预卜放过的曹操会在日后要了自己的命；同样地，在1918年9月28日的法国战场上，亨利·坦迪更想不到自己一念之仁所放走的人，20年后竟然让整个欧洲陷入了一场大劫难。

亨利·坦迪是一名出色的英国大兵，自从19岁参军以后，他的英勇善战给他带来了无数荣誉。1919年12月17日，英王乔治五世在白金汉宫亲自授予他维多利亚十字勋章，而他在伊普尔战役中被战地记者拍到的背负一名受伤的战友艰难前行的照片，更是让他成为国民眼中的英雄。

不过，就连他自己也想不到，在此之前不久的法国马尔宽渡口战斗中，他出于基督教徒的信仰而放过的一名受伤的德军，却会是一场大劫难的开始。

1918年9月28日，法德双方在马尔宽渡口的战役打响，为了端掉德军早前部署的重型火力点，亨利·坦迪孤身犯险，扛着炸药包摧毁了敌人的工事，并搭建木板桥确保了部队的进攻。最终，这场战斗以法军的全盘胜利而告终。

在打扫战场的过程中，亨利·坦迪发现一名负伤的德国士兵慢慢爬了起来，他手里没有任何武器，脸上也没有任何表情，只是直勾勾地盯着亨利·坦迪。

“我当时只是瞄准了他，却没有开枪。我不可能对一名没有还手之力的伤员开枪，我最终选择放走了他。”这是亨利·坦迪在后来的回忆中所说的。当然，此时并没有人对这个无关痛痒的小插曲留意过，就连亨利·坦迪本人也没有在乎。

直到1938年英国首相张伯伦应邀来到希特勒的私人别墅，看到墙壁上挂的那幅英国士兵的油画时，才发现这竟是当年英国的英雄人物亨利·坦迪。而希特勒也对其讲起了这段尘封的往事：“画中的士兵差点要了我的命，当时我以为再也看不到德国了，是上帝将我从他的枪口中救了出来！”临别之际，希特勒还托张伯伦向自己的“救命恩人”问好。

然而，这样的往事并没有换来希特勒的仁慈之念，短短数月之后，“二战”爆发。而此时早已退役的亨利·坦迪，刚从前首相张伯伦的口中得知，自己20年前放过的，正是如今给英国给欧洲带来无尽苦难的希特勒！

尤其是1940年，亨利·坦迪的家乡考文垂遭到德军的狂轰滥炸，无数平民死于其中的时候，亨利·坦迪几乎是愤怒到了极点，他恨自己当初的一念之仁，更恨这个滥杀无辜的法西斯魔头。尽管当时亨利·坦迪已经49岁，而且早已因为受伤而退役，但是他依然加入了后方志愿者工作中心，为反法西斯尽一份力。

在战后的一次采访中谈到这段往事的时候，亨利·坦迪不无痛心地说：“当时如果知道这个家伙是这样的一个人，我真该一枪毙了他！那么多人被他无辜杀害，我真的是有愧于上帝啊！”

所幸，上帝并没有施与这个恶魔更多的怜悯，1945年，随着法西斯的衰亡，希特勒也自杀身亡。直到此时，亨利·坦迪心中的愧疚感才算消减了一些。

或许，我们并不能责怪他，仁慈之心是最本初的人性，即使换作他人，可能也会选择放过那个德国伤兵。要怪，只能怪那些一心变成魔鬼的家伙，上帝给了他们新生，他们却用来制造灾难。

被迫退场的“手机巨头”

阿基米德说过：“给我一个支点，我可以撬起地球。”这位科学巨人的伟大设想就是：利用一个很小的杠杆，就可以将庞大的地球撬起来。如果将其引申一下就是——利用微小的信息，创造奇迹。这也就是经济学方面的“蝴蝶效应”。一只南美洲亚马孙河流域热带雨林中的蝴蝶，扑腾几下翅膀，几天后就有可能在全世界引起一场龙卷风。因为蝴蝶翅膀的扇动，导致它周围的气流发生变化，从而引发连锁反应，最终引发极端的天气出现。

诺基亚和爱立信都是响当当的手机品牌，与摩托罗拉并称为世界手机的三大“巨头”。诺基亚的总厂位于芬兰的埃斯波，诞生于1865年。而爱立信诞生于1876年，其总部位于瑞典斯德哥尔摩。

诺基亚与爱立信的生产工厂隔海相望，为了占据更高的市场份额，两大手机巨头便展开了一场没有硝烟的战争，但是双方实力旗鼓相当，市场的占有份额始终没有太大的波动，谁也没有占到绝对的优势。

就在这两个品牌竞争激烈之际，2001年4月1日，爱立信却突然宣布停止生产手机，退出世界手机品牌的竞争市场。爱立信的手机业务最后外包给了新加坡的一家制造公司。突如其来的消息，让消费者大吃一惊。爱立信可是手机中的“战斗机”，究竟是什么原因，让其放弃口中的肥肉，退出了手机市场的竞争呢？

其实原因很简单，美国新墨西哥州的飞利浦芯片制造厂突然发生了一次大规模的火灾，而飞利浦芯片制造厂就是诺基亚和爱立信手机芯片的主要供应商。这场因为管理不当引发的火灾，让厂内数万个未处理的无线电器的RPC（远程过程调用）芯片受到了破坏，导致无法及时给诺基亚和爱立信供货。一开始，诺基亚和爱立信两家公司都没有将飞利浦厂家供货暂停的消息放在心上，他们都认为等一段时间后，这个问题就会迎刃而解。但是随着市场对手机的不断需求，诺基亚因为没有芯片，缺少主要部件的新手机无法出厂，有先见之明的诺基亚老总首先察觉到了事情的严重性。

随后，诺基亚的老总立刻召集多名业务经理，命他们前往世界各地的芯片制造厂，将可以替代飞利浦的三种芯片花高价采购了回来，并着手在亚欧等国家找芯片生产替代工厂，并与其签署了新的合作协议，最终让诺基亚新手机出厂上市，有惊无险地渡过了难关。

但是，一直等待的爱立信却迟迟没有行动，最终错过了新品上市的最佳时机，爱立信的手机市场被诺基亚霸占，爱立信的股票价格随后严重缩水，导致亏损十分严重。在万般无奈之下，手机通信巨人爱立信公司选择退出市场，以求自保。

爱立信公司遇到困难不去寻找解决办法，仅仅是等待这样一个错误决定，就导致了多年的苦心经营成果付之东流，最终失去了所拥有的手机市场。而诺基亚，却寻找到了走出困境的方法，成了手机市场上的大赢家。

微小的信息会造成企业的高额收益，如果对微小的信息视而不见，也会带来毁灭性的风险。因此，企业的领导者要不断保持危机意识，对那些看似微小的问题及时加以解决，避免不必要的事情发生。所以，只有对蝴蝶效应的影响作出准确判断，才能规避蝴蝶效应带来的风险，让企业在狂风暴雨中稳健前行。

一个钉子毁掉了一个帝国

“差之毫厘，谬以千里”，古人已经用这八个字为我们经典地总结了蝴蝶效应的威力，未来真是不可预测的，这往往给人们一种对未来行为不可预测的危机感，但从正面和积极的角度看，蝴蝶效应使我们有可能“慎之毫厘，得之千里”，注意细节，并从中受益，从而可能让我们“驾驭混沌”并且能以较小的代价换得未来的巨大收获。

多少年来，这一效应之所以令人着迷、令人激动、发人深省，不但在于其大胆的想象力和迷人的美学色彩，更在于它深刻的科学内涵和其内在的哲学魅力。因为混沌理论认为，在一个混沌系统中，初始条件的十分微小的变化，经过不断放大，对其未来状态会造成极其巨大的改变。由于这个事实的存在，我们可以从中受益匪浅，在事情刚开始的时候，就尽量做到最好，不要漏过任何一个微小的环节。

西方流传着一首民谣，对此就有着很形象的说明：

丢失一个钉子，坏了一只蹄铁；

坏了一只蹄铁，折了一匹战马；

折了一匹战马，伤了一位骑士；

伤了一位骑士，输了一场战斗；

输了一场战斗，亡了一个帝国。

一个钉子毁掉了一个帝国，你相信一个国家会亡在一个小小的钉子上吗？很多人会不引为然，但结果却正是如此，请看上面的演变关系，你就知道了！

那是一件发生在1485年的事情，英国国王查理三世准备和凯斯特家族的亨利决一死战，此役决定着英国的前途和命运。战斗打响之前，查理派马夫装备自己最喜欢的战马。马夫发现马掌没有了，于是，他对铁匠说："快点给它钉掌，国王希望骑它打头阵。"

"你得等一等，"铁匠回答说，"前几天，因给所有的战马钉掌，铁片已经用完了。"

"我等不及了。"马夫不耐烦地叫道。

铁匠埋头干活，从一根铁条上弄下可做四个马掌的材料，把它们砸平、整形、固定在马蹄上，然后开始钉钉子。钉了三个马掌后，他发现没有钉子来钉第四个马掌了。

“我缺几个钉子，”他说，“需要点儿时间砸两个。”

“我告诉过你，我等不及了。”马夫急切地说。

“没有足够的钉子，我也能把马掌钉上，但是不能像其他几个那么牢固。”

“能不能挂住？”马夫问。

“应该能，”铁匠回答，“但我没有把握。”

“好吧，就这样，”马夫叫道，“快点，要不然国王会怪罪我的。”

铁匠只好凑合着把马掌给挂上了。

很快，两军交战了。查理国王冲锋陷阵，鞭策士兵迎战敌军。突然，一只马掌掉了，战马跌倒在地，查理也被掀翻在地上。受惊的马跳起来逃走了，国王的士兵也纷纷转身撤退，亨利的军队包围上来。查理在空中挥舞宝剑，大喊道：“马，一匹马，我的国家倾覆就因为这一匹马。”

拿破仑的失败又何尝不是因为一个小环节的缺失，引起了一系列的恶果？

1812年，拿破仑率60万大军远征俄罗斯，短短几个月就打到莫斯科。由于沙皇采取了坚壁清野的战术，致使法军陷入了粮草不济的困境之中，战马因无草料，大批死去。而此时，又遭遇了暴风雪和严寒的袭击。当拿破仑命令把专门定做好的军大衣发放给士兵时，却发现所有的军大衣都没有了纽扣。士兵们又冷又饿，很多人被活活冻死。事后才知道，原来问题就出在法军的锡制纽扣上。常温下，锡比较坚硬，但是在寒冷的天气里，锡制纽扣却会变成灰色粉末。正是这些变成粉末的纽扣，导致了一场战争的失败。

丢失掉一个钉子，没有合适的纽扣，本是初始条件的十分微小的变化，但其“长期”效应却是一个帝国存与亡的巨大差别。就像大清帝国的甲午海战为什么会失败一样，表面上看，是北洋舰队败给了日本海军，但追根溯源，却是慈禧太后的一场荒唐的寿宴。太后的寿宴，使得海战失败，丢失民心，从而引发全国性的要求变革的声音，最终导致了辛亥革命的爆发。这就是军事和政治领域中的所谓的“蝴蝶效应”，听起来有点不可思议，但是确实能够造成这样的恶果。中国历史上，这样的事情数不胜数。商纣的王叔箕子见到纣王用象牙筷子就很害怕，因为他想到了其中的连锁反应：有了象牙筷子，杯子也换成犀玉杯；有了象牙筷子和犀玉杯，王就不吃粗食豆汤，要吃牛肉、象肉、豹肉，未出世的胎肉等精美的食物；吃牛肉、象肉、豹肉和胎肉，就不会穿着短的粗布衣在茅屋中吃饭，就会穿着很多的华衣美服，在华丽的宫殿进食。结果就是，亡国。这正是箕子的明见之处。

所以不管是国家还是一家公司，一个明智和具有远见卓识的领导人，一定要防微杜渐，重视对于细节的管理。因为一些看似极微小的事情，却有可能造成集体内部的分崩离析，使得事业垮塌。那时，岂不是悔之晚矣？

通过上面的描述，我们就能发现，发端于现代的“蝴蝶效应”的理论，以实证的手段向我们证明了中国1300多年前“君子慎始，差若毫厘，谬以千里”“但气有盈虚，黍有巨细，差之毫厘，失之千里”中富含的科学性的哲学思想。

可以说，蝴蝶效应实质上就是一种方法论，这种方法论，承认了系统的边界，是建立在宇宙无限论之上的，探讨宇宙的有限性的方法。它不但能够解释物理问题，同时更能帮助我们解决生活和工作中的实际问题。

“差之毫厘，谬以千里”的蝴蝶效应，通常用于天气、股票市场等在一定时段难以预测的比较复杂的系统中。除此之外，在社会生活的方方面面，都有着极其广泛的应用。它遵循的原理就是，事物发展的结果，对初始条件具有极为敏感的依赖性，初始条件的任何极小的偏差，都将会引起结果的极大差异。

冲动会毁了我们

福克兰定律认为，在情绪激动时做的决定往往会带来不良后果。正如培根所说：“冲动就像地雷，碰到任何东西都一同毁灭。”

当我们摔倒碰伤膝盖时，我们知道清洗伤口，再系上绷带就可以解决问题了。可是，当我们的情绪受伤、冲动、乱发脾气时，往往就束手无策了。

纵观历史，冲动好像总是年轻人特有的东西，年轻的时候血气方刚，眼里容不下一粒沙子，遇到事情总是冲动得失去理智。随着年龄的增长，我们为自己的冲动吃了很多苦头，所以我们越来越能平静地对待身边的人和事。

“冲动是魔鬼”，这句话无人不知无人不晓，但是在周围环境的影响和自身情绪控制不好的情况下，就算已经不再是容易冲动的年龄的我们难免也会有冲动的时候，甚至于现在的我们冲动之下做出的某些事情是怎样也不可挽回的。

我们经常误以为冲动可以凸显我们的个性，也没什么大不了的，殊不知冲动会贻害无穷，甚至完全毁灭我们或他人的将来。如果我们经常性格冲动，不善于控制自己的情绪，只会野蛮地让问题更加严重。适当地冷静下来，去分析问题是否真的需要通过冲动的情绪来处理，往往会得出更好的结果。

据说，当吴三桂领兵赴京朝见新主李自成时遇上了从京城逃出来的家人，吴三桂便问家人家里是否安好，家人说家被闯王抄了，吴三桂心想等他到了京城闯王就会归还他的家人。吴三桂又问他父亲是否安好，家人又回答说被拘捕了。吴三桂又想等他到了闯王自会放人。他又问陈夫人，也就是陈圆圆是否安好，家人回答说被闯王带走了。

此时，吴三桂勃然大怒，厉声吼道："堂堂大丈夫，区区一个女子都保护不了，还有何面目见人！"随后便掉转马头回了山海关，并以明朝大臣的身份向昔日的宿敌多尔衮借兵攻打闯王。

一个陈圆圆让吴三桂在冲动之下，投奔多尔衮，引清兵入关，李自成败走，满人入主中原。因为一个女人，演变到改写了历史。这正是典型的蝴蝶效应。

我们都知道，冲动是魔鬼，一个人如果失去控制，任凭冲动的情绪痛快淋漓地宣泄，必然引发蝴蝶效应，并且很可能会为此付出昂贵的代价。所以，无论是生活还是工作中，我们都要控制自己的冲动情绪，避免因为冲动带来的负面影响。

标王梦的破灭

二十多年前，中国出现了一个轰动全国的白酒品牌，这种白酒曾经荣获中央电视台广告标王，也是唯一一个连续两年拿下中央电视台广告标王的白酒企业。这更是一个忽然崛起，而又忽然衰亡的流星企业。

其实，创出这种品牌的酒厂并不大，在拿下央视标王之前，这家成立于1990年的小酒厂，只是中国无数家小规模酒厂的普通一员，除了本地消费者，根本就没有人知道这个牌子的酒。如果按常规逻辑发展下去，这家酒厂也许早就在默默无闻中走向没落了。

那一年，酒厂换了新厂长。新厂长是一名退伍军人，他显然比同一时代的其他企业领导更加大胆，更富想象力。他上任伊始，就非常注重广告效应。不惜利用厂中仅存的一点流动资金，在一些电视台、平面媒体密集地投放广告，并且很快就取得了成功，产品销量迅速增加，品牌知名度持续上升，公司利润随之取得了很大的增长。就在这个时候，这位厂长萌发了一个大胆的想法，拿下央视标王，把自己的产品推向全国。

要知道在20世纪90年代中期，正是央视黄金广告拍卖制度刚刚推出的时期，而一家名不见经传的地方性酒类企业，在夺得标王的第一年，居然就拿下了9.18亿元的销售收入，实现利税3.8亿元，当年就跻身国内白酒行业三甲。这种如同坐火箭式蹿升的事实，更是刺激了这位厂长拿下标王的决心。

在1995年年底的第二届央视广告标王大战中，这家酒厂以一匹黑马之势杀出，以超出前一年标王价格一倍还多的6666万元，直接拿下当年央视广告标王，一下子引起了全国媒体的关注。

央视标王也的确帮助这家酒厂插上了腾飞的翅膀。夺标之后的第二年，这种品牌的白酒一举拿下9.8亿元的销售收入，实现利税2.2亿元，一年之间企业的经营利润增长了5倍多。这一来，更加让这位厂长感觉自己掌握了一条促进企业飞速发展的捷径。在这一年年底的央视标王竞标中，他喊出超过3亿元的天价，拿下1996年的央视第三届标王，并且放出“每天开进央视一辆桑塔纳，开出一辆豪华奥迪”的豪言。

然而，这位厂长的赌博遇到了一个巨大的瓶颈，那就是自己只是一家中等规模的酒厂，自身的生产能力并不大，尽管成功的广告宣传推动了产品的销售，可是一旦自己不能够生产出足够的酒来，他如此巨大的赌注都将白废。如果按照通常的办法，购入机器设备增加产能的话，又会由于时间流程过长而白白错过市场发展的机遇。因此，他选择了从四川大量购入散酒进行勾兑，然后再贴上自己品牌的商标销往全国。

可是，人算不如天算，第二次拿下标王之后仅仅两个月，他的勾兑丑闻就被媒体曝光，从此，这种白酒的销量一落千丈，又被打回原形。

这个故事对于我们来说，也是一笔值得回味的财富。每一个企业、每一个组织的发展过程都必须制订详实的战略规划，并在战略规划的指导下，推行一些具体的管理制度、市场策略、研发战略等。

强劲的广告销售，积极的市场推广，的确是现代企业取得成功的一种重要的发展道路，这并不是错误的根源，这位厂长所犯下的错误是他在确定广告促销战略的时候，并没有细致地分析自己的成本，更没有考虑到自身的生产能力。对于一个年产酒只有3000吨左右的酒厂来说，一下子仅在一个媒体就投下3个多亿的广告投资，如果折算到他的产品中去，每瓶500毫升的酒仅仅花费在央视广告上的费用就超过50元，如果再考虑到它的生产成本、运营成本以及在其他媒体的广告支出，那么在20世纪90年代中期，一瓶酒的附加成本可能就接近100元，而当时的中国第一酒茅台的市场售价也不过如此，那么它的运营风险就可想而知了。

为了弥补过于激进的广告费用的增长给公司带来的经营压力，酒厂选择了外购散酒勾兑的方法来增加产销量，而这恰恰犯了行业大忌。从某种程度上来说，它是在明目张胆地造假售假。其实，哪怕是通过协议收购，或者授权贴牌这样的方式，收购一些中小规模的酒厂，或者授权一些友好行业伙伴生产酒，也比这种外购散酒的方式更为容易让人接受。

蝴蝶效应告诉我们：就算很微小的一件事儿，也会导致灾难性的大后果。如果一个企业的管理者，只兼顾企业大的发展方向，而将发展中暴露出来的微小问题抛之脑后，或者不是合理地处理，而是偷奸取巧，弄虚作假，终究会有一天，这些小问题逐步积累，会让一个如巨人般的企业瞬间倒塌。但是如若我们能合理地利用蝴蝶效应，就会得到“四两拨千斤”的效果。

一条狗引发的战争

巴尔干半岛，位于欧洲西南部，地中海沿岸，是个战略位置非常重要的地区。由于巴尔干半岛特殊的战略位置和复杂的形势，让巴尔干半岛有了欧洲“火药桶”的称呼，这个火药桶几乎是一点就着。第一次世界大战的导火索就发生在巴尔干半岛的塞尔维亚地区。巴尔干地区之所以那么容易发生战争，自然有它的原因。在近代，巴尔干地区发生军事冲突和战争已经成为了一种家常便饭，巴尔干半岛的希腊和保加利亚甚至因为一条狗打了起来。

1925年，在希腊和保加利亚的边境地区，希腊边防士兵养了一条狗。有一天，这条狗跑到了保加利亚境内，焦急的希腊士兵为了追回自己的爱犬，越过了边境线。驻守边境的保加利亚士兵误以为对方想入侵保加利亚，所以开枪射击，打死了这名士兵。保加利亚的行为激怒了早已蠢蠢欲动的希腊人。“一战”后，作为战胜国，希腊自以为抱上了英国人的大腿，所以一直以巴尔干半岛老大的地位自居。保加利亚作为一个战败国，竟然敢向巴尔干半岛的老大希腊挑衅，希腊人自然不会善罢甘休。事实上，此前，两国关系就一直非常紧张，希腊早就想教训保加利亚，所以战争一触即发。

愤怒的希腊人在边境地区集结了重兵，向保加利亚人进行战争威胁。很快，希腊人向保加利亚人下了最后通牒，限令保加利亚惩办凶手，向希腊政府公开道歉，同时向希腊支付600万的赔偿金。希腊要求保加利亚政府在24小时内给予答复。希腊的要求并没有得到保加利亚的回应，保加利亚人认为希腊政府完全是小题大做，所以就没有理会希腊。保加利亚的行为彻底激怒了希腊。很快，希腊军队向保加利亚边防守军发起了进攻。当希腊发动攻势后，保加利亚才意识到问题的严重性，保加利亚生怕战争扩大，所以命令军队进行象征性抵抗，以等待国联的调停。但很多保加利亚爱国士兵对政府的行为非常气愤，他们不顾上级的命令，拒不退让，和希腊军队发生了激烈的交火。保加利亚各地的志愿者也都纷纷加入战争，协助边防军对付希腊入侵者。但希腊人倾巢出动而且准备充分，所以保加利亚边防军和志愿者根本不是希腊人的对手，希腊人没多久就占领了保加利亚边境重镇佩特里奇市。不过，这场战争让人非常无语，因为在这场打得噼里啪啦的战争里，双方仅仅造成了数十人的伤亡。

希腊人得手后，并没有继续推进，他们也怕引发全面战争不好收场，因为他们只想教训一下保加利亚人。希腊人将佩特里奇市作为"抵押品"，勒令保加利亚接受希腊人的条件，保加利亚人必须给希腊人的狗和牺牲的士兵做出一个交代。当然，希腊人的真实目的其实是勒索战争赔款，并让保加利亚人服软道歉，彰显自居的"大国风范"。不过，由于保加利亚没打算给钱，所以局势陷入了僵持。所以，这件事就交给了国联。国联认为希腊人的行为属于侵略，英法害怕希腊人的战争破坏巴尔干的局势，所以要求希腊撤军，并要求希腊赔偿保加利亚因为入侵造成的战争损失。希腊人自然不服，希腊人认为国联在欺负希腊，所以提出了抗议。明明自己是受害方，反而让自己赔钱，希腊人根本咽不下这口气。但国联的当家人是英法，而且宿敌意大利人又蠢蠢欲动，希腊哪个都惹不起，所以希腊人不得不接受国联的调停，最后撤军，并赔偿保加利亚4.5万英镑的损失。当然，希腊人心里不服，保加利亚人也同样不服，保加利亚人认为赔款太少。但是，保加利亚人也只是抗议一下而已，能把希腊人礼送出境已经不容易了。最终，这场入侵战争以希腊政府不败而败收场。

初始条件下微小的变化能带动整个系统的长期的巨大的连锁反应。“希腊走失狗”事件引发的蝴蝶效应，不但爆发了两国之间的奇葩战争，而且，直接导致了希腊潘加洛斯独裁政府的垮台，对两个国家的教训都是惨痛的。

万历援朝与大明亡国

万历朝鲜战争（1592—1598年），又称万历朝鲜之役、万历援朝战争，指明朝万历年间中朝人民抗击日本侵略朝鲜的战争。

日本在经历了从1467年应仁之乱起长达一百多年的战国时代后，于1590年由丰臣秀吉完成统一并就任关白，基本结束了战国林立的局面，使战国延续百年的分裂局面重获一统。丰臣秀吉以武力统一全国后，执掌了整个日本的军政大权，为了平息国内武士对分封不均的不满并为削弱各个诸侯势力，同时满足他自己骤然膨胀的野心，便开始了对外扩张。他乘朝鲜李氏王朝耽于党争内讧，朝纲紊乱，决定通过武力先侵占朝鲜，然后征服中国，进而称霸亚洲。

1588年，日本太阁丰臣秀吉基本统一日本后，决定对外发兵，以获取更多的土地。1592年3月，丰臣秀吉共调动军队九个军团共14万人渡海至朝鲜作战，以宇喜多秀家为总指挥官。在一切工作准备就绪后，丰臣秀吉以朝鲜拒绝攻明为由，于4月正式开始了对朝战争。

日军在战争初期处于优势，一个月攻陷朝鲜京城。1592年5月8日，朝鲜宣祖李昖仓皇出奔平壤，随后，日军第一、第二、第三军团追击而至，突破临津守备攻陷开城，李昖离开平壤，再继续流亡至中朝边境的义州，并遣使向宗主国明朝求援。

当时，朝鲜全国八道已失，仅剩平安道以北，靠近辽东半岛义州一带尚未为日军所陷，李昖认识到若没有明朝的帮助，根本不可能光复朝鲜，因此便派几批使臣去明朝求救。朝鲜的使臣们除了向万历帝递交正式的国书外，分别去游说明朝的阁臣、尚书、侍郎、御史、宦官，甚至表示愿意内附于明朝，力图促使明朝尽快出兵援朝。明朝集结辽东军及3000戚家军约4万人由宋应昌、李如松统领，奔赴朝鲜作战。日军在平壤之战大败后后撤，而明军因兵力不足也无法进行大规模作战，在碧蹄馆之战后双方开始议和。到1595年，战争第一阶段基本结束。

1597年正月，日军14万大军再次入侵朝鲜。朝鲜二次向大明求援，明朝初次调集4万兵力赴朝救援，后续不断增兵，最高时至7万兵力。

1598年，日军小早川秀秋等部7万多人回国休整，以加藤清正、岛津义弘等6.4万人防守占领区。邢玠将明军兵力分为水陆四路，每路置一名大将，中路李如梅（后替换为董一元），东路麻贵，西路刘铤（外加朝鲜都元帅权栗），水路陈璘，各自负责握守要地，相机而动，进攻之时，各率约5万人分三路，以麻贵攻蔚山，董一元、刘铤进攻泗川、顺天。9月底，明将麻贵再次包围加藤清正于蔚山，两军互有胜负，但最后遭到为了援救清正而前来的立花宗茂先以千人夜袭后以假营伏兵击之而败退。10月，总兵官刘铤、麻贵分道出击进攻日军，并大胜之。这时，丰臣秀吉于8月死于京都伏见城的消息传至朝鲜，日军士气因而受挫，开始准备撤退。11月，日军无心恋战，由蔚山撤离，明军分道进击。加藤清正率部乘战船撤退。

1599年4月，明军班师回朝，万历帝升座午门，接受都督邢玠等献上的日本俘虏61人，都“付所司正法”，砍下来的敌人的头颅传送天下。同日，万历帝接受百官朝贺，祭告郊庙，把献祭祖先的果酒都分赐给了内阁官员们。次月，颁《平倭诏》诏告天下。

万历援朝战争对当时东亚的政治军事格局有着深远影响。此役是明朝对外战争最后的辉煌，不仅保卫了朝鲜半岛，还进一步巩固了中朝友谊。而朝鲜从亡国到复国，实力被严重削弱；日本元气大伤，丰臣秀吉集团的势力被削弱而间接导致德川幕府崛起；明朝的国力受到较大损耗。因此，从长远来看，万历朝鲜之役实际上起到了重新整合东亚各国政治军事力量的作用，奠定了之后三百年的东亚的和平局面。

7年的战争明朝方面虽然获胜，但却带来了严重的后果：削弱了辽镇的军事实力。此战后辽镇的精锐损失殆尽，战斗力开始下降，短时间无法恢复。据户科都给事中李应策统计，辽东原有兵额9.5万，至万历二十八年（公元1600年）只有4万，也就是说减少了60%；壬辰战争后，辽东兵力之不足、防御之单薄可见一斑。这恰恰为一些有野心的少数民族首领提供了扩展势力的良机，蛰伏已久的插汉部蒙古开始猖獗骚扰和努尔哈赤建立后金便是明证。

根据1569年兵部侍郎谭纶的记载，明朝全国军队定额为313万8300人，而实际上仅有84万5000人。推测北边服役的军士为50万人，马匹10万匹，这些数据是根据黄仁宇所著的《16世纪明代中国之财政与税收》中引述大明会典与皇明经世文篇所推估的。就支出的经费方面，对于明朝也是一个巨大的负担。明朝税收有一个特性是税率极低，据统计税率在5.5%~12%之间，所以一般正常情况下，政府税收是无法支应突发状况，而援助朝鲜的支出在实质上是由太仓库支应的，太仓库在1592年时有700万两，每年流入约当209万2000两，以军费而言，一年支出平均是240万两左右，也就是援助朝鲜的支出造成了太仓库的赤字，与万历三大征发生的年代（1573—1620年）几乎都接近，这也就是为何在万历过世后，太仓库已经完全匮乏的原因。太仓库匮乏，也造成财政的紊乱。

这是中国历史上一次著名的蝴蝶效应事件，万历援朝战争完美上演了牵一发而动全身的蝴蝶效应，直接拖垮明朝。蝴蝶效应带来的负面影响，也为政者借鉴。

“一战”是这样引发的

如果不是因为一个错误的转弯，“一战”就不会发生。“一战”是一件彻底改变了世界历史的事件，但是如果这件事没发生呢？理论上来说，结果也许会一样糟，因为另一场和“一战”一样恐怖的战争也可能发生，但这仅仅是如果而已。有人推测到，如果没有第一次世界大战，那么肯定不会有“二战”，希特勒就不会当权，6000多万人也就不会死于战乱。快进到许多年以后，中东地区关系就不会紧张，就没有塔利班和基地这样的组织了。但是许多人说“一战”是注定要发生的，他们很可能是对的，“一战”的发生是由许多因素造成的，但是我们可以缩小范围到一个微小事件、一个可以完全改变一战的事件。

众所周知，第一次世界大战的导火索就是萨拉热窝事件。1914年，在德国的大力支持下，奥匈帝国决定在邻近塞尔维亚边境的波斯尼亚萨拉热窝举行大规模军事演习。时间选定在6月28日，这一天是塞尔维亚被土耳其征服的纪念日。这次演习以塞尔维亚为假想敌，出动了两个兵团，斐迪南夫妇决定亲自前往萨拉热窝巡视。

奥匈帝国的这一行动，大大激怒了塞尔维亚民族主义者，“黑手社”和波斯尼亚当地的秘密民族主义团体“青年波斯尼亚”拟订了行刺斐迪南的计划。塞尔维亚政府事前已发觉了刺杀斐迪南的行动，并反对这一行动，担心这一事件可能导致可怕的后果，因为塞尔维亚难以抵挡奥匈帝国的进攻，而俄国此时尚未完成陆军的改编计划，不可能给塞尔维亚有力的援助。

塞尔维亚政府试图阻拦“黑手社”的人出境，但与“黑手社”有联系的边防军使他们顺利地越境进入波斯尼亚。塞尔维亚政府又通过本国驻奥匈帝国公使提醒奥匈帝国政府注意，如果斐迪南前往波斯尼亚，将会有生命危险。但是奥匈帝国政府对这一警告置若罔闻。

奥匈帝国的皇位继承人，弗朗茨·斐迪南大公及其妻子在萨拉热窝被塞尔维亚民族主义团体黑手党的刺客所杀，距离弗朗茨·斐迪南大公遇刺后一个多月，第一次世界大战就拉开了帷幕。

在弗朗茨·斐迪南大公夫妇乘坐火车抵达萨拉热窝后，

一场针对他们的刺杀计划就展开了。但是这场刺杀一开始就搞砸了，一名刺客看见了斐迪南大公这辆豪华轿车瞬时就泄了气，放弃了刺杀，而另外一名刺客虽然扔出了一枚手榴弹，但是手榴弹运气不好，落到了轿车的折叠顶棚上，弹到了另一条马路上爆炸了，弗朗茨·斐迪南大公的司机立即做出了反应，加足马力逃离了危险地带。

弗朗茨·斐迪南大公参加完会议后，听说刚刚有几名老百姓被手榴弹炸伤，决定先去医院探望伤员，再去出席计划中的招待会。然而司机却没收到变更计划的通知，也找不到去医院的路线，阴差阳错，经过拉丁桥时错误地拐了一个弯，同车的人发现走错路后让司机停车掉头，这时候，斐迪南大公乘坐的轿车刚好停在了另一位刺客加夫里若·普林西普的面前，原本都快失败的刺杀行动，就这样撞到了普林西普的面前，刺客普林西普抓住机会，一步蹿到车前，在一米半的距离上连开两枪，射杀了弗朗茨·斐迪南大公和其妻子索菲亚女公爵。

弗兰茨·斐迪南在萨拉热窝遇刺事件被推动战争的两大军事集团所利用。奥匈帝国的军国主义者大肆叫嚷“拔出宝剑，对准塞尔维亚”，彻底摧毁奥匈帝国称霸巴尔干的障碍。维也纳一家报纸写道：“六年来，我们一直等待着一切严重的紧张局势最后爆发……我们要战争，因为这是我们的信念。我们的理想只有通过一次战争，用激进的突然方式才能实现：这是一个强盛的奥匈帝国。”事件发生的次日，奥匈帝国总参谋长赫特岑多夫和外交大臣贝希多尔德都认为：“解决塞尔维亚问题”的时机到了，要求立即进行军事动员，对塞尔维亚宣战。

事件发生的一个月后，奥匈帝国在德国的支持下，以萨拉热窝事件为借口，向塞尔维亚宣战。接着德、俄、法、英等国相继投入战争。交战的一方为同盟国的德意志帝国和奥匈帝国，以及支持他们的奥斯曼帝国、保加利亚。另一方为协约国的英国、法国和俄罗斯帝国以及支持它们的塞尔维亚、比利时、意大利、美国等国。第一次世界大战全面爆发了。

蝴蝶效应告诉我们：初始条件下微小的变化能带动整个系统的长期的巨大的连锁反应。如果不是因为弗朗茨的车拐错弯，弗朗茨就不会死，如果他没有死，奥匈帝国就不会对杀手的国家宣战，德、俄、法、英等国也不会先后投入战争……这样“一战”就不会爆发了。如果弗朗茨没有被刺杀，“一战”也就不再像历史上这般。我们可能阻止不了“一战”的发生，但是“一战”肯定会以另一种方式发生，结果也许就不同了。有谁能想到，历时四年多，三十多个国家、15亿人口被卷入了战争，对人类造成了巨大的物质和精神损害的第一次世界大战，其导火索竟然是因为一辆车拐错弯、停错道呢？

一个错字，输了一场战争

1930年4月，阎锡山与冯玉祥结成反蒋联盟，发动了讨伐蒋介石的中原大战。为了集中精锐兵力消灭蒋介石在河南的有生力量，阎锡山和冯玉祥召开了联席军事作战会议，分别制订了精密的作战计划。会上决定，阎锡山和冯玉祥各派出一支精锐部队，在河南省的沁阳县会师，集中兵力，合同优势，一举聚歼驻在河南省的蒋介石军队。

沁阳在河南省的北部，离黄河北岸70公里，这个地方北靠山西，而阎锡山的军队绝大部分驻扎在山西。之所以选择沁阳为两军的集结地，当然是信赖阎锡山部队的地缘优势。对阎锡山来说，沁阳离山西较近，进可攻、退可守，非常有利。

散会后，冯玉祥的作战参谋很快就拟定了一份调动部队的紧急命令：

“命令某某部，昼夜兼程，直插沁阳，与阎锡山部会师……”

谁知这个撰写命令的作战参谋官，地理知识甚少，做事粗心大意，把沁阳的“沁”字，多写了一撇，写成了“泌”字，这样一来，集结地点由“沁阳”变成“泌阳”。

偏偏河南省真的有“泌阳”这地名，这泌阳却在河南省的南部，离湖北省只有几十公里路程。

当时湖北还是蒋介石重兵驻防之地，在那里集结当然对冯、阎联军不利。

冯玉祥这个奉调集结参战的部队长官，接到调动军令后，非常惊讶，脑子里闪过一个问号，总部到底是怎么搞的，怎么到泌阳与阎锡山部会师？这是靠近蒋介石势力范围的地方啊！但是因为冯玉祥平时治军颇严，军令如山，部下养成了“军人以服从命令为天职”的习惯，因此，他不再向总部询问，立即带领部队星夜赶赴与真正会师地点相隔200多公里的泌阳，准备与阎锡山会师去了。

阎锡山部队按预定时间赶到沁阳，左等右等，眼看会师时间已过，还是看不到冯玉祥部队的影子。阎锡山部队因人数少，不敢单独作战，眼看不妙，立即打电报询问冯玉祥，冯玉祥向参谋部一查，才知道奉调的部队已经奉命挥师南下，背道而驰，赶去泌阳了，而蒋介石的部队却已经在湖北集结，这里离泌阳很近，眼看就要被蒋介石部队重兵包围。

冯玉祥大惊，急令撤退，但想完成原定的作战计划已经来不及了。粗心参谋多的这一撇，使阎锡山和冯玉祥的联军陷于被动，导致联合作战计划失败。

这位参谋也因这一撇断送性命，受到军法处置，被枪决了。

“沁阳”被误写为“泌阳”，导致冯、阎会师计划失败，被蒋各个击破。真可谓一字之差，输了一场战争。而中原大战的失败，让冯玉祥一败涂地，曾经号称能征惯战的西北军也土崩瓦解，失去了兵权和政治地位的冯玉祥只好移居山西，暂时过着隐居的生活。1930年11月4日，阎锡山发表通电，即日释权归田。随后，取消太原的中华民国陆海空军司令部，中原大战结束。中原大战使国家元气大伤，东北军入关，又造成边防空虚，入关后的张学良和东北军，转而关注于华北事务，予日本以可乘之机，一年后，日本发动“九一八”事变。如果没有这一字之差，历史可能会改写，这就是蝴蝶效应引发负面效应的可怕之处。这也警示世人，在任何时候，小事都不能小视。因为，一点小事就可能引发重大变故。

一篇文稿救活一份杂志

1927年，美国阿肯色州的密西西比河大堤决堤，一个9岁黑人小男孩的家被冲毁。在洪水即将吞噬他的那一刻，母亲使劲救他上了堤岸。这件事在他幼小的心灵深处留下了深深的印象，传播知识与文明成为了他一生奋斗的目标。甚至想到以后自主创业的话也会选择跟这相关的项目。

1932年，从8年级毕业的男孩因为阿肯色州的中学不招收黑人，只好到芝加哥去念中学。因为家境并不宽裕，他的母亲便为整整50名工人洗衣服、熨衣服以及做饭，来换取男孩上学的钱。

1933年夏天，怀揣着家里凑足的那笔血汗钱，小男孩踏上了开往陌生城市芝加哥的火车。在芝加哥，男孩以优异的成绩从中学毕业并顺利读完了大学。在求学生涯中，他受了很多苦，无论是来自经济上的，还是来自身体上的，但正是他生命再生时的那个目标促使他一路前进。

1942年，他开始自主创业，他创办了一份杂志，但到最后的时候，由于没有500美元的邮费，导致了他不能给订户发函。一家信贷公司向他伸出了援助之手，但需要一笔财产作为抵押。母亲有一套分期付款购买的新家具，这是她一生最心爱的东西。但为了孩子自主创业能成功，母亲最终还是同意抵押了家具。

1943年，男孩的杂志大获成功，他也终于实现了自己多年的梦想。他以为自己自主创业成功了。那天成为了男孩最幸福的时刻。那一刻，男孩哭了，泪水中饱含了人生的酸甜苦辣。

后来，男孩又经历了一段痛苦的日子，他经营的一切似乎都陷入了黑暗。面对巨大的困难和障碍，他已回天乏术了。他有点支撑不下去了，回顾自主创业的点点滴滴，当他忧心忡忡地告诉母亲："妈妈，这次看起来我要失败了……"母亲果断地打断了他的话，说道："无论什么时候，只要你努力尝试了，就不会有失败。"

为了扩大发行量，他有了一个非常大胆的想法：刊发一系列以“假如我是黑人”为题的文章，请白人在写文章的时候把自己摆放在黑人的位置上，严肃地来看待这个问题。

他想，如果能请罗斯福总统的夫人埃莉诺来写一篇这样的文章就最好不过了。于是，约翰逊便给罗斯福夫人写了一封请求信。

罗斯福夫人给约翰逊回了信，说她太忙，没有时间写。约翰逊见罗斯福夫人没有说自己不愿意写，就决定坚持下去，一定要请罗斯福夫人写一篇文章。

一个月后，约翰逊又给罗斯福夫人发去了一封信。夫人回信仍说太忙。此后，每过一个月，约翰逊就给罗斯福夫人写一封信。夫人也总是回信说连一分钟的空闲也没有。约翰逊依然坚持发信，他相信，只要他坚持下去，总有一天夫人是会有时间的。

一天，他在报上看到了罗斯福夫人在芝加哥发表谈话的消息，他决定再试一次。他发了一份电报给罗斯福夫人，问她是否愿意趁在芝加哥的时候为《黑人文摘》写那样一篇文章。

罗斯福夫人终于被约翰逊的坚持所感动了，亲自为《黑人文摘》撰写了一篇文稿。

很快，第一夫人给《黑人文摘》杂志撰稿的消息像长了翅膀一样传遍美国各州，人们争先购买《黑人文摘》杂志，原先每期发行量不足一万册的《黑人文摘》杂志，一下子跃升到了十五万份。

第一夫人撰写一篇文稿，本是小事，但却在《黑人文摘》的销售上引发了蝴蝶效应，成为约翰逊事业的重要转折点。后来，在约翰逊的不懈努力下，《黑人文摘》杂志也不断发展壮大，逐渐成为了在全球拥有广泛读者的世界知名杂志。而约翰逊也成为了拥有一家出版公司和三家无线电台的亿万富翁。可见，有些小事如果处理得当，让其发挥蝴蝶效应的正面影响，也将成为一个人事业上的助力。

小小的梦想能成就非凡的人生

有梦想谁都了不起。因为一个小小的梦想，能在一个人的身上慢慢地酝酿出无穷的伟力，进而创造奇迹，成就非凡的人生。这就是成功学领域的蝴蝶效应。

三美分买来的梦想

2002年的感恩节前三天，芝加哥市一位名叫赛尼·史密斯的中年男子向当地法院递交了一份诉状，要求赎回自己去埃及旅行的权利。这个离奇的案件在美国立即引起了轩然大波。

案情十分简单，它发生在40年前。当时赛尼·史密斯6岁，在威灵顿小学读一年级。有一天，品行课老师玛丽小姐让全班同学都说出一个自己的梦想。同学们都非常踊跃，尤其是赛尼，他一口气说出了两个梦想：一个是拥有一头小母牛，另一个是去埃及旅行一次。可是，当玛丽老师问到一个名叫杰米的男孩时，不知为什么，他竟一下子没了梦想，回答不出来了。为了让杰米也拥有一个自己的梦想，玛丽老师建议杰米向同学购买一个。于是，在玛丽老师的见证下，杰米就用3美分向拥有两个梦想的赛尼买了一个。由于赛尼当时太想要一头小牛了，他让出了第二个梦想——去埃及旅行。

40年过去了，赛尼·史密斯已人到中年，并且在商界小有成就。40年来，他去过很多地方——瑞典、希腊、沙特、中国……然而他却从没有涉足埃及。难道他没想过去埃及吗？他说，从他卖掉去埃及的梦想之后，他就从来没忘记过这个梦想。作为一个虔诚的基督教徒和一个诚信的商人，他不能去埃及，因为他把这一行为连同那一个梦想一起卖掉了。

2002年感恩节前夕，他和妻子打算到非洲旅行一次。在设计旅行线路时，妻子把埃及的金字塔列为其中的一个观光项目。赛尼·史密斯决定赎回那个梦想，因为他觉得只有那样，他才能坦然地踏上那片土地。

然而，赛尼·史密斯没能赎回那个梦想。经联邦法院审定，那个梦想价值3000万美元，赛尼·史密斯要赎回去，就会倾家荡产。

杰米的答辩状中是这样说的："在我接到史密斯先生的律师送达的副本时，我正在打点行装，准备全家一起去埃及。其实，真正的理由不是我们正准备去埃及，而是这个梦想的价值。小时候我是个穷孩子，穷到我不敢有自己的梦想。只好在玛丽老师的鼓励下，用3美分从史密斯先生那儿购买了一个梦想。之后，我彻底地改变，变得富有了。学习有了很大进步，并且考上了华盛顿大学。这完全得益于这个梦想，因为我想去埃及。

“我之所以能认识我美丽贤惠的妻子，也是得益于这个梦想，她是一个对埃及着迷的人。如果我没有购买那个梦想，我们绝不会在图书馆相遇，更不会有一段浪漫迷人的恋爱。我的儿子也是得益于这个梦想，因为从小我就告诉他：‘我有一个梦想，那就是去埃及。如果你能获得好的成绩，我就带你去那个美丽的地方。’我想他是在埃及的召唤下，走入斯坦福大学的。

“现在，我在芝加哥拥有6家超市，总价值2500万美元左右。我想，如果我没有那个去埃及旅行的梦想，我是绝不会拥有这些财富的。尊敬的法官，我想假如这个梦想是你们的，你们一定会认为这个梦已融入你们的生命之中，已经和你们的生活、你们的命运紧密相连，密不可分，而且一定会认为，这个梦想就是你们的无价之宝。”

很多时候，蝴蝶效应往往对我们的生活产生重大影响，有谁相信杰米用三美分买来的梦想有如此魔力呢？然而，这个奇迹确实在杰米身上出现了。三美分买来的梦想，就成了蝴蝶扇动的那一下翅膀，慢慢地酝酿出无穷的伟力，成就了杰米辉煌的人生。

替妈妈买一座房子

亨利从小家里就很穷，但是家里却充满了爱和关心。所以，他是快乐而有朝气的。他知道，不管一个人有多穷，他们仍然可以做自己的梦。

他的梦想就是运动。在他16岁的时候，他就能够压碎一只棒球，能够以每小时55公里的速度扔出一个快球，并且撞在足球场上移动着的任何一件东西上。他的高中教练是奥利·贾维斯，他不仅相信亨利，而且还教他怎样自己相信自己。他让亨利知道：拥有一个梦想和足够的自信，会使自己的生活有怎样的不同。

贾维斯教练对亨利所做的一件特殊的事情，永远地改变了他的生活。

那是在亨利从低年级升入高年级的那个夏天，一个朋友推荐他去做一份暑期工。这是一个意味着他的口袋里会有钱的机会，有钱可以和女孩子约会，当然，有钱还可以买一辆新自行车和新衣服，还意味着为他的母亲买一座房子的储蓄的开始。这份夏日的工作对亨利来说是极具诱惑力的，这使他高兴得跳了起来。

接着，他意识到如果自己去做这份工作，就必须放弃暑假的棒球运动，那意味着他必须得告诉贾维斯教练他不能去打球了。他害怕这一点，当亨利把这件事告诉贾维斯教练的时候，教练真的像他预料的一样生气了。

“你还有你一生的时间可以去工作，”教练说，“但是，你练球的日子是有限的，你根本浪费不起！”

亨利低着头站在他面前，努力想向教练解释，为了那个替他的妈妈买一座房子和口袋里有钱的梦想，即使让教练对他失望，他认为也是值得的。

“孩子，你做这份工作能挣多少钱？”教练问道。

“每小时3.25美元。”

教练继续问道：“你认为，一个梦想就值一小时3.25美元吗？”

这个问题，简单得不能再简单了，它赤裸裸地摆在亨利的面前，让他看到了立刻想得到的某些东西和树立一个目标之间的不同之处。

那年暑假，亨利全身心地投入到运动中，同一年，他被匹兹堡海盗队挑选去做队员，并与他们签订了一份价值2万美元的契约。后来，他在亚利桑那州的州立大学里获得了足球奖学金，那使他获得了接受教育的机会；在全美国的后卫球员中，他两次被公众认可，并且在美国国家足球联盟队队员的挑选赛中，他排在了第七名。

1984年，亨利与丹佛的野马队签署了170万美元的合同。他终于为他的母亲买了一座房子，实现了他的梦想。

如蝴蝶扇动翅膀引起空气流动一样，亨利的梦想激励着他全身心地投入到足球运动中，最终心想事成。可见，在人生旅途中，当你拥有一个梦想之后，就要全力以赴，不要为了眼前的小利益，而放弃自己远大的梦想。

执着于自己的目标

他是个穷孩子，住在郊区的一个垃圾场附近。上小学三年级的时候，他在路上捡了一只易拉罐。这时一个收破烂的正巧路过，他做了有生以来的第一笔交易，这笔交易的纯利润是1角钱。

从此，他发现满地被人丢弃的东西都是宝。从三年级到高三。他卖了9745公斤废纸，4762只易拉罐，3143个酒瓶，981公斤塑料包装袋。无论同学们如何嘲讽和挖苦，他都认为真正傻的不是自己，是那些见到易拉罐不捡的人。十年间，他没跟家里要过一分钱，没有因捡破烂使学业受到丝毫的影响，相反，他因增加了阅历而使自己的成绩跑到了前列。1995年他顺利地考入广州一所经贸大学。

大学里他重操旧业，不过这一次他只做了3个星期，因为在捡一只易拉罐的时候，他被站在别墅阳台上的一位外商发现，外商请求他把门前草坪上的一只易拉罐捡走。他走近捡起它，外商用赞许的语言鼓励他。这时外商惊奇地发现，这位捡垃圾的小伙子竟能听懂他讲的外语。外商异常兴奋，因为他正需要一位懂英语的草坪保洁员。

第二天，他就走进了这位外商的家庭，帮助修剪草坪，喷洒药剂。后来经他们的介绍，他又成了另外3家外国人的草坪保洁员。

大学4年间，他利用星期天净挣了4万美元。临毕业时，他申请成立了广州第一家草坪保养公司。现在，他的业务已从外商家庭的草坪延伸到住宅小区的草坪，经营范围也从单一的护理发展到兼营肥料、除草剂和除草机械。

前不久，他提出口号："你游玩，我们干！"400名大、中、小学生在暑假云集在他的旗下，包揽了广州市70%的草坪养护工作。一些建筑商也纷纷登门，因为他们发现小区绿油油的草坪，可以使房屋的租金或售价提高2%~3%。

如今，那位曾经捡易拉罐的小男孩早已是广州的一位百万富翁。

在这个世界上，上帝制造富翁的途径有千万种，然而上帝在选择目标的时候，似乎更垂青于执着的人，哪怕这个人执着的事物是一只不起眼的旧易拉罐。

一只蝴蝶扇动翅膀，可以带来一场龙卷风，一只不起眼的易拉罐，制造了一个富翁。所以，梦想不怕小，但需要执着，哪怕这个人执着的事物是一只不起眼的旧易拉罐。只要执着，慢慢地就会带来巨大的连锁反应，让你的人生创造出奇迹。

我要做男主角

蝴蝶扇动几下翅膀，不会马上形成巨大的龙卷风，而是引起身边的空气系统发生变化，并产生微弱的气流，而微弱气流的产生又会引起四周空气或其他系统产生相应的变化，由此引起一个连锁反应，最终导致其他系统的极大变化。同理，在追寻梦想的过程中，有时候也需要漫长的过程，只要坚持到最后一分钟，说不定在下一秒你就会梦想成真。

成功往往与磨难同行，要想取得成功就要历经磨难。正如俄国著名物理学家列别捷夫所说："平静的湖面练不出精干的水手；安逸的环境造就不出时代的伟人。"因为，磨难能磨炼人的意志、激发人的潜能。凡是在历史上有作为的人物，都是经过困难和挫折磨炼出来的。

有这样一个人，父母都是意大利人，他出生在美国。虽然生在美国却出生在一个非常非常贫困的家庭，他父亲是个赌徒，母亲是个酒鬼。

从小生活就极度贫困，而且父母脾气暴躁，他从没得到过什么父爱，他七岁的时候父母就离婚了。这以后他就在社会上东飘西荡。高中时他辍学回家，成了无业游民，然后在大街上混。

二十多岁时他突然受到一次刺激，一下子醒悟了。他发现有很多人和自己一样有手有脚有思想有信念，但是他们享受的生活和得到的价值却不一样。他们有非常高的生活品质、非常好的生活标准、非常好的工作，他发现这些人绝对生活在另一个世界。

这个时候他仰望天空大哭起来：为什么我生活得这样穷困潦倒？他下决心也要像其他人一样生活，不要像父母一样领救济金生活。可是怎么改变呀，做生意吗？没有钱。去找工作吗？没有好的学历。该怎么办呢？

这时他想到了一句话：做自己想做的事。我喜欢什么，我喜欢做什么事？他想到了当演员！为此，他来到了好莱坞。可是他万万没有想到，原来他天生嘴歪。他出生时，由于医生使用产钳时处理不当，造成他左脸的部分肌肉痉挛，说话时有些含混不清。他歪着嘴跟导演说他想当演员，结果被拒之门外。

那怎么办？他信心不减。先是找到一个白天打扫厕所的工作，晚上从垃圾场找来了一辆破车睡在里面。因为他是打扫厕所的，每当看到有导演上厕所时，他都跑过去跟导演说，他想当演员，能不能给他一个机会。结果都被拒绝了，而且被拒绝了800多次。

他每听到一次拒绝后就会对自己说，下一次一定行，下一次一定能成功。800多次以后，他所知道的所有导演都拒绝过他。

这时他想，如果直接当演员不行，那就先写剧本，写完剧本再来当演员。他写了剧本找导演。导演看完以后，他对导演说，他要当这部戏的男主角，于是又一次一次地被拒绝。

就在他第1849次被拒绝之后，一位导演说：我看完你的剧本了，写得不错。我给你35000美元，但是我的条件就是你不能够当男主角。

他一下子惊呆了，因为35000美元对他来说太重要了。他一个月工资才300多美元。35000美元比工资多了一百多倍。这时候他突然想到自己想要做一个什么样的人。他想到自己是要当演员而不是作家，所以对导演说：不！我一分都不要。我唯一的条件就是我要当这个剧本的男主角。导演一听这也不错啊，于是让他试试。对他来说，机会就这样来了。影片拍出来以后，创造了当时最高的票房纪录。

后来他成为了好莱坞最顶尖的大明星。他的代表作《洛基》片酬高达1700万美元，他果真成了做自己想做的事的人。

他就是史泰龙。

你经历过1849次拒绝吗？你有勇气经历1849次拒绝吗？所以，你有什么理由说：我不行！史泰龙为了实现自己当演员的梦想，不断尝试，不断遭到拒绝，从直接请求导演到自己写剧本，在经历1849次拒绝后，他终于品尝到了成功的果实。

那些取得巨大成就的人，无论身处何种境地都是不会轻言放弃的。正因为有了这种坚持的精神，史泰龙才实现了当主角的梦想，并最终取得辉煌成就。

希望有一张宽敞的床

19岁的伯杰是一个富商的儿子。

一天晚餐后，伯杰正在欣赏深秋美妙的月色。突然，他看见窗外的街灯下站着一个和他年龄相仿的青年，那青年身着一件破旧的外套，清瘦的身材显得很羸弱。

他走下楼去，问那青年为何长时间地站在这里。

青年满怀忧郁地对伯杰说："我有一个梦想，就是自己能拥有一座宁静的公寓，晚饭后能站在窗前欣赏美妙的月色。可是这些对我来说简直太遥远了。"

伯杰说："那么请你告诉我，离你最近的梦想是什么？"

"我现在的梦想，就是能够躺在一张宽敞的床上舒服地睡上一觉。"

伯杰拍了拍他的肩膀说："朋友，今天晚上我可以让你梦想成真。"

于是，伯杰领着他走进了堂皇的公寓。然后把他带到自己的房间，指着那张豪华的软床说："这是我的卧室，睡在这儿，保证像天堂一样舒适。"

第二天清晨，伯杰早早就起床了。他轻轻推开自己卧室的门，却发现床上的一切都整整齐齐，分明没有人睡过。伯杰疑惑地走到花园里。他发现，那个青年人正躺在花园的一条长椅上甜甜地睡着。

伯杰叫醒了他。不解地问："你为什么睡在这里？"

青年笑笑说："你给我这些已经足够了，谢谢！"说完，青年头也不回地走了。

30年后的一天，伯杰突然收到一封精美的请柬，一位自称是他"30年前的朋友"的男士邀请他参加一个湖边度假村的落成庆典。

在这里，他不仅领略了典雅的建筑，也见到了众多社会名流。接着，他看到了即兴发言的庄园主。

"今天。我首先感谢的就是在我成功的路上，第一个帮助我的人。他就是我30年前的朋友——伯杰！"说着，庄园主在众多人的掌声中，径直走到伯杰面前，并紧紧地拥抱他。

此时，伯杰才恍然大悟，眼前这位名声显赫的大亨特纳，原来就是30年前那位贫困的青年。

原来，当伯杰把那个青年带进寝室的时候，青年真不敢相信梦想就在眼前。

伯杰的热情让特纳“能够躺在一张宽敞的床上舒服地睡上一觉”的梦想发生了小小的变化，产生了“我要把梦想交给自己”的志向，就是这么一个小小的改变，让特纳摆脱贫困，成为了名声显赫的大亨，这也诠释了“蝴蝶效应”的原理：初始条件十分微小的变化经过不断放大，对其未来状态会造成极其巨大的改变。

微小的创意引发销售风暴

很多啤酒商都发现，要想打开比利时首都布鲁塞尔的啤酒市场非常难。于是就有人向畅销比利时国内的哈罗牌啤酒厂家取经。“哈罗”啤酒厂位于比利时首都布鲁塞尔的东郊，无论是厂房建筑还是生产设备都没有很特别的地方。但该厂的销售总监林达是轰动欧洲的策划人员，由他策划的啤酒文化节曾经在欧洲多个国家盛行。

林达刚到这个叫哈罗啤酒厂的时候还是一个不满25岁的小伙子，那时他看上了厂里一个很优秀的女孩，然而那个女孩却对他说：“我不会看上一个普通得像你一样的男人。”于是林达决定做些不普通的事情。

那时的哈罗啤酒厂正在一年一年地减产，因为销售的不景气而没有钱在电视或报纸上做广告。销售员林达多次建议厂长到电视台做一次演讲或广告，但都被厂长拒绝。林达决定冒险做自己想要做的事情，他贷款承包了厂里的销售工作，正当他为怎样去做一个最省钱的广告而发愁时，他徘徊到了布鲁塞尔市中心的于连广场。广场中心的铜像启发了他，广场中心撒尿的男孩铜像就是用自己的尿浇灭了侵略者炸城的引火线，从而挽救了这个城市的小英雄于连。林达突然决定了，他要做一件让所有人都意想不到的事情。

第二天，路过广场的人们发现于连的尿变成了色泽金黄、泡沫泛起的“哈罗”啤酒，铜像旁边的大广告牌子上写着“哈罗啤酒免费品尝”的广告语。一传十、十传百，很快全市老百姓都从家里拿出自己的瓶子、杯子排成长队去接啤酒喝。电视台、报纸、广播电台争相报道。这个小小的创意，引发了一场销售风暴，该年度的哈罗牌啤酒销售量是上一年的18倍。

林达成了闻名布鲁塞尔的销售专家。

“要做一件让所有人都意想不到的事情。”正是因为林达理念上的一个微小改变，才成就了这位闻名布鲁塞尔的销售专家。这无疑是“蝴蝶效应”在生活中的生动体现。

不要为自己找借口

有个乞丐来到一个宽敞的庭院，他向女主人乞讨，希望女主人能够给他一些钱。这个乞丐是个残疾人，他的右手连同整条手臂已经断掉了。空空的袖子在空中摇摆，让人看了就觉得他很可怜。这个乞丐的样子得到了很多人的同情，每个遇见他的人都会慷慨地施舍给他一些财物。

令这个乞丐没想到的是，这个庭院的女主人并没有像别人那样可怜他。她毫不客气地指着门前的一堆砖，要求乞丐把砖搬到后面的院子里。

乞丐很生气，他强调自己只有一只手。他对女主人说："不愿意给就不给，何必捉弄人呢？"

出人意料的是，女主人并没有生气，而是俯身用一只手搬了一块砖，她对乞丐说："这种活儿，一只手就可以做。"

乞丐怔住了，他的眼神中出现了异样的光芒，尖突的喉结上下滑动。最终，乞丐学着女主人的样子，用一只手搬砖，他一次最多只能搬两块砖，所以当全部搬完时，已经过了两个小时。

乞丐累得气喘吁吁，他的脸土布满了汗水和灰尘，女主人微笑地望着他，递给他一条雪白的毛巾。乞丐仔细地擦了一遍脸和脖子，此时女主人又递给乞丐20元钱。乞丐接过钱并且很感激地向女主人道谢，但是女主人却说："你不用谢我，这是你自己凭力气挣的工钱。"

乞丐向女主人讨要了那条因为汗水和灰尘而变黑的毛巾，深深地向女主人鞠了一躬，就上路了。

很多天后，这家庭院又出现了另一个乞丐，女主人也把他引到后院，指着砖堆要求那个乞丐把这些砖搬到前面的院子里。这位乞丐双手健全。但是他却鄙夷地走开了，他不屑于做这样的事情，因为很多时候，他只需要动动嘴就能得到他想要的东西。

女主人家的男孩看到了两个乞丐在母亲这里的遭遇，他十分不理解自己的妈妈，他问妈妈究竟是希望砖被放在前面的院子，还是后面的院子？妈妈微笑了。她认真地告诉儿子：“砖放在哪里并不重要，但是对乞丐而言，是否搬砖却很重要。”

此后这个院子又来过几个乞丐，那堆砖有时候纹丝不动，有时候被来回搬运。

若干年过去了，这个庭院里突然来了一个很体面的人。他西装革履，气度不凡，可以看出来他是一个事业成功的人，他的脸上洋溢着自信的微笑，但美中不足的是，他的右手是残疾的。从他踏入这个院子开始，他就紧张地探寻着。

这个来访的人轻轻地走到年老的女主人身边，俯下身，充满感激地对女主人说：“如果没有你，我至今还是个乞丐，是你让我懂得了‘一只手也可以做到’的道理，并改变了我的人生，现在的我已经是一家公司的董事长了。”

有谁会相信改变一个穷困乞丐的起因竟然是搬一堆砖这么一件小事呢？其实，事业取得成功的乞丐，是因为懂得了“一只手也可以做到”的道理，所以激发了自己成功的梦想，并产生了无穷的动力，最后改变了自我，创造了辉煌。这个故事再次诠释了“蝴蝶效应”：一个小的变量，可以导致重大变化。

“回避”也是生活的艺术

20世纪60年代早期的美国，有一位很有才华、曾经做过大学校长的人，出马竞选美国中西部某州的议会议员。此人资历很高，又精明能干、博学多识，看起来很有希望赢得选举的胜利。但是，在选举的中期，有一个很小的谣言散布开来：三四年前，在该州首府举行的一次教育大会中，他跟一位年轻女教师“有那么一点暧昧的行为”。这实在是一个弥天大谎，这位候选人对此感到非常愤怒，并尽力想要为自己辩解。由于按捺不住对这一恶毒谣言的怒火，在以后的每一次集会中，他都要站起来极力澄清事实，证明自己的清白。其实，大部分的选民根本没有听到过这件事，但是，现在人们却愈来愈相信有那么一回事，真是愈抹愈黑。公众们振振有词地反问："如果他真是无辜的，他为什么要百般为自己狡辩呢？"如此火上浇油，使这位候选人的情绪变得更坏，也更加气急败坏声嘶力竭地在各种场合为自己洗刷，谴责谣言的传播。然而，这却更使人们对谣言信以为真。最悲哀的是，连他的太太也开始相信谣言，夫妻之间的亲密关系被破坏殆尽。最后他失败了，从此一蹶不振。

屏幕硬汉施瓦辛格竞选州长时，也面对了各种刁难和中伤，可他根本不去理会，不去应答那些无聊的责难。这反而增加了他在选民中的人格魅力，赢得了更多选民的信赖和支持，并最终获得了大选的胜利。

竞选是这样，现实生活也是如此，自己想做什么事，就一心一意地去实现它。对出现的阻挠，不要介意，把它们当作生活中的琐屑之事，暂时回避一下，就会风平浪静，一切就会过去了，如果你过分在意，有时反而会引发蝴蝶效应，造成更大的负面影响。

我要做一只蝴蝶

“每一只美丽的蝴蝶，都是自己冲破束缚它的茧之后才变成的；如果别人把茧剪开一道口，由茧变成的蝴蝶是不美丽的。”看了这一段话，你一定以为它出自某一本生物学著作，其实不然，说出这段振聋发聩的名言的是一位备受不幸命运折磨的少年。请看看这少年身上包裹的厚厚的“茧”吧。

还是小孩时，他相貌丑陋，患有严重的口吃。因为疾病，他左脸局部麻痹，他对别的孩子停落在他脸上的鄙夷目光也没有多少感觉；嘴角畸形，也许是他在随时咬碎别的孩子嘲讽的话语；一只耳朵失聪，他听不进别的孩子的奚落和起哄。他也自卑过，心像一只脆弱的蛹；但他更有奋发图强的决心，他要自己“咬破”那些厚重的、足以让人窒息的

“茧”！

别的孩子在玩具堆中度过快乐的童年时光，他则在茫茫书海中找到颠簸前行的舟；别的孩子嚼得香甜的是巧克力，他却把书读得津津有味；别的孩子疏远了他，他就在成人读物中找到促膝而谈的智者。更重要的是，他用书本上的知识磨砺了自己的坚强和永不放弃的品质。

为了矫正口吃，他嘴里含着小石子练习讲话，他要证明：柔软的舌头比石子和口吃的顽疾更坚韧！母亲看到他的嘴巴和舌头被石子磨烂，流泪抱紧他说：“不要练了，妈妈一辈子陪着你。”他拭去母亲的眼泪，平静地说：“我要做一只美丽的蝴蝶。”

他以优异的成绩中学毕业，赢得周围人的敬佩和尊重。母亲为他找到一份不错的工作，说：“希望你能像平常人一样平安地度过一生。”他拒绝了，语调铿锵地对母亲说：“妈妈，我要做一只美丽的蝴蝶。”

他挣脱身上束缚的茧，事业上颇有建树。1993年他参加竞选，对手居心叵测地利用电视广告夸张他的脸部缺陷，对他进行侮辱和攻击。他用讲话时总是歪向一边的嘴巴郑重承诺：“我要带领国家和人民成为一只美丽的蝴蝶。”以后这句竞选口号成为人们广为传诵的名言。

他就是加拿大第一位连任两届、被人们亲切地称为“蝴蝶总理”的让·克雷蒂安。

美国心理学家詹姆斯曾这样解释人的“潜力”：才能和先天限制。我认为应该在后面再加上“努力”二字。只有努力去冲破束缚和阻碍，你才能最大限度地发挥潜力，成为真正的强者。让·克雷蒂安就是这样释放最大潜能的强者。

挣破禁锢的茧的蝴蝶是美丽的，克雷蒂安冲破了疾病、嘲讽和攻击，最终放飞了生命中最美丽的“蝴蝶”。其实，命途多舛，我们经常被围困在命运之茧中：出身卑微，一文不名，迭遭苦难，屡战屡败……无论“茧”多么密集和厚重，我们都要用整个身心去穿越！

生命由蛹化蝶，需要让·克雷蒂安那样的自尊、自信和自强。

小小的隐患会酿成重大的灾难

“蝴蝶效应”理论告诉我们：不管是国家还是一家公司，一个明智和具有远见卓识的领导人，一定要防微杜渐，重视对于细节的管理。因为一些看似极微小的隐患，却有可能酿成重大的灾难，使得辉煌的事业瞬间垮塌。

渐行渐远的霸主

预测是决策的前期准备阶段，是决策的基础。为决策服务是预测的最主要功能。法国未来学家H.儒弗尔说：“没有预测活动，就没有决策的自由。”科学预测是科学决策的前提，科学决策是科学预测的必然结果。预测侧重于对客观事物的科学分析，决策则侧重于有利时机的选择。如果说决策是事业成败的关键，那么预测则是决策成败的关键。

春兰集团的前身是江苏泰州冷气设备厂。这家地方国营小企业固定资产只有280万元，年产值不足1000万元。1985年，32岁的陶建幸走马上任。十几年过去了，春兰集团已发展成为中国最大空调生产基地，世界七大空调企业之一。在没有要国家一分钱投资的情况下，春兰集团的国有资产、年产值、利税成百倍地增长。

春兰集团的高速发展得益于决策者对市场的科学预测。陶建幸面对该厂生产的40多个产品批量小、成本高、效益差的现实，通过对市场进行大量调查，得出了人们在家用电气方面的消费热点将由冰箱、彩电转到空调上来的预测。1986年，他当机立断砍去原有的40多个产品，集中优势兵力，打空调战，并将研究、开发、生产春兰牌空调定为春兰集团的发展决策目标。当时，全国空调生产厂家已发展到数十家，面对实力雄厚的竞争对手，陶建幸独辟蹊径，避开国内众多厂家生产的3000大卡至7000大卡空调，专门开发3000大卡以下的家用空调和7000大卡以上的柜式空调。因此，企业一举赢得了市场，扭转了亏损的局面。自此以后，我国空调市场曾一度出现疲软现象，许多空调生产厂家因此而纷纷下马。面对这种形势，陶建幸又做出了“市场萧条后必定会繁荣起来”的预测。同时，他又根据国际市场的变化情况，吹响了“瞄准世界一流水平，进军国际市场”的号角。为此，春兰集团通过引进、改造流水线等措施来扩大企业规模。当他通过市场预测得知有几种特种空调将受到用户的欢迎时，马上组织人力、物力改造厂房，只用了半年时间就建成了特种空调器厂，生产一流的特种空调产品。当其他空调厂家醒悟过来时，春兰集团已经走在了国内同行业的前面，并在国际市场上占领了一席之地。

在稳坐“空调一哥”的位置后，总觉得家电是一个“夕阳产业”的陶建幸，在经营理念上出现了一个小小的失误，开始了多元化扩张。先是介入了家电业内的冰箱、电视、洗衣机等项目，随后又“杀入”与家电业务毫不相关的摩托车、卡车、新能源等行业。

多元化扩张战略过快最终还是出现了顾此失彼的问题，新业务还没能完全成熟起来，曾经的支柱产业空调业务则不断下滑。2002年，春兰股份持股的江苏春兰摩托车有限公司、江苏春兰动力制造有限公司、江苏春兰机械制造有限公司、江苏春兰洗涤机械有限公司全部亏损。2005年，春兰股份遭遇了自1994年上市以来的首次亏损，主营业务利润5.15亿元，同比下降4.81%，亏损2595万元。此后两年，春兰股份没能扭转亏损局面，于2008年5月被上海证券交易所暂停上市。

春兰的问题在于多元化策略的失败，在主业空调没有充分夯实的情况下盲目介入冰箱、摩托车、卡车等多个领域，造成主业亏损，多元化业务也没有做起来。

春兰集团的经历也是蝴蝶效应在现代商务中的一个突出的案例。一个小小策略的失误，导致春兰集团不但没有获得预想的经济效益，还淡化了春兰空调在消费者心目中的品牌形象，最后失去了产品的“霸主”地位。所以，作为企业的领导人或决策者，对于事关企业发展的决策，哪怕是最微小的变化，一定要慎之又慎，从而避免引发负面影响的蝴蝶效应。

泰坦尼克号的悲剧

泰坦尼克号，又译为铁达尼号，是英国白星航运公司下辖的一艘奥林匹克级游轮，排水量46000吨，于1909年3月31日在北爱尔兰贝尔法斯特港的哈兰德与沃尔夫造船厂动工建造，1911年5月31日下水，1912年4月2日完工试航。

泰坦尼克号是当时世界上体积最庞大、内部设施最豪华的客运轮船，有“永不沉没”的美誉。

1912年4月10日，在南安普敦港的海洋码头，“永不沉没”的泰坦尼克号启程驶往纽约。船长叫爱德华·约翰·史密斯。码头上挤满了乘客、来送行的家属、行李搬运工和海关的检查人员。上午11点，一号烟囱喷出了白色的蒸汽。29台锅炉中的25台开始依次生火。中午12点整，泰坦尼克号在拖船的拉动下慢慢离开了码头。两个外侧螺旋桨开始搅动南安普敦港的海水。泰坦尼克号依次驶过了停泊在港口中的庄严号（不是德国“一战”结束后赔给英国的原俾斯麦号邮轮）、费城号、圣路易斯号、海洋号和纽约号游轮，开始了它的第一次，也是最后一次的航行。泰坦尼克号将乘客分为三个等级。三等舱位在船身较下层也最便宜，这一类的乘客身份多为计划在大西洋对岸营造新生活的移民；二等舱与一般客房的装潢摆设，其实具备与当时其他一般船只的头等舱一样的等级，许多二等舱乘客原先是在其他船只上定位头等舱，却因为了泰坦尼克号的航行，将煤炭能源转移给泰坦尼克号而作罢；一等舱是整艘船只最为昂贵奢华的部分，当时世界最富有的几位名人就在这艘世界上最大的游轮上。

当天晚7点，泰坦尼克号抵达法国瑟堡港。另一批乘客和货物搭乘“游牧”号和“交通”号两艘专用摆渡船登上了泰坦尼克号，包括美国富翁阿斯特和玛格丽特·布朗夫人——后来被报纸称作“永不沉没的尊贵的布朗夫人”。另外有20余名乘客经过短暂的旅程后下船，幸运地与死神擦肩而过。第二天中午，泰坦尼克号抵达爱尔兰的科夫。一批对新世界充满憧憬和希望的爱尔兰移民登上了船。一个乘客在这里上岸，他拍下的照片后来成了泰坦尼克号的绝版照片，今天在收藏家眼里价值连城。

按照伊斯梅的命令，泰坦尼克号在第二天就把速度加快到了23节。一路上，泰坦尼克号没有发生什么大事。船上的电报员菲利普忙着替头等舱乘客们拍发昂贵的私人电报，大多是报平安的和股票买卖交割的指令。

1912年4月14日，星期天晚上，一个风平浪静的夜晚，甚至一点风都没有。如果有的话，船员会发现波浪拍打在冰山上的点点鳞光。泰坦尼克号以22.3节（约45公里每小时）的速度在这片漆黑冰冷的海面上极速航行（最大航速23节）。接到附近很多船只发来的冰情通报，史密斯船长命令瞭望员仔细观察。这一年因为是暖冬，冰山比往年向南漂得更远。但是，泰坦尼克号的船员未能找到望远镜（因为当时船上唯一的一副双筒望远镜被二副锁在了柜子里，而那位保管柜子钥匙的二副最后并没有上船），瞭望员不得不用肉眼观测。

23时40分，瞭望员弗雷德里克·弗利特（后来生还）发现远处有“两张桌子大小”的一块黑影，以很快的速度变大。他敲了3下驾驶台的警钟，抓起电话：“正前方有冰山！”接电话的六副穆迪通知了旁边的一副默多克。默多克立刻下令打响船钟：“所有引擎减速！左满舵！三号螺旋桨倒船！”在瞭望员发现冰山到船的右舷撞击冰山只经过了短短37

秒，而当时泰坦尼克号离冰山不到400米远。

大副随即下令左满舵、全船推进器紧急倒退两个指令，后来证实这个命令是一个致命的错误，就在他下令37秒后，泰坦尼克号因为船体太大而且船舵太小加上前进速度又太快而无法及时停止前进和转向，轮船右舷朝冰山的侧面撞去。

2小时40分钟以后，泰坦尼克号船体断裂成两截后完完全全消失在大西洋的海面上，沉入大西洋底3700米处。海面在不久后重新恢复了平静，而一艘伟大的远洋客轮在此结束了自己短暂而又耀眼的一生。

最悲惨的是，船上的2224名船员及乘客中，有1517人丧生，其中仅333具罹难者遗体被寻回。泰坦尼克号沉没事故为和平时期死伤人数最为惨重的一次海难。

泰坦尼克号，号称“永不沉没”，就是这样一艘汇集当时顶尖技术的巨轮，却在首次航行时撞上冰山，最终沉入大西洋，造成20世纪最大的灾难之一。

而这场灾难背后的原因却让人哭笑不得，先是用以观察航线的望远镜被锁在柜中，导致发现冰山时只有相距不到400米的距离，再是船长指挥失误而撞上冰山，另外泰坦尼克号在制造铆钉时使用的钢铁质地极其不纯，导致船体松动，又因为救援的船只不足而导致大多数人葬身海底。就如同“亚马孙河流域热带雨林中的蝴蝶扇动几下翅膀，可以在两周以后引起美国得克萨斯州的一场龙卷风”一样，一个个小隐患共同制造了这场“不可能发生”的灾难，而也正是因为对这些小隐患重视不足，才会一步步将泰坦尼克号推向深渊。泰坦尼克号的悲剧与其说是种种巧合下推动的灾难，倒不如说是那些心存侥幸、忽略隐患的人共同疏忽所导致的。

小错误会引发大灾难

“今天不学也没事，反正考试也不一定考。”“杯子不漏水就行，裂开没什么大问题。”“工具能用就行，不用太在意好坏。”我们在日常生活中会有类似的情况，认为一点小问题并没有什么大不了，反正也不会影响大局。那么真的是这样吗?

蝴蝶效应告诉我们：一项任务可能会由于一个微不足道的细节而中断。

考试的题目可能就是今天错过的内容；杯子裂开的口子会慢慢扩大直至最终漏水；我们手中的工具会在某一天突然坏掉，影响到工作。

这些事情都告诉我们，如果这些小错误长时间得不到注意和重现，也会无限制地恶化下去，直到酿成大祸。

戴泉方是工厂某生产线的线长，主要负责生产线的管理与生产。

有一天手下一个工人前来找他，说发现生产线末端架构不太牢固，建议暂时停止生产，先修理设备。但是戴泉方并不乐意，要知道厂里有生产任务，停工一会儿就会造成巨大损失，于是只能硬着头皮说继续开工。

后来，厂里要求加大生产，戴泉方只能加快生产速度，结果没想到这一加速使得之前的隐患更加严重，整条生产线瞬间瘫痪，维修部门检查后告诉他这条生产线已经接近报废，估计要重新引进。

常言道："千里之堤，溃于蚁穴。"如果一个个的小错误积累起来，就会发生质变，引发大灾难。

我们身边的这些小错误如果长时间得不到改正，就会使我们的自我认知产生偏差，而这种偏差会导致我们在某些时候盲目自信，听不得旁人劝告而一意孤行，最终的结果就会引发毁灭性灾难。

有人说："小错不断，大错不犯。"

其实这种态度并不可取，要知道"冰冻三尺，非一日之寒"，任何灾难都不是突然发生的，都是由我们日常的错误所累积的。

俗话说："金无足赤，人无完人。"我们每个人都有犯错的时候，这是不可避免的，但是，只要我们在做事情的时候摆正心态、认真对待，最大限度地保证自己不犯错误，那么也就能降低酿成大祸的概率。只要我们正视错误、改正错误，从根本上避免错误，在过程中时刻反省自己，我们就能避免因为小错而引发灾难。

陷入困境的“冰柜大王”

对今天的企业来说，不管是国内的小公司，还是跨国企业，受到“蝴蝶效应”的影响已经越来越大。市场上的任何一点微小的风吹草动，都会在经过一系列的连锁反应后，形成对企业的冲击。开放式的竞争环境，以及共存共荣的发展体系，消费者日益增加的选择余地，都是足以引发蝴蝶效应的因素，没有任何一个个体是可以孤立存在的，都会受到其他个体的实质影响。

“没有最好，只有更好”，是澳柯玛一直追求的。被誉为青岛“五朵金花”之一的澳柯玛，以冰柜发家，成为国内首屈一指的冰柜大王，澳柯玛冰柜10多年都保持着国内同类产品销量第一的位置。随后顺着冰箱、空调等一系列制冷链不断延伸，实施了家电相关产业多元化，最终在家电制冷领域确立了其特有的竞争优势。随后，澳柯玛还进入了利润空间颇为丰厚的小家电领域，陆续推出了净水器、浴霸、自动售货机、电动自动车、投影机、制冰机等一系列产品，并且在自动售货机、电动自动车等领域崭露头脚，发展潜力和空间被业内看好。

在家电领域的关联多元化扩张中，澳柯玛集团还是颇为顺手，整体市场操作和表现也体现了其在家电业的竞争力。然而，澳柯玛并不满足于在家电领域的成功，在稳定家电主业的基础上，陆续展开了向高科技、金融投资、房地产等非关联领域的扩张，并且一发不可收拾。

对于新能源、海洋生物、光电子以及锂离子电池等一系列具有高科技产业的扩张，体现了澳柯玛领导层独特的战略眼光。然而问题的关键则在于这些产业处于发展初期，投资周期长，短期内难以形成收益，这也就意味着企业必须要有足够的资金支撑，这为羽翼还未真正丰满的澳柯玛埋下了深深的隐患。

熟悉家电企业的人在刚刚过去的近几年大概都会纳闷地问上一句："澳柯玛怎么了？"因为往年总是高调推广其冰箱、冰柜的这一白电巨头，近来实在太过寂静。

在2000年上市之后，澳柯玛突破家电行业，开始了多元化之路，最多时，共有140余家企业。“在此过程中，范围没有掌握好，出现了过度多元化的情况，造成核心竞争力下降。”

危机随后爆发。2006年，由于多元化经营失败，控股股东澳柯玛集团违规侵占股份公司资金高达19亿元一事曝光后，澳柯玛遭受重创，企业营业收入大幅缩水，昔日的“中国电冰柜大王”，陷入了前所未有的困境。

困难之际，青岛市国资委下属公司青岛市企业发展投资有限公司（后被整体划入华通集团）临危受命，接管澳柯玛的沉重包袱，并开始了清欠、瘦身工作，发展主体也由集团转向股份公司。目前，澳柯玛下属企业仅剩20多个。

据华通集团内部人士透露，围绕着收购原控股股东股权、剥离不良资产、收购公司债权等资产整合行为，华通集团累计投入到澳柯玛股份有限公司的资金超过10亿元。

澳柯玛的多元化之路有些混乱，计划与现实发展成矛盾状态。一家电业内人士的评价表明了澳柯玛当时的境况。他说：“所有人都不明白它到底要干什么。”确实，澳柯玛过于多元化，没有形成几个拳头产业，没有聚焦品牌理念，最终陷入困境。

目前，许多大企业认为搞多元化经营一定会成功，理由是资金相对充裕，人才较为集中，容易形成规模经济效益。但是澳柯玛的结局说明对于那些战略投资期长，甚至尚在培育期的行业，轻易地闯进去的后果可能就是泥潭深陷，回头已晚。

大品牌扩张的教训告诉人们，多元化经营战略并非简单易行。一旦出现失误，必将如“蝴蝶效应”一样，酿成大的变故，甚至企业原有的市场优势地位很有可能被削弱。因此，作为企业的负责人，任何决策都要慎之又慎，进而避免因为小的变量引发大的变故，最后一发不可收拾。

只是扯了一下电源线

《汉书·霍光传》中有一个故事：

有一家人盖了新房子，但厨房没有安排好，烧火的土灶烟囱砌得太直，土灶旁边堆着一大堆柴草。

一天，这家主人请客。有位客人看到主人家厨房的这些情况，就对主人说：“你家的厨房应该调整一下。”

主人问道：“为什么呢？”

客人说：“你家烟囱砌得太直，柴草放得离火太近。你应将烟囱改砌得弯曲一些，柴草也要搬远一些，不然的话，容易发生火灾。”

主人听了，笑了笑，不以为然，没放在心上，不久也就把这事忘到脑后去了。

后来，这家人家果然失了火。左邻右舍立即赶来，有的泼水，有的搬东西，大家一起奋力扑救，大火终于被扑灭。除了将厨房里的东西烧了一小半外，总算没酿成大祸。

为了酬谢大家的全力救助，主人杀牛备酒，办了酒席。席间，主人热情地请因救火被烧伤的人坐在上席，其余的人也按功劳大小依次入座，唯独没有请那个建议改修烟囱、搬走柴草的人。大家高高兴兴地吃着喝着，忽然有人提醒主人说：“要是当初您听了那位客人的劝告，改建烟囱，搬走柴草，就不会造成今天的损失，也用不着杀牛买酒来酬谢大家了。现在，您论功请客，怎么可以忘了那位事先提醒、劝告您的客人呢？难道提出防火的没有功，只有参加救火的人才算有功吗？我看哪，您应该把那位劝您的客人请来，并请他上坐才对呀！”

主人听了，这才恍然大悟，赶忙把那位客人请来，不但说了许多感激的话，还真的请他坐了上席。众人也都拍手称好。

事后，主人新建厨房时，就按那位客人的建议做了，把烟囱砌成弯曲的，柴草也放到安全的地方去了，因为以后的日子还长着呢。

故事中的主人是幸运的，没有酿成大祸，而现实中，我国珠海市裕新织染厂可就没有这位主人幸运了。

1994年6月16日下午，珠海市天安消防工程安装公司6名工人在前山裕新织染厂A厂房一楼棉仓安装消防自动喷淋系统，使用冲击钻钻孔装角码，16时30分，一位工人在移动钻孔位置用手拉夹在棉堆缝中的电源线时，造成电线短路，棉堆缝突然冒烟起火，在场的工人由于不会使用灭火器，致使火势迅速蔓延。在二至六楼上班的织染厂工人，见到有烟上楼，即自动跑出厂房。

16时45分，洪北消防中队接报后，立即出动消防车4台，消防队员16名，10分钟后赶到火场灭火。市消防局先后调集4个消防中队24台消防车参加灭火。16日19时至17日凌晨1时，省消防局又先后调集了中山、佛山、广州市的消防支队28台消防车、222名消防人员到场灭火。省公安厅和珠海市委、市政府以及香洲区、前山镇的有关领导也迅速赶赴现场指挥扑救。由于棉花燃烧速度快，风大火猛，厂区无消防栓，消防车要到3公里以外取水，给扑救工作增加了很大困难。经过奋勇扑救，17日凌晨3时，大火基本扑灭。

17日凌晨3时30分以后，中山、佛山、广州市消防支队相继撤离，珠海市留下一个中队40多人、4台消防车继续扑灭余火。由于紧扎的棉包在明火扑灭后仍在阴燃，为有效地消灭火种，火场指挥部先后调来七、八台挖掘机和推土机进入厂房将阴燃的棉包铲出。8时左右，应火场指挥员的要求，厂方先后两次共派出50多名工人到三楼协助消防人员清理火种。13时左右，厂方又自动组织约400多名工人进入火场清理火种、搬运残存的棉包。14时10分，A厂房西半部突然发生倒塌，造成大量人员伤亡。这次火灾和倒塌事故，死亡93人（内地工人90人，香港员工2人，消防队员1人；男64人，女29人），受伤住院156人（其中重伤48人），毁坏厂房及原材料、设备等，直接经济损失9515万元。

厂房倒塌后，珠海市立即成立了现场抢救指挥部，动员公安、武警、驻军及有关部门16000多人和大批车辆、机械参加抢救工作，千方百计抢救被埋在废墟中的人员和遗体，先后抢救出6位工人。为清除隐患，于20日17时21分，用定向爆破法，将东半部危楼炸毁。

火灾现场由于厂房倒塌和经过清理之后，起火原因无法从技术上鉴定，主要是通过调查知情人、查阅有关资料和反复研究分析认定的。珠海市天安消防工程安装公司职工在棉花仓库用冲击钻打孔时，带驳接口的电源线被夹在可燃物中，当用力拉扯电线时产生短路引燃了仓库的棉花，这是引起火灾的直接原因。

香洲区前山镇工业集团总公司在厂房消防设施尚未竣工

验收的情况下，就将厂房提前交付给裕新织染厂使用，造成边施工边生产的情况。厂方将纺织车间作为棉仓，堆放大量的棉花，并在库内存放柴油、氧气瓶等，当电线短路引燃棉花时，氧气瓶发生爆炸，加剧火势的发展；加之在场的天安消防工程安装公司和厂方职工缺乏防火常识，自救能力差；厂内缺乏消防用水，消防队要到离火场3公里以外的地方取水，未能将初始火灾扑灭。这是火灾迅速蔓延扩大的主要原因。

裕新厂A厂房是土建验收合格的六层框架结构建筑物。大火持续燃烧十多个小时，使厂房结构严重受损，加之扑救大火时二、三楼喷射了大量的水，二楼以上的荷载及大火基本扑灭后多台履带推土机、挖掘机在厂房内搬运棉花时产生的震动等因素所形成的综合作用，致使厂房倒塌。

扑灭余火期间，现场警戒人员已先行撤离。厂方组织过多的工人进入火场清理阴燃和散落的棉花。楼房倒塌时，大批工人仍在火场。这是楼房倒塌时造成重大人员伤亡的主要原因。

综上所述，前山裕新织染厂于1994年6月16日发生的特大火灾和厂房倒塌事故，是珠海市天安消防工程安装公司、前山镇工业集团总公司、裕新织染厂一连串违章行为和扑灭余火期间的现场指挥员由于经验不足造成的，是一起重大的责任事故。

“蝴蝶效应”原理告诉我们：小的变量可以引发大的变故。事实上也正是如此，小隐患可以酿成大事故。也有人说，大隐患可以酿成大事故，但是，大隐患易于发现，易于消除，而小隐患发生频率高，又不容易被发现，尤其是人们对有些小隐患已经习以为常。前车之覆，后车之鉴，无论是企业管理还是日常生活，都应该秉持这样的原则：勿以小隐患而忽略，勿以小隐患而不除。

意外随时都会发生，要避免意外带来的损失，在开始的时候就要做好预防。不仅仅要对某一件具体的事做好预防，还要让自己有一个有预见性的头脑。

惨剧竟然是这样发生的

1994年12月8日，克拉玛依市教委和新疆石油管理局教育培训中心在克拉玛依市友谊馆举办迎接新疆维吾尔自治区“两基”（基本普及九年义务教育、基本扫除青壮年文盲）评估验收团专场文艺演出活动。全市7所中学、8所小学的学生、教师及有关领导共796人参加。

演出开始后，舞台上方的7号光柱灯突然烤燃了附近的纱幕，接着引燃了大幕。顷刻间，电线短路，灯光熄灭，剧场里一片黑暗。谁也没有料想到火灾来得这么快、这么猛烈。浓烟中，教师们嘶哑地叫喊着，组织学生们逃生。但是，他们怎么也没有想到，馆内的8个安全门，只有1个门是开着的。烈火、浓烟、毒气以及你踩我挤、东撞西碰，很快地夺去了一个又一个生命。

此次大火，造成325人死亡、132人受伤的惨剧，死者中288人是学生，另外37人是老师、家长和工作人员。

事故发生后，党中央、国务院立刻召开了紧急会议，委派国务院副秘书长徐志坚同志代表党中央、国务院看望和慰问死难者亲属，并认真调查了事故的原因。自治区领导王乐泉也带工作组、医疗队赴克市抢救伤员，与中央调查小组一起调查事故原因。很快就查明，“12·8”特大火灾一案纯属责任事故，起火原因是舞台纱幕后12个光柱灯中的第七号灯因离纱幕太近烤燃起火。

党中央、国务院和全国人民都十分关注这次事件，19名玩忽职守者很快受到了党纪与国法的制裁。当时在现场的领导中，有克拉玛依市副市长赵兰秀、新疆石油管理局副局长方天录、克拉玛依市教委副主任、新疆石油管理局教育培训中心副主任唐健等，后来法院认定他们未组织疏散学生而只顾自己逃生，对严重伤亡后果负有直接责任，分别因玩忽职守罪被判处有期徒刑：赵兰秀四年零六个月，方天录五年，唐健五年。

如果舞台纱幕离光柱灯再远一些，如果8个安全门全部开着……可惜，生活中没有如果。克拉玛依市的大火也再次诠释了“蝴蝶效应”在日常生活中也无处不在的道理。舞台纱幕离光柱灯太近，8个安全门关闭着7个，这些隐患无异于亚马孙河流域热带雨林中的蝴蝶扇动几下翅膀，最终引发拔树倒屋的龙卷风。可见，在日常生活中，也要密切注意一切可能存在的安全隐患，否则就可能会引发“蝴蝶效应”，酿成大灾难。

每人只错了一点点

“蝴蝶效应”原理告诉我们：在环环相扣的工作过程中，一处似乎可有可无的细节，一件看起来微不足道的小事，或者一个毫不起眼的变化，往往可以决定工作的进展状况，甚至引发重大变故。

巴西海顺远洋运输公司门前矗立着一块高5米、宽2米的石头，上面密密麻麻地刻着葡萄牙语。文字记述的是关于责任的、让人心情沉重的真实故事。下面就是石头上所刻的文字：

“环大西洋”号海轮消失了，当巴西海顺远洋运输公司派出的救援船到达出事地点时，21名船员不见了，海面上只有一个救生电台有节奏地发着求救的摩斯码。救援人员看着平静的大海发呆，谁也想不明白在这个海况极好的地方到底发生了什么，从而导致这条最先进的船沉没。这时有人发现电台下面绑着一个密封的瓶子，打开瓶子，里面有一张纸条，21种笔迹，上面这样写着：

一水理查德：3月21日，我在奥克兰港私自买了一个台灯，想给妻子写信时照明用。

二副瑟曼：我看见理查德拿着台灯回船，说了句“这个台灯底座轻，船晃时别让它倒下来”，但没有干涉。

三副帕蒂：3月21日下午，船离港，我发现救生筏施放器有问题，就将救生筏绑在架子上。

二水戴维斯：离港检查时，发现水手区的闭门器损坏，用铁丝将门绑牢。

二管轮安特耳：我检查消防设施时，发现水手区的消火栓锈蚀，心想还有几天就到码头了，到时候再换。

船长麦凯姆：起航时，工作繁忙，没有看甲板部和轮机部的安全检查报告。

机匠丹尼尔：3月23日上午，理查德和苏勒的房间消防探头连续报警。我和瓦尔特进去后，未发现火苗，判定探头误报警，拆掉交给惠特曼，要求换新的。

大管轮惠特曼：我说正忙着，等一会儿拿给你们。

服务生斯科尼：3月23日13点，到理查德房间找他，他不在，坐了一会儿，随手开了他的台灯。

大副克姆普：3月23日13点半，带苏勒和罗伯特进行安全巡视，没有进理查德和苏勒的房间，说了句“你们的房间自己进去看看”。

一水苏勒：我笑了笑，也没有进房间，跟在克姆普后面。

一水罗伯特：我也没有进房间，跟在苏勒后面。

机电长科恩：3月23日14点，我发现跳闸了，因为这是以前也出现过的现象，没多想，就将闸合上，没有查明原因。

大厨史若：我接马辛电话时，开玩笑说：“我们在这里能有什么问题？你还不来帮我们做饭？”然后问乌苏拉，“我们这里都安全吧？”

二厨乌苏拉：我回答：“我也感觉空气不好，但觉得我们这里很安全。”接着，我们就继续做饭。

管事戴思蒙：14点半，我召集所有不在岗位的人到厨房帮忙做饭，晚上会餐。

医生莫里斯：我没有巡诊。

最后是船长麦凯姆写的话：19点半发现火灾时，理查德和苏勒房间已经烧穿，一切糟糕透了，我们没有办法控制火情，而且火越来越大，直到整条船上都是火。我们每个人都犯了一点错误，但酿成了船毁人亡的大错。

看完石头上所刻的文字，我们不难想象出这样一幅惨烈的画面：

3月23日13点，服务生斯科尼在一水理查德的房间里随手开了台灯，而后离去。14点，由于海浪引起船身的晃动，导致台灯倒在船上，灯和灯泡被打碎并且短路引燃周围物质。

机电长科恩“没多想，就将闸合上”，这时燃烧的物质又把电线烧着，由于这是一艘“最先进的船”，照明系统必然是电线像蜘蛛网一样密集而且遍布全船，所以燃烧的电火花立刻遍布全船的照明线路，由于电线一般都要隐藏在装修材料的里面，而且出于防火考虑，这艘船的装修材料一定具有相当的阻燃性，短时间还不可能起火，这时全船的电线已着火了，所以许多船员“感到空气不好”。

这时三管轮马辛打电话到厨房，证明没有问题，又让机舱打开了通风阀，我们知道起火点在一水理查德的房间，而理查德的房间在甲板以下，并且理查德的房间已有明火燃烧，其他房间虽电线着火，介质材料尚未见明火，由于通风管道大量空气的导入，氧气量的剧增导致理查德的房间火势更猛，而其他许多房间也呈现明火。

14点起火，14点半在火势正在发展时，管事戴思蒙“召集所有不在岗位的人到厨房帮忙做饭，晚上会餐”，从而放弃了对各起火点的监控和及时扑救的机会。

19点半，当有人从各个岗位上向船长麦凯姆报告，船上起火后，船长知道主要的着火点在一水理查德的房间时，发出第一道命令：关闭水手区的通道，以阻挡火势发展到甲板上！当几个船员赶到水手区通道门时，发现戴维斯早已用铁丝将通道门绑在船体上，浓烟卷着大火迅速通过水手区通道门而蹿向甲板。

当得知没能挡住大火时，船长发出第二道命令：打开水手区消防栓，就地灭火！几个船员又冲进火海，冒着刺鼻的气味和烈火的熏烤，来到水手区消防栓旁，拼尽全力也拧不动锈蚀的阀门，这几个船员坚持了几十秒钟后，只好逃出火海向船长报告。

这时船长不断接到四处着火的报告，整条船上都是火，而且越来越大，这时船长下了第三道命令：放下救生筏，弃船求生！

20多个船员已经浑身是火，近距离都能闻到头发、皮肤烧焦的味道，虽然都已伤痕累累，但船长身边的几个船员还是忠实地执行着船长的命令。可是，天啊，到了放救生筏的船舷才发现，由于施放器有问题，救生筏在起航前被三副帕蒂牢牢地绑在架子上，怎么也无法把救生筏放到海里去，可以想象，全船已是一条火船，再到舱下去拿消防斧、钳子也来不及，而且再进船舱必将被熊熊大火活活烧死。

底舱的火势越来越大，引起了柴油罐的爆炸，四溅的柴油更助长了火势，绝望的船员们在船上到处乱窜，这时船体猛地向右倾斜，有经验的船长意识到，这是右底舱烧漏了海水大量涌入的缘故，船长这时意识到已无回天之力了，绝望地下达了第四道也是他船长生涯的最后一道命令：把救生电台和写有21种笔迹的字条抛入茫茫大海之中。不久整条船伴着水火不相容的嘶鸣声，带着驾驭它的21名船员沉入大西洋海底。

一个大的悲剧，只因21个人在本职工作中对21个小“细节”的疏忽，没有真正地用心去做。单纯地看，21个人每人只犯了一点点错误，但却如“一只南美洲亚马孙河流域热带雨林中的蝴蝶，偶尔扇动几下翅膀，可以在两周以后引起美国得克萨斯州的一场龙卷风”一样，让“环大西洋”号海轮陷入了“万劫不复”的境地。

由此可看出，对工作中的任何小事及细节，绝不能采取敷衍应付或轻视懈怠的态度，而是要用心去做，这样才能从根本上防止和避免危害和损失的产生——用心做事无大错。

小小的恶习会黯淡你亮丽的人生

在我们的人生中，蝴蝶效应亦是无处不在，而且更加重要，有时候，一个小小的恶习就会酿成一杯难以下咽的苦酒，甚至黯淡你亮丽的人生。

贪图小便宜吃大亏

春秋时期，自从晋国失去霸主地位后，国势愈加衰落，到了晋定公时，晋国六卿势力强大，渐渐互相争权，根本不把国君放在眼中。自范、中行二氏灭后，只存智、赵、魏、韩四卿。四卿听说齐国发生了田氏弑君专国的内乱，而诸侯各国无人过问，于是私自立议，各自拓占土地，作为自己的封邑。

到晋出公即位时，国君所属的土地，反而少于四卿的封邑，却也无可奈何。后来，晋出公秘密派出使者向齐国、鲁国求助，请派大军讨伐四卿，以正国君之名。不料齐、鲁反以其谋告于智伯。智伯大怒，联合韩、魏、赵三家，索性把一个有职无权的国君赶出晋国。自此后，晋之大权，尽归于智伯。

智伯以结好卫国的名义，派出使者赠送给卫侯四匹良马和一枚白璧。卫侯热情地款待了使者。他看着膘肥体健、四蹄生风的良马喜不自胜；捧着价值千金、通体透明白如凝脂的宝璧爱不释手，笑得眼睛都眯成了一条线。见到国君十分高兴，群臣都来祝贺。

上大夫南文子也来了，他看过良马，又看了宝璧，不仅没有向卫侯致贺，脸上却顿时蒙上了一层忧虑之色。卫侯奇怪地问："智伯派人送给寡人良马宝璧，举国上下无不欢喜庆贺，而您面带忧虑是怎么回事？"南文子说："没有功劳受到赏赐，没有力量收到重礼，不可不考虑一下。良马宝璧，这是小国贡奉大国的礼物，而大国却把礼物送给我们弱小的卫国，国君您不觉得奇怪吗？智伯眼下独揽晋国大权，早有吞并赵、魏、韩三家的野心，怎么会向卫国结好呢？""上大夫的意思是……"卫侯有些明白了。"臣以为，智伯定有吞并卫国、壮大自己势力的企图，国君不可不严防。"于是，卫侯命令大将屯兵边境，严加戒备。

智伯果然发兵偷袭卫国，他带着大队人马刚至边境，见卫国边防戒备森严，严阵以待，只好叹了口气说："卫国有贤人，已料到我的计谋了。"智伯无机可乘，回晋后又生一计。他与长公子颜密谋，假装父子失和，而长公子则假装被他驱逐逃亡带着部分军队投奔卫国，以便里应外合。

南文子再次识破这一阴谋，他说：“公子颜贤名远近皆知，智伯又很宠爱他，无缘无故逃亡卫国，其中必然有诈。”他对晋国来的密使说：“卫国可以收留公子颜，但他的车乘若超过5辆，就不许入境。”智伯听说了此事，赞叹道：“南文子真是料兵如神啊。”从此，他打消了偷袭的念头。

南文子识破了智伯的阴谋诡计，不仅靠的是自己的智慧，还有自己高尚的品格，最终使卫国免除了灭顶之灾。

在同样的诱惑面前，春秋初年虞国的国君却表现得愚蠢而贪婪，最后导致国破家亡。

春秋初期，晋国传至献公，积极扩军，拓展疆土。晋献公为了夺取崤函要地，决定南下攻打虢（国都上阳，今河南陕县境），但虞（今山西平陆北）在虢的北边，是虢的邻国，也是进攻虢的必经之路。晋献公害怕两国联合抗晋，于是采用大夫荀息各个击破的计策，先向虞借道攻虢，再伺机灭虞。

周惠王十九年（公元前658年），晋献公派荀息携带美玉、骏马等贵重礼品献给虞公，请求借道攻虢。虞公贪利，又被荀息花言巧语所迷惑，于是不听大臣劝阻，不但应允借道，还自愿做攻打虢的先锋。

这年夏天，晋虞联军攻下虢国重镇下阳（今山西平陆境），使晋控制了虢虞之间的要道。周惠王二十二年（公元前

655年），晋又故计重演，向虞借道。宫之奇用“辅车相依，唇亡齿寒”的道理，说明虢、虞地理相连，利害攸关，虢亡虞必亡，劝虞公千万不要答应借道。

但虞公认为：晋、虞是同宗，不会相欺，根本不听宫之奇的劝说。十月十七日，晋军围攻虢都上阳（今河南省三门峡市区青龙涧河北岸的李家窑村）。十二月初一，上阳城被攻破，虢国灭亡。接下来，晋军乘虞不备，发动突然袭击，俘虏了虞公，消灭了虞国。

虞国亡国的惨痛教训，正是蝴蝶效应在人生领域的表现，小的变故可以带来大的灾难。虞公贪婪的性格，给自己带了国破家亡的巨大灾难，几块美玉、几匹骏马，谁能想到，让虞国付出灭亡代价的竟然就是这一点微不足道的礼品呢？所以，无论做人还是做事，都不要贪婪，因为想得到更多的东西，却往往把现在所有的也失掉。

贪婪是痛苦的开始

世上万事万物，无一事物是十全十美的，如果你要拥有某些东西，就必须学会放弃另一些东西。在现实生活中，机会是自己努力去争取的，并非天地给予的，若你要得到上天的给予，那你就要花费一生去等待。并且，机会来了，如果不好好把握，它就会与你擦肩而过，最后得到的只有懊恼与后悔。适时选择，不可贪婪。

有一位贫穷的人向禅师哭诉："禅师，我生活得并不如意，房子太小、孩子太多、太太性格暴躁。您说我应该怎么办？"

禅师想了想，问他："你们家有牛吗？"

"有。"穷人点了点头。

"那你就把牛赶到屋子里来饲养吧。"

一个星期后，穷人又来找禅师诉说自己的不幸。

禅师问他："你们家有羊吗？"

穷人说："有。"

"那你就把它放到屋子里饲养吧。"

过了几天，穷人又来诉苦。禅师问他："你们家有鸡吗？"

"有啊，并且有很多只呢。"穷人骄傲地说。

"那你就把它们都带进屋子里吧。"

从此以后，穷人的屋子里便有了七八个孩子的哭声、太太的呵斥声、一头牛、两只羊、十多只鸡。三天后，穷人就受不了了。他再度来找禅师，请他帮忙。

"把牛、羊、鸡全都赶到外面去吧！"禅师说。

第二天，穷人来看禅师，兴奋地说："太好了，我家变得又宽又大，还很安静呢！"

人生来就有七情六欲，其中贪婪是人类的劣根。生活中贪婪的例子数不胜数。许多人为了得到物质上的满足不择手段，有的甚至冒天下之大不韪，做出伤天害理的事，最终导致身败名裂、家破人亡。

小鸟问它父亲："世上最高级的生灵是什么？是我们鸟类吗？"

老鸟答道："不，是人类。"

小鸟又问：“人类是什么样的生灵？”

“人类……就是那些常向我们巢中投掷石块的生灵。”

小鸟恍然大悟：“啊，我知道啦！……可是，人类优于我们吗？他们比我们生活得幸福吗？”

“他们或许优于我们，却远不如我们生活得幸福！”

“为什么他们不如我们幸福？”小鸟不解地问它的父亲。

老鸟答道：“因为在人类心中生长着一根刺，这根刺无时不在刺痛和折磨着他们，他们自己为这根刺起了个名字，管它叫贪婪。”

小鸟又问：“贪婪？贪婪是什么意思？爸爸，您知道吗？”

“不错，因为我了解人类，也见识过他们内心那根贪婪之刺，你也想亲眼见识吗？”

“是的，爸爸，我想亲眼见识见识。”

“这很容易，若看见有人走过来，赶快告诉我，我让你见识一下人类内心那根贪婪之刺。”

少顷，小鸟便叫了起来：“爸爸，有个人走过来啦！”

老鸟对小鸟说：“听我说，孩子。待会儿我要自投罗网，主动落到他手中，你可以看到一场好戏。”

小鸟不由得十分担心，说：“如果您受到什么伤害……”

老鸟安慰它说：“莫担心，孩子，我了解人类的贪婪，我晓得怎样从他们手中逃脱。”

说罢，老鸟飞离小鸟，落在来人身边，那人伸手便抓住了它，乐不可支地说道：“我要把你宰掉，吃你的肉！”

老鸟说道：“我的肉这么少，够填饱你的肚子吗？”

那人说：“肉虽然少，却鲜美可口！”

老鸟说：“我可以送你远比我的肉更有用的东西，那就是三句至理名言，假如你学到手，便会发大财！”

那人急不可耐：“快告诉我，这三句名言是什么？”

老鸟眼中闪过一丝狡黠的光，款款说道：“我可以告诉你，但是有条件：我在你手中先告诉你第一句名言；待你放开我，我便告诉你第二句名言；等我飞到树上之后，才会告诉你第三句名言。”

那人一心想尽快得到三句名言，好去发大财，便马上答道：“我接受你的条件，快告诉我第一句名言吧！”

老鸟不疾不徐地说道：“第一句名言，便是：莫惋惜已经失去的东西！根据我们的条件，现在请你放开我。”于是那人便松手放开了它。老鸟落到离他不远的地面继续说道：“这第二句名言便是：莫相信不可能存在的事情！”说罢，它边叫着边振翅飞上树梢，“你真是个大傻瓜，如果刚才把我宰掉，你便会从我腹中取出一颗重量达150克、价值连城的大宝石。”

那人闻听，懊悔不已，把嘴唇都咬出了血。他望着树上的鸟儿，仍惦记着他们方才谈妥的条件，便又说道："请你快把第三句名言告诉我！"

狡猾的老鸟讥笑他说："贪婪的人啊，你的贪婪之心遮住了你的双眼。既然你忘记了前两句名言，告诉你：'莫惋惜已经失去的东西，莫相信不可能存在的事情'。你想想看，我浑身的骨肉羽翅加起来不足100克，腹中怎会有一颗重量超过150克的大宝石呢？！"

那人闻听此言，顿时目瞪口呆，好不尴尬，脸上的表情煞是可笑……

一只小鸟儿就这样耍弄了一个人。老鸟回望着小鸟说："孩子，你现在可亲眼见识过了吧？"

小鸟答道："是的，我真的见识过了，可这个人怎会相信在您腹中有一颗超过您体重的宝石，怎么相信这种根本不可能存在的事情呢？"

老鸟回答说："贪婪所致，孩子，这就是人类的贪婪本性！"

有时候，生活中的痛苦和烦恼不是因为自己拥有的太少，而是因为拥有太多。拥有太多，就会感到沉重、拥挤、膨胀、烦恼，害怕失去。拥有是一种简单原始的快乐，拥有太多，就会失去最初的欢喜，变得越来越不如意。所以，只有知足常乐，才能获得心灵的安宁。

然而，人性有着贪婪的倾向，所以每个人多多少少都会有一点贪婪之心，但是，无论在生活中还是在工作上，我们都不能太过贪婪，做任何事情都应该适可而止。因为贪婪会让你失去理智，你的愚蠢心理就像蝴蝶效应一样被不断地放大，最后不但得不到想要的，而且还有可能失去原有的东西，甚至给自己带来灾难。

懒惰会让前途毁于一旦

懒惰是一种恶劣而卑鄙的精神重负。比尔·盖茨说：“懒惰、好逸恶劳乃是万恶之源，懒惰会吞噬一个人的心灵，就像灰尘可以使铁生锈一样，懒惰可以轻而易举地毁掉一个人，乃至一个民族。”

传说有一种小鸟，叫寒号鸟。这种鸟与众鸟不同，它长着四只脚，两只光秃秃的肉翅膀，不会像一般的鸟那样飞行。

夏天的时候，寒号鸟全身长满了绚丽的羽毛，样子十分美丽。寒号鸟骄傲得不得了，觉得自己是天底下最漂亮的鸟了，连凤凰也不能同自己相比。

于是它整天摇晃着羽毛，到处走来走去，还扬扬得意地唱着：“哆啰啰，哆啰啰，凤凰不如我！凤凰不如我！”夏天过去了，秋天到来，鸟们都各自忙开了，它们有的开始结伴飞到南方。准备在那里度过温暖的冬天；有的留下来，就整天辛勤忙碌，积聚食物啦，修理窝巢啦，做好过冬的准备工作。只有寒号鸟，既没有飞到南方去的本领，又不愿辛勤劳动，仍然是整日东游西荡的，还在一个劲儿地到处炫耀自己身上漂亮的羽毛。

冬天终于来了，天气寒冷极了，鸟们都回到自己温暖的巢里。这时的寒号鸟，身上漂亮的羽毛都脱落光了。夜间，它躲在石缝里，冻得浑身直哆嗦，它不停地叫着：“哆啰啰，哆啰啰，今天别冻死我，明天我就搭个窝！”

等到天亮后，太阳出来了，温暖的阳光一照，寒号鸟又忘记了夜晚的寒冷，于是它又不停地玩着、唱着：“得过且过！得过且过！太阳下面暖和！太阳下面暖和！”

寒号鸟就这样一天天地混着，过一天是一天，一直没给自己搭个窝。最后，它没能混过寒冷的冬天，终于在一个白雪纷飞的夜晚冻死在岩石缝里了。

还有一个关于野猪的故事。

深冬，野猪在森林里饱受觅食的艰辛，于是想起自己的远房亲戚家猪来——吃喝有人伺候，而且除了吃就是睡觉，那样的生活不是自己所向往的吗？不过它马上又清醒了，有人供吃供喝固然不错，但是也是有代价的，那就是死。人类养猪不就是为了吃肉吗？想到这里，野猪打了寒战，紧接着是对家猪的同情，自己觅食固然辛苦，但保住小命更为重要啊！

然而在饿了三天之后，野猪又动摇了：家猪之所以被杀，那是因为它没有反抗能力，而我不一样啊！我身体强壮，又有锋利的獠牙，何不混在家猪里先吃上一个冬天，到时候再逃出去也未尝不可啊！

当晚，它轻易地跳进了猪圈。整整一个冬天野猪和其他家猪一样吃了睡、睡了吃。

过年了，农户发现了野猪，膘肥体壮，肉味一定比一般的家猪鲜美，于是，准备第二天宰杀野猪。

野猪决定在前一天晚上逃命，然而此时的它已经跳不过猪圈——几个月的暴食加上没有往日在山中的跋涉磨炼，它已经失去了反抗的能力，只好任人宰割。

一只蝴蝶扇动几次翅膀，酝酿下去，就会引发一场龙卷风，寒号鸟和野猪任自己懒惰的恶习发展下去，为自己带来的是失去生命的代价。这也告诉我们，懒惰会让一个人的前途毁于一旦，那些生性懒惰的人，不可能在社会生活中成为一个成功者，他们永远是失败者；成功只会光顾那些辛勤劳动的人。人一旦染上了懒惰的恶习，就只会整天怨天尤人，精神沮丧、无所事事，又怎么会取得成功呢？

固执会让人做出错误的判断

固执的意思就是坚持自己想法、做法是最对的，一旦决定之后，任何人都不能够改变他，他也不愿意接受别人的建议，一意孤行，这就是固执己见。具有固执个性的人往往很死板，不会轻易接受别人的意见，即使别人是对的。固执的人在与人交往时，总是要别人依照自己的想法行事，从来不会通融或让步。个性固执的人很容易走极端，因为他不能吸取别人的意见，只认为自己是正确的，不会变通，所以常常会因此而做错事。

有固执个性的人总以持久、不切实际的思想倾向和情感倾向去解释、褒贬或威胁别人的行动和意图。总是戴着有色眼镜，以偏概全，固执己见，钻牛角尖，遇到问题不易转弯，而是死盯住问题不放，也不易接受别人的劝说，甚至对别人善意的规劝和平等商讨一概不听不理，固执到底而不考虑后果，因此常会做出过分的行动来。

春天的一天，一个衣着破旧的男孩出现在美国俄亥俄州一位非常有名气的农场主泰勒先生门前。男孩非常诚恳地请求泰勒先生给他一份工作，并表示无论是做什么工作，他都会尽全力做好。泰勒先生见男孩举止稳重、言辞恳切，感觉不像是个浮躁懒惰的年轻人，便同意了男孩的请求。

泰勒先生给了男孩一份相当繁重的工作——负责整个农场的杂务。泰勒是当地一位极为成功的农场主，他的农场规模在俄亥俄州首屈一指。这么大一家农场，杂务多得令人难以想象：挤牛奶、修剪树木、收拾残汤剩饭、清洗猪圈、喂猪……但男孩没有让泰勒先生失望，他用他的勤快、认真和条理性从容应对农场的烦琐杂务，将农场打理得井井有条。

男孩不仅让泰勒先生极为满意，也引起了泰勒先生的女儿琼丝的注意。一天晚上，琼丝小姐散步路过杂货仓，她知道男孩到农场后就住在这里，当她看到杂货仓里露出微弱的灯光后，就好奇地趴在窗户上想看看男孩在干什么。她惊讶地发现，男孩居然在一天的劳累之后，正专注地在油灯下读书。琼丝走进货仓，发现原先杂物横陈、脏乱不堪的货仓被他收拾得干干净净，男孩正在读一本高中课本。他告诉琼丝，他父亲在他很小的时候就去世了，所以，他只能边打工边学习。男孩还告诉琼丝，等他在农场里挣够了学费，他就去上大学。

时间一天天过去，男孩的勤奋、好学、聪明以及他的远大抱负，都深深地打动了琼丝，而男孩也在不知不觉间被美丽善良又温柔的琼丝所吸引。终于有一天，在琼丝的一再鼓励下，男孩向泰勒先生表达了他对琼丝的爱慕之情。

泰勒先生一听惊呆了，一个穷得叮当响的臭小子，居然敢追求他的宝贝女儿，这简直是对他的侮辱。尽管男孩向泰勒先生保证：他一定会让琼丝过上幸福美满的生活，而且他坚信自己有这个能力。泰勒先生对男孩说道："我承认你是个好小伙，但是我坚决不会让我的女儿嫁给一个一贫如洗、没有任何社会地位的人。"男孩表示这只是暂时现象，通过他的努力，一定能改变这种状况的。泰勒先生讽刺道："你知道我的农场能有今天的规模花费了多长时间吗？这是从我爷爷开始三代人努力的结果啊。等你有钱有地位的时候，琼丝恐怕也变成老太婆了。"无论男孩和琼丝怎么苦苦哀求，都无济于事。

伤心绝望的男孩默默地整理好自己的行李，向琼丝小姐洒泪辞别。

转眼35年过去了。时间到了1880年，泰勒先生已经是步履蹒跚的老人了，他让人拆掉了那间杂货仓，因为农场进一步扩大了，需要盖一间更大的货仓。在拆掉的一根木柱上，人们发现上面刻着这样一行小字：1845年春天，詹姆斯·艾布拉姆·加菲尔德在此打工。这个名字，包括泰勒先生在内的所有的人都耳熟能详，因为，他刚刚当选了美国第二十任总统。

琼丝小姐由于父亲泰勒先生的顽固阻挠，与第一夫人的尊荣擦肩而过，后在父亲的撮合下，与俄亥俄州一位州议员的儿子结为连理，几年后郁郁而终，芳华早逝。

在生活中做出准确的判断并非一件容易的事。阅历和经验有时候是一笔宝贵的财富，它会帮助你正确地判断一件事、一个人；有时候却是蒙蔽你眼睛的一团云雾，它会让你不自觉地看走眼，并成为你固执地坚持误判的帮凶。

固执的人还容易怨天尤人，牢骚太盛，总是抱怨生不逢时，怀才不遇，只问别人给他提供了什么，不问他为别人贡献了什么。个性固执的人往往缺少朋友，人们交朋友喜欢“同声相应，同气相求”，都喜欢结交饱学而又谦和的人。总是以为自己比对方高明，开口就梗着脖子和人家抬杠，明明无理也要搅三分，试想，这样的人谁愿和他打交道？

自负会陷入自欺欺人的困境

自负和自傲是对自己的能力过于自信，并导致自己自高自大、目中无人。

自负是自傲的一种表现，而自傲则比自负更进一步，达到了骄傲自满、盛气凌人的地步。自负往往表现为刚愎自用，自傲往往表现为恃才傲物。

三国时代的关羽，过五关斩六将，单刀赴会，水淹七军，是何等的英雄气概！可是，他致命的弱点就是刚愎自用。当关羽受刘备重托留守荆州时，孙权派人来向关羽的女儿求婚，关羽大怒，出口伤人，以自己的好恶和情绪对待关系全局的大事，不计后果，导致了吴蜀联盟的破裂。最后，关羽落了个败走麦城、被俘身亡的下场。假若关羽少一点固执，不意气用事，那么，吴蜀联盟大概不会遭到破坏，荆州的归属可能会是另外一种局面。

关羽不但看不起对手，也不把同僚放在眼里，名将马超来降，刘备封其为平西将军，远在荆州的关羽大为不满，特地给诸葛亮去信，责问说："马超能比得上谁？"老将黄忠被封为后将军，关羽又当众宣称："大丈夫终不与老兵同列！"关羽目空一切，盛气凌人，一些受过他蔑视侮辱的将领对他既怕又恨，以致当他陷入绝境时，众叛亲离，无人救援，导致他迅速走向败亡。

自负的人往往容易缩小自己的短处，夸大自己的长处，缺乏自知之明，对自己的能力评价过高，对别人的能力评价过低。这种人总是好大喜功，取得一点小小的成绩就认为自己了不起，成功时完全归因于自己的主观努力，失败时则完全归咎于客观条件的不合作，过分以自我为中心，把自己的举动看得与众不同。

约翰和汤姆是相邻两家的孩子，他俩从小就在一起玩耍。约翰是个聪明的孩子，学什么都是一点就通，他知道自己的优势，自然也颇为骄傲。汤姆的脑子没有约翰的灵光，尽管他很用功，但成绩却难以进入前十名，与约翰相比，他从心里时常流露出一种自卑。然而，他的母亲却总是鼓励他："如果你总是以他人的成绩来衡量自己，你终生也不过只是一个‘追逐者’。奔驰的骏马尽管在开始的时候总是呼啸在前，但最终抵达目的地的，却往往是充满耐心和毅力的骆驼。”

聪明的约翰自诩是个聪明人，但一生业绩平平，没能成就任何一件大事。而自觉很笨的汤姆却从各个方面充实着自己，一点点地超越着自我，最终成就了非凡的业绩。约翰愤愤不平，以致郁郁而终。他的灵魂飞到了天堂后，质问上帝："我的聪明才智远远超过汤姆，我应该比他更伟大才是，可为什么你却让他成为人间的卓越者呢？"

上帝笑了笑说："可怜的约翰啊，你至死都没能弄明白：我把每个人送到世上，在他生命的‘褡裢’里都放了同样的东西，只不过我把你的聪明放到了‘褡裢’的前面，你因为看到或触摸到自己的聪明而沾沾自喜，以致误了你的终生！而汤姆的聪明却放在了‘褡裢’的后面，他因看不到自己的聪明，总是在仰头看着前方，所以，他一生都在不自觉地迈步向上、向前！"

人生在世，每个人都有自己独特的禀性和天赋，每个人都有自己独特的实现人生价值的切入点，你只要按照自己的禀赋发展自己，不断地去努力奋斗，你就不会埋没自己的潜能，获得应有的回报。

自负的人总是认为自己比别人高明，所以固执己见，不接受别人的劝告，也听不进不同的意见，更不用说批评意见。由于他们本身虚荣心也比较强，所以总是喜欢炫耀自己，锋芒毕露，还不知适时收敛，所以往往会因为自负产生蝴蝶效应，导致灾难。关羽失荆州、走麦城，正是自负的性格酿成的苦酒。

要克服自负的毛病，就要戒骄戒躁，谦虚谨慎。古人云："满招损，谦受益。"所以，只有虚心学习别人的长处，才能使自己的本领更加高强，知识更加广博。才华横溢的人最要不得的就是聪明反被聪明误，所以，要懂得韬光养晦，收敛锋芒。

一个人最可怕的是认不清自己，无论拥有多么傲人的资本、多么出众的才智，都不要把自己看得太了不起了。青少年朋友们尤其要注意，为人处世一定要学会放低姿态，收敛锋芒。不要以为自己是救国济民、一呼百应的圣贤君子，别人缺了你就不行，更不要到处争强好胜，非把人逼到"无脸见人"的边缘才善罢甘休。只有保持平和的心态，平平淡淡地处世，才能在人生路上一路走好。

时刻保持诚信

教育家陶行知曾经说过：“人的最大美德莫过于诚实。”的确，诚信是中华民族的传统美德，是我们的做人之本。一个诚实有信的人，能够获得大家的尊重和友谊。反过来，如果贪图一时的安逸或小便宜，而失信于他人，表面上是得到了“实惠”，其实，这点“实惠”却牺牲了他自己的声誉，而与物质相比，人的声誉则重要得多。

很久以前，鸟类和走兽因为发生一点争执，就爆发了战争。并且，双方僵持，各不相让。

有一次，双方交战，鸟类战胜了。蝙蝠突然出现在鸟类的堡垒：“各位，恭喜啊！能将那些粗暴的走兽打败，真是英雄啊！我有翅膀又能飞，所以是鸟的伙伴！请大家多多指教！”

这时，鸟类非常需要新伙伴的加入，以增强实力，所以很欢迎蝙蝠的加入。

可是蝙蝠是个胆小鬼，等到战争开始，便不露面，躲在一旁观战。后来，当走兽战胜鸟类时，走兽们高声地唱着胜利的歌。蝙蝠却又突然出现在走兽的营区："恭喜各位！把鸟类打败，实在太棒了！我是老鼠的同类，也是走兽！敬请大家多多指教！"

走兽们也很乐意地将蝙蝠纳入自己的同伴群中。

于是，每当走兽们胜利，蝙蝠就加入走兽。每当鸟类打赢，它就又成为鸟类的伙伴。

最后战争结束了，走兽和鸟类言归于好，双方都知道了蝙蝠的行为。当蝙蝠再度出现在鸟类的世界时，鸟类很不客气地对它说："你不是鸟类！"

被鸟类赶出来的蝙蝠只好来到走兽的世界，走兽们则说："你不是走兽！"并赶走了蝙蝠。

最后，蝙蝠只能在黑夜偷偷地飞着。

蝙蝠因为做了背信弃义的事情，所以被孤立起来。人也一样，千万不要违背诺言，成为众矢之的。

没有诚信的人生活在世上，如同一颗飘浮在空中的尘埃。只有以诚信来为人处世，才能在社会上立足，才能在事业上有所发展，才有光明的前途。诚信已成了这个社会必不可少的品德，诚信能完善我们的个人品质。做人要有诚信，拥有诚信的人不管在事业方面，还是在生活方面都容易取得成功。诚信是一个人最为重要的品质。

美资企业雅利公司准备招聘4名中国高级官员，一名青年成为10名复试者中的一员。

复试由总经理贝克先生主持。当那名青年走进小客厅时，贝克先生从沙发上站了起来。他先是迟疑："是你？你是……"转而一脸的惊喜，并紧紧握着那青年的手，用流利的中文说，"原来是你！我找你找了很长时间了！"接着他激动地转过身对在座的几位"老外"嚷道："先生们，向你们介绍一下，这就是救我女儿的那位年轻人！"青年的心狂跳起来。还没容得他说话，贝克先生就把他拉到身旁的沙发上坐了下来，又一个劲地说道："我划船的技术太差了，把女儿掉进了昆明湖中，要不是你这个年轻人就麻烦了。真抱歉，当时我只顾着女儿，没来得及向你道谢。"青年感到很突然，他竭力抑制住自己，抿了抿发干的嘴唇说："很抱歉，我以前从未见过您，更没救过您的女儿。"可贝克先生依然一个劲地说："您忘记了？4月2日，昆明湖公园……肯定是你！"贝克先生一脸的得意。青年很沉着，站起来说："贝克先生，我想您肯定是弄错了，我没有救过您女儿。”青年说得很坚决，贝克先生一时愣住了，忽然，他又笑了：“年轻人，我很欣赏你的诚实，我决定，你复试通过了！”

那位青年幸运地成了雅利安公司的一名职员。由于关心，有一次他问经理的助手：“救贝克先生女儿的年轻人找到没有？”助手一时没反应过来，可很快就朗声大笑起来：“他女儿？有7名复试者就因为他女儿被淘汰了。其实，贝克先生根本就没有女儿。”

在这个纷繁复杂的社会中，能够不被世俗浸染，依然保持着诚实的秉性，这是内在的本质，实在难能可贵。有些人，为了达到目的，不惜挖空心思，编织各种谎言作为走向成功的一个重要的部分，但是最终难有成功。

美国总统华盛顿曾经说过：“自己不能胜任的事情，切莫轻易答应别人，一旦答应了别人，就必须实践自己的诺言。”

公元前4世纪，在意大利，有一个名叫皮斯阿司的年轻人因触犯了国王，被判绞刑，在某个法定的日子中将被处死。皮斯阿司是个孝子，在临死之前，他希望能与远在百里之外的母亲见最后一面，以表达他对母亲的歉意，因为他不能为母亲养老送终了。他的这一要求被告知国王。国王被他的孝心所感动，允许他回家，但是他必须为自己找个替身，暂时替他坐牢。这是一个看似简单其实近乎不可能实现的条件。有谁肯冒着被杀头的危险替别人坐牢，这岂不是自寻死路。但茫茫人海，就有人不怕死，而且真的愿意替别人坐牢，他就是皮斯阿司的朋友达蒙。

达蒙住进牢房以后，皮斯阿司回家与母亲诀别。人们都静静地观望着事态的发展。日子一天天过去了，皮斯阿司还没有回来，刑期眼看就快到了。人们一时间议论纷纷，都说达蒙上了皮斯阿司的当。行刑日是个雨天，当达蒙被押赴刑场之时，围观的人都在笑他的愚蠢，幸灾乐祸者大有人在，刑车上的达蒙面无惧色，慷慨赴死。

追魂炮被点燃了，绞索也已经挂在达蒙的脖子上。胆小的人吓得紧闭双眼。他们在内心深处为达蒙深深地惋惜，并痛恨那个出卖朋友的小人皮斯阿司。就在这千钧一发之际，在淋漓的风雨中，皮斯阿司飞奔而来，他高喊着："我回来了！我回来了！"

这一幕太感人了，许多人都以为自己是在梦中。这个消息宛如长了翅膀，很快便传到了国王耳中。国王闻听此言，也以为这是谎言，便亲自赶到刑场，他要亲眼看一看自己优秀的子民。最终，国王万分喜悦地为皮斯阿司松了绑，并亲口赦免了他的刑罚。

诚信让求职者获得满意的职务，诚信让死刑犯得以赦免，这正是蝴蝶效应在生活中的体现。

成人需要信守诺言，青少年朋友们也是如此，它是我们的梦想与动力，将给我们带来无尽的勇气和巨大的力量，也会为我们带来成功的喜悦和宽广的人脉。

喜欢说假话的人，最终会被人识破，使自己落得身败名裂的下场。只有说实话，办实事，做老实人，才能赢得别人的信赖和尊重。青少年朋友们还记得那个关于“狼来了”的故事吧。这个故事能流传下来，就是因为它蕴含了深刻的关于诚信的道理。在现实生活中，失去诚信就不仅仅是损失几只羊了。

克制不良情绪

就像多米诺骨牌，当你开启时，就会一倒百倒，引起一个巨大的几乎不可逆转的连锁反应。这表明了一件事对于整个结果的影响，在我们的人生中，蝴蝶效应亦是无处不在，而且更加重要。

比如下面这个故事：

一位男士因为在工作中的差错受到领导的批评，心中闷闷不乐，独自在街上徘徊，很晚才回家。妻子见丈夫回来晚了，就问丈夫："你今天怎么回来这么晚？"丈夫一听，正愁气没地方出，就朝妻子大声吼叫："回来晚了怎么了？我就不能晚回来？"

妻子见丈夫这个态度，觉得很委屈，心想，我是关心你才问，你怎么不识好歹，越想越生气。这时儿子跑过来说："妈妈，怎么还不吃饭呀？我都快饿死了！"

妻子听儿子在旁边吵着要吃饭，心里更烦了，就冲着儿子大声说："吃饭！吃饭！你就知道吃饭，饿不死你。"

儿子一听，也不高兴了，心想，你们大人闹情绪，干吗拿小孩出气？正巧，家里养的一只小花猫对着儿子叫："喵……喵……"生气的儿子朝小猫猛踢了一脚，小猫尖叫一声，冲到门外的街道上，这时一辆面包车开过来，司机为了躲避小猫，却不小心把一个老太太撞倒了，引发了一场不该发生的交通事故。

像这样的场面，是不是真实其实并不重要，因为在生活中，我们经常可以看到类似的情节，不少人有了不良情绪，一不小心就把它带到了工作中或生活中，从而伤害了家人、同事、朋友甚至一些弱势群体。比如医生，现在就有医院特意做出规定：不允许带有负面情绪的外科医生上手术台，其目的是防止医生将不良的情绪带到手术中，给患者带来不必要的伤害。这种伤害的过程，就是蝴蝶效应的一个体现。因为一个小小的情绪，医生可能会在无意中害了一条生命。

你做了一件事，人生可能就会一帆风顺；但如果不那样做或者做错了，情况就会完全不同，你可能充满坎坷，付出更大代价，甚至走向另一个方向。正如影片《蝴蝶效应》所讲述的，即使真的给我们提供了一次又一次反悔的机会，也没有任何人会对自己的人生完全满意。因为稍微一个弱小的变化都可能会导致此后一连串意想不到的变化。这就像是一种超脱于人之外的神秘力量，它将无声无息地改变一切，不管你是否注意或有意改变，我们都难以完全把控它对人生的影响。

这更加证明，“蝴蝶效应”是混沌运动的一种表现形式。当我们进而考察生命现象和复杂的人生时，我们就能发现，蝴蝶效应起作用的方式，既非完全的周期性，又非纯粹的随机，它们既有“锁频”到自然界周期的过程（如季节和昼夜等）的一面，又保持着内在的“自治”性质——不被我们控制，不受我们影响。唯一可以确定的是，它对初始条件的敏感性：输入端有微小的差别，都会迅速放大到输出端，形成压倒一切的差别。

莫因干扰乱了心神

在福克兰定律看来，不被突如其来的干扰动摇心绪的人，才能掌握事情的主动权。每个人在做事的时候难免面临一些杂乱事情的干扰，这个时候你怎么做，将决定着事情的发展方向。

老虎自恃是森林之王，有一天觅食时，遇到了一只飞来飞去的牛虻，老虎生气地喝道："不要在我的眼皮下打扰我，否则我就吃掉你！"

"嘻嘻，只要你够得着就来吃呀。"牛虻一面嘲笑着老虎，一面飞到老虎的鼻子上吸血。

老虎用爪子来抓，牛虻又飞到虎背上，钻进虎皮中去吸血。老虎恼怒地用钢鞭一样的尾巴驱赶牛虻，但牛虻不断地转移位置，不停地狠狠叮咬。老虎躺在地上打滚，妄图压死牛虻，牛虻立刻飞走了。但过了一会儿，它又回到老虎的鼻尖上。

就这样，一只老虎在和牛虻的搏斗中，活活累死了。老虎其实没有必要去在乎一只牛虻，它的烦恼和灾难并不是因为牛虻，而是因为它自己。

1965年9月7日，世界台球冠军争夺赛在美国纽约举行。路易斯·弗克斯的得分一路遥遥领先，只要再得几分，他便可稳拿冠军了。

就在最后一场决赛开始之后不久，他发现一只苍蝇落在了主球上，于是挥杆将苍蝇赶走了。可是，当他俯身准备击球的时候，那只苍蝇又飞了回来。在观众的笑声中，他再一次扬起手赶走了苍蝇。

他的情绪已被这只讨厌的小动物破坏了，而且更为糟糕的是，它好像是有意跟他作对，等他一回到球台，苍蝇就又飞落到主球上，引得周围的观众哈哈大笑。

路易斯·弗克斯的心情恶劣到了极点，终于失去了理智，愤怒地用球杆去击打苍蝇。不幸球杆碰动了主球，裁判判他击球，因此他失去了一轮机会。

路易斯·弗克斯为此方寸大乱，接着连连失利，而他的对手约翰·迪瑞则愈战愈勇，一步步赶上并超过了他，最后夺走了冠军金牌。

第二天清早，人们在河里发现了路易斯·弗克斯的尸体，他因无法接受这样的结果而投河自杀了！

一只小小的苍蝇，竟然击倒了所向无敌的世界冠军！这是一件不该发生的事情。其实，路易斯·弗克斯完全可以采取另一种做法，那就是：击自己的球，不要理睬苍蝇。当主球飞速奔向既定目标的时候，那只苍蝇还站得住吗？

在我们通往人生目的地的路途中，一定会有很多影响我们的“苍蝇”和“牛虻”。记住自己要做什么，不要在乎这些身外的干扰，如此我们才不至于因小失大，才能避开本来可以躲避的挫折和失败，避免留下人生的遗憾和后悔，如果过分在乎那些身外的干扰，就可能产生蝴蝶效应，让一只小小的苍蝇击倒自己。

生活中要少一点猜疑

猜疑往往是心灵封闭的人自己设置的心理屏障。只有敞开心扉，将心灵深处的猜测和疑虑公之于众，增加心灵的透明度，才能求得彼此之间的了解沟通，增加相互信任，消除隔阂，获得最大限度的谅解。

有一个寓言，说的是“疑人偷斧”的故事：

一个人丢失了斧头，怀疑是邻居的儿子偷的。从这个假想目标出发，他观察邻居儿子的言谈举止、神色仪态，无一不像偷斧的样子，思索的结果进一步巩固和强化了原先的假想目标，他断定贼非邻子莫属了。可是，在山谷里找到斧头后，再看那个邻居的儿子，他竟然一点也不像偷斧者。

这个人从一开始就自己给自己先下了一个结论，然后自己走进了猜疑的死胡同。由此看来，猜疑一般总是从某一假想目标开始，最后又回到假想目标，就像一个圆圈一样，越画越粗，越画越圆。现实生活中猜疑心理的产生和发展，几乎都与这种作茧自缚的封闭思路主宰了正常思维密切相关。

从前，有一只老鼠、一只小鸟和一截香肠。它们是好朋友，整天生活在一起，有着不同的分工。老鼠每天负责挑水、生火、摆桌子，小鸟负责拾柴火，香肠负责做饭。它们各尽其职，日子过得舒舒服服，开开心心。

这天，小鸟在路上遇见一只乌鸦，就向乌鸦吹嘘了一通舒适的生活。谁知，乌鸦却嘲笑小鸟，说它尽做些累活儿，让老鼠和香肠在家里舒舒服服待着偷懒。

听了乌鸦的话，小鸟对它和老鼠、香肠之间的分工产生了怀疑，越想越觉得乌鸦说得有道理，越觉得自己受了委屈。于是，小鸟一回到家就开始吵着闹着要重新分工，想换一种活法。

最后，它们只好抽签决定分工。小鸟抽中了生火、担水，香肠抽中了去拾柴火，而老鼠则成了厨师。

第二天，它们按照新的分工开始干活儿了。结果如何呢？小鸟生了火之后，和老鼠在家里等着香肠的柴火，可左等右等都等不见香肠。于是小鸟飞出去找香肠。

刚离家没多远，小鸟看到一条大黄狗正在吞食香肠。虽然失去了一个好伙伴，但日子还得过，于是小鸟和老鼠重新打起精神生火做饭。

等菜快好的时候，老鼠也想学香肠一样，跳到菜里滚一滚。可惜，老鼠跳下去没多久就动弹不了了。

小鸟摆好桌子准备盛饭菜，转身却不见了老鼠。急得小鸟边哭边找，柴火都翻遍了，也没找到老鼠，而且，柴火不知什么时候被点着了。

小鸟冲出去想打水救火，一失手，桶掉进井里去了，把小鸟也连带着拖了下去。最后，小鸟淹死在井里了。

猜疑是建立在猜测基础之上的，这种猜测往往缺乏事实根据，只是根据自己的主观臆断毫无逻辑地去推测、怀疑别人的言行。好猜疑的人最终会陷入作茧自缚、自寻烦恼的困境中，结果还会导致自己的人际关系紧张，失去他人的信任，挫伤他人和自己的感情，对心理健康构成极大的危害。为此，英国思想家培根曾说：“猜疑之心如蝙蝠，它总是在黄昏中起飞。这种心情是迷惑人的，又是乱人心志的。它能使你陷入迷惘，混淆敌友，从而破坏人的事业。”尤其可怕的是，就像蝴蝶效应所诠释的哲理一样，微小的差别，都会被迅速放大，形成压倒一切的差别。生活中，哪怕是一点点猜疑，有时也可能让你失去最珍贵的东西。

冲动是魔鬼

有句名言："冲动是魔鬼。"冲动之下，理智就像蝴蝶效应一样，其负面效应被无限放大，做出的事往往会失去控制，甚至带来灾难。

从前有个猎人，他养了一只大猎犬，这只猎犬十分机敏，个头很大，是他进山打猎的好帮手。

一天猎人进山打猎时，偶然发现一个山洞中有一堆蜂蜜，他见到蜂蜜，如获至宝。因为那个地方的人很贫穷，能吃到蜂蜜的人是很少的。于是他从洞中取出一些蜂蜜，小心地放入随身携带的皮囊中，拿到一个村子里，想卖个好价钱。

猎人携带皮囊，来到村里的一个油商铺中，问他要不要蜂蜜，油商一听说有蜂蜜，很高兴地让他快拿出来瞧瞧。猎人从皮囊中取出蜂蜜让油商看货色时，有几滴蜂蜜滴到地上了。这时，几只苍蝇飞来啜蜂蜜，油商喂养的一只小鸟也来啄蜂蜜，商人养的一只猫见小鸟在啄蜂蜜，立马扑上去咬住小鸟，猎人的猎犬见猫咬住小鸟，猛然蹿上去一口将猫咬死了。商人见猫被猎犬咬死，非常生气，抄起一根棍子，上前一棍子将猎犬打死了。猎人一看自己心爱的猎犬被商人一棍子打死，也顾不得卖蜂蜜了，上去就一把揪住商人，两人厮打一团，混战中，商人被膀大腰圆的猎人打死了。

打死人的消息很快传开了。商人所在村子的村民怒不可遏，纠集很多人去找猎人报仇，猎人所在村子的村民也义愤填膺，于是，双方互不相让，拿起刀枪棍棒，展开了激烈的械斗，两个村子里的人混战一场，结果造成更大的伤亡。

不管是什么人，在情绪冲动时做出的事总会影响到方方面面，甚至带来难以弥补的恶果。所以说，人必须注意蝴蝶效应的巨大影响，平时掌控好自己的情绪，保持理智，战胜自己，把冲动这个大敌打倒。

学会限制你的贪念

有这样一则寓言故事，很值得我们深思。

一只死去的大象静静地躺在幽僻的恒河边，正巧被一只出来寻觅食物的豺看见了。豺高兴地想：“哇，我今天运气真好！”

它快步来到大象身边，并用力朝着象鼻咬了一口，但是象鼻硬得就像根木头，豺生气地破口大骂：“这是什么鬼玩意儿，居然咬不动！”

于是，它回头去咬象耳，没想到还是咬不动，转到象的腹部仍然咬不动，它东咬一口，西咬一口，大象的全身几乎都咬遍了，仍然没有一个可以被咬下一口的部位。

它哀怨地说：“怎么办，我快饿死了，怎么没有一个地方咬得动呢？”

最后，它找到了大象的屁股，再次用力一咬，这回居然咬动了，而且咀嚼起来就像刚刚活捉的小羊的肉，既松软又可口。

这会儿豺开心地自言自语说：“这才像样，看来大象身上最柔软可口的地方，只有这里了！”

只见贪吃的豺，从大象的屁股开始，不断地往里头钻食。

它从屁股吃到了象肚，当它吃完象的内脏，喝了几口象血之后，便舒服地躺在象肚里睡觉。

它醒来时，想了想：“照理说，该出去了。可是这么大的一头象我怎么能放弃呀！不如就待在里面吧！这样整头大象就都是我的了！”

就这样，豺在象肚里舒舒服服地住了下来。

只是它没料到，在烈日的照射下，大象的尸体开始紧缩，特别是送入空气的肛门处，已经越缩越小。

终于有一天，豺醒来时，象肚里居然一片漆黑。其实在这之前象肚里的肉质早就变硬，象血也早已枯竭了，但是已经安逸于象肚里的豺，一点也不介意，直到伸手不见五指时，它才警觉到大事不妙了。

豺发现出口不见了，感到万分惊恐，不住地在象肚里东突西蹿，又撞又踢，只是不管它怎么撞，就是撞不出一个逃生的出口。

直到有一天，天空下了一场大雨，象尸因为浸泡在雨水中，全身开始发胀，不久肛门口也松开了，透进了一点微光。

豺看见这点微光，开心地来到肛门口："得救了！"

只见它用力地冲向出口，终于拼了命地钻了出来。只不过，因为用力过猛，它身上的毛，居然全被象皮给磨光了。

它逃出象肚，立即奔到河边喝水解渴，这才从河的倒影中，发现自己居然全身光秃秃的。豺叹了口气："唉，都怪我太贪心了，现在弄成这副德行，怎能见人呢？"

生活中，很多人都因为贪得无厌的习惯而堕落，他们为了满足贪欲铤而走险，最终做出了让自己后悔不已的事。这实在是一件很可悲的事。当贪婪成为一种习惯时，人们的脚步就会走偏，直到酿成大错。不要让这种错误的习惯扭曲了我们的生活方向，我们可以享受生活，但不能沉溺于对物质无休止的追求中。唯有知足，我们才能开心地享受人生。

微小动作可以改变你的一生

一只美丽的蝴蝶在南美洲的巴西扇动了几下翅膀，居然有可能在位于北美洲的美国引起一场灾害性的龙卷风。你信不信，一个微不足道的小动作也许会改变人的一生。

美国福特公司名扬天下，不仅使美国汽车产业在世界独占鳌头，而且改变了整个美国的国民经济状况，谁又能想到该奇迹的创造者福特当初进入公司的“敲门砖”竟是“捡废纸”这个简单的动作呢？

那时福特刚从大学毕业，他到一家汽车公司应聘，一同应聘的几个人学历都比他高，福特感到没有希望了。当他敲门走进董事长办公室时，发现门口地上有一张纸，他很自然地弯腰把它捡了起来，看了看，原来是一张废纸，就顺手把它扔进了垃圾篓。

董事长把这一切都看在眼里。福特刚说了一句话："我是来应聘的福特。"董事长就发出了邀请："很好，很好，福特先生，你已经被我们录用了。"这个让福特感到惊异的决定，实际上缘于他那个不经意的动作。从此以后，福特开始了他的辉煌之路，直到把公司改名，让福特汽车闻名全世界。

无独有偶，平安保险公司的一个业务员也有与福特相似的惊喜。他多次拜访一家公司的总经理，而最终能够签单的原因，仅仅是因为他在去总经理办公室的路上，随手捡起了地上的一张废纸并扔进了垃圾桶。总经理对他说："我透过窗户玻璃观察了一个上午，看看哪个员工会把废纸捡起来，没有想到是你。"而在这次见总经理之前，他还被"晾"了三个多小时，并且有多家同行在竞争这个大客户。

福特和平安公司那位业务员的收获看上去很偶然，但实际上却是必然的，他们下意识的动作是他们习惯的体现，而这种习惯的养成却来源于他们的积极态度，这正如心理学家威廉·詹姆士所说："播下一个行动，你将收获一种习惯；播下一种习惯，你将收获一种性格；播下一种性格，你将收获一种命运。"在一个人的人生历程中，一次大胆的尝试，一个灿烂的微笑，一个习惯性的动作，一种积极的态度和真诚的服务，都可以产生生命中意想不到的辉煌或成功，它能带来的远远不止于一点点喜悦和表面上的报酬。

小小的善意会创造惊人的奇迹

“蝴蝶效应”说明：微小的坏现象，如果不加以及时地引导、调节，会给社会带来非常大的危害；同样，一个微小的好的现象或举动，也会引起连锁反应，甚至会创造出惊人的奇迹。

感动美国法律的爱心

有一位老人，一生靠修鞋维持生活。他的修鞋摊摆放在当时美国的波士顿法院门外的大街上。

老人在法院门外修鞋，养成了一个习惯，每当法院开庭，他总是收起鞋摊，随着人流进入法院，去旁听各种案件的审判。

一天早晨，一个衣衫褴褛、满脸悔意的年轻人被带进了法院。凭修鞋老人多年的经验，这个青年又是一个在公共场所的酗酒闹事者。那时候，在麻省的法律中，“酗酒闹事”只是一种轻微的罪行，只需被告人委托别人交一小笔保释金，便可判一年“监外守行为”；若无人替他交保释金，等着他的便是冷酷无情的监狱生活。在那种小偷、抢劫犯、强奸犯、诈骗犯集中的大监狱里关一年，即使原本知错就改的青年，出来后，也十有八九学坏了，变成一个对社会满腔怨恨、对法律充满敌意的职业罪犯。修鞋老人在法庭上见过不少这样的案例，此时，老人看着眼前这个充满悔意、惊慌失措的青年，心中顿升一股恻隐之情。

老人按捺不住自己的情绪，径直来到年轻人的身边，悄悄地问起他的犯罪经过和家庭情况。青年诚恳而内疚地告诉老人，由于父母早已离异，他一直跟着爷爷过，因喝醉酒打了人，他感到对不住年老的爷爷，自己有一份不错的工作，又有一个很好的女友……说着青年泪流满面。老人对青年充满了同情，他敢肯定青年是个穷苦人，很难拿出保释金。

开庭时，老人从容地走向法官，表示自己愿做被告的担保人，保释青年出去。刹那间，青年一边哭一边当场向老人和法官保证：从此戒酒，好好工作，疼爱女友，孝敬老人……

老人的古道热肠和青年的悔意，深深打动了法官，他灵机一动，同意鞋匠的请求，下令延期三周审判，三周后根据被告人的具体表现将作出最后判决。三周后，老人亲自陪同被告人返回法庭，容光焕发的青年令法官精神为之一振。这时，老人向法官呈上一页报告——以上帝的名义发誓做证，这个青年三周来滴酒未沾，一直勤劳工作，照料祖父，空余时间还去教堂做义工。报告上还有青年所在街区的警察和教堂牧师的签名。法官一见大喜，当场宣布释放了青年，并象征性地对他罚款一美分。走出法庭，青年紧紧拥抱着修鞋老人，喜极而泣。

青年从此变成了一个滴酒不沾、勤劳守法的好公民。

修鞋老人的爱心和法官的灵光一闪，便开创了美国司法史上一种全新的思路——“惩罚与教育”相结合。

以后的十七年，修鞋老人共为两千多人担保，他的爱心改变了两千多人的命运；老人的善举同时也影响了美国司法制度的文明进程，以至后来麻省正式通过一项法律，专门成立了一个“缓刑司”机构，实施“仁心仁术”的新刑事司法制度。不出几年，全美国三十多个州纷纷效仿，取得了可喜的成果。

这位修鞋老人就是一百多年前被载入美国法律史册的被誉为“缓刑之父”的约翰·奥古斯都，他对后人的影响不逊于美国的任何一任总统。

一位又老又穷的修鞋匠仅凭一颗爱心，就享有了和总统一样的声誉，创造出人生的奇迹。因为爱心的力量是无穷的，它能触动一个人的良知，唤醒人性本质的善良，从而使整个社会变得越来越和谐，这也是蝴蝶效应在生活中的表现。

现实生活中，只要我们能够释放出自己的爱心，就能温暖我们周围的人，那样，我们沐浴在爱心的阳光中，自然会嗅到人性的芬芳。

老人宽容的爱最终改变了美国法律的历史，因为老人那小小的爱心，在被他帮助的人的身上，足见爱的伟大和它的无穷力量。如果人人都充满爱心，世间便充满了温情。

一念慈心

一个农民工深入到很深的井底去挖沙，发现井壁凸出的一块大石头十分碍事，便奋力去掀那石头，不想引起了土石的大面积滑塌。他被活活埋在了井里。

救援的方案一个接一个出台。实施或放弃，几乎就在同一个时间里进行着。谁都没碰到过这样的事，大家全都乱了阵脚。有人找来了挖掘机，有人喊来了120，有人叫来了媒体，邻近的乡亲们也都闻讯赶到，出主意的出主意，瞧热闹的瞧热闹。

挖掘机将井边的土挖到了一定的深度，民间指挥家就喊停了——是该停了，否则下一铲或许就铲着了脑袋。

大家纷纷跳进挖掘机刚刚制造出的大坑里，用双手刨挖土石。很快，大家的手就被磨烂了，就算是淌着血，也不能停歇啊，因为手底下有一个刚才还和他们一起谈笑的兄弟。

时间过得飞快，转眼间五个钟头过去了。

终于挖到了黄色的安全帽，接着，那人的脸露出来了，颈露出来了。土石堆里凭空插着个脑袋，居然，那眼珠还会骨碌碌转！

那个农民工得救了。

所有的医护人员都觉得这事太不可思议。想想看，一个大活人，生生给埋了五个多钟头，怎么能够生还呢？莫非说，他是得了神助？

记者就这个问题去采访那个命大的人。他靠在病床上，神情淡定。他说，安全帽起到了一定的保护作用；另外，被埋之后，他便强迫自己不再用鼻呼吸，而完全用嘴呼吸，免得尘土被吸进肺里。他沉吟了一下，然后说："还有一点，挺重要——我听见上面有动静，我就想，我得活着！不能死！我不能叫弟兄们挖出个死人，我不能叫他们觉得不值。"

原来，让他不忍死去的，竟是对那些辛苦的营救者的答谢之心。这么朴素，又这么动人。到了那样命悬一线的时刻，他想的不是为自己生还而生还，而是希望用自己一条活蹦乱跳的生命，去证实人们这大半天的忙活很"值"。

单纯而清晰的目的，不会让落难的心灵超载。唯其如此，这个被死神卡住了咽喉的人才能够安静地等待，不挣扎，不悲鸣，只在安全帽下不倦地眨动着眼睛，等待着目光与天光交融时刻的到来……

这个事例说明蝴蝶效应在生活中也是无处不在。心怀感恩，引发蝴蝶效应，让被困的农民工将生的信念无限放大，才能使他信心百倍地活下去。在这个世界上，心存善良的人即使平凡，但也同样可以创造人生的奇迹。

幸福是爱心的回报

人生最珍贵的就是爱，最容易被我们所忽视的也是爱。只要对人生多一些理解，只要能够感受到爱，只要心中有爱，就是幸福的。我们每一个人都要学会爱，爱世界，爱生活，爱别人，爱自己，是成就一切事业的基础；如果不懂得爱，没有了爱，这世界将会是一片荒芜。一颗冷酷的心，常常能够扼杀最有生机的事物。只要充满爱心地去付出，一切都会有收获，无论付出的多么早，或者多么晚。

多年前，两个贫穷的年轻人在斯坦福大学边上学边打工，生活和学习都很艰难。但他们从不为自己的生活灰心，为了赚一笔钱用以支付学费，他们想和一位著名的钢琴家合作举办一场音乐会。那样，他们就可以赚到一些门票钱。这位应邀的大钢琴家就是伊格纳西·帕德鲁斯基。他的经纪人和这两个小伙子谈判说："要想举办这场音乐会，你们必须先筹足2000美元。"2000美元，这在当时对于过着正常生活的人们来说都不是一个小数目，更何况对于两个穷困潦倒的大学生呢？但是，他们两个人并没有过多地犹豫，就答应了下来。

两个年轻人开始拼命工作，但无论他们多么努力，最后只凑够了1600美元。两位年轻人怀着忐忑不安的心情，去找大钢琴家本人。他们把1600美元全给了钢琴家，还附上一张400美元的欠条。并且许诺说，一定会把余下的400美元还清！

"不用了，孩子们，"帕德鲁斯基回答说，"不必这样，完全不必。"说完，他把欠条撕成两半，并把1600美元送回他们手中。最后，钢琴家免费出场了那场音乐会。

许多年过去了。第一次世界大战结束后，帕德鲁斯基担任了波兰的国家总理，由于经济萧条，无数饥饿的人在向他呼救，身为总理的他不得不四处奔波寻求帮助。而当时能帮助他的只有一个人，就是美国食品与救济署的署长赫伯特·胡佛。而令帕德鲁斯基感到纳闷的是，他的请求并没有自己想象中的那么曲折，胡佛很快便答应了他的请求。不久，成千上万吨的食品运到了波兰，挽救了无数生命。帕德鲁斯基总理为此心存感激，亲自前去拜谢。胡佛却回答说："不用谢，完全不用，帕德鲁斯基先生，有件事想必您已经忘记了，多年前，有两个穷困潦倒的大学生，您曾经不计酬劳地帮助过他们，其中一个就是我！”

像蝴蝶效应诠释的理念一样，心中充满爱的人，他会时刻把爱心传递给别人，或许，他并没有祈求回报。但是，既然撒下了种子，就有发芽的可能。种子发芽了，遇到合适的雨露，它就会成长起来，最终就会有丰盈的收获。

爱化解战争

记住一个真理：爱是生命的源泉，是一切力量的源泉，有了真爱，就可以让干涸的心灵长出嫩绿的新叶，开出鲜艳的花朵，在阳光下绽放生命的芬芳。同时，爱也可以将战争、仇恨化解。

这是第二次世界大战期间一个小小的插曲，故事发生在1944年的圣诞夜。靠近比利时边境的德国亚尔丁森林区有间小木屋，里面住着一户人家，娘儿俩是为了逃避盟军轰炸才躲到这儿来的。

这时，突然响起敲门声，母亲慌忙吹熄蜡烛，打开了门。门外站着两个头戴钢盔的士兵，身后还有一个人躺在地上，鲜血染红了地面，其中一个人说着听不懂的语言。母亲马上知道了他们是美国兵——德国的敌人。

美国兵不懂德语，母子俩又不懂英语，幸好双方都能讲几句法语。两个美国兵一个叫杰姆，另一个叫洛宾，伤员叫哈瑞。他们与自己的部队失散了，在森林中乱闯了三天，饥寒交迫，走投无路。望着那个伤势严重的美国兵，母亲动了恻隐之心。

母亲吩咐儿子："去把赫尔曼捉来，拿些马铃薯。"赫尔曼指的是那只唯一留着的公鸡，本来打算等被征去当民防员的丈夫回家过节时一同享用的。

正在布置餐桌时，又有人敲门。这次，门外站着四个德国兵。儿子吓得浑身不能动弹，因为窝藏敌军是要被作为叛国罪论处的。母亲虽然也害怕，但还是镇定地迎了上去，说："圣诞快乐！"

"我们找不到部队，能在这里休息一下吗？"带队的下士问。

"当然，"母亲说，"还可以吃一顿饭。可是，这儿还有三位客人，你们也许不会把他们当作朋友，但今天是圣诞夜，你们不准在这里开枪。"

"是美国兵吗？"几个德国兵问。"听着，"母亲严肃地说，"你们，还有里面的几个，都可以做我的儿子。今夜，就让我们忘掉战争这回事吧！"

四个德国兵一时呆住了。母亲拍了几下手说："话已经说完了，请进。把枪支放在屋角的柴堆上，我们该吃晚餐了！”

德国兵恍恍惚惚，听话地放下了全部武器，美国兵也照做了。

德国兵和美国兵紧张地挤在小屋里，表情十分尴尬。母亲神态自如，“这下，赫尔曼可能不够分配了，再拿些马铃薯和燕麦来，孩子们都饿坏了。”母亲吩咐自己的儿子道。

当儿子从储藏室回到屋里时，发现一个德国兵正在检查美国兵哈瑞的伤口，不共戴天的仇敌仿佛成了一家人。

这种奇迹的休战状态持续到了第二天早上。母子俩用两根竹竿和仅有的台布制成一副担架，让哈瑞躺上去，随后，把客人送出门外。

德国下士指着地图指点美国兵怎样走到他们自己的防线去，然后，互相握手道别。母亲激动地说：“孩子们，但愿有一天，你们都能平安地回到自己的家。上帝保佑你们！”

德国兵和美国兵朝着相反的方向走去，不久后，就消失在白茫茫的森林里！

让不共戴天的敌人握手言和的最佳方法不是条约和法令，而是一个母亲伟大的爱。爱和理智可以将战争、仇恨化解，在战火硝烟里，让我们看到了一位母亲大山般宽广的胸怀，让驰骋沙场的勇士肃然起敬！

只有懂得爱……

殷实的物质生活，可以让我们从此衣食无忧，但是却难以让我们的内心感觉到温暖，因为只有懂得爱，付出爱，珍惜爱，才会收获爱，传播爱。

1928年，约翰·纳什出生在美国，他家境富裕，父亲是一位优秀的电子工程师，母亲在一所学校教拉丁语。他从小性格孤僻，宁愿钻在书堆里，也不愿出去和同龄的伙伴们玩耍。

十七岁那年，纳什顺利进入了卡耐基技术学院化学工程系学习。二十岁时他便进入普林斯顿大学数学系开始攻读数学研究生。

当时的普林斯顿大学云集了爱因斯坦等著名数学大师，学术气氛浓厚。纳什在这里如鱼得水，二十一岁便博士毕业，不到三十岁就在数学领域取得了卓越的成就。

年轻时候的纳什就像天神一样英俊，拥有迷人的容貌。他过人的才华和魅力深深吸引了他美丽又聪明的学生——艾里西亚。于是在1957年，他们结婚了。

一年后，艾里西亚惊喜地发现自己怀孕了，而此时纳什却表现出各种古怪的行为：他担心突然有一天被征兵入伍；他幻想报纸上的字母隐含着俄国人作战的秘密，而自己受聘为政府找出这些秘密；他经常对着墙壁或者走廊说话；他总是声称自己曾有一个交往密切的室友，而事实上他在普林斯顿大学是一个人住……

于是，在孩子出世之前，他就被送进了精神病医院。

后来，艾里西亚找了一份电脑程序员的工作，依靠微薄的收入和一些亲友的接济，继续照料得了精神病的纳什和他们的儿子。她坚持让纳什多去普林斯顿大学走动，她认为多与人群接触会缓解他的病情。

从那以后，普林斯顿大学的校园里总会出现一个行为奇特、面容消瘦、异常沉默的男人在四处徘徊。他趿着拖鞋，拿着一本书在校园的小路上来回地走动。老师和学生们都知道他是个伟大的数学家，只是突然发疯了。如果有人敢抱怨或者取笑他的行为，就会立即受到周围人的警告：“你这辈子都不可能成为像他那样杰出的数学家！”

当纳什的医生无奈地向艾里西亚表示纳什不可能痊愈时，她却依旧坚持用爱心来拯救、帮助他。某个清晨，当同事像平常一样对纳什道早安时，他居然与对方拉起了家常。从来没听纳什说过话的同事至今依旧记得当时那种震惊的心情。

就在纳什深受妄想症困扰时，他的理论开始频繁地应用在当时的经济学、生物学、政治学和数学等众多领域。他的名字俨然已经成为经济学或数学领域中的一个名词，例如著名的“纳什均衡”“纳什谈判解”“纳什程序”“纳什嵌入”和“纳什破裂”等。

纳什渐渐康复，从疯癫中苏醒。他苏醒过来迎接的第一件大事就是接受1994年的诺贝尔经济学奖。

在诺贝尔奖的领奖台上，他深情地说：“我一直以来都坚信数字，不管是方程还是逻辑都让我着迷。但是追求了数学一生之后，我时常问自己：‘逻辑到底是什么？谁决定缘由？’我的思考让我从形而下到形而上，最后到了妄想症，就这样来回走了一趟。在事业上我有了重大突破，在生命中我也找到了最重要的人。现在，我知道了，只有在这种神秘的爱情方程中，才能找到逻辑或缘由。艾里西亚，今晚我能站在这儿全是你的功劳，你是我成功的因素，也是唯一的因素。谢谢你！”

在纳什与精神病抗争的漫长岁月里，艾里西亚在心灵上从来没有离开过纳什。这位伟大的女性用她一生的时间和仁爱与命运进行博弈，她终于取得了胜利，同时也成就了一位伟大的数学家。

正如约翰·纳什在诺贝尔领奖台上所说的那样，爱才是真正的逻辑和缘由。一个不懂得仁爱和善良的人即使拥有再多的才华，也不过是一台思考的机器。

青少年不仅拥有才华，更要懂得保持一颗仁爱与善良之心，因为只有爱才能让你成为真正受人尊敬与欢迎的人。只有懂得爱的人才会付出爱，也才能得到他人真正的爱。

只是因为我爱他们

每一个来到这个世界上的人，都有他独特的用处，都可以为世界奉献一份力量，奉献一份爱心。我们应该相信，无论是爱他人或者是被他人爱都可以使人获得积极进取的力量。

二十多年以前，有一位研究社会学的大学教授，由于研究需要，他接触了在非洲贫民窟成长起来的三百个男孩。

他和学生一起调查了这三百个男孩的成长背景和生活环境，并且对他们的未来发展做了一个评估，教授和学生们都不约而同地得出结论：他们将一事无成，不仅不能给他们的国家带来财富、做出贡献，反而会给国家带来更加沉重的财政负担。

二十多年后，另一位教授偶然得知了这个调查，他决定做一份后续调查。他和学生们经过千辛万苦，终于找到了那个曾经的贫民窟。但是那里已经不再是贫民窟了，周围高楼大厦林立，各种住宅小区布置精致、优雅。

更令教授惊讶的是，让这个贫民窟发生改变的并不是外来的投资，而是曾经的那三百个男孩自己奋斗的结果。这个教授在调查中发现，那曾经接受调查的三百个孩子，除了极少数过世或者搬离之外，其他大多成就非凡，他们中经商、从政以及担任各种重要职务的人比比皆是。

教授决定深入调查此事，他逐一拜访了昔日那些被认定为“将一事无成”的年轻人。年轻人交上来的各种评估数据各不相同，但是对于其中那道“你今日会成功的最大原因是什么”的问题，他们的答案居然惊人的一致：“因为我遇到了一位好老师。”

好奇的教授决定拜访这位老师。这位老师已经年过七十岁，当门打开时，教授第一眼看到的竟然是一张笑得特别开心的脸。

教授认真地问她：“您使用的是什么教学方法？能够让这几百个贫民窟里长大的孩子个个出人头地。”

这位慈祥的老太太温和地说道：“教学方法吗？不，算不上，我只是把他们当作自己的孩子一样爱着而已。”

最后教授对着这位慈祥的老太太深深地鞠了一躬，然后悄悄地离开了。他突然明白，如果说世界上真的有一种能治百病的药，有一种放之四海皆准的法则，那就是爱。

真挚的爱心，会引发蝴蝶效应，把这种爱酝酿成巨大的、满满的正能量，从而消除了那些孩子身上的负面因素，让他们变得积极向上，勤奋坚强，努力奋斗，最后取得非凡成绩。这个事例也告诉我们，每一个孩子都是天才，要么是一个期待发展的天才，要么就是一个正在成长的天才。用爱浇灌他们心中的希望之花，细心地呵护他们，就一定能结出丰硕的果实。

善良是一种宝贵的美德

李晓华，现任香港华达投资集团董事局主席，他的创业经历颇具传奇色彩，他也是中国拥有法拉利的第一人。他成功后，积极投身于慈善事业，被中国红十字基金会授予“名誉会长”称号。他被美国《福布斯》杂志连续五年评选为中国最富有的企业家，他因为为人处世有情有义而被人们称作“情义商人”。人们更多地关注李晓华的财富，实际上，他的传奇经历缘于44份带着一个普通人爱心的晚报。

1990年，李晓华来到马来西亚投资，他听说这里发现了一个大型油气田，政府正准备修建一条高速公路，如果立项，则意味着一次发大财的机会。经过仔细分析之后，他决定向银行贷款，拿到公路两边土地的开发权。

不过，事情的进展并不顺利。4个多月过去了，油气田的立项依然没有结果。李晓华很着急，手里的资金也已经所剩无几，甚至不够负担他的住宿费用。无奈之下，他不得不一次次降低住宿标准，直到连旅馆也住不起了。为了省钱，他打算租用旅馆的一个小仓库，每天只吃最便宜的盒饭，还要溜进酒店大厅看每天最新的报纸，以便了解消息。这是李晓华生命中最艰难的一段日子。

仓库的管理员是一位老华侨，十分同情李晓华的处境，所以不仅没有收取他的租金，还坚持给他带报纸看。这样的日子维持了一个多月，李晓华的压力越来越大，甚至开始绝望。一个偶然的机会，他发现老华侨根本不识字，却坚持为他买了44天的晚报，原来这一切都是为了自己。李晓华十分感动，这也将他从绝望的边缘拉了回来。转机出现了，油气田终于立项了！

仅仅一周之内，李晓华购买的土地价格翻了一番，他从一个亿万富豪变成了穷光蛋，又变回了超级富豪。这段备受煎熬的岁月，也成了李晓华日后最值得铭记的时光。

成功后李晓华第一个想到的人就是老华侨，正是那44份报纸将他从绝望的边缘拉了回来。他特意为老华侨买了一套豪宅，然而老人摇摇头说："我只是给你买了44天的报纸，怎么值得你送这样的大礼呢？”他说：“那44份晚报，是我一生中得到的最珍贵的帮助和关怀，就凭你的爱心，你有资格得到它。”老华侨依然拒绝了：“谢谢你的好意，我已经习惯了现在的生活，不想去住那种地方。真正值得你报答的，也不是我，而是帮助你的这个社会呀。”老人的话再一次温暖了李晓华的心。此后，他开始投身于慈善事业。

善良是一种宝贵的美德，但善行并不是某些人的专利。每个有善心的人都能在平凡之处给予别人帮助，这世界也因为这点点滴滴的平凡感动而变得温暖。当你学会了，就要尝试去教人；当你获得了，就要尝试去给予。这就是最简单的善良之举，但是，就像蝴蝶扇动翅膀，导致其身边的空气系统发生变化，并产生微弱的气流，而微弱的气流的产生又会引起四周空气或其他系统产生相应的变化，由此引起一个连锁反应，最终导致其他系统的极大变化一样。无数最简单的善良之举，累积起来就能改变世界。

乐于助人会得到善报

亚历山大·弗莱明，英国细菌学家，发现青霉素的第一人，后与英国病理学家弗劳雷、德国生物化学家钱恩进一步研究改进，并成功应用于医疗，三人也因此共获诺贝尔医学奖。在美国学者麦克·哈特所著的《影响人类历史进程的100名人排行榜》上，弗莱明名列第45位。

他的父亲老弗莱明没有任何值得炫耀的家庭背景，只是一位苏格兰农夫。平日里的老弗莱明心地善良，乐于助人，只要是邻居之间有困难，他都会出手相助。一次，他在田里耕作时，忽然听到一阵哭泣声，随即有人大声呼救，他意识到一定是有人陷入泥沼之中，于是他放下手中的农具就跑了过去。果不其然，一个男孩掉进了粪池里，幸亏搭救及时，否则就会有生命危险。

两天以后，一位举止高雅的绅士特意赶来答谢老弗莱明，这是那个男孩的父亲，这位绅士表示要以优厚的财礼予以报答，但贫困的老弗莱明却怎么也不肯收。这时，老弗莱明的儿子回来了，绅士见他执意不肯收，便说道："既然你不肯收礼，就让我为你的儿子尽些微薄之力吧，我为他提供接受良好教育的机会。"老弗莱明同意了。

绅士信守承诺，一直供老弗莱明的孩子读书，而他的儿子也很争气，顺利从圣玛利医学院毕业。后来，老弗莱明的孩子成为英国著名的细菌学家，并于1928年首次发明了举世闻名的青霉素，他就是亚历山大·弗莱明教授。

一个农夫与一位贵族之间有着这样的联系，正是蝴蝶效应的体现。老弗莱明助人救了一个孩子，孩子的父亲为了报答这份恩情，为老弗莱明的儿子提供了受教育的机会，最后，老弗莱明的儿子——亚历山大·弗莱明学有所成，不但被聘为大学教授，还发现了举世闻名的青霉素。

老弗莱明在行善时一定没有想到，自己救起的一个素不相识的孩子对后世会产生如此重大的影响，而他自己的儿子也因此成为对世界做出重大贡献的人。

乐于助人，便一定会得到善报，无论你是否接受，这份属于上帝的回报，或早或晚，都会降临到你的头上。

罗曼·罗兰说：“行善的人应该觉得自己快乐才对。”我们帮助别人之后，不能总是对自己做的事念念不忘，也不应索求回报，因为我们的善举本身就对生活产生了积极的影响。当世界因为我们变得美好，我们也会自然而然地感受到快乐和满足。这样，我们才能把帮助别人的念头当成习惯，融入生活。正如华罗庚所说：“人家帮我，永志不忘，我帮人家，莫记心上。”

品行是人生最大的资本

30年前，美国华盛顿一个犹太富商的妻子，在一个冬天的晚上，不慎把一个皮包丢在一家医院里。商人焦急万分，连夜去找。因为皮包里不仅有10万美金，还有一份十分机密的市场信息。

当商人急匆匆地赶到那家医院时，他一眼就看到，清冷的医院走廊里，靠墙根蹲着一个冻得瑟瑟发抖的瘦弱女孩儿，在她怀中紧紧抱着的正是妻子丢的那个皮包。

原来，这个叫西亚达的女孩，是来这家医院陪病重的妈妈治病的。

相依为命的母女十分贫穷，为了治好妈妈的病，她们已将所有的东西都卖了，然而，她们全部的积蓄加在一起仅够一个晚上的医药费。明天，她们就不得不离开医院。

晚上，走投无路的西亚达在医院走廊里徘徊，她天真地祈求上帝保佑，能碰上一个好心人救救她的妈妈。

突然，一个从楼上走下来的女人，在经过走廊时不慎将腋下的一个皮包掉在了地上，可能是因为她的腋下还有别的东西，以致皮包掉在地上后她竟毫无知觉。当时走廊里只有西亚达一个人，她走过去捡起皮包，急忙追出门外，可那位女士已上了一辆轿车扬长而去了。

西亚达回到病房，当她打开那个皮包时，母女俩都被里面成沓的钞票惊呆了。那一刻，她们心里都很明白，这些钱可能会治好妈妈的病。但这个念头转瞬即逝，妈妈让西业达拿着皮包到走廊去，等丢包的人回来取，她说丢失皮包的人一定十分着急。

人的一生最该做的就是帮助别人，急他人之所急；最不该做的就是贪图不义之财，见财忘义。

她们母女不仅帮助富商挽回了10万美元的损失，更主要的是那份失而复得的市场信息，使商人的生意如日中天。

后来，这位富商为了感谢西亚达的拾金不昧，就承担了她的母亲所有的医疗费用，虽然富商已尽了最大的努力，但西亚达的妈妈还是抛下了孤苦伶仃的女儿撒手人寰。

母亲去世后，商人收养了西亚达。

西亚达读完了大学后就开始协助富商料理生意。虽然富商一直没委任她任何实际职务，但在长期的历练中，这位富商的精明智慧和经验还是潜移默化地影响了她，使她成为一名成熟的商业人才。到富翁晚年时，他的很多意向都要征求西亚达的意见。

富翁临危之际，留下一份令人惊奇的遗嘱："在我认识西亚达母女之前我就已经很有钱了。可当我站在贫病交加却拾巨款而不昧的母女面前时，我发现她们才是最富有的，因为她们恪守着至高无上的人生准则，这正是我作为商人最缺少的。我的钱几乎都是尔虞我诈、明争暗斗得来的，是她们使我领悟到：人生最大的资本就是品行。

"我收养西亚达既不是为知恩图报，也不是出于同情。而是请了一个做人的楷模。有她在我的身边，生意场上我会时刻铭记，哪些该做，哪些不该做；什么钱该赚，什么钱不该赚。这就是我后来事业兴旺发达的根本原因，是她使我成为一个问心无愧的亿万富翁。

"我死后，我的亿万资产全部由西亚达继承。这不是馈赠，而是为了我的事业能更加辉煌昌盛。

"我深信，我聪明的儿子能够理解爸爸的良苦用心。"

富翁在国外的儿子回来时，看完父亲的遗嘱，立刻毫不犹豫地在财产继承协议书上签了字：“同意西亚达继承父亲的全部资产，只请求西亚达能做我的夫人。”

西亚达看完富翁儿子的签字，略一沉吟，也提笔签了字：我接受先辈留下的全部财产——包括他的儿子。

善有善报。就像蝴蝶效应阐释的哲理那样，一次小小的善举，可能换来一个足以改变生活甚至改变人一生的巨大回报。西亚达得以继承富翁的全部资产，并成为这个富翁的儿媳妇，就是最好的证明。可见，一个品性善良、乐于助人的人，哪怕过着衣不蔽体、食不果腹的生活，在人们的眼中，他依然是世界上最富有的人。他们的美好品性，犹如黑夜中的一道曙光，照亮他人的同时，也为自己的人生之路指明了方向。

为别人打一把伞

胡光墉，字雪岩，安徽绩溪人，富可敌国的晚清著名徽商，政治家。胡雪岩是中国近代著名的红顶商人，他的品德和经商之道，一直被后人学习并膜拜。

一次，胡雪岩正在与人谈生意。这时，下人禀告说有一位商人有要事求见。胡雪岩请进这位商人，见他神情焦急，话音微颤。详聊之后得知，对方的生意出了问题，急需一大笔资金周转。他这次来找胡雪岩，就是希望以极低的价格抵押资产变现。在生意场上，这是十分窘迫而又无奈的办法。

胡雪岩表示需要一天时间准备，让商人隔天再来。商人走后，胡雪岩先找人调查这件事的真假，当手下证实了这位商人的处境之后，胡雪岩吩咐下人赶忙从钱庄准备银子。对方需要的现银太多，胡雪岩又赶忙从分号急调大量的现银。

第二天，商人火急火燎地赶来，胡雪岩将银子一两不差地交给对方，并告知不会压低价格，而是以市场价购买对方的产业，这让那个商人惊愕不已。在他看来，商人永远是以获利为目的的，自己现在的境遇，正是让别人大捞一笔的时机，他不明白胡雪岩为什么连到手的便宜都不占，坚持按市场价来购买那些房产和店铺。

胡雪岩表情平静，对商人的疑问并没有感到吃惊，他告诉商人，自己只是帮他暂为保管这些资产，等渡过难关，可以随时来赎回这些资产，只需在原价上再多付一些微薄的利息就可以。胡雪岩此举令商人感激不已，甚至流下了热泪。

商人一走，胡雪岩的手下沸腾了，大家议论起来，不明白主人到底是怎么想的。有人问胡雪岩，可他并没有直接回答，而是讲了一段自己年轻时的经历："当我还是一个小伙计时，经常出去催账。一次要账途中遇上大雨，看到同路的一个陌生人被雨淋湿，我便给他打伞。后来，每当下雨的时候，我就常常帮一些陌生人打伞。时间一长，那条路上的很多人都认识我。有时候我也会忘记带伞，但我从不担心，因为会有很多我帮过的人为我打伞。"

说着，胡雪岩对手下的人说："你肯为别人打伞，别人才愿意为你打伞。那个商人的产业可能是几辈人积攒下来的，我要是低价买下来，确实占了便宜，但人家可能就一辈子翻不了身。这不是单纯的投资，而是救了一家人，既交了朋友，又对得起良心。谁都有雨天不带伞的时候，能帮人遮点雨就遮点吧。”众人听后沉默了许久。

后来，商人成功翻身并赎回了自己的产业，他也成为胡雪岩最忠实的合作伙伴。之后，越来越多的人知道了胡雪岩的义举，对他佩服不已，纷纷表示愿意与其合作。

以前，大家看到胡雪岩的生意好，总是猜测他有什么经营诀窍，但听了这番话，大家都明白了，他的品格才是立足之本。正因为他拥有“为他人打伞”的仁义之心，胡雪岩无论经营哪个行业，总有人帮忙，客户也愿意为他捧场。

金银珠宝、古玩字画都不是真正的宝藏；人格的魅力，才是人一生最大的宝藏。胡雪岩虽然拥有巨大的财富，但他始终都不忘记帮助那些需要帮助的人，他用自己的一言一行为后人树立了典范。

善良拯救了你我

小小的善就像散落在草地的野花，能给生活的原野增添生机和美丽。在别人身处黑暗时，小小的善就是点点星光，虽不如太阳明亮耀眼，却能指引需要帮助的人走向光明。别忘了在生活中多多行善，造福他人。

多年以前，南美洲东南部有一个偏僻的小山村。小山村里住着幸福的一家三口，一对年轻恩爱的小夫妇和他们五岁的小女儿。

那时候连年战乱，其他地方庄稼收成也不好，许多人都上山当了土匪。可是这个偏僻的小山村里却雨水充足，因为它坐落在群山之中，很少受到战乱的影响，因此家家户户都有一些余粮，生活还算富足。

可是不知道从什么时候开始，村里有土匪出没。那些被抢劫的村民纷纷决定搬家，慢慢地，村里没剩下几户人家了。他们临走前，对女孩的父母说："你们也赶紧搬走吧，这些土匪杀人不眨眼，即使把家里所有的东西都给他们，他们还是要杀人，而且特喜欢杀孩子，仿佛就是为了让家里其他人难受而来的。"

有一天，噩运最终降临到了这个幸福的三口之家。那天，他们刚吃完晚饭，正在小院子里纳凉，突然一个浑身是血的粗壮大汉闯了进来，他迅速地把那个五岁的小女孩抓在手里，并把大砍刀横在女孩的脖子上。

女孩的父母被吓坏了，他们双双跪倒在地上，对那个劫匪说："你要什么，我们都给你，请你不要伤害我们的女儿。"

可是不论他们怎么哀求，那个劫匪却依旧无动于衷。这时候，只听见小女孩细声细语地说道："叔叔，你的胳膊流血了，你疼不疼啊？"

劫匪听到这句话后，眼睛变得湿润了。他轻轻放下小女孩，转身离开了。

后来，这个小山村再也没有受到劫匪的骚扰。

十多年以后，有一个穿着军装的中年男人走进了这个家庭。原来他就是当年抢劫这个家庭的那个劫匪，他首先为自己曾经的行为向这一家三口表示歉意。

过了一会儿，他又深情地对他们说：“要不是你们的女儿，我现在依旧是个杀人不眨眼的土匪。我的父母是被官兵杀害的，我仅有的一个哥哥也被土匪杀害了，从那以后，我也走上了抢劫的道路。”

“但是那天，你们的女儿表现出来的爱心让我知道原来世界上还有人关心我，原来世界上还存在爱。后来我就带领部下去参军了，体会到了更多的爱。我这次是专程来谢谢你们的。”

五岁小女孩的一个善良的动作，不仅拯救了她自己的性命，保全了父母和村里人的生命、财产安全，还在一个对社会心灰意冷的人的心里播下了爱的种子，从而也拯救了他。

只要伸出我们的手释放一点爱心，在帮助别人摆脱困境的同时，也让他人感受到温暖。爱心有时候只是在他人困难时给予的一句温暖的安慰，却足以让对方铭记一生。

表现出爱心和善良的行为其实并不难，所以他们能够从身边的小事做起，在适当的时候释放出自己的爱心，他们在温暖他人的同时也温暖了自己。

努力奋斗，成就励志人生

手表定律

黄明哲　主编

红旗出版社

红旗出版社
RED FLAG PRESS
推动进步的力量

图书在版编目（CIP）数据

竹子定律 / 黄明哲主编. — 北京: 红旗出版社, 2019.9
（努力奋斗，成就励志人生）
ISBN 978-7-5051-4937-3

Ⅰ. ①竹… Ⅱ. ①黄… Ⅲ. ①成功心理—通俗读物 Ⅳ. ①B848.4-49

中国版本图书馆CIP数据核字（2019）第193248号

书　名　竹子定律
主　编　黄明哲

出品人	唐中祥	总监制	褚定华
选题策划	华语蓝图	责任编辑	朱小玲　王馥嘉

出版发行	红旗出版社	地　址	北京市北河沿大街甲83号
编辑部	010-57274497	邮政编码	100727
发行部	010-57270296		
印　刷	永清县晔盛亚胶印有限公司		
开　本	880毫米×1168毫米 1/32		
印　张	30		
字　数	780千字		
版　次	2019年9月北京第1版		
印　次	2019年12月北京第1次印刷		

ISBN 978-7-5051-4937-3　　定　价　149.00元（全5册）

版权所有　翻印必究　印装有误　负责调换

前言
FOREWORD

有一则寓言：在一片森林里住着一大群猴子，它们日出而起，日落而息。大家过着几十年如一日的生活，十分平静安逸，但是突然有一天，这种生活开始发生了变化。

猴群中有一只小猴子，不知道在什么地方捡到了一块手表。这只聪明的小猴子很快就弄明白了手表的用途，于是开始向其他猴子炫耀——自己拥有了掌握时间的秘密武器。

掌握了时间的小猴子，很快就受到了大家的欢迎，森林里的每只猴子都向小猴子询问时间，整个猴群的作息时间也渐渐地发生了变化，小猴子逐渐在猴群建立起威望，成为大家公认的猴王。

当上了猴王的小猴子心里美滋滋的，这天晚上，它忽然有了新的想法，既然一块手表能给自己带来好运，如果找到更多的手表，大家是不是就更尊重我了呢？

第二天一早，小猴子就开始行动，继续去寻找手表，终于，小猴子又找到了两块手表。小猴子本以为手表多了会给它带来更好的运气，没想到这三块手表，却给它带来了麻烦。因为这三块手表显示的时间都不一样，到底哪个才是正确的时间呢？这个问题实在让小猴子为难。

每当有猴子来询问时间，小猴子都难以回答，慢慢地猴子们的生活时间开始变得混乱，最后，小猴子被赶下了猴王的宝座。

只有一块手表的时候，人们能够确定时间；当拥有两块或两块以上手表的时候，各块手表显示的时间不同，人们反倒没办法确定时间。更多手表不仅不能让人们知道准确的时间，反而会引起时间混乱。这就是英国心理学家P．萨盖提出的“手表定律”。

本书通过许多经典案例，从“选择一块比较可依赖的手表”“坚守自己心中的那块手表”“手表不是越多越好”“不能使用两块显示时间不同的手表”等几个方面，诠释了“手表定律”的深刻含义。希望本书能够让读者进一步理解手表定律的精髓，让管理者有所遵循，让奋斗者找准方向。

目录

CONTENTS

第一章 选择一块比较可依赖的手表

——成功不仅要奋斗，还要学会选择

在鱼和熊掌面前，我们无法做出选择，不知道该择谁弃谁。在这种矛盾面前，我们该怎么办呢？手表定律告诉我们，面对两块或两块以上手表的时候，唯一要做的就是选择其中比较可依赖的一块手表，尽力校准它，并以此作为自己的标准，听从它的指引。

做好自己的职业规划

小江毕业于一所师范学院，学的是汉语言文学专业。毕业以后，他和同学小张一起做了中学语文教师。两年后，他觉得教师的职业虽然比较稳定，但收入太低。这时候，正赶上大学生自主创业的热潮，于是，他辞职下海。商海沉浮，转眼又是两年，虽然身边的很多人赚了钱，但成功之神并没有青睐他，他不但没有赚钱，还赔了原来的几万元积蓄。后来，他发现有的人靠写网络小说成了富翁，他觉得写作又轻松又赚钱，是个不错的选择，于是，他又开始了自己的写作生涯。一年多下来，为了构思那些奇幻的故事，为了定期更新作品，他心力交瘁。时值IT（互联网技术）行业发展得如火如荼，他又放弃写作去了一家稍微有点规模的IT（互联网技术）企业，因为他对于软件的了解很不够，就没有做技术，而是从事管理，虽然后来做到了总经理助理，主管行政和企划，但薪水并不比做教师高，而他的同学小张已经被提升为教务主任了，因此小江觉得自己多年的拼搏非常失败。

松下电器创始人松下幸之助，年少时去一家大电器厂求职，请求安排一个工作给他，哪怕工作环境最差、工资最低也行。人事部主管见他个头瘦小又很脏，不便直说，随便找了个推托的理由："现在不缺人，过一个月再来看看。"

一个月后，松下真的来了。人事部主管又推托有事，没空见他。

过了几天，松下又来了。如此反复多次，人事部主管说："你这样脏兮兮的是进不了我们厂的。"于是松下回去借钱买了衣服，穿戴整齐地来了。对方没办法，便告诉松下："关于电器的知识你知道得太少，不能收。"

两个月后，松下又来了。

"我已学了不少电器方面的知识，您看哪个方面还有差距，我一项项来弥补。"松下说。

人事部主管看了他半天才说："我干这项工作几十年了，今天头一次见到你这样来找工作的，真佩服你的耐心和忍性。"

松下终于打动了人事部主管，如愿以偿地进了工厂，并经过不懈努力，成为日本的经营之神。

类似的例子还有很多，有些人没有合理地规划自己的职业生涯，像故事中的小江，总想找到既轻松又赚钱的职业，结果几年过去了，稀里糊涂地换了很多工作，回过头来才发现，虽然积累了不同行业、不同职能方向不成功的丰富经验。但对每个行业的了解都是“蜻蜓点水”。而多种多样的工作经验也并没有给自己带来沉甸甸的收获，反而造成了自己缺乏专长、缺乏核心竞争力的局面。最关键的是他们永远都难以结束低薪长跑，白白浪费了上天赋予他们的才智。

松下幸之助目标非常明确，只要一份最适合的工作，最后，在他的坚持下，终于如愿以偿，获得了自己想要的工作，经过多年不懈的努力，成为日本的经营之神。如果松下幸之助既要工作，又要待遇，他根本不可能得到那份工作，他的人生履历就会是另一种写法。

手表定律告诉我们，只有一块手表时，你可以确定是几点，拥有两块或两块以上的手表时，你就无法确定是几点。这时候，唯一要做的就是选择其中比较可依赖的一块手表，尽力校准它，并以此作为自己的标准，听从它的指引。一个个人生目标就像一块块手表一样，多了反而难以成功，你只有选择一个最适合自己的目标，这样成功的概率才会更大。

明确目标，适时放弃

鲁契亚诺·帕瓦罗蒂是意大利男高音歌唱家，也是世界著名的男高音歌唱家。1992 年 4 月，法国外长罗兰得·杜马斯在巴士底歌剧院授予帕瓦罗蒂骑士荣誉勋章。帕瓦罗蒂于 1998 年，获任联合国“和平使者”；于 2001 年，获得联合国难民署授予的“南森奖章”；于 2005 年初，举行告别舞台世界巡演；于 2006 年，获得萨拉热窝荣誉市民称号。

帕瓦罗蒂浑厚的嗓音让人印像深刻。他把《我的太阳》唱得高亢有力，让无数音乐迷听得心醉神迷。可是很多人也许不知道，这位如此伟大的歌唱家也曾经动过放弃唱歌的念头。

帕瓦罗蒂 1935 年出生在意大利的一个面包师家庭。帕瓦罗蒂的父亲是个面包师，母亲是一名雪茄烟厂女工。他的父亲还是个歌剧爱好者，他常把卡鲁索、吉利、佩尔蒂莱的唱片带回家来听，耳濡目染，帕瓦罗蒂也喜欢上了唱歌。

小时候的帕瓦罗蒂就显示出了唱歌的天赋。

长大后的帕瓦罗蒂依然喜欢唱歌，但是他更喜欢孩子，并希望成为一名教师。于是，他考上了一所师范学校。在师范学校学习期间，一位名叫阿利戈·波拉的专业歌手收帕瓦罗蒂为学生。

临近毕业的时候，帕瓦罗蒂问父亲："我应该怎么选择？是当教师呢，还是成为一个歌唱家？"他的父亲这样回答："鲁契亚诺，如果你想同时坐两把椅子，你只会掉到两个椅子之间的地上。在生活中，你应该选定一把椅子。"

最后，帕瓦罗蒂选择了唱歌。

帕瓦罗蒂的父亲介绍他到"罗西尼"合唱团，他开始随合唱团在各地举行音乐会。他经常在免费音乐会上演唱，希望能引起某个经纪人的注意。

可是，近七年的时间过去了，他还是默默无闻。眼看着周围的朋友们都找到了适合自己的位置，也都结了婚，而自己还没有养家糊口的能力，帕瓦罗蒂非常痛苦。偏偏在这个时候，他的声带上长了个小结。在菲拉拉举行的一场音乐会上，他唱的男中音好像脖子被掐住一样，结果被满场的倒彩声轰下了台。

他有些动摇了，甚至产生了放弃唱歌回头去做教师的念头。

但是帕瓦罗蒂想起了父亲的话："在生活中，你应该选定一把椅子。"于是他坚持了下来。几个月后，帕瓦罗蒂在一场歌剧比赛中崭露头角，获得了在雷焦艾米利亚市剧院演唱著名歌剧《波希米亚人》的机会，这是帕瓦罗蒂首次演唱歌剧。这次演出获得了前所未有的成功，演出结束后，帕瓦罗蒂赢得了观众雷鸣般的掌声。

第二年，帕瓦罗蒂应邀去澳大利亚演出及录制唱片。1967年，他被著名指挥大师卡拉扬挑选为威尔第《安魂曲》的男高音独唱者。

从此，帕瓦罗蒂声名远播，成了活跃于国际歌剧舞台上的最佳男高音。

当一位记者问帕瓦罗蒂成功的秘诀时，他说："我的成功在于我在不断的选择中选对了自己施展才华的方向，我觉得一个人如何去体现他的才华，就在于他要选对人生奋斗的方向。"

帕瓦罗蒂选择了歌唱事业，我们的世界多了一名了不起的歌唱家。如果当初他选择当教师，或者在当教师的同时，开展自己的歌唱事业的话，也许我们就再也没有机会听到那首动人的《我的太阳》了。

帕瓦罗蒂的故事非常鲜明地揭示了手表定律的基本规律：我们必须学会选择，即使我们拥有多块手表，我们也必须能够识别哪一块手表的时间对我们来说是准确的，并按照确认的时间来安排我们的行为，而不能同时选择多块时间不同的手表，分别按它们的时间来协调我们的行为。如果你真的那样做的话，结果只会把自己搞得更加糊涂，更加混乱。

靠自己的力量才能走出困境

赫伯特·乔治·韦尔斯是英国科幻作家、政治家、历史学家。他与凡尔纳并称科幻小说之父，被誉为科幻界的莎士比亚。1866年，赫伯特·乔治·韦尔斯出生于肯特郡的布朗利（现在的伦敦西区小镇）一个贫寒的家庭。父亲约瑟夫曾经是职业曲棍球运动员，后来经营一家五金店铺。母亲尼尔则一直在有钱人家做仆人。

父亲经营的那家店铺很小，韦尔斯就诞生在那家小店的内室里。这间内室是寝室，又兼做厨房，不但狭小，而且既污秽又黑暗，只有从墙壁的缝隙里可以照射进一点亮光。最使韦尔斯不能忘记的是，童年时从这缝隙里看到许多人来往的腿。许多年后，他以他所观察到的腿部为题材，写了一篇有趣的文章。

韦尔斯幼年时期穷困潦倒的生活，始于父亲经营的那间小店倒闭的那年。为了生活，他的母亲不得不到一个富商家里当看门人，和其他仆人们住在一起。韦尔斯经常去探望母亲，这段经历让他看清了英国上层社会的本质，也体会到下层社会生活的艰辛。

由于父亲的店铺倒闭，韦尔斯只好辍学了。父亲希望他将来能做一个商人，就送他到温泽的一家杂货店做学徒。从此，他每天早晨5点钟起床，先得把店铺打扫干净，并把炉火生着。他一天要工作14个小时，一点空闲时间也没有。

韦尔斯从小就有一个作家梦，根本不想做什么商人，所以强烈地鄙视这种生活。一个月后，经理把他辞退了，理由是他不修边幅，对顾客缺乏热情。他愤愤不平地离开了这家杂货店，唯一值得庆幸的是，这下用不着自己辞职了。接着，他进了一家药店，仍然干些杂务，但一个月后又被辞退了，连辞退的理由也没有向他说。然后，他又在另一家杂货店找到了工作。这一次，他体会到生活问题的严重，不敢随意任性，只好干了下去。但他忘不了自己的作家梦，因此总是趁着无人防备的时候偷偷地躲到地窖里，阅读他非常喜爱的赫伯特·史本塞的作品。

韦尔斯就这样忍耐了两年，终于忍无可忍了。于是，在一个早晨，他没有吃早餐就溜了出来，空着肚子跑回家里。见到母亲后他抱着母亲的腿号啕大哭，同时宣布：如果再强迫他回去工作，他就自杀！

韦尔斯偷偷地给以前的教师写了一封凄怆动人的长信，倾吐他目前的境遇，并告诉他自己想自杀。这封信深深地打动了那位教师的心，他回了一封信，请他去担任教师。这是韦尔斯一生的第二个大转机。

韦尔斯成为教师之后，有了更多的读书机会，他疯狂地从各种书籍中汲取营养。没想到，厄运再次降临到他身上。事情是这样的：他担任一场足球比赛的裁判员，当比赛进入白热化时，他突然被一名球员撞倒，接着又被后面跑过来的球员当胸踩过，他的肺部和肾部因此受了重伤，一度奄奄一息。许多名医为此束手无策，只好听天由命。但他竟然侥幸逃过一劫，成了一个半残废的人，并且过了12年恐怖无助的日子。

就是这12年的痛苦生活，反倒圆了他的作家梦。

12年，他曾用5年时间疯狂地写作。可是，他写的东西实在太乏味了，他自己也明白，所以毅然地将它们全部付之一炬。

虽然他已半残废了，但是又另外获得了一个教职，这使他的生活稍微宽裕一些。生物班里有一个美丽的女学生，韦尔斯对她一见钟情，这个女孩和韦尔斯一样孱弱，这段美丽的师生恋结出了丰硕的果实，他们终于结了婚，愉快地生活在一起。

有了稳定的教师职业，有了美满的家庭，但韦尔斯并没有选择安逸的生活，而是更加发愤图强，全力以赴地进行文学创作，他一共写了《时间机器》《摩罗博士的岛》《隐身人》等80多部作品。这些著作终于发出绚烂的光芒，照遍了世界每一个角落。

韦尔斯开创了时间旅行、外星人入侵、太空歌剧、反乌托邦等大部分现代科幻小说的主流话题。其作品的高度真实性曾在美国引起巨大恐慌，导致120万人离家出逃。

韦尔斯以科幻小说闻名，影响力却远超科幻界，列宁、斯大林、罗斯福都曾与他会面长谈，丘吉尔更受其影响，调整执政思想。

韦尔斯的成功就在于他坚守了当作家这个人生的奋斗目标，并时时刻刻为之奋斗。如果他选择做商人，或者安安稳稳地做一个教师，那么，世界上就可能少了一个科幻小说大师。中国有句古语：“鱼我所欲也，熊掌亦我所欲也，二者不可得兼，舍鱼而取熊掌者也。”它恰恰道出了手表定律的核心思想，我们不应该贪多，而应该求精，选择自己的喜好，最后只坚守一个明确的目标，并争取实现它。

梦想不是一成不变的

鲁迅是中国现代伟大的文学家、思想家、革命家，可是他最初的志愿却是当一名军人。

鲁迅的外祖母家住在农村，这使他有机会接触和了解农民的生活，特别是在他祖父入狱的前后，他不得不到农村的亲戚家避难，长期住在农村。在那里，他与农村的孩子们成了朋友，与他们一起玩耍，一起划船，一起看戏，有时也一起到他们家的地里“偷”豆子煮了吃。鲁迅一生都把他与农村小朋友这种朴素自然、真诚单纯的关系当作人与人之间最美好的关系而描写着、怀念着。

在当时，一般的读书人走的是三条道路：一是读书做官，二是当不上官的可以给某一个官僚当“幕友”，假若这两条道路都走不通，就只能去经商了。鲁迅走的则是为当时人最看不起的道路：进“洋学堂”。1898年，18岁的鲁迅怀揣着慈母多方筹借的8块银元，离开家乡进了南京水师学堂，后来又改入南京矿路学堂。这两所学校都是洋务派为了富国强兵而兴办的。鲁迅希望通过在校学习，使自己成为一名合格的军人。

但世事难料，他的志愿很快发生了改变。1902年，鲁迅东渡日本，开始在东京弘文学院补习日语。当时，由于国家极为贫弱，中国人普遍吃不饱穿不暖，面黄肌瘦，因此被讥讽为“东亚病夫”。鲁迅希望通过自己的努力改善国民的健康状况，所以此时他又立志学医，进入了仙台医学专门学校。

但他的这个梦想并没有维持多久，就被严酷的现实粉碎了。在日本，作为一个弱国子民的鲁迅，经常受到具有军国主义倾向的日本人的严重歧视。在他们的眼里，凡是中国人都是“低能儿”，鲁迅的解剖学得了高分，就被他们怀疑是担任解剖课的教师藤野严九郎把考题泄露给了他，这使鲁迅深感作为一个弱国子民的悲哀。有一次，在上课放映的幻灯画片中，鲁迅看到一个中国人被日本军队捉住杀头，一群中国人却若无其事地站在旁边看热闹，这使鲁迅受到了极大的刺激。他认识到，精神上的麻木比身体上的虚弱更加可怕。要改变中华民族在世界上的悲剧命运，首先是要改变中国人的精神，而能够改变中国人精神的，则首推文学和艺术。

于是鲁迅弃医学文，离开仙台医学专门学校，回到东京，翻译外国文学作品，筹办文学杂志，发表文章，从事起文学活动来。在当时，他与朋友们讨论最多的是关于中国国民人性的问题：怎样才是理想的人性？中国国民人性中最缺乏的是什么？它的病根何在？通过这种思考，鲁迅把个人的人生体验同整个中华民族的命运联系起来，奠定了他后来作为一个文学家、思想家的基本思想基础。

在留学日本期间，鲁迅初步形成了他的世界观和人生观，但是鲁迅的思想和感情不但为当时大多数的中国人所无法理解，就是在留日学生中也很难得到广泛的响应。他翻译的外国小说只能卖出几十册，他筹办的文学杂志也因缺乏资金而未能出刊。家计的艰难使鲁迅不得不回国谋职。1909年，鲁迅从日本回国，先后在杭州浙江两级师范学堂（今杭州高级中学）和绍兴府中学堂任教。这一时期是鲁迅思想极其苦闷的阶段。1911年的辛亥革命曾使他感到一时的振奋，但袁世凯称帝、张勋复辟等历史丑剧的不断上演，辛亥革命的失败、社会的混乱、民族的灾难、个人婚姻生活的不幸，都使鲁迅感到苦闷、压抑。五四运动之后，他压抑已久的思想感情像熔岩一样通过文学作品猛烈地喷发出来，成为五四新文化运动的重要参与者、中国现代文学的奠基人。

小军是一名农民，从小的理想就是当作家，为此，他一如既往地努力着，十年来，坚持每天至少写作 500 字。每写完一篇，他都改了又改，精心地加工润色，然后再充满希望地寄往各地的报纸杂志。为了把稿件誊写清晰，他还坚持练字。但遗憾的是，尽管他很用功，可他从来没有一篇文字得以发表，甚至连一封退稿信都没有收到过。

29 岁那年，他总算收到了第一封退稿信。那是一位他多年来一直坚持投稿的一家刊物的编辑寄来的，信里写道："看得出你是一名很努力的青年，但我不得不遗憾地告诉你，你的知识面过于狭窄，生活经历也显得过于苍白，不过我从你多年的来稿中发现，你的钢笔字越来越出色。"

就是这封退稿信，点醒了他的困惑。他毅然放弃写作，而转向练起了钢笔书法，果然长进很快，现在他已是有名的硬笔书法家。他让理想转了一个弯，继而柳暗花明，走向了成功。

人的梦想不是一成不变的，随着自身的成长、周围环境的改变以及见识的增长，一个人的梦想也会随之发生改变。

这就像一个人拥有许多块表，必须不断地比较，最终选出可依赖的一块，尽力校准它，并以此作为自己的标准，听从它的指引。

让理想转一个弯

德国的奥托·瓦拉赫是诺贝尔化学奖获得者，他的成才过程极具传奇色彩。

瓦拉赫在上中学时，父母曾为他选择了文学这条路。但是瓦拉赫在中学里只上了一个学期，老师就在他的评语栏中写下了如此结论：该生用功，但做事过分拘泥和死板，这样的人即使有着完善的品德，也绝不可能在文学上有所成就。

无奈，父母只好尊重老师的意见，让瓦拉赫改学油画。可瓦拉赫既不善于构图，又不会润色，对艺术的理解力也不够，成绩在班上居然倒数第一，而学校给出的评语更是令他难以接受："你是绘画艺术方面的不可造就之才。"

面对如此笨拙的学生，绝大部分老师认为瓦拉赫成才已无望。但有一位化学老师却不这样认为，他觉得瓦拉赫做事一丝不苟，非常具备做好化学实验应有的素质，并建议他主攻化学。

这位化学老师对瓦拉赫说："条条大路通罗马。你在文艺方面的缺点正是在化学研究中的优点，我相信你在化学方面是一个可造之才。"

于是，瓦拉赫听从了这位化学老师的建议，改为向化学方面发展。这一次，瓦拉赫的缺点正好用在了他适合的位置上，因为做化学实验需要的正是一丝不苟。他好像找到了自己人生的舞台，智慧的火花一下子就被点燃了。不久，文学艺术方面的"不可造就之才"，一下子竟然变成了公认的化学方面的"前程远大的高才生"。在同专业学生中，他的成绩遥遥领先。

1869 年瓦拉赫在许布纳指导下从事有机化学研究，获博士学位，同年曾担任霍夫曼、维歇尔豪斯的助手。1870 年在波恩大学任德国著名化学家凯库勒的助手，负责实验室的工作。1871 年、1872 年在矮克发公司任工业化学家。1872 年回波恩大学任有机化学实验室助教，后晋升为讲师。1876 年任副教授，1879 年任药理学教授。在教学过程中，对于油类用于药物的整个晶族进行了系统的研究。他发现亚硝酰氧等试剂可以和萜类化合物形成固体加成物，从而分离出纯净的油类物质。1889 年—1915 年在哥丁根大学任化学教授兼任化学研究所所长。其间，继续对萜类化合物进行了深入研究。1909 年，写成《萜和樟脑》一书，总结了他一生对于萜类化学的研究成果。1915 年退休。他生平讲求实际，不浮夸。很多世界知名的大学都敬慕他，纷纷授以荣誉学位，但他从来没有亲自接受过奖励。这位伟大的科学家把自己的一生无私地贡献给了人类社会，而自己并不要什么。1910 年，瓦拉赫荣获诺贝尔化学奖。

一个行囊，如果已经装得太满了就会很沉很重。一个生命背负不了太多的行囊。拖着疲惫的身躯走在人生大道上，我们注定要抛弃很多。果断地放弃是面对人生、面对生活的一种清醒的选择。只有学会放弃那些本该放弃的包袱，生命才会轻装上阵，一路高歌；只有学会放弃走出烦恼的困扰，生活才会倍感绚丽富有朝气。

人生中值得我们追求的东西很多，如果一直纠缠在那些毫无结果的东西上，拼命地追求那些本该放弃的，本该苦苦追求的却又毫不足惜地放弃，那么到头就会换来竹篮打水一场空。如果说执着是一种精神，那么放弃则是一种勇气和境界。得不到的或不该得的就该果断地放弃。文学、艺术都是瓦拉赫曾经的追求，但经过实践，这些都不适合自己，于是，他果断放弃，最终在化学方面异军突起，取得辉煌成就。

瓦拉赫的成功体现了手表定律的精髓：我们拥有许多块手表，反而难以确定时间，只要经过认真地校对，选出最可依赖的那一块就足够了，其他的手表大可放弃。

最成功的推销员

乔·吉拉德是美国著名的推销员。他是吉尼斯世界纪录大全认可的世界上最成功的推销员，从1963年至1978年总共推销出13001辆雪佛兰汽车。

乔·吉拉德是世界上最伟大的销售员，连续12年荣登世界吉尼斯纪录大全世界销售第一的宝座，他所保持的世界汽车销售纪录：连续12年平均每天销售6辆车，至今无人能破。同时，他还是全球最受欢迎的演讲大师，曾为世界500强企业众多精英传授他的宝贵经验，来自世界各地数以百万的人们被他的演讲所感动，被他的事迹所激励。

1928年11月1日，乔·吉拉德出生在美国底特律市一个贫民家庭里，从小就过着节衣缩食的生活。

9岁的时候，吉拉德就开始在酒吧给别人擦皮鞋，还干过洗碗工，当过送货员，吉拉德努力赚钱补贴家用。可是，即使这样，在父亲的眼里，吉拉德还是一个永远也成不了大器的人，所以父亲经常辱骂他。但是每当他想自暴自弃的时候，他的妈妈就会鼓励他："你能行！ 加油！ 你是这个世界上独一无二的，没有人能够代替你！ 只要肯努力，你就是第一！"吉拉德听了妈妈的话以后，重新燃起了希望。正是因为有妈妈的鼓励，吉拉德才一直坚持着，他相信，自己一定能找到一条适合自己的路。

后来，由于家庭贫困，吉拉德在16岁那年离开了学校，成为了一名工厂里的锅炉工。在工厂里，由于污染很严重，加上吉拉德的身体本来就有点儿弱，他得了气喘病，后来不得不离开工厂。通过自己的努力，吉拉德开始从事建筑行业，最终成为了一名建筑师。

在吉拉德35岁之前，他盖了13年的房子。35岁那年，吉拉德彻底破产了。当时，吉拉德欠别人6万美元的钱，根本没有能力偿还，被银行和债主追着跑，同时，一家人的温饱都成为了问题，那时候他最大的心愿就是让妻子和孩子们不饿肚子。有时候，吉拉德也会灰心，也会叹气，可是他的妻子却安慰他说："吉拉德，我们结婚时空无一物，不久就拥有了一切。现在我们又一无所有，那时我对你有信心，现在还是一样，我深信你会找到更适合自己的职业。”

这一切都深深地感动和激励着吉拉德，他又一次认真地做起了规划。想到自己多年的从业经历：推销报纸、鞋油、食品、房子等。于是，他去一家汽车经销公司应聘。来到这家公司以后，销售经理起初很看不上吉拉德。

销售经理问：“你推销过汽车吗？”

吉拉德摇摇头说：“没有。”

销售经理有点不乐意，就问他：“那你凭什么觉得自己能够胜任这份工作呢？”

吉拉德很自信地说：“我虽然没有推销过汽车，但是我推销过其他东西，比如报纸、鞋油、食品、房子等。这些都卖得很好，但是人们真正买的是我，我推销我自己，先生。”

销售经理听了，继续说：“很好。但是现在正是冬季，是销售汽车的淡季。如果我聘用你，就会受到其他推销员的抱怨，因为我们根本没有足够的暖气和房间给你住呀！”

吉拉德坚定地说：“先生，假如您不聘用我，您将犯下一生最大的错误。我敢保证，您将错过一位世界第一的推销员！”

销售经理听了迷惑不解。

吉拉德信心十足，继续说：“先生，我不需要暖气房间，我只需要一张桌子、一部电话和两个月的时间，在这段时间里，我能打破你们最佳推销员的纪录。”

销售经理听了之后就答应了，他在楼上的角落里给了吉拉德一张沾满灰尘的桌子和一部电话，就这样，吉拉德有了自己的新工作。

刚开始的第一次推销是最辛苦也是最难的。当吉拉德打了第一个电话被别人拒绝的时候，他并不在意，他打了 10 个、20 个电话还是被拒绝的时候，吉拉德依然不灰心丧气。终于，当吉拉德又一次拨通电话的时候，有人肯听他说话了，最后他终于成功了，有人愿意买吉拉德推销的第一辆汽车了！渐渐地，更多的人愿意听吉拉德说话，他在推销的时候总是很真诚，不招人厌烦，吉拉德用一颗真诚的心来打动客户。

两个月的时间很快就过去了，当销售经理来检查吉拉德的业绩的时候，发现吉拉德真的打败了公司中所有推销员的业绩，取得了第一！一年内，他的汽车销售业绩达到了 1425 辆，他终于从失败转而成为世界上最伟大的汽车推销员。后来，吉拉德当然偿还了 6 万美元的债务，同时，他还赢得了自尊和人们对他的尊重。

成功不仅要奋斗，还要学会选择。吉拉德就是经过精心的职业规划，选择了做汽车推销员这个职业，最终获得事业的巨大成功。这正是手表定律的体现，面对两块手表的时候，唯一要做的就是选择其中比较可依赖的一块。

给生活一个漂亮的转身

他从小喜欢舞蹈，16 岁那年，只身一人来到巴黎，他满怀信心地要在这里实现自己的梦想：做一名出色的舞蹈演员，让全世界的人为他鼓掌喝彩。

然而因为家境贫寒，两手空空，他不得不先找份工作。在找工作的日子里，由于他没有任何特长，几乎跑遍了全巴黎，也没找到挣钱的机会。在走投无路的情况下，他只能去一家缝纫店当学徒工。他苦闷于自己的理想无法实现。他认为，与其这样痛苦地活着，还不如早早结束自己的人生。在绝望之时，他突然想起了从小就崇拜的“芭蕾音乐之父”的德里布，他决定给德里布写一封信，把自己的苦闷告诉他，并请他能收下自己这个学生。

很快，德里布教授回了信。他在信里写道："人生在世，现实与理想总是有一定的距离，在理想与现实生活中，人首先要选择生存。学习舞蹈不仅需要良好的天赋，更需要金钱做后盾，如果你的经济条件不是很好，就不要往这条路上挤了，那样会让你痛苦一生的。"

虽然德里布教授说得很在理，但他还是无法理解，仍然对前途十分迷茫。

一天夜晚，他独自去了一家酒吧。正当他喝得醉眼蒙眬时，一个绅士模样的中年男人偕夫人向他走来，对他说："孩子，你喝多了，快回家去吧，你的父母一定很着急地等你回去。"他不知道这位中年男人是当地一位有名的伯爵，于是很不耐烦地对中年男人说："我没有家，也没有喝多，这与你有关系吗？"

正在此时，伯爵夫人走到他跟前，好奇地打量着他身上的衣服，并摸了摸，然后赞叹地问道："孩子，你这身衣服是哪里买来的，非常时尚啊。"他答道："这样的衣服还用买吗？是我自己做的。"伯爵夫人很惊讶地说："孩子，如果这衣服真是你设计和裁剪的，我可以肯定地说，过不了多长时间，你就会成为服装界的佼佼者。"伯爵夫人的话让他猛然醒悟。回来后，他认为夫人的话说得很有道理，其实最适合自己的事情还是做裁缝，那不仅是自己最擅长的行当，也能解决目前最紧迫的生活问题。就在那一刻，他下定决心，要努力学习缝纫技术，做一名优秀的裁缝，让自己做的衣服以自己的名字命名，然后畅销全世界。

他就是举世闻名的服装设计巨匠皮尔·卡丹。10年后，他很快建立了自己的公司和服装品牌，不但成了令人瞩目的亿万富翁，以他的名字命名的产品也遍及全球。

很显然，皮尔·卡丹的成功，来自于对自己优势的发现。这就像手表定律一样，面对两块以上的手表，你一定要选择出最准确的那块手表。当你在人生的十字路口看不到一丝希望时，正确的办法是，要记得给生活一个漂亮的转身，去选择最能够使自己全力以赴的、最能够使自己的长处得以充分发挥的职业。当你转身后，你定会迎来一个精彩灿烂的人生历程！

放弃也是一种选择

认识他，是在医院里，虽然穿着蓝白相间的病服，依然掩盖不住他的年轻和英俊。

发现骨癌，是两个月前，他正办理出国手续去澳洲，他相恋多年的女友在那里。他们约好这个冬天一起去滑雪。拿到签证的时候，他高兴地飞奔着去给女友打长途电话，但在路上他摔倒了，右腿软软的，抬不起来。去医院检查，是骨癌。医生让他立刻住院动手术，截去右腿，这是保住生命的唯一方式。但是，他拒绝了。

家人、朋友、医生、病友们反复劝他："还是动手术吧！毕竟，还是命要紧！"

他却坚定地摇着头："不，对我来说，腿和生命同样重要！

我宁可失去生命，也不会截断这条腿！”

没有他的签字，手术无法进行。医院和家人只能尊重他的选择，为他做药物治疗。因为化疗，不到两个月，他的一头黑发都掉光了！ 而这两个月里，他想要保住腿的强烈愿望和想要活命的强烈愿望每一刻都在交织争斗着，相互妥协着。最后终于还是想要活命的愿望占了上风，他改变了最初的决定，同意做手术，截去患病的右腿！

他在手术单上签下自己的名字，然后，最后一次凝视了一眼自己的右腿，就被推进手术室了。手术整整进行了四个小时，他一直在昏睡中，他一会儿梦见自己和女友手拉手在白茫茫的雪山上滑雪、驰骋，一会儿听见金属锯在骨头上的摩擦声。等他再一次醒来的时候，只感到右下侧剧烈的疼痛，他慢慢地把视线转过去，那里已经空荡荡的了。他的眼泪顷刻间流了下来，他感到心在剧烈地疼痛，比身体的疼痛剧烈一百倍！

但是，事情的结果却是最坏的那种。因为错过了做手术的最佳时间，他的病情急剧恶化，癌细胞已经扩散了。他的这条腿白白被锯掉，他将要带着仅剩一条腿的残缺身体走向生命的尽头！

知道这个消息时，我们所有的人都哭了，为他，和他那条被截断的腿。

“后悔吗？”当他拄着拐杖，重新走进我们的病房时，我们所有的人都沉默地看着他，虽然什么也没说，但目光中的疑问他已经看出来了。“后悔。但不是后悔手术做晚了，而是后悔根本不该做这个手术！”

我望着他，那一刻，我一遍遍不停地问自己：如果换作是我，我会如何选择？

一只倒霉的狐狸被猎人用套子套住了一只爪子，它毫不迟疑地咬断了那条小腿，然后逃命。它放弃一条腿保全了一条命。当生活强迫我们付出惨痛的代价时，主动地放弃局部利益去保全整体利益是最明智的选择。

古人云：“鱼和熊掌不可兼得。”如果不是我们应该拥有的，我们就要学会放弃。人生的旅途，会有山山水水、风风雨雨，有所得也必然有所失，只有我们学会了放弃，我们才会成熟，才会活得更加充实、坦然和轻松。

放弃其实就是一种选择。走在人生的十字路口，你必须学会放弃不适合自己的道路；面对失败，你必须学会放弃懦弱；面对成功，你必须学会放弃骄傲；面对老弱病残，你必须学会放弃冷漠，实施救助……我们只有在困境中放弃沉重的负担，才会拥有必胜的信念。放弃我们必须放弃的、应该放弃的，甚至比拥有更重要。

不懂得放弃的人，总将生活中不如意绕在心灵的枝干上，一生就像北方腊月的浓雾，挥之不去。就这么一味地自怨自艾、自暴自弃，于是青春美丽的容颜与悠悠岁月擦肩而过，恰如风过竹面，雁过长空，就像苏东坡的一声人生长叹："事如春梦了无痕。"

手表定律告诉我们：选择最可依赖的那块表，放弃其他的。懂得放弃的人，是静下心来当一回医生，为自己把脉，重新点燃自信的火把，照亮人生中不如意的症结，然后分析与之失之交臂的差距，根据自己自身的特点选定一个目标，努力掌握一门专长，多看一些奋发的书籍，开阔视野，荡涤一下容易浮躁的心灵。懂得放弃的人，对任何事不会太过苛求，会竭力用温情、柔情、大度营造一个温馨的港湾，在荡漾着对生命充满着爱意的氛围中，舒展一下疲惫的心是多么惬意与幸福！

不要丢掉你的梦想

克鲁利·亨利从小是在贫穷中长大的，他的梦想是成为体育明星。当克鲁利·亨利16岁的时候，他已经很精通橄榄球，他能以非常快的速度投出一个球，并且能击中在橄榄球场上移动的任何东西。不仅如此，他还是非常幸运的：克鲁利·亨利高中的教练是奥利·贾维斯。贾维斯教练不仅对亨利充满信心，而且他还教会了亨利如何对自己也充满自信。

一次，克鲁利·亨利和贾维斯教练之间发生了一件非常特殊的事情，并且这件事改变了亨利的一生。

那是在克鲁利·亨利高中三年级时，一个朋友推荐他去打一份零工。这对克鲁利·亨利来说，是一个难得的赚钱机会，它意味着他将会有钱去买一辆新自行车，添置一些新衣服，并且他还可以攒些钱，将来能为妈妈买一所房子。想象着这份零工的诱人前景，亨利真想立即就接受这次难得的机会。

但是，克鲁利·亨利也意识到，想要保证打零工的时间，他将不得不放弃自己的橄榄球训练，那就意味着他将不得不告诉贾维斯教练自己不能参加橄榄球比赛了。对此，克鲁利·亨利感到非常痛苦和害怕，但他还是鼓足勇气，去找贾维斯教练，决定告诉他自己想去打零工这件事。

当克鲁利·亨利说出自己的想法时，贾维斯教练果然就像他早就料到的那样非常生气。

“今后，你将有一生的时间来工作。”他严肃地注视着克鲁利·亨利，厉声说，“但是，你能够参加比赛的日子有几天呢？那是非常有限的，你浪费不起呀！”

克鲁利·亨利低着头站在他的面前，绞尽脑汁地思考着如何才能向他解释清楚自己要给妈妈买一所房子以及自己是多么希望自己能够有钱的这个梦想，他真的不知道该如何面对教练那已经对他失望的眼神。

“孩子，能告诉我你将要去干的这份工作能挣多少钱吗？”教练又问道。

“一小时 3.25 美元。”克鲁利·亨利仍旧不敢抬头，嗫嚅着答道。

“难道你就为了一小时 3.25 美元就丢掉自己的梦想吗？难道一个梦想的价格就值一小时 3.25 美元吗？”教练反问道。

这个问题，再简单、再清楚不过了，它明白无误地向克鲁利·亨利揭示了注重眼前得失与树立长远目标之间的不同。就在那年夏天，克鲁利·亨利全身心地投入到体育运动之中去了，并且就在那一年，他被匹兹堡派尔若特橄榄球队选中了，签订了 2 万美元的协议。此外，他还获得了亚利桑那大学的橄榄球奖学金，它使亨利获得了大学教育，并且，他在两次民众选票中当选为“全美橄榄球后卫”。还有，在美国国家橄榄球联盟队员第一轮选拔中，克鲁利·亨利的总分名列第七。

1984 年，克鲁利·亨利和丹佛酌野马队签订了 130 万美元的协议，他终于圆了为妈妈买一所房子的梦想。

贾维斯教练让克鲁利·亨利明白了梦想的价值，这让亨利最终选择了练球，最后获得了成功，实现了人生愿望。如果你也有璀璨的梦想，那就要有摒弃其他诱惑的决心。在我们如花的年纪，应该把时间和精力放在更有价值的事情上。这正如手表定律告诉我们的，面对两块显示不同时间的手表，一定要选择最准确的那块手表。

以己之长攻敌之短

在商战中，双方总是尽可能地发挥自己的长处，攻击对方的短处，谁发挥得好，攻击得准确，谁就会获胜；在经商活动中也是这样，避开自己的短处，充分在长项上发展自己，这样才能在竞争中获胜。以己之长，攻敌之短，重要的是要找到自己的长处和敌人的短处，这就需要认真地研究分析。

美国西代克斯公司成立于1969年，是生产磁带和微缩影片的公司。1972年，当李斯特·克伯特就任董事长时，公司的财务状况极为糟糕，在经营中亏损了600多万美元。于是他对公司的经营策略进行了彻底的研究和分析。克伯特不是一个高科技人员，但却是一个管理人才。而在西代克斯公司，高科技并不是强项，所以，克伯特认为发展高科技并不是公司的首选，与美国商会中大部分厂商不同的是，西代克斯公司的制造能力非常强，因此它也是复制电脑缩影胶片和电脑软盘的低成本制造商。经过研究和分析后，克伯特认为西代克斯公司发展的重点应建立在生产的基础上，以生产的优势与对手竞争。

他首先加强了公司的内部管理，建立了严格的管理纪律，使公司在 18 个月内扭亏为盈，这就奠定了西代克斯公司长期巨额盈余的基础。复制电脑缩影胶片是西代克斯最初的主要业务。该公司凭着生产上的优势，首先建立了它的市场领导地位和加强了与使用者的关系，到 1984 年，它已占领了这种产品 70% 的市场。后来推出的缩影胶片阅读机、银模胶片等，也是以同样的方式抢占市场。

当缩影胶片市场进入成熟期而发展缓慢后，西代克斯公司就把它的触角伸入电脑软盘行业。虽然这个行业竞争十分激烈，但西代克斯公司非常坚定，因为它们很清楚，自己的优势就是生产方面的优势。电脑软盘只不过是把化学药剂涂在多元脂胶片上而已，而西代克斯公司不仅可以比其他公司处理更宽的多元脂胶片，而且可以做出更薄、更均匀的化学涂层，更为重要的是，西代克斯公司的生产增长速度可以达到 50% 甚至 60%，这就使它在这个行动上有成本上的优势。与这个行业的其他公司相比，西代克斯公司很快就生意兴隆了，到 1984 年，它取代了比它历史久而规模更大的迪森公司。由于西代克斯公司充分发挥自己在生产制造方面的优势，使得它迅速发展，并成为这个行业中最稳固的公司。

从西代克斯公司的发展可以看出，克伯特在开始时做的研究分析，找出西代克斯公司的长处是多么重要，他使得西代克斯公司在后来的发展中能够真正做到以己之长，攻敌之短，并逐渐发展壮大。

西代克斯公司的成功正是手表定律的体现。以发展高科技求发展和利用生产优势求发展，就像两块显示不同时间的手表，西代克斯公司经过研究和分析后，最终做出了正确的抉择，选定了利用生产制造方面的优势求发展这块最可依赖的手表。选对了这块表，西代克斯公司对自己的发展就有了准确的定位，公司运行自然顺风顺水，始终立于不败之地。

有舍才有得

“曾虑多情损梵行，入山又恐别倾城。”仓央嘉措曾在诗中表现出自己的为难，面对爱情与信仰，不知道该如何做出选择，最终只能留下一句叹息：“世间安得双全法，不负如来不负卿。”

其实我们在生活中也总会遇到这样两难的情况，总是需要舍弃一方才能得到另一方，但我们并不想做出任何的舍弃，我们期望拥有两全其美的办法，想要得到一切，结果往往什么也得不到。

付安鹤毕业后成为一个自由职业者，想要开创自己的事业，他追寻着自己的爱好加入了一些群体，希望能够通过交流学习增长见闻。

但他的爱好实在太多了，加的群也是五花八门，有中医群、珍珠销售群、写作群、读书群、养生群，一共多达 30 多个群，消息的提示声响得此起彼伏，付安鹤觉得生活好像也被割裂成好几块，站在中心的他不知该如何追逐。

通常是他想要潜心研读《本草纲目》时，有客户询问珍珠价格；他认真充当着销售员时，读书群里又玩起了成语接龙；游戏刚到了兴头上，写作群的打卡时间又到了。

一天下来，安鹤总感觉自己好像做了许多事儿，结果却是啥也没干成。放眼看看，适合自己的事情不算少，他可以继续老本行，也能利用家乡的珍珠养殖赚钱。

最后他发了一条朋友圈：我这是在闹什么？加了 30 多个群，却一个都没认真看过。理想太多有时候就容易变成欲望，使我们深陷其中深受其苦，口渴的时候希望喝尽弱水三千，其实需要的不过一瓢清泉而已。我们通常都是这样，当我们面前的路有无数条，且每一条都看似阳关大道时，我们总会不由自主地每条都想踏上去试一试，总怕自己无意间错失良机，四面撒网却不知道重点是捞鱼，肆意求广而忽视了求精。

努力本身没有错，但假如没有准确的方向，一通乱撞，耗费的是大量精力，那些什么都想要的人，最后往往什么也得不到。因为成功青睐的总是努力而又专一的人。

陶华碧独自经营着一个小摊子，卖的是凉粉米线。有一次在无意中发现自己制作的辣酱非常受客户欢迎，几乎整条街的凉粉店都在使用她制作的辣酱，她就想自己为什么不能专心做辣酱呢？

于是发现商机的陶华碧毅然舍弃凉粉摊，转而一心一意炒制辣酱，她把所有的心思都倾注在辣酱的口感上，抓住产品的核心卖点，抓住消费者的心。后来，她制作的辣酱风靡全球，成了名为“老干妈”的系列产品。

而她也一跃成为“老干妈”的创始人、跨国企业的董事长。其实不只是企业，我们个人也是一样的，我们的核心竞争力永远都是发展的根本，我们生活中常常谈起的“断舍离”，其实就是不断发掘并塑造自身的核心竞争力。我们不必什么都想得到，要选择一样我们最想要的，尽力做好。就如同莫言写不了抒情诗歌，席慕蓉无法写好长篇小说，金庸写不了流行歌词。即使功成名就的文学大师，也无法驾驭所有文体。

努力没有错，但假如没有准确的方向，一通乱撞，耗费的是大量精力，收获却微乎其微。什么都想要的我们，与其说是贪婪，倒不如说是迷茫。什么都想要，什么都渴望试一试的年轻人，往往还不知道自己需要的是什么。

手表不是越多越好，拥有两块以上显示不同时间的手表，必须舍弃那些显示错误时间的手表，我们才能准确地把握时间。理想也是这样，理想太多就容易变成欲望，深陷其中深受其苦，我们还以为自己不够努力，殊不知开头便错了。

什么都想得到，往往什么都得不到，毕竟我们精力有限，你付出多少，回报就有多少，选择一样我们最想要的，埋头苦干，做到努力而又专一，总有一天成功会青睐我们。

该放弃的一定要放弃

生活中，人们经常把目光盯在自己没有的东西上，毫不理会这些东西对我们有没有用。越是得不到的东西人们就越想要，不管再困难，也要拼命将东西拿到手；东西拿到手后，人们才发现东西没有自己想象的那么好。人们花费了大量的时间与精力去争取一些没用的东西，给自己平添很多包袱，让人看不清目标，得不到自己真正想要的东西。

无论是个人还是企业，都要学会放弃。基于公司的经营、销售、投资、利润等多种状况，公司很难做出放弃的抉择。就像在印度的热带森林里，人们经常用这样的方法捕捉猴子，他们在一个固定的木盒里装上坚果，然后在盒子上开一个小洞。这个洞刚好能伸进猴子的前爪，猴子抓住坚果后，爪子就出不来了。但它就是不放开手里的坚果，于是被人们捉住了。猴子因为不懂得放弃手里的坚果，被人们捉住，失去了自由。对于一个企业来说，就不只是失去自由那么简单，很有可能使企业面临倒闭的危险。企业对自己无关紧要的东西抓得越紧，越会失去更多的东西；与其去争取一些微薄的利益，还不如仔细考虑怎么能在风云变幻的市场中生存下来。

放弃不属于你的东西，你会发现，你不仅拥有了以前得不到的东西，而且拥有的东西比以前争取过的东西还要多。对于管理者来说，放弃需要很大的勇气和魄力，只有勇敢地放弃一些东西，才有可能得到更多的东西。虽然失去了一棵树，但是却得到了整片森林。没有一个企业能够心甘情愿地放弃公司的美好前景，但也正是放弃一些东西，公司才能在今后的发展中获得更大的成功。公司都是在放弃—得到—再放弃—再得到的过程中不断发展的。因此，公司应将可持续发展作为公司的终极目标。

日本钟表企业精工社，成立于1881年，是一个著名的大企业，它生产的石英表在世界各地畅销，企业手表的销售量稳居世界第一。精工社取得这样卓越的成就，取决于公司第三任总裁服部正次的放弃战略。

1945年，服部正次担任精工社第三任总裁。当时日本由于战争破坏，各方面都很萧条。精工社也深受战争影响，公司发展迟缓。而素有“钟表王国”之称的瑞士没有受到“二战”影响，瑞士手表一下占据了钟表行业的市场，这对精工社来说是一个生死攸关的考验。服部正次没有被眼前的形势吓倒，他冷静思考，想出了“不着急，不停步”的发展战略，从质量方面入手，加紧了追赶钟表王国的脚步。十年过去了，服部正次带领员工取得了很大的进步，但还是不能与瑞士钟表相抗衡，质量始终无法赶上瑞士钟表的标准。当时瑞士每年生产各类钟表一亿只左右，畅销于一百五十多个国家，市场的占有率达到50%～80%。瑞士手表仍是达官贵人、富豪等人高贵的象征。

是继续在钟表的质量上赶超瑞士钟表，还是从其他的途径超越瑞士钟表，在精工社内部出现了分歧。服部正次经过慎重地考虑，做出了一个这样的决定：放弃在机械表上与瑞士抗衡，注重新产品的研制。因为要想在质量上超越瑞士钟表，根本是不可能的。经过几年的不懈努力，服部正次带领他的员工与技术人员研制出一种新产品——石英电子表。在钟表的准确性方面石英表显示出强大的优势，钟表之王劳力士的月误差在100秒左右，但是石英表的月误差连15秒都不到。

1970年，石英电子表进入市场，立刻引起了钟表界的轰动。到20世纪70年代后期，精工社的销售量就跃居到了世界第一。1980 年，精工社吞并了瑞士制作高级钟表的珍妮·拉萨尔公司。不久，一种以钻石、黄金为主要材料的豪华“精工·拉萨尔”表被研制出来，刚投入市场，立即得到了消费者的认可，成为新一代高质量、高品质的象征。正是因为精工社公司的放弃战略，让公司在发展中获得了卓越的成就。

只有一块手表的时候，人们能够确定时间；当拥有两块或两块以上手表的时候，各个手表显示的时间不同，人们反倒没办法确定时间。更多手表不仅不能让人们知道准确的时间，反而会引起时间混乱。研发新产品和赶超瑞士钟表就像两块显示不同时间的手表，必须放弃一块，才能准确地掌握时间，否则就会无所适从。企业管理也是这样，学会了放弃，你就学会了争取。管理者应善于甩掉影响企业成功的包袱，将企业的生存发展作为企业的最终目标。不能进行理性的放弃会导致失败，不断进行理性的放弃才能获得持久的成功。

摩尔的选择

成功不仅需要奋斗，还需要学会选择。一个人如何通过选择，为自己确定正确奋斗的目标，是非常重要的。

戈登·摩尔出生于1929年，当他11岁的时候，曾发现邻居的小孩收到了一件圣诞节礼物——装满化学试剂的实验装置，摩尔立刻便被这件经过化学合成可以产生很多新物质的装置给迷住了，他暗暗发誓，将来自己一定要当个化学家。1954年，摩尔在加州理工学院获得物理化学博士学位。

摩尔走向社会，一开始是在约翰·霍普金斯大学的应用物理实验室工作。1956年，摩尔在诺贝尔奖获得者、晶体管的合作发明者威廉·肖克利的邀请下，加入了加利福尼亚的肖克利半导体公司。

摩尔进入这家半导体公司绝对是正确的，因为他在这里遇到了自己命中的合作伙伴罗伯特·诺伊斯、布兰克和拉斯特等人，摩尔和他的七个创业的小伙伴最终离开了肖克利半导体公司，开始了一场“华丽”的创业之旅。

创业最初的时候，摩尔和他的小伙伴们还被肖克利称为“八叛逆”，但“八叛逆”们找到了一家地处美国纽约的摄影器材公司当投资商，他们拿着3600美元的种子基金，就这样成立了仙童半导体公司。

仙童半导体公司在摩尔等人的努力之下，利用硅来取代传统的锗材料，制造一种双扩散基型晶体管，仙童半导体公司业务迅速增长，一举成为硅谷增长最快的公司，并被称为当时技术创新的奇迹。

仙童半导体公司当时的营业额已经接近2亿美元，摩尔腰缠万贯，绝对是一位成功商人的形象，但是他经常问自己，难道仙童半导体公司就是自己人生的顶峰？如果离开公司，自己能不能二次创业，并重新开辟一个崭新的局面，拥有更大的辉煌？

1965年，摩尔在第35期《电子》杂志上发表了一篇对后世计算机行业极具影响的论文，论文中这样写道：集成电路上能被集成的晶体管数目，将会以每18个月翻一番的速度稳定增长，并在今后数十年内保持这种势头。

1968年，摩尔和诺伊斯领着葛罗夫，脱离了仙童半导体公司开始自立门户，成立了英特尔（Intel）公司。英特尔这个英文单词，包含着两个意思，一个是智慧，另一个是集成电子。

英特尔公司能不能成功，关键是产品的市场定位，摩尔经过多年的商业实践，已经积累了大量的实战经验，他经过和两个共同创业的小伙伴商量，决定制作半导体中的高科技产品——存储器芯片。

随着64位存储器芯片、256位金属氧化物半导体存储器、1KB的动态随机存储器1103的推出，功能强大的存储器芯片正式宣告了磁芯存储器的灭亡。摩尔有着一双超前的商业慧眼，他果断地做出决定，英特尔进行战略转移，随后，摩尔专攻微型计算机的“心脏”部件——CPU（中央处理器），CPU（中央处理器）的推出，让一场个人电脑的革命终于诞生了。正是这一正确的选择，最终确立了英特尔在全球微处理器市场上的霸主地位。

摩尔之所以能够取得如此大的成功，最重要的原因就是善于选择，他不仅善于为自己的产品定位，更善于为自己的人生定位，正因为善于定位，故此，摩尔风光了40年，英特尔公司的成功仍然会继续。

生行莫入，熟行莫出，这是大机械化时代的过时观念。随着信息化时代的到来，任何一个具有前瞻性眼光的企业家，都应该把握时代的脉搏，紧跟信息化的潮流，学会选择，早日选定人生的目标，则成功一定会早日到来。

当拥有两块或者两块以上的手表，人们反而难以准确地掌握时间，这就要求人们学会选择，在显示不同时间的手表中选出最可依赖的一块手表。摩尔的成功就是来自于他一次次正确的选择。

第二章 坚守自己心中的那块手表

——坚定目标，不要轻言放弃

有的时候，如果你已经知道自己真正需要的了，就没有必要再去寻求他人的意见，因为在这个时候，任何人的建议都只会影响你的自我判断和决心。在很多时候，并不是标准越多越好，对你来说，往往只需要一块手表。

我要做男主角

在追寻梦想的过程中，坚持到最后一分钟，说不定在下一秒你就会梦想成真。

成功往往与磨难同行，要想取得成功就要历经磨难。正如俄国著名物理学家列别捷夫所说："平静的湖面练不出精干的水手，安逸的环境造就不出时代的伟人。"因为，磨难能磨炼人的意志、激发人的潜能。凡是在历史上有作为的人物，都是经过困难和挫折磨炼出来的。

有这样一个人，父母都是意大利人，他出生在美国。虽然生在美国却生活在一个非常非常贫困的家庭，他父亲是个赌徒，母亲是个酒鬼。

从小生活就极度贫困，而且父亲脾气暴躁，他从没得到过什么父爱，他七岁的时候父母就离婚了。这以后他就在社会上东飘西荡。高中时他辍学回家，成了无业游民，然后在大街上混。

二十多岁时他突然受到一次刺激，一下子醒悟了。他发现有很多人和自己一样有手有脚有思想有信念，但是他们享受的生活和得到的价值却不一样。他们有非常高的生活品质、非常好的生活标准、非常好的工作，他发现这些人绝对生活在另一个世界。

这个时候他仰望天空大哭起来：为什么我生活得这样穷困潦倒？他下决心也要像其他人一样生活，不要像父母一样领救济金生活。可是怎么改变呀？做生意吗？没有钱；去找工作吗？没有好的学历。该怎么办呢？

这时他想到了一句话：做自己想做的事。我喜欢什么？我喜欢做什么事？他想到了当演员！为此，他来到了好莱坞。可是他万万没有想到，原来他天生嘴歪。他出生时，由于医生使用产钳时处理不当，造成他左脸的部分肌肉痉挛，说话时有些含混不清。他歪着嘴跟导演说他想当演员，结果被拒之门外。

那怎么办？他信心不减。先是找到一个白天打扫厕所的工作，晚上从垃圾场找来了一辆破车睡在里面。因为他是打扫厕所的，每当看到有导演上厕所时，他都跑过去跟导演说，他想当演员，能不能给他一个机会。结果都被拒绝了，而且被拒绝了800多次。

他每听到一次拒绝后就会对自己说，下一次一定行，下一次一定能成功。800多次以后，他所知道的所有导演都拒绝过他。

这时他想，如果直接当演员不行，那就先写剧本，写完剧本再来当演员。他写了剧本找导演。导演看完以后，他对导演说，他要当这部戏的男主角，于是又一次一次地被拒绝。

就在他第1849次被拒绝之后，一位导演说：我看完你的剧本了，写得不错。我给你35000元钱，但是我的条件就是你不能够当男主角。

他一下子惊呆了，因为35000元钱对他来说太重要了。他一个月工资才300多元。35000元比工资多了一百多倍。这时候他突然想到自己想要做一个什么样的人。他想到自己是要当演员而不是作家，所以对导演说：不！我一分都不要。我唯一的条件就是我要当这个剧本的男主角。导演一听这也不错啊，于是让他试试。对他来说，机会就这样来了。影片上映后，创造了当时最高的票房纪录。

后来他成为了好莱坞最顶尖的大明星。他的代表作《洛基》出场费高达1700万元，他果真成了做自己想做的事的人。

他就是史泰龙。

你经历过1849次拒绝吗？你有勇气经历1849次拒绝吗？所以，你有什么理由说“我不行！”史泰龙为了实现自己当演员的梦想，不断尝试，不断遭到拒绝，从直接请求导演到自己写剧本，在经历1849次拒绝后，他终于品尝到了成功的果实。

那些取得巨大成就的人，无论身处何种境地都是不会轻言放弃的。对史泰龙来说，写剧本和当主角无异于两块显示不同时间的手表。一个剧本，导演给出35000元钱的价格，比他当时的工资多了一百多倍，这无疑是一个巨大的诱惑，但史泰龙在金钱面前没有改变初衷，敢于说“我一分都不要。我唯一的条件就是我要当这个剧本的男主角”。正是因为他能够坚守自己心中的那块手表，才实现了当主角的梦想，并最终取得了辉煌成就。

专心干自己想干的事

约翰·格登少年时对虫子很感兴趣，很想成为研究虫子的科学家，可是他实在太“笨”了。

那天，从伊顿公学加德姆老师手中，格登接过自己的成绩单，看了看，顿时满脸通红、羞愧不已。是的，这的确是一份令人尴尬的成绩单，分数惨不忍睹，各科成绩的总和不及别的同学一科，尤其是理科，门门功课倒数，而生物学在全年级甚至排名倒数第一。加德姆老师给的评语更加令他难堪：“我相信你想成为科学家，但以你目前的学业表现，这个想法非常荒谬。你连简单的生物知识都学不会，根本不可能成为科学家，对于你个人以及想教导你的人来说，这根本就是浪费时间。”这等于是宣判：格登在理科方面根本没有任何希望，更谈不上会有什么建树。

拿着成绩单，格登郁闷极了，含着眼泪跑到了自己的“实验室”——那是学校一间闲置的小仓库，他课余时间在那里饲养了很多毛毛虫。他再次摊开成绩单，恨不得将它揉皱、撕碎。他一直有个梦想，将来做一名生物学家，然而，现在老师给出了这样完全否定的评语，实在令人沮丧。对他来说，这一打击确实太大了。

忽然，一只蝴蝶在他眼前飞舞了几圈，落在成绩单上。格登不禁眼前一亮，这才注意到，原来他所饲养的毛毛虫好多已经化成蝴蝶，在库房里翩翩起舞。他甚至注意到，一只蝴蝶正在从蛹壳中挣脱出来，那柔软皱缩的翅膀，在空中尽力地伸展着，虽然艰难，却很执着。格登深受感染，满心的郁闷随之烟消云散。他想，我这只笨笨的毛毛虫，难道真如加德姆所说，不能羽化成蝶吗？再说，加德姆又不是上帝，他怎么可能确定我的未来呢？

这样一想，他那种想把成绩单揉皱、撕碎的冲动完全没有了，他觉得如果那样做，只是宣泄一下而已，并不能从根本上推翻老师的评定。而正确的做法应该是保留它，时常与它对话，告诉它：“你所说的不是事实！”就这样，心情敞亮很多的格登回到家中，把差评成绩单放在自己房间的书桌上，用玻璃板压着。此后，每隔一段时间，他都会盯着它看上一会儿，明显是在与之较劲。

这样的举动，不止一两次，而是无数次；坚持了不止一两年，而是64年。在岁月的流逝中，凭着一股倔强劲儿，格登笨鸟先飞，发奋学习，刻苦钻研，一次又一次用实际成就向那份差评成绩单宣告："你所说的不是事实！"高中毕业后，他考入牛津大学，攻读动物学；25岁那年，他成功克隆出一只青蛙，一举成名，被称为"克隆之父"；29岁那年，他提出细胞的特化机能可以逆转理论，这项理论震惊生物界，因为此前的理论认为特化细胞发育过程不可逆；38岁时，他开始在剑桥大学任职，先后担任多个生物学、遗传学研究机构的负责人；79岁时，因为巨大的专业成就，他荣获2012年诺贝尔生理学或医学奖。一条曾经笨笨的"毛毛虫"，最终羽化成美丽的"蝴蝶"。

他就是约翰·格登，一个与差评成绩单较劲64年的"笨"小孩。至今，在剑桥大学格登研究所中，当年那张成绩单仍然摆在格登的办公桌上。当人们问格登为何对一份令人难堪的成绩单情有独钟时，他这样说："每当遇到什么麻烦，比如实验无法进行下去等情况时，我都会看看这份评价，来提醒自己要努力坚持，不然真的就被以前的老师说中了。"是的，能够把骂声听成鼓声，把拍砖视为垫砖，把对手看作推手，这也许不算人生大智慧，然而，却是羽化成蝶、成就未来的真功夫。

坚守自己心中的那块手表，不要在意别人说什么，只要自己认为是对的，那就执着地做下去。其实，每个人都是生活的主角，都有施展才华的机会，不要因为别人的一句话就改变人生的态度。反过来想一想，任何事情都是靠自己去做的，别人又不能代替自己，干吗听人家的只言片语而影响自己的前程及理想呢？只要自己喜爱，就要坚定不移地坚持下去，不要被他人所左右。我们应该相信一点：坚持到底就是胜利。

敢于质疑权威

在现今这个时代，科技越来越发达，各种各样的科研报告层出不穷，我们对这个世界的了解也越来越多，但是相应的，我们未知的部分也在随之扩大。实际上，这个世界已变得愈加复杂，我们在了解它或与它打交道时，往往依赖于权威，而对自己的能力失去了信心。有一天，我突然发现，没有专家指导，自己竟然不知道该如何吃饭、如何睡觉，甚至不知该如何生活。后来，发生了一件几乎让我送命的事，我才终于明白：再多的专家，也不能抹杀某一人对某一情境的特别认识。多数情况下，你还得相信自身的判断。

我现在还牢记着那个日子，那是两年前的一天半夜，在我起床喝水的时候，我无意识地挠了挠头。夜晚的寂静让我突然听到，在挠头部某一个地方时，发出的声响就和指甲划在空纸盒上的声音差不多。我又重复了一次动作，确信自己没有听错。虽然不明白这是怎么回事，但我知道，这绝对是不正常的。我坐在客厅的沙发上竭力使自己镇静下来，我知道，我需要帮助。

第二天，我马上去找我的私人医生，他是本区最好的医生，从他的收费上就能看出这一点。

“您说您怀疑自己脑袋里有个洞？”他开玩笑似的说，“什么也没有，有的恐怕也是您头皮上哪根神经弹出的曲子，也许是小夜曲！”他在用一贯的幽默缓解着我的紧张，但好像不起什么作用。我曾经清楚地听到那个声音，我知道这次真的有什么不对。

在接下来的一年里，我另外又找了三个大夫，他们都告诉我完全正常。找到第五个大夫时，我几乎都绝望了：“我自己的身体我自己清楚，我知道里面有什么不对的地方。”

“您要是不信我的话，就做个 X 光，让您看看我说得对不对。”他说。

果不其然，肿瘤在我脑袋里已形成了一个拇指指甲大小的空洞。

手术以后，第五个大夫站在我床边，踌躇片刻后说：“要说也是件好事儿，您还是很明智的。大多数人都死在这种病上，因为我们不知道它病发的征兆，等发现时已经晚了。”

其实，我知道自己并不聪明，而且在权威面前也表现得很驯服。否则在找我的私人医生看病时就应该敢于直言。当然，对某些完全肯定的观点能提出疑问还是相当困难的。幸好我坚持了，而且是在行家面前，也因此救了自己的性命。我真不敢想象，如果那时我退缩了，今天的我是不是正躺在病床上。

我要说，当遇到我们确实熟知的领域，如我们的身体、我们的家庭、我们的住所，让我们听完行家们如何说后，自己做一次判断吧。我们的推测或许和他们的差不多，有时可能还要比他们的强些。

权威有时也会成为一种障碍，当你越来越习惯于在看似确凿的论断下生活，却出现自己的感觉与所谓的常规论断发生矛盾冲突，需要你做出抉择的时候，你要相信，名表未必比你的手表准确。

莫里哀的作家之路

莫里哀是法国喜剧作家、演员、戏剧活动家，法国芭蕾舞喜剧的创始人。他出生在巴黎，他的父亲是一位有名的室内陈设商，他的母亲是一个织毯匠的女儿，受到过良好的教育。

莫里哀自幼有些口吃，但这并不影响父母对他的溺爱。由于自幼娇生惯养，因此莫里哀的体质非常差。

莫里哀从小就比较好动和喜欢热闹，他不爱待在家里，总是喜欢到繁华的闹市，观察来来往往的人群，有时他也会坐到窗子前，看小商小贩们吵吵嚷嚷。莫里哀还非常喜欢模仿别人家建筑物上的猴子，做各种各样的鬼脸，学得惟妙惟肖。

由于在当时，演戏的职业并不光彩，所以，莫里哀的父亲对他的模仿行为很是反感，经常因此训斥莫里哀。但是喜欢看戏的外祖父并不这么想，他曾看到过莫里哀精彩的模仿，认为莫里哀观察能力和模仿能力都非常棒，将来很可能会成为一个杰出的剧作家或者演员。

外祖父很喜欢看戏，几乎每周都会到剧院去看戏，并且看戏回来还经常模仿戏中人物的动作。受到外祖父的影响，莫里哀从小就迷上了戏剧，也经常模仿戏中人物。他经常到离家不远的广场，看流浪的艺人演出，并且还会模仿他们的动作。

每到周末的时候，莫里哀就会让外祖父带着他到皇家演员剧团演出的大剧院去看戏。一进到剧院，莫里哀很快就会陶醉其中，悲剧或是喜剧，都能让他看得入迷。久而久之，莫里哀也产生了想要演戏的想法，甚至做梦的时候都会梦到自己在演戏。

然而，莫里哀的父亲很想让莫里哀成为自己的继承人，因此非常重视对莫里哀的教育。父亲看到莫里哀在外祖父的影响下，越来越喜欢戏剧了，因此有些担忧，并劝阻自己的岳父不要再带着莫里哀去看戏了。可是，莫里哀的外祖父却认为即使莫里哀将来做一个演员也是不错的事情。在外祖父的支持下，莫里哀更加喜欢戏剧了，那时候他就下定决心将来要做一个好演员，从事戏剧艺术。

为了让莫里哀继承自己的事业，父亲把 13 岁的莫里哀送到了当时法国最好的贵族学校学习。其间，莫里哀和那些贵族子弟交往，仔细观察他们的生活和习惯，为日后的创作积累了丰富的素材。只要有空闲时间，莫里哀就会和同学一起到剧院看戏，读书期间几乎把剧院所有的戏都看遍了。

后来，为了让莫里哀继承自己的事业，父亲在莫里哀中学毕业后，为他买了一个法律硕士的学位。而莫里哀也确实花了一些时间和精力来研究法律知识，这些在他后来的演出中都发挥了积极的作用。此时，莫里哀早已有了自己的爱好和理想，并且对自己的职业也有了初步的规划。

莫里哀 21 岁的时候结识了贝雅尔兄妹，用了很大的勇气下定决心，然后把得到的遗产全部投入到演艺事业中，组织了“光耀剧团”进行演出。从此，莫里哀开始走上了艺术之路，历经挫折，终于获得了成功。

如果莫里哀按照父亲的意愿学法律，法国未必会多一个法学家，但肯定会少了一位喜剧创作和表演的大师。所以，参考他人的意见时，也要讲求方法和原则，要学会对他人的意见进行理智的分析，别人的建议并不总是对的，你要有自己的判断力。有的时候，如果你已经知道自己真正需要的了，就没有必要再去寻求他人的意见，因为在这个时候，任何人的建议都只会影响你的自我判断和决心。在很多时候，并不是标准越多越好，对你来说，你往往只需要一块最可依赖的手表。

不放弃自己理想的盛田昭夫

盛田昭夫出生在一个世代经商的家庭里，他的父亲是一个非常精明能干的企业家，经营酿酒业。父亲希望能把盛田昭夫培养成为一个实业家，因此很早就开始对儿子进行这方面的教育。

父亲是一个非常保守、谨慎、安分守己的人，而盛田昭夫却是一个思维活跃的人，因此父子二人难免会发生摩擦。平时，父亲做一个决定总是要花费很长时间，并且瞻前顾后，这时候盛田昭夫就会主动讲出自己的主张，两人经常会因此发生争执。虽然说晚辈和长辈吵架不符合家族的传统，但是父亲认为这样可以帮助孩子掌握成人应有的思维模式，让孩子学会合理地表达自己的看法。因此，对盛田昭夫的这一举动，父亲不仅不介意，而且还鼓励他。

盛田昭夫 10 岁的时候，父亲带着他到公司的办公室以及酒厂，让他看看自己是如何经营企业的。此外，父亲还让盛田昭夫坐在自己旁边，让他参加董事会，见识一下自己是怎样主持会议的。有时候，公司的下属到家里汇报工作，父亲也会有意识地让盛田昭夫坐在旁边聆听。

在父亲的精心培养下，盛田昭夫小小年纪就对企业产生了浓厚的兴趣，并且在小学三年级的时候就显露出不凡的经商才能来。他为同学设计出别致的小纸贴，结果很快就流行起来，成了同学们的抢手货。

除了身教，父亲还注重言传的教育作用。一有机会父亲就会给盛田昭夫灌输这样一种观念：你是盛田家族的长子，必将成为家族产业的继承人，因此必须要学会经营企业。父亲经常对盛田昭夫强调："你天生就是经理，这一点你一定要记住！你应该要知道，自己做的事情以及要求别人做的事情都是要负责任的。"

盛田昭夫上中学后，他的假期被父亲安排得满满的，仿佛他就是公司的一员。每当公司开会的时候，父亲就会带着盛田昭夫出席会议，并且要求他坚持到最后。有时候，父亲还会带着盛田昭夫到厂子里巡视参观，冬天的时候还会带着他一起

“品酒”，检查酿酒的质量。由于品酒的时候只是把酒含在嘴里品尝，然后把酒吐掉，这一习惯让盛田昭夫一生都不喜欢带有酒精的饮料。

盛田昭夫中学毕业后，想要按照自己的意愿报考理科。父亲虽然希望儿子学习经济学，但最终并没有反对他的选择。父亲觉得不管盛田昭夫学什么，将来都会回到家里继承家业，既然他喜欢理科，就当是培养他的一种兴趣罢了。

然而，盛田昭夫最终放弃了祖传的酿酒业，并且按照自己的爱好发展，创办了索尼公司，并且把公司经营成了一个驰名国际的大企业。不可否认的是，当时父亲教给他的经营理念以及实践经验，对他还是很有帮助的。

我们每个人小时候，都有各种不同的梦想，但长大后，也会面临着多种选择，手表定律告诉我们：选择你所爱，爱你所选择，不管成功与否，都能够享受生活的乐趣。

建一所查尔斯顿大学

高考即将来临，纳巴克老师给学生出了一个作文题——《我向往的大学》。学生们的向往五彩缤纷：有人向往哈佛大学，有人向往休斯顿大学，有人向往西雅图大学，有人向往达拉斯大学……而弗朗西斯向往的却是将来自己建的那所大学，并且弗朗西斯还随作文附上了那所大学的图纸，虽然不太标准，却也像模像样：教学楼、实验楼、图书楼、宿舍楼、田径场、足球场、游泳馆、文化宫……纳巴克老师看了弗郎西斯的作文，挥笔批了个红红的“不及格”。

作文发下来后，弗朗西斯怎么也想不通，于是带着作文去找纳巴克老师，问为什么给他“不及格”。纳巴克老师说：“不要好高骛远、想入非非，要脚踏实地。”弗朗西斯虽然不服，却也无言以对。纳巴克老师轻轻地拍着弗朗西斯的头说："你再写一篇作文，我重新给你打分。"

弗朗西斯带着作文回到家里，问母亲："我将来要建一所大学，难道这不对吗？"母亲说："孩子，你18岁了，已经是个成年人，一切都应由你自己决定。"弗朗西斯又把作文交了上去，一字未改。纳巴克老师无奈长叹："可爱的弗朗西斯呀，白日做梦！"

不久，学生们参加高考后各奔前程，弗朗西斯也如愿考入建筑设计大学，走进茫茫人海。多少年后的一天，即将退休的纳巴克老师收到教育部的来信，邀请他参与编写高中课程补充教材。纳巴克老师乘坐飞机赶去报到，住宿在一所大学里。这所大学正是弗朗西斯所建。虽然40年云烟飞度，纳巴克老师桃李满天下，但还是忆起了当年的弗朗西斯和他的那篇作文，不由得羞愧难当。

在弗朗西斯盛宴招待恩师时，纳巴克老师检讨说："当年我曾向你扔去一块讥讽的石头，幸亏你没被石头绊倒。"弗朗西斯一边向恩师敬酒一边说："不，你把石头垫在我的脚下当台阶，用来摘取理想之树的果实。"在纳巴克老师的建议下，弗朗西斯的故事编进了高中课程的补充教材。

弗朗西斯所建的那所大学，就是世界著名的查尔斯顿大学。

有时候不必把别人的评价看得太重，甚至影响自己树立远大的理想。别人也不是圣人，话有时候也会说错。只要认为自己的梦想是正确的，又不影响他人，就可以继续坚持自己的梦想，并通过自己的努力实现自己的梦想。

假如在纳巴克老师批评弗朗西斯的梦想不切实际、让他放弃时，他真的放弃了自己的梦想，那么他还能建查尔斯顿大学吗？

既然知道自己的手表准确，就不要再受其他手表的影响。只有对自己的梦想坚定不移，并能执着追求的人才有可能实现梦想，实现人生的最大价值。

做一个有主见的人

每一个人对待事物的看法和评价都不同，一味地在意别人的看法而没有自己主见的人，很容易迷失自己的方向；而那些拥有自己主见、敢于说出自己观点的人，更容易主宰自己的命运，也更容易获得成功。

多年以前，哈佛文学系有一位学子十分酷爱文学，他花费了大量心血创作了一篇小说，希望能得到一位著名作家的指点。因为作家患有眼疾，他便将作品念给作家听。读到最后一个字，他停顿下来。作家问道：“念完了吗？”听作家语气好像意犹未尽，十分期待下文。这让他感到高兴，也激起了他心中的创作激情，便马上来了灵感，对作家说：“没有啊，下面的故事将更加精彩。”他按照心中的构思继续编下去。

几个小时就这样过去了，当他编完一个段落时，作家似乎难以割舍地问道："念完了吗？"

他心想：我的小说一定精彩绝伦，令人欲罢不能。他的心中越来越兴奋，也更富于创作激情，于是继续编下去。也不知道过了多久，电话铃声突然响起，他的思路被打断了，再也编不下去了。这时，作家才说："其实你的小说早该结束了，在我第一次询问你念完没有的时候，就应该结束，为什么要画蛇添足呢？你根本没有把握好情节脉络，尤其缺少决断。对于一个优秀的作家来说，决断是必备的素质。要知道，拖泥带水的作品，是不能打动读者的。"

听完作家的这一番话，他后悔莫及，心想：自己的情绪很容易受外界左右，不能静下心来，把握作品的主旨，看来自己并不是当作家的料。可是，几个月以后，他遇到了另一位作家，当他羞愧地谈及往事时，这位作家对他赞不绝口，认为他反应迅捷，思维敏锐，编造故事的能力如此强盛，这些都是当作家的天赋啊！

不同的两位作家，从不同的方面给予了两种完全不同的评价，他听完后，不禁感到茫然。

作为一个具有正常思维的人，谁都不会漠视他人对自己的评价。很多时候，他人的议论、他人的说道、他人的观点、他人的态度都会对自己的心情和行为产生极大的影响。赛场上的拉拉队员无疑会影响到运动员的士气，从而影响到运动员的成绩。他人的意见往往也是我们自己行为的镜子，我们总是在别人的目光中调整自己的人生坐标。

可是，当我们认准了目标，并决心要实现这个目标时，就不能太在意旁人的说法和看法。如果老是被别人的看法左右自己的行动，如果让自己活在别人的目光和唾液里，如果缺乏主见，一辈子匍匐在别人的脚下，那我们也许一辈子都将一事无成。

人要忠于自己，不必老是顾虑别人的想法，或总是想要取悦他人。生命的可贵之处就在于按自己的想法生活，做你自己。不论做任何事，都要顺着你心中所想的去做，独立思考，拥有自己的主见，敢于说出你的观点。

评判权永远握在自己手里

爱因斯坦直到四岁才会说话，他大学毕业后，有两年之久没有找到稳定工作，仅靠当家教和教师助理维生。

艾萨克·牛顿上小学时成绩非常糟糕，被认为“毫无希望”。

托马斯·爱迪生小时候，他的老师说他太愚蠢，学不会任何东西。

美国零售业大亨伍尔沃斯在他二十一岁的时候，在一家干货店找到一份工作，但他的老板却认为他“没有销售头脑”而不让他接待顾客。

迈克尔·乔丹曾被逐出他所在高中的篮球队。

鲍勃·库锡曾遭遇过与乔丹同样的命运，但他现在也是

NBA（美国职业篮球联赛）篮球名人堂的成员。

一位报社编辑解雇沃尔特·迪斯尼，只因为他“缺乏想象力并且没有创新思维”。

温斯顿·丘吉尔曾因为没有通过六年级的升级考试而重读了一年。

棒球巨星巴贝·鲁斯曾有过一千三百次“三振出局”的经历，创下了联盟的最高失败纪录。

苏格拉底曾被人称为“放荡、堕落的年轻人”。

贝多芬宁愿笨拙地用小提琴演奏自己写的曲子，也不愿提高演奏技巧。他的老师曾说他是个毫无希望的作曲者。

《进化论》之父查尔斯·达尔文曾放弃过医生的职业，为此他的父亲骂他：“你整天就知道猎狗捕鼠，你不仅自己丢人，也给全家人脸上抹黑！”达尔文在他的自传里写道：“我的父亲认为我是一个非常普通的孩子，甚至觉得我智力低下。”

路易斯·巴斯德上大学的时候，只是个很普通的学生，在化学系的二十二名学生中，他的成绩只排在第十五位。

雕刻大师罗丹的父亲曾这样说：“我的儿子像个白痴一样。”由于被认为是学校里最差的学生，他曾三次被艺术学校拒之门外。他的叔叔说他不可救药。

坚守自己心中那块准确的手表，不要被他人手表显示的错误时间误导。伟人不是天生的，成功也不是天定的。一个人一生可以失败很多次，但只要他不放弃，就不能算是真正的失败。一个人将成为怎样的人，不是别人说了算，要知道，一个人价值的最终评判权永远握在自己手里。

我也写一本书

在一次英语课上，一位十五岁的男孩儿向全班同学宣布说："我要写一本书，并要自己配插图。"多数同学哄堂大笑，有的同学已经笑得几乎要从椅子上掉下来了。

"别傻了，只有天才才能成为作家。"英语老师不以为然地说道，"而且本学期你有可能只得个 D。"

满腔热情的男孩儿得到这样的回应，立刻羞愧得哭了起来。当晚他写下了一首梦已破碎的短诗，并将它寄给了《卡普里周报》。出乎意料的是，他的诗被发表了，并且还因此得到了两美元的稿酬。他高兴地在内心呐喊："我是作家了，我的作品被刊登了！"他把报纸拿给老师和同学们看，但得到的依然是嘲讽。

“不过是走运而已。”老师说道。即便如此，他还是尝到了成功的滋味，他卖出了自己的第一份作品。这比班上任何同学都强，就算只是一时走运，他也心满意足了。

在接下来的两年中，这个男孩儿成功地卖掉了几十首诗歌、书信、笑话和食谱。中学毕业时，虽然他的平均成绩是C，但他的剪贴簿里已贴满了自己发表过的文章。他再也没有向老师、同学或家人提起过自己的写作，因为他们都是无情的摧梦者。

多年以后，当初的男孩儿已有四个孩子了，最大的还不到四岁。每当孩子们进入梦乡，他就会在那台破旧的电脑前敲下一些自己的心灵感悟。这项工作一共花了他九个月的时间，这就像孕育一个新生命一样。他随意地选择了一家出版社，因为他从来没听说过手稿箱，所以便将手稿放在“帮宝适”尿不湿的盒子里——这是他唯一能找到的盒子。他在附信中写道：“这本书是我自己写的，希望你们能够喜欢。插图也是我自己配上的。我最喜欢的是第六章和第十二章。谢谢！”他用绳子捆好尿不湿盒子，然后寄了出去，甚至没有在信封上加盖自己的地址，也没有留下一份手稿的复印件。

一个月后，他收到了一份契约、一笔预付款，以及另一本书的约稿函。

很快，他的书《哭泣的风》成为了当时最畅销的书，被译成了十五种语言以及盲文销售到世界各地。他就是美国作家苏·哈里森。

白天，他出现在电视的访谈节目中，晚上，则回家给孩子换尿布。为了去领各种奖项，他从纽约来到加利福尼亚、加拿大等地。他的第一本书成为加拿大本土美语学校的必读本。作为一名作家，报酬最少的一年他只得到两美元，那时他十五岁。成功后，最多的一年他可以挣到三万六千美元。多数时候他每年可以挣到五千到一万美元。这当然不足以维持生计，但总比做兼职挣得多，而且与不写相比，每年他可以多挣五千到一万美元。人们问他要上什么大学，得什么学位，获什么资格证书才可以成为作家。他的答案是："什么也不需要，只是写而已。"

他不是天才，没有写作天分，也不懂得什么叫写作；他没经过什么培训，而且与孩子、与朋友在一起的时间远远超过他写作的时间。多年后，他才拥有一本词典，那是他用八十九美分从集市上买的一本《韦氏小词典》。他用来打字的键盘也是花了一百二十九美元从旧货市场买的。他从不用文字处理器。家里六个人的饮食、清洁、洗衣等工作都包在他的身上。他只能挤时间写作。所有的文字都是他坐在沙发上，在黄色的笔记本上速记下来的。

他经常对那些有着写作梦想的人说："相信自己，你一定能行。不要管别人怎么说。"

对于希望实现自己梦想的人来说，他人的一些不合理的建议，就像一块块显示错误时间的手表，你完全不要在意。行动是实现梦想的唯一途径。不管你的梦想多么遥远，只要你一步步地向前走，总有一天，你会得偿所愿。

坚持你的梦想

亚历克斯·哈利是美国著名黑人作家,1976 年他完成了长篇家史小说《根》,并于 1977 年获普利策特别奖。后来,该作品被改编成电视连续剧,上演之后轰动全国。以下是哈利的自述:

“我曾经有过相当落魄的经历,从中我学会了忍耐与等待,并知道了成功是要付出代价的。

“许多年轻人对我说他们想当作家。当作家和写文章是两码事。大多数年轻人希望从事写作只是为了追名逐利,他们无法长期守着一台打字机,与孤独和寂寞奋力搏斗。我告诉他们:‘你们只是想发表作品,而不是想当作家。’

“写作是一项孤独的、艰苦而得不偿失的工作。无数的文字工作者中，只有极少数能获得命运女神的垂青，而大多数人，一辈子都将默默无闻。

“当年，我毅然离开了海岸警卫队，在那里我工作了20年，我决心成为一名自由作家，但我对前途没有一点儿把握。我来到纽约，住在格林威治村的公寓大楼内一间储藏室里。这里阴暗潮湿，没有浴室。我买了一台旧打字机，开始了艰苦的创作，过了一年，我一无所成。

“推销一篇作品非常难，所挣的钱刚够糊口。那段时光，希望渺茫得就像幻影，每个渴望成功的人大概都有同样的经历和感受。

“有一天，我接到一个电话。他是我在三藩市海岸警卫队的一个老朋友，是我的债主，他来向我讨债了。

“‘伙计，等我下次卖出了文章，再还你的钱吧！’我回答说。

“‘我有一个好的提议，哈利。’他说，‘我们需要一位公共资料管理员，年薪是六千美元，你来吧，这对你有好处！’

“六千美元在1960年是一笔大数目！我能用它还清债务，再买一座不错的房子和一辆旧车。我还可以一边工作，一边坚持写作。真是一个诱惑啊！

“但我坚决地回答：‘不，谢谢你，我还能坚持，我一定要

写下去。'

"我开始出售一些文章。我写一些针砭时弊的作品寄给报社，例如《民权》《美国黑人》《非洲黑人》等。这个时候，我总会想到童年时和奶奶在一起的日子，她经常给我讲黑奴的故事。这些故事都是美国黑人心中灰色的记忆，人们只把它们深深地埋在心底。

"有一天，我和《读者文摘》的编辑们一起吃午饭，不经意间说起了这些故事，我还告诉他们„我想写一部家族史，从我们的老祖宗被贩卖到美国开始写。午饭后，我得到了一份合同，他们付给我9年的生活费用，让我专心从事研究与写作。

"这个过程是漫长而艰苦的，一直到1976年，这部呕心沥血的作品——《根》终于发表了。因为它，我获得了几乎是空前的声誉与成功，生活的幻影变成了很炫的光环。

"很久以后，当我整理箱子时，无意中翻到一个盒子，里面是我在格林威治村的一些东西，包括两瓶沙丁鱼罐头、十五美分硬币，还有一个钱包。往事立即像潮水般撞击着我的心扉，我仿佛又看到了那间阴冷、潮湿的陋室和那台破旧的打字机。

"我告诫自己，这些也是我的'根'的一部分，永远不能忘记。"

哈利实现梦想的过程是非常艰难的，他为之付出了艰苦的努力。在这期间，他与寂寞孤独为伴，与艰难困苦为伍，与追求梦想为友。通过自己的艰苦努力，终于实现了自己多年的梦想。是啊，只要他稍微动摇，其梦想就会成为泡影，可贵的是他终于坚持了下来并最终取得了成功。

手表定律告诉我们，拥有两块以上的手表反而不能帮助人准确地判断时间。既然如此，那就坚守我们心中的那块手表。只要我们有了梦想，就应该坚持拼搏，拼它个几年、几十年。只有那些目标明确、心怀大志的人，能够吃苦耐劳的人，才能实现人生的最大价值，最终走向成功。

自己的路要靠自己走

冯·卡门在很小的时候就已表现出了非凡的天赋，6岁的时候，他的大哥曾不经意地问他："15×15是多少？"正在一边玩的冯·卡门马上回答道："225。"这样准确无误，难道是偶然吗？二哥接着试探道："924×826是多少？"冯·卡门快速答道："763224。"全家人都为之惊呆了。

冯·卡门的父亲莫里斯·卡门教授起初并不相信儿子的速算能力这样强，还以为他们几个孩子是串通好的，故意表演给大家看，所以他不以为然地接着问冯·卡门："小宝贝，难道你还能算出18876×18876是多少吗？"冯·卡门只是略加思索就说出了正确答案："356303376。"小小年纪面对这样大的数字乘法运算竟能口算得这样精准、迅速，真的是少见的聪明孩子，他简直成了全家人的骄傲。

为了培养冯·卡门成才，父亲为他找来许多名家的作品，让他仔细研读。冯·卡门的潜力得到了很好的开发，他在父亲为其规划好的科研道路上走得一帆风顺。在21岁时，他便获得了硕士学位，6年后又获得博士学位。

可是经过一件事后，冯·卡门才真正明确了自己的科研方向。一次，身为科学家的冯·卡门去参加法国的航空表演，他与法国航空先驱法尔芒攀谈起来，他们之间有着一段精彩的对话。

冯·卡门对法尔芒发问道："我是研究科学的。有一位伟大的科学家，用他的定律证明了比空气重的东西是绝对飞不起来的，你能解释一下，飞机为什么会飞起来吗？"法尔芒以幽默的语言回答道："是那个研究苹果落地的人吗？幸好我没有读过他的书，不然，今天就不会得到这次飞行的奖金了。我以前只是个卡车司机，现在又成了飞行员。至于飞机为什么会飞起来，不关我的事，您作为教授倒是应该研究它。祝您成功，再见。"

冯·卡门从与法尔芒的对话中，幡然醒悟，他惊悟道："现在我终于知道我今后的一生该研究什么了。我要不惜一切努力去研究风以及在风中飞行的全部奥秘，总有一天我会向法尔芒讲清楚他的飞机为什么能上天的道理。"

从此，冯·卡门将毕生的精力都用于研究航天航空气动力学上，并取得了惊人的成绩。他对人类的现代生活产生了极其深远的影响，正是基于他的研究，时速3000公里的喷气式飞机、射程1200公里的导弹和星际火箭才成为当今的现实。

冯·卡门一生带过很多弟子，他曾对自己的弟子们说："我的老师并不是那些世界级的权威专家，而是一位卡车司机，他的名字叫法尔芒。虽然他从不读书，但是他却教会了一个令我为之付出一生的人生真理，那就是千万不能盲目相信权威，自己的路要靠自己走。"

今天，我们很多年轻人都在按照父母或长辈指引的路线行走，重复上一代人的生活轨迹。作为父母和长辈，总认为他们走过的就是正确的，是最平坦的道路，而绝大多数的年轻人出于稳当考虑，也大多老老实实地接受了。鲁迅先生说过，"世上本无路，走的人多了便有了路。"我们的社会日新月异，每天充满机遇和挑战，只有敢于对习惯说"不"的人，才能真正享受生活过程的精彩。也许最后的结果算不上圆满，但至少多了一分希望，同时也丰富了自己，而那些墨守成规的人是永远和精彩无缘的。

每个人的人生归根结底要靠自己，家庭的优越条件和父母的社会地位，可能会帮助我们发展，但是内心成长还是要依靠自己，谁也帮不了我们。每个人都有属于自己的人生轨迹，没有人能为你标明方向。自己的路要靠自己走，自己要对自己的选择负责，认准方向，坚持不懈，我们才能走向成功。

没有人能够左右你的命运

一位有名的作家，这样回忆起他童年的经历："小学的时候，我考试得了第一名，老师送我一本世界地图，我好高兴，跑回家就开始看这本世界地图。"

由于家庭条件十分艰苦，所以我需要做繁重的家务活。可是那本地图让我爱不释手，于是我就在一边给家人烧洗澡水的时候，一边在灶边看地图。看到地图上的埃及的时候，我浮想联翩，觉得埃及是一个那么神奇的所在，那儿有金字塔，有埃及艳后，有尼罗河，有法老王，有很多神秘的东西。我对自己说，等自己长大以后，一定要去埃及，亲自去看看那儿的神秘与美丽！

我正看得入神的时候，爸爸突然冲到了我的面前，我看到了他那张怒气冲冲的脸，可是我还是没有放下地图。爸爸生气地问我："你在干什么？"我指着地图说："我在看地图，我看到了埃及。"爸爸很生气，说："放下地图，赶紧烧火吧！"我固执地说："我在看埃及的地图，我长大了还要去埃及呢，我还没看完呢！"

父亲的火气终于让我给点燃了，他暴怒了，抬起手给我两个耳光，然后说："赶快生火，看什么埃及地图！"他一脚把我踢到火炉旁边，用很严肃的表情跟我讲，"打你是为你好，怎么能有那么不切实际的想法，我保证，你这辈子都不可能到那么遥远的地方去，赶快生火！"

我当时看着我爸爸，呆住了，心想："我的未来，爸爸怎么能保证呢，真的吗？总有一天，我一定要到埃及去看看！"20年后，我第一次出国就去埃及，我的朋友都问我到埃及去干什么，我说："因为我的生命不能被别人设定。我要知道我的未来我自己可以做主。"

那一天，我坐在金字塔前面的台阶上，买了张明信片寄给我爸爸。我写道："亲爱的爸爸：我现在在埃及的金字塔前面给你写信，记得小时候，你打我两个耳光，踢我一脚，说我不能到这么远的地方来，现在我就坐在这里给你写信。"

我写信的时候，并不恨我的爸爸，相反，我感激我爸爸刺激了我，让我更好地朝着自己向往的方向努力。我想象着爸爸收到明信片时的情景，不由得笑了，也许亲爱的爸爸，你也会为我的长大而欣慰吧！

没有人能够左右你的命运，除了你自己。故事中的主人公，从小就树立了远大的志向，即使遭到了父亲的奚落和打击也不改初衷，始终向着自己的目标努力奋斗，最终果然实现了自己的梦想。

每个人都应该坚信自己是最优秀的，为自己树立一个远大的目标，而且为了这个目标始终努力奋斗，一步步地向成功走去。

学会自己肯定自己

丹尼斯·罗杰斯上高中时，只有 1.52 米的身高，36 千克的体重，是一个地道的“矮子”。他的脊柱有些弯曲，整个上身看上去弯成一个问号的样子，那也是他面向自己将来人生的疑问：“我是谁？我将来能干什么？”他不知道。唯一确知的是：自己是一个矮子，身高连普通标准都达不到。

由于罗杰斯身材矮小，身单力薄，学校体育队的队员们老叫他“侏儒”。他们常拿他取笑，知道他打不过他们，便常来欺负他，故意绊倒他，抢他手里的书。罗杰斯经常生活在被恐吓的阴影之中。而且，学校里每一个人都可能是潜在的恐吓者。体育课是他最难受的一门课，有竞赛的项目，哪一方也不愿要他，他常像皮球一样被踢来踢去。

一天，老师把罗杰斯叫到一边："丹尼斯，我们决定替你转一个班，从现在起，你到特殊教育班去上课吧！"

"特教班？可那是为残疾学生开的班呀！"

"我很抱歉，"他拍拍罗杰斯的肩膀说，"但是我们是为你着想。"

放学了，罗杰斯回到家，"砰"的一声关上房门，在镜子前仔细端详自己：弯腰驼背，手臂细得可怜。他失望地倒在床上。"为什么？为什么我会长成这样？"罗杰斯站起身来，望着父亲在院子里干活的身影发呆。父亲虽然也是小个子，却曾在军队服役，身上肌肉发达，没人敢欺负他。罗杰斯暗自下了决心。

父亲帮助他自制了一个举重用的杠铃。每天晚上，他都到楼下的储藏室去练习举重。一次次，罗杰斯逐渐能举起杠铃了。他又不时往上加重量，往往一次加上 4 千克，他必须要拼足全部力气才能举起来。对罗杰斯来说，这不仅仅是举杠铃，这是向自我挑战。

他要改变自己弱不禁风的形象。怎么办？他开始吃大量富含蛋白质的营养品，并在各种健美杂志中寻求帮助。6 个月后，在罗杰斯 17 岁生日的这一天，他仍然只有 1.52 米高，体重上升到 40 千克。

父亲替人做船上用的帆布帐篷，罗杰斯常帮父亲干活。一天，他把一卷帆布从汽车里搬到山坡上的工场去。这卷帆布大概有2米长、80多公斤重。他把它扛上肩，往前迈了一步。哟！好重！但是，他不能扔下！他踉踉跄跄地爬上山坡，累得满头大汗。但是，最终他一个人把这卷帆布扛上了山坡！他惊讶不已，简直不敢相信自己的锻炼已经初见成效！

罗杰斯便做了一个实验：在杠铃上放上迄今为止能举起的重量，然后再加上额外的40千克。"不要去想你的个子，"他告诉自己，"举就是了，你能行。"他举了，居然举起来了！他知道为什么自己能举起这么重的东西了。过去，他总认为自己的个子小，越是这样，就越是限制了自己潜能的挖掘，更说不上发挥了。

从此，罗杰斯开始正规地学习举重，每天都去体育馆训练。他的肌肉增加了，力气增大了，微驼的脊背伸直了。有不少在这里锻炼的人都爱扳手腕，他也加入进去。最初，当罗杰斯在他们面前坐下的时候，他们都以嘲笑的眼光看着他。罗杰斯不理会这些，他把他们一个一个地都打败了。

一天，罗杰斯在健美杂志上看见一则东海岸将举行扳手腕比赛的广告，欢迎各路精英参加。他告诉他的朋友鲍勃，自己也想去参加比赛。

“想都别想，”鲍勃说，“那都是一些专业人士，他们一年到头都在训练。弄不好，你还会受伤的。”

罗杰斯不相信，他走进了东海岸扳手腕比赛的现场。罗杰斯遇到了同样轻视嘲笑的目光。然而，他打败了所有的对手。那天结束的时候，罗杰斯成了比赛的冠军，一个真正的强者。

别人那块显示错误时间的手表，无助于我们准确地判断时间，要想准确地判断时间，不如尽量较正好自己的那块手表。生活中也是如此，别人看不起我们没关系，重要的是我们自己要肯定自己，绝不能自暴自弃。只有充满信心，不断磨炼自己，让自身逐步完善壮大，才能击碎别人轻视嘲笑的目光，做生活中真正的强者。

我们在做一些事情的时候，也会遇到别人的讥讽和嘲笑，这时候我们要相信自己，依靠自己。“智者一切求自己，愚者一切求他人”，这是成功的背后包含的一个不变的真理。

要有相信梦想的勇气

在一个偏僻遥远的山谷里，有一个高达数千尺的断崖，不知道从什么时候开始，断崖边上长出了一株小小的百合。

百合刚刚诞生的时候，长得和杂草一模一样，但是，它心里知道自己并不是一株野草。它总是不断地告诉自己："我是一株百合，不是一株野草。唯一能证明我是百合的方法，就是开出美丽的花朵。"

在这个念头的鼓舞下，百合努力地吸收水分和阳光，深深地扎根，用力地挺着胸膛。终于在一个春天的清晨，百合的顶部结出了第一个花苞。

百合心里很高兴，附近的杂草却感到十分不屑，它们在私底下嘲笑百合说："这家伙明明和我们一样只是一株杂草，却非要说自己是一株花。它难道真的以为自己是一株花吗？实在是笑死人了。依我看啊，它顶上结的不是花苞，而是头脑长瘤了。”

它们一起告诉百合说：“你只不过是一株杂草而已，就不要再做那些不切实际的梦了。就算你真的是会开花的百合，在这荒郊野外的，你存在的价值跟我们又有什么区别呢？”

偶尔有蜜蜂和蝴蝶飞过来，它们也都会好心地劝告百合：“其实你根本不需要那么努力啊，即使你能够开出全世界最美丽的花朵，也根本不可能有任何人注意到你，何必呢？”

面对这些嘲笑和不解，百合说：“如果我不知道自己是百合，也许我可以就这样安稳地度过一生，就像每一株平凡的杂草一样。可是现在，我知道自己是百合，那就一定要用尽全力开花。我要开花，是因为我知道自己的美丽；我要开花，是为了完成作为一株花的使命；我要开花，是因为我喜欢以花来证明自己的存在。不管你们怎么看我，也不管有没有人欣赏，我都要开花！”

面对杂草的鄙夷和蜂、蝶的不解，百合努力地释放内心的能量，直到有一天，它终于开出了美丽的花朵。它那充满灵性的纯白和秀丽洒脱的姿态，很快便成为断崖上独一无二的风景，这时候，原本对它充满鄙夷的杂草和蜂、蝶，再也不敢嘲笑它了。

就这样，百合一朵接一朵地盛开着。每一天，花朵上都承载着晶莹的水珠，杂草们以为那是昨夜的露水，只有百合自己知道，那是极深沉的欢喜所凝结成的眼泪。

从那以后，每一年的春天，百合都用尽全身力气地开花、结籽，它的种子随风舞蹈，落在山谷、草原和悬崖边上。最初的百合枯萎了，却有越来越多的百合盛开了起来，很多年以后，百合纯白美丽的身影遍布了整个山谷。

远在百里之外的人们，从城市、从乡村、从地球上任何一个可能的角落，千里迢迢地来到这座山谷，只为了欣赏百合的美丽。孩子们跪下来，用鼻子感受百合的芬芳；情侣们互相拥抱，在它们面前许下“百年好合”的誓言。每一个来到这里的人们，看到这从未见过的美，深藏在他们内心那纯净温柔的一角，似乎也在不经意间被触动了。他们默默地流着感动的眼泪，不知道是因为百合太美好，还是因为想到了自己的人生。

就这样，那个原本没有任何人注意到的山谷，被人们称为“百合谷地”，成为了众所周知的旅游胜地，每年都有数以百万计的游客慕名前来。

但无论人们怎么欣赏，满山的百合花却始终谨记着第一株百合的教导：“我们要全心全意地默默开花，用美丽的花朵来证明自己的存在。”

面对周遭的不解，百合没有放弃自己的信念，它一直坚信自己是漂亮的百合，总有一天一定会开出美丽的花朵。它相信自己，并且一直为了这个信念而努力，然后它做到了。

每一个人都会有许多美丽的梦想、许多一直想做却始终未能做到的事情。遗憾的是，在实现梦想的过程中，我们常常会听到许多反对的声音。就像我们面对着一块块显示着不同时间的手表，如果我们被显示错误时间的手表误导，怀疑自己手表的准确性，那就更难以把握准确的时间。这些反对的声音，就像一块块显示错误时间的手表，有时候太过于巨大，以至于我们真的对自己的能力产生了怀疑，不相信自己可以走到理想的将来。

可是，没有人相信你可以做到的事情，不代表你就真的做不到，即使全世界都站在你的对立面给你打击，只要你自己依然相信自己，就没有人可以夺走你的梦想。总有一天，那些看似卑微的梦想，会在原本贫瘠的土壤中，开出一朵美丽的花。

那么，你呢？你是谁，你的梦想是什么，你有足够的勇气和信心，走到你所希望的未来吗？

目标要专一

1744年8月1日出生于法国的拉马克，他是兄弟姐妹11人中最小的一个，也最受父母宠爱。拉马克的父亲希望他长大后当个牧师，就送他到神学院读书。

后来，由于德法战争爆发，拉马克当了兵，因病退伍后，他爱上了气象学，想自学当个气象学家，于是整天仰首望着多变的天空。

再后来，拉马克在银行里找到了工作，想当个金融家。

很快的，拉马克又爱上了音乐，整天拉小提琴，想成为一个音乐家。这时，他的一位哥哥劝他当医生，于是拉马克又学医4年，可是他对医学没有多大兴趣。

正在这时，24岁的拉马克在植物园散步时遇上了法国著名的思想家、哲学家、文学家卢梭，卢梭很喜欢拉马克，常带他到自己的研究室里去。在那里，这位“南思北想”的青年深深地被科学迷住了。

从此，拉马克花了整整11年的时间，系统地研究了植物学，写出了名著《法国植物志》。拉马克35岁，当上了法国植物标本馆的管理员，又花了15年研究植物学。当拉马克50岁的时候，开始研究动物学。此后，他为动物学贡献了35年时间。

也就是说，拉马克在24岁以前，虽然做过很多事，但一无所成。从24岁起，他集中精力，目标专一，用了26年时间研究植物学，35年时间研究动物学，于是，拉马克成了一位著名的博物学家。

卡莱尔说：“即使是最弱的人，只要集中其精力于单一目标，也能有所成就；反之，最强的人，分心于太多的事务，也可能一无所成。”一个人的精力是有限的，目标太多，往往什么事都做不好，所以，目标要专一才能有收获。

卡罗斯·桑塔纳是一位世界级的吉他大师，他出生在墨西哥，17岁的时候随父母移居美国。由于英语太差，刚开始桑塔纳在学校的功课是一团糟。

有一天，他的美术老师克努森把他叫到办公室，说：“桑塔纳，我翻看了一下你来美国以后的各科成绩，除了‘及格’就是‘不及格’，真是太糟了。但是你的美术成绩却有很多‘优’，我看得出你有绘画的天分，而且我还看得出你是个音乐天才。如果你想成为艺术家，那么我可以带你到旧金山的美术学院去参观，这样你就能知道你所面临的挑战了。”

几天以后，克努森便真的把全班同学都带到旧金山美术学院参观。在那里，桑塔纳亲眼看到了别人是如何作画的，深切地感到自己与他们的巨大差距。

克努森先生告诉他说：“不求进取的人根本进不了这里，你既然有了明确的目标，你就应该拿出150%的努力，不管你做什么或想做什么都要这样。”

克努森的这句话对桑塔纳影响至深，并成为他的座右铭。2000年，桑塔纳以《超自然》专辑一举获得了8项格莱美音乐大奖。

很多时候，一个人不能成功往往并不是因为天分不足，而是因为目标不够专一。你既然拥有了自己的一块能显示准确时间的手表，就要坚守。无论做什么事，要想成功，都必须找出差距，然后付出比别人多得多的努力来填补这一差距，只有这样才能赶上并超过别人。

只要对就要坚持

人生成功的支点常常在于面对别人的否定，自己的心灵却从不迷失。

1950年9月20日，名不见经传的青年作曲家王莘，将他创作的《歌唱祖国》歌曲原稿寄给一家报纸的文艺副刊。

不久，王莘收到了那家副刊编辑的一封退稿信。读罢退稿信，王莘又再三读了读自己的作品，越读越觉得那位编辑的意见仅是一己之见，自己的作品还是令自己十分满意的。于是，王莘又满怀希望地把《歌唱祖国》寄给了另外一家报纸的文艺副刊。

但没多久，那家报纸也十分客气地把《歌唱祖国》退了回来。

是不是自己的作品真的没有达到发表的水平？拿着退稿信，王莘又把自己的作品认真看了又看，但越看，王莘就越认定《歌唱祖国》是一首十分难得的得意之作。没报刊愿意发表就算了，但好作品决不应当被埋没。王莘将《歌唱祖国》刻蜡版印了十几份，寄送给自己的一些朋友，征求朋友们对作品的意见。没多久，时任天津音乐工作团合唱队队长的王巍打电话告诉王莘，他认为《歌唱祖国》是一首十分难得的佳作，他已经组织十几名青年演员开始试唱《歌唱祖国》。这群年轻人演唱两遍后，都激动地说："这是一首难得的好歌，曲调优美、流畅，真是太棒了！"

1950 年底，中国唱片厂到天津来选歌，他们听完《歌唱祖国》就激动地说："这首歌太美妙了，我们一定要选这首歌！"就这样，《歌唱祖国》被选进了新中国的第一批唱片，从此唱响了祖国的大江南北。

2003 年国庆前夕，《歌唱祖国》的镀金光盘被国家博物馆正式收藏。

在人生的路上，坚守自己心中的那块手表非常重要。自己的那块手表显示的时间正确，就不要因为自己手表和别人手表的时间不同而否定自己的手表，如果当初王莘先生在接连两次被退稿后，自己的心灵也给自己的作品退稿；如果王莘先生遭到别人否定后也轻易地把自己否定掉，那么，还会诞生这首经久不衰的《歌唱祖国》吗？

只要自己是对的，就不要轻易去否定自己。只要自己是对的，你就要执着地去坚持。人生成功的支点常常在于面对别人的否定，自己的心灵却从不迷失。

失败是成功路上的必经之路

瓦尔特·惠特曼出生在美国的一个海滨小村，由于生活穷困，只读了5年小学。10来岁时，他就辍学到了一家印刷厂做学徒。辛苦的工作并没有消磨掉他对生活的感悟与美好的畅想，他疯狂地迷恋上了诗歌，并不知疲倦地没日没夜地写着。

惠特曼省吃俭用，用积攒下的钱，自费出版了一本自己的诗集。那诗集的封面是绿色的，封底上还画了几株嫩草和几朵小花。虽然全书只有薄薄的95页，仅收录了12首诗和1篇序，但那已足以让他兴奋。他将几本样书捧回家，欣喜地交给家人看，可家里人都不看好，觉得他的诗没有任何意义，甚至不值得一读。不久，他的父亲就因风瘫病去世了，当然他的作品也无缘与父亲谋面。

惠特曼想拿这些书出去卖，却难逢知音，一本都没卖掉。于是，他将自己辛苦所出的诗集全都拿出去送了人，但是却没有人愿意领情，甚至有几个著名的诗人或对其不予理睬或干脆将其投入火炉。

社会舆论更是风声四起，对他的批评铺天盖地，有的报纸甚至臭骂他“不懂艺术，正像畜生不懂数学一样”，有的把他的这本诗集称为“浮夸、自大、庸俗和无种的杂凑”，说他是个疯子。为了表达对他及其诗集的痛恶，还有人称“除了给他一顿鞭子，我们想不出更好的办法”。更糟糕的是，人们将他的服装和相貌也作为嘲笑的对象，轻蔑地说“看他那副模样，就能断定他写不出好诗来”。

在一瓢瓢冷水朝自己泼过来时，惠特曼迷茫了，嘲笑和谩骂声几乎将他淹没，他开始怀疑自己根本就不是写诗的料。残酷的现实重重地将他击倒，几乎将他推到了绝望的边缘。然而，这时远方的一封来信给了他重新站起来的勇气，来信者就是当代最有名气的大诗人爱默生，爱默生在信中高度评价了他的诗作，称他的诗作有着创新的写法、不押韵的格式和新颖的思想内容。

爱默生真诚的夸奖和赞誉使惠特曼又重燃起心中创作的激情，从此他坚定了自己写诗的信念，并一直不停息地写下去。不久，他增订后的第二版诗集问世，诗集全文共有384页。之后，诗集不断增订，直到他去世时，诗集已经出到第9版，诗歌的总数也由最初的12首发展到近400首。

惠特曼的名字已震撼了世界，他成为具有世界声誉和世界意义的伟大诗人，他唯一的诗集《草叶集》也成了美国乃至人类诗歌史上的经典，甚至他被称为“现代美国诗歌之父”。

“一瓢瓢冷水”“嘲笑和谩骂”，对惠特曼来说，无异于一块块显示着错误时间的手表，如果没有爱默生真诚的夸奖和赞誉，也许惠特曼就会放弃自己那块显示正确时间的手表，更谈不上成为“具有世界声誉和世界意义的伟大诗人”。可见，只要选定了正确的目标，就要勇于坚持，哪怕遇到暂时的冷遇或不公平，也不要动摇，更不能怨天尤人、妄自菲薄。

在缺陷面前不退缩

一个有担当的人，不必在意自身的缺陷，当你抱怨长相不佳时，想一想没有四肢的尼克·胡哲吧；当你抱怨没有新鞋子的时候，想想那些没有脚的人吧。奋斗吧，你将改写人生，由平凡走向伟大。

富兰克林·德拉诺·罗斯福是美国第 32 任总统，也是美国历史上唯一连任超过两届（连任四届，病逝于第四届任期中）的总统，是美国迄今为止在任时间最长的总统。

俗话说："人无完人。"每个人或多或少都有一些缺点，哪怕是功绩卓著的美国总统罗斯福，也是一个有缺陷的人。但他的故事告诉我们，缺点并不可怕，只要努力克服，就没有什么做不到的。

小的时候，罗斯福是一个脆弱胆小的学生，在学校课堂里总显露一种惊惧的表情，呼吸就好像喘大气一样。如果被叫起来回答问题，立即会双腿发抖，嘴唇也颤动不已，回答起来，含含糊糊，吞吞吐吐。每次回答完毕，罗斯福都对自己的表现感到失望，但他却对自己无计可施，只能垂头丧气地坐下来，没有一次在课堂上感到自信。

不仅如此，由于患病，罗斯福的牙齿参差不齐，腿也有些瘸，这使他没有一张英俊的面孔和一副伟岸的身姿。罗斯福常常被同龄的小孩嘲笑。像他这样一个小孩，自我感觉总是非常敏感。他为了免遭同学们的嘲笑，总是回避同学间的任何活动，不喜欢交朋友，整日封闭在自己的世界里。然而，时间长了，罗斯福觉得与其成为一个只知自怜的人，不如努力和自己的缺陷对抗，争取让自己变得更好。他的内心产生了一种奋斗的精神。

罗斯福并没有因为同伴的嘲笑而失去勇气，相反，缺陷促使他更加努力奋斗，他用坚强的意志努力克服自身的恐惧。没有人比罗斯福更了解自身的种种缺陷，他也从来不欺骗或安慰自己，他只是利用实际行动来改变着一切。

罗斯福通过演讲，掌握了如何利用假声的技巧，这样可以掩饰他的龅牙，并且最终成为一名演说家。因为瘸腿而行动不便，罗斯福就练习拖着腿上楼梯，无数人曾嘲笑他的姿势不雅，但在罗斯福看来，这一切是无法改变的，他已经能够正视自身的缺陷。

罗斯福没有在缺陷面前退缩，他全面客观地进行了自我分析，充分认识自己，在短暂的消沉之后，便重新崛起，通过与自我的顽强抗争，最终站上了人生顶峰。到后来，他的缺陷再不是别人嘲笑的谈资，而是引以为傲的资本。

古训曰："天行健，君子以自强不息。"英国生物学家、进化论的奠基人达尔文也曾说："如果说我有什么功绩的话，那不是我有才能的结果，而是勤奋有毅力的结果。"在历史的长河中，只有那些最勤奋、最勇敢的人才能站上顶峰。每个人的命运不同，所选择的道路不同，唯有不断进取、不断奋斗，才会让每个人走向成功。

不要在乎别人的评价

生活中我们会发现一种现象：无论我们做的饭有多么美味，总会有人不喜欢吃；无论我们是什么样的人，总会有人不喜欢我们。

这就和“墨菲定律”中的那句话一样：每个解决办法都会衍生出新的问题。

我们让其中的一个人喜欢上自己，同时也就会让另外一个人讨厌自己。

这种现象是我们无法避免的，这与我们本身做错与否没有任何关系，无论我们做出多少改变都会有人不喜欢。

之前看到过一个这样的故事：从前有一位画家画出一幅自己非常满意的画，他拿到市场上去展出。画旁放了一支笔，并附上说明：每一位观赏者，如果认为此画有欠佳之处，均可在画上做上记号。晚上，画家取回了画，发现整个画面都涂满了记号，没有一笔一画不被指责。画家十分不快，对这次尝试深感失望。

画家决定换一种方法试试。他又画了一张同样的画拿到市场展出。而这一次，他要每位观赏者将其最欣赏之处标上记号。当画家再取回画时，发现画面又被涂遍了记号，曾经被指责的地方，如今却都换上赞美的标记。

在日常生活中，总有我们不喜欢的人，也总有人不喜欢我们。这都很正常，也无法避免，况且我们即便是将事情做得很完美，也会有让人感到不称心如意的地方。所以好不好是一回事，喜不喜欢是另一回事。

杜诗韵做事一向是我行我素，不太在意别人的看法。她本身是个标准的御宅族，经常没事就喜欢研究宅文化，模仿一些自己喜欢的人物。杜诗韵的同学大多数是一些比较保守的人，非常不理解她的种种“怪异”行为，甚至有些人会在背后说她精神不太正常，但杜诗韵不以为然。

后来杜诗韵在一次兼职招聘的广告上看到会展中心正在招聘角色扮演者，她就自告奋勇地前去应聘。在兼职的过程中认识了许多志同道合的朋友，后来几个人又成立了工作室，从事动画、游戏、轻小说的创作。

当杜诗韵在行业圈中小有名气的时候，她过去的那些老师同学也渐渐地对她的行为表示了认可。

正如没有一幅画是不被别人评价，也没有人是不被别人议论的一样。好比，自己要是沉默寡言，就会有人指责难以相处；自己要是善于健谈，就会有人指责夸夸其谈；自己要是赞美别人，就会有人指责别有用心；自己要是善意批评，就更会有人暴跳如雷，认为缺乏教养、多管闲事。

所以，与其每天花费大把的时间在乎别人对自己的议论，倒不如努力去做一些自己喜欢同时让别人羡慕的事情。

累了就去听几首歌放松，烦了就去楼下跑跑步，焦虑了就去洗把脸清醒一下。爱的人爱不到，就先爱自己；等待的人还没来，就先做自己喜欢的事。

我们本身就是一本书，又何必非要去当别人的书签。

左宗棠在一首诗中写道："能受天磨真铁汉，不遭人嫉是庸才。"

只有一无是处的人没得可说，越是出色的人越会被人说。我们的日常生活中没有不被评论的事，也没有不被评说的人。

别人说什么我们无法去控制，但我们可以保持一颗淡然的心去看一切纷扰。心静才能听到万物的声音，才能看到万物的本质。沉淀自己的心，静观事态变迁。

有人说世上最美好的事就是，耳机音量刚好能盖过外界的噪声，闹钟响起时刚好醒，下雨天刚好带伞，饿了刚好开饭，困了刚好身边有张床。都说难得糊涂，我们不必去理会别人背后是怎么评价自己，我们只要做好自己，不去理会那些不喜欢自己的人，见面时“哈哈”一笑，转身便互不相干。

不被权威所左右

人们往往觉得权威人士在他所在的专业领域里比普通人懂得多，研究更深入，所以愿意相信他们。但是，这个心理惯性有时候会成为思考和做事的阻碍，限制我们的思维。

虽然说，崇拜权威的心理优势可以帮助我们更好地学习成功者的智慧和经验，扩大自己的视野。但如果过于崇拜权威，而从不去怀疑他们，总是按照他们提出的"真理"做事，那样只会阻塞我们的思维通道，影响自身创造力的发展，久而久之，这种盲目崇拜权威的心理会将我们塑造成一个僵化的、盲目的、平庸的"傀儡"，试问一个傀儡又怎么会取得傲人的成就呢?

爱因斯坦曾经说过："从少年时代起，我就对所有的权威说法持有怀疑态度，对社会上的任何信息都抱有怀疑态度，这种态度一直陪伴着我，直到现在。”有些时候，真理并不完全存在于世俗的老旧观念里，也不存在于这些“权威说法”中。我们要敢于打破世俗的框架，学会向权威质疑、向权威挑战。

其实对于每个人来说，想要在某一个方面取得进步和成绩，都必须经过这样一个循序渐进的过程，即发现问题、提出问题、思考问题、解决问题。一个人想要提高自己、达到自己的人生目标，就必须丰富自己的创造性思维。如果我们对于现有的一切都感到理所当然，那么就只能原地踏步，永远都无法拥有独特的思想。所以要发现问题、提出问题，进而思考问题和解决问题。

世界上有很多伟大的科学家，他们就非常善于发现问题、提出问题、思考问题和解决问题。在任何人的眼中，他们的成就都是伟大的，他们的魅力也都是独一无二的。意大利著名的物理学家伽利略就是一个非常典型的例子。

在伽利略之前，人们对于自由落地的物体的认识是基于亚里士多德的理论。亚里士多德认为，不同质量的物体下落的速度也不同。物体的下落速度与其质量成正比，质量越大的物体，下落的速度越快。

这个理论成为人们心目中的权威理论。即使一个简单的实验就能够证明，人们也完全没有想到要去验证一下，这种盲目的认识一直持续了一千七百多年。

伽利略看到这个理论的时候，认为这和自己的生活经验不一致，他大胆地对亚里士多德的学说提出了质疑。但是，很多人都在批评他，认为他不该质疑伟大的亚里士多德。伽利略难以一一说服那些反对者，他决定用实验告诉大家结果。

一天，比萨斜塔下，不断有人聚集过来，大家都等待着见证伽利略的实验，事实上，多数人都在等着看伽利略的笑话。物体自由下落的速度与物体的质量无关，这怎么可能呢？伟大的亚里士多德已经对这个现象下过结论了，为什么这个年轻人就是不相信呢？人们议论纷纷，一些亚里士多德的拥护者满脸怒容，认为伽利略亵渎了权威。不过结论马上就要出来了，再等几分钟，究竟谁是正确的就有了定论。

在比萨斜塔内部，伽利略正在做最后的准备，他把一磅重的铁球和十磅重的铁球一起拿在手里，吩咐助手为他清理出一片空地，然后缓缓向塔顶走去。作为当事人，伽利略反而更加平静，他对自己的理论很有信心，类似的实验他已经做了无数次了。

突然，斜塔下面的人群一片骚动，原来是伽利略出现在了塔顶。只见伽利略微笑着看了一下下方的人群，他并不言语，但是举手投足信心满满。向助手示意之后，伽利略将两个质量相差十倍的铁球同时放开。结果不言而喻，伽利略在短短几秒钟内打消了人们的怀疑，也击碎了人们心中的权威论断。

如果伽利略也和其他人一样，认为古代的大贤者的说法是毋庸置疑的，而不去发现这其中的问题，不去思考这其中的问题，他能取得如此大的成就吗？他能对后世产生如此大的影响吗？当然不能！

可以说，科学上的很多重大发明和发现，都需要对当时已有的那些说法提出自己的疑问。只有这样，这些科学家、发明家才能够激励自己进行探索。如果说，他们总是墨守成规，不去思考那些看起来不合理的事情有哪些问题，那他们的知识又怎么能够丰富起来？理所当然地，也就没有了这些新思想、新事物的产生，整个世界也就无法再前进了。

有人说，盲目服从要比主动犯规更加有害。这句话说得十分正确。一个人如果只会盲目地循规蹈矩，那他就永远都无法摆脱别人的阴影，也永远都无法拥有创造性思维。现实生活中，人们总是对所谓的“专家建议”“专家判断”“专家方法”等一系列的“权威”性指导深信不疑。甚至有些人会将这些专家语录作为真理而全盘接收。其实，即便是某个领域的专家，他们对事情的判断也难免会出现偏差。盲目地崇拜权威有时只会引导我们走向错误，这对自身的发展和创造力的发挥都是非常不利的。

就像你拥有一块时间准确的手表，但是，当看到另一块名表显示时间和自己手表显示的时间不同，你就对自己的手表产生怀疑，如此一来，只能是被错误的时间误导。因此，想要开发自己的个性思维和创造性思维，想要与众不同，就不能鹦鹉学舌，不能一味地盲从所谓的“权威”。我们要有独立思考的能力和积极进取的精神，学会用自己的眼光去发现问题。并且要敢于质疑权威、挑战权威，大胆地提出自己的见解和主张。然后凭借着自信心和自强的心理，想尽一切办法，克服困难，突破阻碍，直到取得成功。

不受噪声干扰

哈兰·山德士上校，是肯德基品牌的创始人。发明了著名的“肯德基炸鸡”，开创了“肯德基快餐连锁”业务。肯德基是世界最大的炸鸡快餐连锁企业，在世界各地拥有超过 15000 家的餐厅，以山德士形象设计的肯德基标志，已成为世界上最出色、最易识别的品牌之一。

山德士大叔年幼时，家庭并不富裕，但是能够生活下去。在山德士 6 岁的时候，父亲的离世、母亲的改嫁再次改变了山德士的生活。

为了生活，母亲不得不在外面接很多个活计来做，白天去食品厂削土豆，晚上继续给人家缝衣服，没工夫照料家里幼小的孩子，山德士是老大，他肩挑起了照顾弟弟妹妹的重任。白天母亲不在家，小山德士只好自己做饭，一年过去了，他竟然学会做 20 个菜，成了远近闻名的烹饪能手。

读完 6 年级，山德士就辍学了。为了生存，他更换了很多个不同职业，直到 40 岁的时候工作才算比较稳定，事业才算开始。40 岁的山德士，在肯塔基州（肯德基创建的地方）开了一家加油站。为了方便加油的客人，山德士决定做点方便的食品提供给过往客户购买，满足客人的需求。

山德士很快就推出了自己的餐饮，做一些简单的日常饭菜，招揽客户。不久，山德士就推出了自己的特色食品——炸鸡（后来闻名遐迩的肯德基炸鸡雏形），由于炸鸡的味道鲜美、口味独特，迅速成为广大客户热捧的一款食品。山德士的炸鸡从此扬名在外，以至很多的客户都不是为了来加油，而是为了来吃加油站的炸鸡。

随着经营的时间越长，炸鸡的名声已经压过了加油站的名声，使得山德士不得不扩充自己的餐厅。鉴于大家如此热衷自己的炸鸡，山德士为了让大家尝到更美味的炸鸡，边经营边研究炸鸡的特殊配料。炸鸡越来越好，名气越来越大，客人越来越多，手动制作炸鸡的速度已经跟不上客户的需求了，于是山德士又在琢磨如何更加有效地提升炸鸡的产量。

一家超市做压力锅的展示，给了山德士启发，他便买了一个压力锅回来做尝试，最终发现了一种独特的炸鸡方法。凑巧的是，压力锅出品的炸鸡是其制作过的所有炸鸡中最为美味的一种。于是，炸鸡的质量、数量都能够达到山德士的要求，餐厅的效益越来越好。

虽然生意不错，但山德士并不满足这样的成就，他别出心裁，又进一步，在饭馆旁边加盖了一座汽车旅馆。山德士成为第一个集食宿和加油为一体的企业联合体。但是“二战”的爆发，给了山德士不小的打击。战争期间实行汽油配给，他的加油站关门了。随后，由于新建横跨肯塔基的高速路穿过山德士的饭店，饭店被迫关门。这突如其来的改变把山德士推向了深渊，为了偿还债务，他甚至用光了所有的银行存款。哈兰·山德士，这位昔日受人尊敬的上校，一下子从人人尊敬的富翁变成了一文不值的穷人。这时的山德士已经 56 岁了，所能依靠的仅仅是每月 105 美元的救济金。

既然成功了第一次就会成功第二次，于是山德士带着这样的想法，要把技术扩展开来，把这个作为自己的第二次创业。

想到便去做，山德士带着一个压力锅，一个作料桶，开着自己的老福特上路了。开始的时候，尤其是没有听过山德士过去炸鸡名气的老板，都对山德士嗤之以鼻，没有多少人相信他，有人甚至认为这个怪老头是在胡诌，是在浪费时间。心中的信念支撑了山德士不畏艰险继续宣传自己的炸鸡。一直坚持宣传着，这样坚持了两年时间，也被大家拒绝了1009次。

当他敲开第1010家餐厅的大门时，上帝终于被感动了。饭店老板同意了山德士的建议。

当有了第一次的成功，给了山德士大叔莫大的鼓舞和信心，因此山德士更加积极地从事着自己的宣传工作。在这样的情况下，第二个、第三个、第四个……山德士的想法被越来越多的人认可。

到了1952年的时候，盐湖城第一家被授权经营的肯德基餐厅建立了，这便是世界上餐饮加盟特许经营的开始，也是山德士事业的第二次开始。让大家，也让山德士没想到的是，山德士的业务就像滚雪球般越滚越大，在短短的5年内，已经在美国及加拿大发展了400家的连锁店。

肯德基的创始人哈兰·山德士在其60多岁的时候才开始第二次创业，他从推销自己的炸鸡方法开始，许多人都认为他不可能成功。他曾被拒绝过1000多次，但是，山德士对自己充满了信心，他仍然一如既往地推销自己的炸鸡方法，正是由于不受周围否定性“噪声”的干扰，他最终成功地创立了肯德基公司。

太多的手表会让人无所适从，目标多不等于收益也多，在同一时间内追求太多目标，实际上就等于没有目标，并且哪个目标也实现不了。只有一个目标一个目标地去实现，才会得到发展。当我们下决心做一件事情的时候，就应该尽可能地排除外界干扰，义无反顾地做下去。这也是一个成功者应该具备的基本素质。

第三章 手表不是越多越好

——1+1不一定大于2

拥有两块以上的手表并不能帮人更准确地判断时间，反而会制造混乱，让看表的人失去对时间的判断，这就是著名的手表定律。手表定律所指的另一层含义在于每个人都不能同时挑选两种不同的行为准则或者价值观念，否则这个人的行为将陷于混乱，这种问题实际上也会在投资理财、企业管理等领域中出现。

渐行渐远的霸主

预测是决策的前期准备阶段，是决策的基础。为决策服务是预测的最主要功能。法国未来学家 H．儒弗尔说：“没有预测活动，就没有决策的自由。”科学预测是科学决策的前提，科学决策是科学预测的必然结果。预测侧重于对客观事物的科学分析，决策则侧重于有利时机的选择。如果说决策是事业成败的关键，那么预测则是决策成败的关键。

春兰集团的前身是江苏泰州冷气设备厂。这家地方国营小企业固定资产只有 280 万元，年产值不足 1000 万元。1985 年，32 岁的陶建幸走马上任。十几年过去了，春兰已发展成为中国最大空调生产基地，世界七大空调企业之一。在没有要国家一分钱投资的情况下，春兰的国有资产、年产值、利税成百倍的增长。

春兰的高速发展得益于决策者对市场的科学预测。陶建幸面对该厂生产的40多个产品批量小、成本高、效益差的现实，通过对市场进行大量调查，得出了人们在家用电气方面的消费热点将由冰箱、彩电转到空调上来的预测。1986年，他当机立断砍去原有的40多个产品，集中优势兵力，打空调战，并将研究、开发、生产春兰牌空调定为春兰集团的发展决策目标。当时，全国空调生产厂家已发展到数十家，面对实力雄厚的竞争对手，陶建幸独辟蹊径，避开国内众多厂家生产的3000大卡至7000大卡空调，专门开发3000大卡以下的家用空调和7000大卡以上的柜式空调。因此，企业一举赢得了市场，扭转了亏损的局面。自此以后，我国空调市场曾一度出现疲软现象，许多空调生产厂家因此而纷纷下马。面对这种形势，陶建幸又做出了“市场萧条后必定会繁荣起来”的预测。同时，他又根据国际市场的变化情况，吹响了“瞄准世界一流水平，进军国际市场”的号角。为此，春兰集团通过引进、改造流水线等措施来扩大企业规模。当他通过市场预测得知有几种特种空调将受到用户的欢迎时，马上组织人力、物力改造厂房，只用了半年时间就建成了特种空调器厂，生产一流的特种空调产品。当其他空调厂家醒悟过来时，春兰集团已经走在了国内同行业的前面，并在国际市场上占领了一席之地。

在稳坐“空调一哥”的位置后，总觉得家电是一个“夕阳产业”的陶建幸，开始了多元化扩张。先是介入了家电业内的冰箱、电视、洗衣机等项目，随后又“杀入”与家电业务毫不相关的摩托车、卡车、新能源等行业。

多元化扩张战略过快最终还是出现了顾此失彼的问题，新业务还没能完全成熟起来，曾经的支柱产业空调业务则不断下滑。2002 年，春兰股份持股的江苏春兰摩托车有限公司、江苏春兰动力制造有限公司、江苏春兰机械制造有限公司、江苏春兰洗涤机械有限公司全部亏损。2005 年，春兰股份遭遇了自 1994 年上市以来的首次亏损，主营业务利润 5.15 亿元，同比下降 4.81%，亏损 2595 万元。此后两年，春兰股份还是没能扭转亏损局面，于 2008 年 5 月被上海证券交易所暂停上市。

春兰的问题在于多元化策略的失败，在主业空调没有充分夯实的情况下盲目介入冰箱、摩托车、卡车等多个领域，造成主业亏损、多元化业务也没有做起来的后果。

春兰集团的经历也是手表定律在现代商务中的一个突出的案例。把同样的品牌应用在多种不同的产品是春兰集团失败的重要原因。消费者认可的是春兰空调，对春兰摩托、春兰电视等，并没有深刻印象，所以，盲目多元化生产，不但没有获得预想的经济效益，还淡化了春兰空调在消费者心目中的品牌形象。

总经理的失误

“永远致力于制造更好的笔”，这一直以来是派克创始人乔治·派克先生的梦想。1888年，时年25岁的乔治·派克先生任职于瓦伦丁学校，极易漏墨水的钢笔使他萌生制作一支更便于书写的钢笔的想法，为此他于同年创办了派克钢笔公司并发布了第一支派克钢笔。而这支1888年生产的首支派克钢笔为之后派克持续创新的产品奠定了重要的基础。此后，乔治·派克先生开始了在工艺设计与制造技术上的不断开拓创新，从而开启了世界高端制笔领域的新纪元，并逐步奠定了派克作为全球领先钢笔品牌的核心历史地位。

最初派克钢笔的目标市场是针对商业人员、大学生、专业人士，但很快乔治·派克先生就发现文艺界对此笔的需求量大得异乎寻常，并且随着岁月的推移，从20世纪40年代起，派克钢笔逐渐走上政治舞台，成为了各国元首级人物的首选书写工具。普契尼用派克钢笔谱写著名歌剧《波希米亚人》，富豪亨利用派克钢笔签下了购买帝国大厦的合约，1945年“二战”结束后艾森豪威尔签署盟约及麦克阿瑟将军接受日本投降时签字用的都是派克钢笔。也正是由于如此众多的名人都选择使用派克钢笔，这才使得在很长一段时间之内，很多人都以拥有一支派克钢笔为荣，派克钢笔在很大程度上，已经成为一种身份的象征。然而，派克在钢笔领域中的崇高地位，却由于一位总经理的决策而丧失殆尽。

1982年，久负盛名的派克公司新请了一个知名的职业经理人担任公司总经理，公司所有员工都对这位新上任的总经理寄予厚望，大家都希望这位总经理能够带领公司实现经营业绩更大的飞跃，使每一名员工都可以从公司的飞速发展中获得更大的利益。

这位新总经理上任后不久，就开始在公司大会上宣布自己的发展策略，他告诉大家，现在派克钢笔已经在高档钢笔领域取得了绝对的领导地位，但是高档钢笔的市场空间毕竟十分有限，极大地制约了派克钢笔每年的销售量。他告诉员工，如果我们能够巩固在高档市场中的地位，同时又进军中低档市场，抢占各个档次的钢笔市场的份额，那么公司的业绩当然就会有一个很大的提升了。

于是，在这位新任总经理的催促下，公司很快向市场推出了一系列价格低廉的中低档钢笔，同时，在很多报纸、杂志等媒体上，都针对这些便宜的派克钢笔推出了一系列的广告宣传。然而，令这位总经理意想不到的是，派克钢笔并没能在中低档产品市场中取得大的市场份额，更为不幸的是，自从中低档派克钢笔推出后，公司的高档派克钢笔的销量就飞速下滑，派克钢笔在钢笔市场中的领导地位已经岌岌可危。

迫于业绩下滑的压力，这位总经理不得已只能宣布放弃进军中低档钢笔市场。然而，即使如此，派克钢笔在钢笔领域的市场占有率再也没有恢复到以前的水平。

其实，派克的失败仍然是错在违反了手表定律揭示的客观规律。每一种产品、每一个品牌都应该只拥有一个定位，只能拥有特定的客户群体。对于派克钢笔来说，在推出中低档钢笔之前，它所面向的顾客群体本来就不是中低收入者，而是钢笔消费市场中的高端客户，派克的品牌形象，也正是代表着品质。这种品牌形象是派克公司在长期的发展中逐渐灌输给消费者的，在很多当时的消费者看来，派克钢笔本来就是与高贵、豪华等同的，只有拥有高贵的身份或巨大的财富的人才能够消费得起派克钢笔。对于中低收入人群来说，派克钢笔从来不是他们想要拥有的。派克既然已经选择了这一市场定位，明确了这一目标群体，就应该爱其所选，坚守自己的选择。然而，它面向中低收入人群推出低端派克钢笔的选择，恰恰违反了这一原则。因此，当派克选择扩大产品类型、生产中低档钢笔的时候，其实是在主动放弃在长期的发展中在消费者心中所建立起来的高贵的品牌形象，这不得不说是一个巨大的浪费了。

尽管派克选择把中低档客户纳入到自己的顾客群体之中，然而对于那些中低收入的顾客来说，他们购买钢笔更多的是为了获得使用钢笔写字的功能，而不在于获得多么高贵、豪华的一支钢笔，更不在于让别人因为你使用了一支好笔而赞扬你。因此，对于很多消费者来说，派克钢笔并不是他们所希望得到的，那么即使在市场上推出了价格更低廉的派克钢笔，也并不能赢得消费者的支持，也就很难扩大市场销量，更别提占据消费者的心。

与之相对，很多消费者之所以选择购买派克钢笔，并不是简单追求使用派克钢笔来写写字、画幅画，他们更加追求使用这种高档的商品所带来的满足感，以及随之带来的别人对其印象的改善。可是当看到很多普通人也在使用派克钢笔，使用派克钢笔已经不再是一种值得骄傲的事了，那么显然也就削弱了他们购买派克钢笔的意愿，派克在高档领域的品牌占有率的下降也就成为了必然。

这位派克总经理很快认识到了自己策略的失误，放弃中低档派克钢笔的推出，重新集中于高端钢笔市场，进行强有力的广告宣传，希望逐渐在消费者中心确定“购买派克，就是购买身份”的意识。可是在此之前，他用于推广中低档钢笔所付出的成本是无法收回了，而且在他的这次改革中，消费者对于派克钢笔的品牌形象认知的下降也是无可挽回的了，这不得不说是现代商业领域中一次重大的失误。

不被认可的新配方

1885年，一名美国医生在研究感冒糖浆的时候无意中发现，在这种糖浆中加入一些苏打水会让它的味道更好。他根本就不可能会想到，这个偶然的发现，居然开创了一个传奇品牌的百年历史，这就是可口可乐。

与可口可乐相似，1890年，另一位美国医生也研制出一种美味的用于治疗胃部疾病的糖浆，也就是百事可乐，从此揭开了可口可乐与百事可乐长达百年的竞争历史。

在长期的竞争中，在绝大多数时期内，都是可口可乐处于领导地位，而百事可乐在更多的时间内却只能扮演追赶者的角色。然而20世纪70年代，百事可乐却抓住了一个很好的机会向可口可乐发动了蓄谋已久的攻势，甚至一度夺去了可口可乐在饮料行业的霸主地位。百事可乐的成功，与其说是百事可乐的战略得当，不如说是可口可乐的失败策略将自己的霸主地位拱手相让。

1975年，百事可口进行了一项大规模的试饮试验，他们把可口可乐与百事可乐的品牌都隐掉，然后免费送给消费者试饮，让他们评价哪一种口味更好，结果绝大多数的消费者都选择了百事可乐。百事可乐立刻抓住这个机会，推出强劲的市场营销方案向美国消费者展示，原来是百事可乐比可口可乐味道更好。百事可乐倡导消费者应该相信自己对于口味的判断，而不仅仅关注于两家的品牌差异，应该重新考虑对于可口可乐的忠诚是否符合自己内心对于口味的追求，如果消费者真的相信自己的口味的话，那么就应该抛弃饮用可口可乐的传统习惯，改喝百事可乐。

在百事可乐咄咄逼人的攻势面前，可口可乐的管理层慌了神，他们判断自己的产品质量出了问题，应该马上改进自己产品的配方，改善可口可乐的口味，否则自己就将在百事可乐的进攻面前一败涂地。于是，他们很快就配制出一种口味更甜的新型可乐，并向消费者宣布，自己公司已经研究出一种口味更胜于百事可乐和自己原先的可口可乐的新的可乐产品，公司将放弃原来可口可乐的配方，改用一种口味更佳的新型配方。

然而，令可口可乐公司的管理层没想到的是，他们费尽心思所研发出来的这款新型可乐，并没有赢得消费者的认可。一时之间，铺天盖地的抗议信向公司寄来，几乎所有的消费者都反对更改可口可乐的配方，而且更多的消费者从此放弃了口味更好的新型可乐，而转投百事可乐。在很短的时间内，可口可乐的市场销量出现了非常大的下滑。

最后，可口可乐公司不得不宣布，重新恢复使用可口可乐的原配方，把原来口味的可乐称为经典可乐，而把新研制的、改良的可乐称为现代可乐。然而即使如此，可口可乐也从此失去了对于百事可乐的不可动摇的市场优势。到 20 世纪 90 年代，百事可乐从可口可乐手中夺取了期盼已久的饮料行业霸主的地位。

其实，可口可乐的战略失误，完全在于他们不明白手表定律在现代商场中的应用，违反了“爱我所选”的基本原则。

在现代企业中，往往只有一种产品才能真正代表这个企业的形象，换言之，可口可乐在消费者心中的地位是完全依赖于它向消费者所提供的可口可乐饮料。消费者之所以选择可口可乐，而不选择百事可乐，并不在于可口可乐的口味比百事可乐更好，只是消费者在长期的消费活动中，已经建立起对可口可乐这个品牌的信赖，从而培养出对于可口可乐的品牌忠诚度。在这整个体系之中，公司所提供的可口可乐饮料，是消费者选择的核心内容，而可口可乐这个品牌则仅仅是这种品牌忠诚的一个载体。百事可乐之所以选择隐去商标进行口味测试，也正是知道，如果公开品牌的话，由于可口可乐的品牌忠诚度更高，肯定会有更多的消费者选择可口可乐，而根本不会关注二者口味上的差异。

可口可乐选择更改配方，其实就是放弃了忠实于它的品牌的消费者，新型可口可乐尽管仍然沿用了原有的品牌，但是这种产品在消费者心中并没有形成影响，对于以前的消费者而言，仍然是一种全新的产品。可口可乐这次失败的产品改革，早已经进入各大商学院的MBA（工商管理硕士）教学课堂，成为一个非常有代表性的公司发展战略的失误。当可口可乐公司宣布改革产品口味的时候，不但放弃了原有品牌的物质载体，动摇了自己品牌的忠实消费者对于产品的信赖，在另一个方面，其实也在向消费者表明，他们也承认自己的产品的口味的确不如竞争对手，因此他们才会选择改变口味。这在很大程度上是主动向竞争对手示弱，并且将自己的忠实消费者推向竞争对手。

如果可口可乐的管理层能够认识到他们改变口味所需要付出的巨大代价的话，可以清楚地判断出维持原有口味和改变新口味的成本与收益的对比，那么他们就不会做出如此愚蠢的战略决策了。

1+1 不一定大于 2

面对两块时间不一致的手表，我们没办法确定准确的时间。同样的，如果让一个人同时接受多个不同的标准或观念，这个人的行为也必然会乱套。

任何一项工作都应该有一个标准作为评判的依据。从管理者的角度看，标准应该是什么样的呢？管理者在确定标准的时候，除了要保证这一标准能够有效传达以外，还得保证下属能够领会自己的意思，贯彻自己的指示。如果自己所订立的标准中，包含着相互矛盾、前后不一的内容；又或者自己的标准不具有最高的权威，与其他的指示相互冲突，员工们必然会陷入迷惑与混乱之中，整个团队的工作也就乱套了。

也许有人会对此不屑一顾，认为这样的说法是危言耸听。

但事实上，在现代企业管理之中，这种双重标准的问题却屡见不鲜，也使企业蒙受了巨大的损失。关于这一点，英国皇家饼干公司与德国艾黛琳饼干生产商的故事，就是最好的说明。

德国的饼干生产商艾黛琳，与英国皇家饼干公司原本是势均力敌的市场竞争对手。为了实现 1+1>2，两家跨国公司决定合作。新公司被命名为“皇家艾戴琳”，它的成立，宣告了世界第二大消费食品公司的诞生。公司的高管更是得意扬扬地宣称：这是一次“对等合并”，必将成为欧洲企业间携手合作的典范。

然而事实却与公司预料的恰恰相反。公司成立之后过了 5 个月，整合的进度却远远落后于当初定下的日程。原来，虽然新的公司成立了，但英国和德国的政府对此却并不认可，两国的媒体对于新公司的成立也是嘘声一片，甚至两家公司的投资者也没有明确表态。当然，比起这些，更为糟糕的是两家公司的高层之间的分歧，决策无法达成一致。来自英国皇家饼干公司的旧员工，也流露出明显的反德情绪。

之所以会出现这样的情况，说到底，是由于两家来自不同国家的公司，在民族文化和企业文化上都存在着巨大的分歧。两家不同的管理模式，在领导层就无法达成一致，员工们更是不知该听从谁的意见，这才是“皇家艾黛琳”出现困境的根本原因。

“皇家艾黛琳”所面临的问题，就好像是之前故事中的那只猴子一样，由于彼此冲突的标准，限制了自己的脚步。对管理者而言，萨盖定律的要点就是三个字：定于一。“一”看似简单，却可以凌驾于众多之上，成为最高的准则。

对我们来说，要想做到“一”，就需要先从自己做起。很多人由于做事前缺乏明确的规划，或者乐于享受指挥下属的权威，经常朝令夕改，想到一出是一出，令员工苦不堪言。

拥有两块以上的手表并不能帮人更准确地判断时间，反而会制造混乱，让看表的人失去对时间的判断，这就是著名的手表定律。手表定律所指的另一层含义在于每个人都不能同时挑选两种不同的行为准则或者价值观念，否则那个人的行为将陷入混乱，这种问题实际上也会在投资理财、企业管理等领域中出现。

惠而浦的悲剧

惠而浦是全球最大的白电制造商，公司创立于 1911 年，总部位于美国密歇根州的奔腾港，在全球拥有 73000 名员工、70 多个生产基地和研发中心，年销售额高达 190 亿美元。经过百年积淀的惠而浦在洗衣机制造领域实力雄厚，目前拥有滚筒、波轮和搅拌式洗涤等世界领先技术。2007 年，惠而浦的冰箱和洗衣机分别以 15.5% 和 16.5% 的市场份额雄踞国际大型家用电器制造商之首。

惠而浦 1994 年登陆中国后，便跃跃欲试，准备一举拿下中国市场。凭借傲视群雄的领先技术和雄厚资本，惠而浦将并购当作进入中国市场的捷径。本来，北京雪花冰箱厂与瑞典的伊莱克斯已经洽谈合作，惠而浦从半路上杀出，硬是从伊莱克斯手中抢过与雪花合作的商机。

1995 年 2 月，惠而浦与雪花合资共建北京惠而浦—雪花电器公司，公司注册资本 2900 万美元。

应当说，作为在全球有相当影响的大型跨国公司，惠而浦的技术与资金实力都足以保证惠而浦—雪花取得成功。但是，惠而浦对中国消费环境和竞争格局的严重误判，直接导致了它在中国市场第一次行动折戟沉沙。

并购雪花后，惠而浦没有从技术、质量、营销网络、品牌等关键之处对雪花进行改造，只是在生产技术、原材料质量上进行“修补”。此外，虽然惠而浦早已拥有无氟冰箱的生产技术，却错误地判断该技术过于超前，中国消费者在短期内难以接受，于是仍然以雪花的老产品为载体，继续生产有氟冰箱。一年后，当合资厂的新冰箱上市时，中国冰箱市场已劲吹无氟之风。海尔、新飞、美菱、容声四大国产品牌迅速崛起，占据了国内 75%的市场份额。尽管惠而浦后期采取补救行动，先后投资 1300 万美元引进了世界上最先进的生产线，生产无氟冰箱，但为时已晚，市场早被各路诸侯瓜分完毕。

经营成本居高不下，是惠而浦—雪花亏损的另一个重要原因。

为了与雪花合资，惠而浦整体接收了雪花的 1500 名员工，虽开工不足，惠而浦每月仍要付给每位下岗职工工资，造成合资公司高报酬、低效率。此外，惠而浦坚持产品原材料全部进口，其质量虽好，价格却比国内价格高出近一倍，导致产品成本居高不下，缺乏竞争力。

战略上的失误和高昂成本令惠而浦付出沉重代价。在惠而浦控股“雪花”两年多的时间里，产品销路始终不见起色，亏损额高达2.7亿元。1997年，眼看扭亏无望，惠而浦壮士断臂，以200万美元低价，将其拥有的股份贱卖给了雪花。

与雪花合资的同时，惠而浦还“收编”了上海水仙洗衣机厂。按照合资双方最初的设想，惠而浦技术力量雄厚，而水仙在销售网络上占优。在合作过程中，双方可以取长补短，实现双赢。

然而，合作不久，双方却因管理权之争很快出现裂痕。在合资公司中必须握有控股权，经营管理权不能旁落他人，是惠而浦进入中国后的既定方针。并购水仙后，惠而浦方面要求执掌帅印，全面掌控生产、管理、销售等重要环节，惠而浦甚至相当忌讳水仙插手合资公司的“内部事务”，这令双方渐渐产生敌意。

为了争夺管理权，惠而浦再出昏招，无视水仙已经拥有完善销售渠道的实事，花大价钱建立了自己的销售队伍和渠道，试图一步到位，控制市场，真可谓扬短避长。结果，在浪费了大量的人力和资金之后，惠而浦不仅未能建立起新的销售渠道，水仙原有的销售网络也遭到破坏，30家渠道商终止了与水仙的合作关系，导致惠而浦—水仙的经营成本大幅上升。

在消费趋势和竞争格局的判断上，惠而浦重蹈覆辙。从1994年起，国内洗衣机市场已经开始呈现高速扩张的态势，涉及外方的合资项目多达几十家，多属重复建设，导致了国内市场的恶性竞争和市场分割。在行业风险增大的情况下，惠而浦—水仙既坚持单一产品模式，缺乏业务弹性，在技术方面也没有形成突破。

最终，合资公司连年亏损，严重影响了研发投入，最终被无情地挤出了市场。2002年7月，惠而浦用900万美元收购了上海水仙持有的公司股份，全资拥有了惠而浦—水仙洗衣机厂。惠而浦以退为进的策略无异于宣告：虽然屡遭败绩，惠而浦仍然对中国市场一往情深。

在洗衣机领域遭遇两连败后，惠而浦又将目光投向微波炉和空调市场，先后与广东蚬华和深圳蓝波进行合资。遗憾的是，惠而浦的霉运还没有结束。

蚬华成为中国微波炉市场的第一代霸主后不久，惠而浦就找上门来，表达合作意愿。1998年，惠而浦投资3000万元，购得蚬华 65% 的股份。

当时，蚬华的产能为 40 万台，并且还在扩大投资，处于上升阶段。而竞争对手格兰仕此时羽翼尚未丰满。惠而浦—蚬华完全可以集中力量，给予格兰仕致命一击。

面对有利的形式，惠而浦—蚬华优柔寡断，再次痛失好局。由于惠而浦管理本地化程度较低，每项市场推进方案，必须经由惠而浦香港分部，再转到美国总部去审批，一个来回要拖两三个月，这导致惠而浦—蚬华在决策速度上总是落后于格兰仕。就在惠而浦漫不经心地进行调整时，格兰仕趁机积蓄力量。随着微波炉大战逐步升级，格兰仕的降价战略日臻成熟，而惠而浦—蚬华却江河日下，最终黯然退出国内市场，重拾出口老路。

1998 年，当惠而浦追加投资，取得蚬华 100% 控股权之时。它的对手格兰仕早已是如日中天，惠而浦再无机会。

惠而浦对蓝波空调的收购，则是浅尝辄止。

蓝波空调知名度不高，市场占有率低，缺乏竞争力，是惠而浦收购蓝波空调后遭遇挫折的主要原因。

被惠而浦收购后，蓝波空调的日子一直都不好过。1996 年—1997 年，惠而浦—蓝波空调因流动资金匮乏而陷入窘境，而惠而浦总部又决意不再担保借贷。最后，来自惠而浦总部的一纸命令，使惠而浦—蓝波走向被清盘的命运。2000年8月，蓝波空调被转让给了以色列空调商以莱特公司，宣告了惠而浦在空调行业的失败。

截至2008年年初，惠而浦在中国销售的产品依然以洗衣机和微波炉为主，其品牌影响范围也局限于上海及周边地区。

惠而浦4战4败，投入的近5亿美元“打了水漂”。

惠而浦在中国市场的投资失误也诠释了手表定律包含的道理：总想拥有更多的手表，然而，“手表”太多，却又让人无所适从，这个想要，那个也想要，最后把自己搞得筋疲力尽，什么都做不好。简言之，就是无论做什么事情，都不能贪多。面对变化多端的市场，盲目扩张，即使拥有雄厚的人力、财力、物力，也很容易变成输家。

爱你所选，选你所爱

麦当劳汉堡包集团公司创始人为克罗克。

克罗克为社会提供大量小型牛肉馅饼，改变了美国人的饮食习惯。他于1955年开始经营麦当劳公司，逐步使麦当劳遍布全球。截至1983年，麦当劳销售额已高达八十亿美元。

其实，麦当劳本是由两位姓氏为麦当劳的先生所创立的，他们是兄弟，哥哥叫莫瑞斯·麦当劳，弟弟叫理查·麦当劳。他们于1930年在洛杉矶开设了世界上第一家麦当劳餐厅。然而，把麦当劳做成世界闻名的餐饮企业的麦当劳之父却是克罗克。

克罗克原是奶昔机器的业务员，1955年，在一次偶然的机会下，他发现一家叫作麦当劳的餐厅竟一口气跟他们公司订购了八台奶昔机器（一般店面最多买一两台而已），好奇的克罗克便前往洛杉矶，探视这家神奇餐厅。

一开始，这家餐厅在克罗克眼里并没有什么特别之处。但是看着排着队的人群，他开始进一步了解，他问了几个来吃早点的人。

他终于找到了答案，他发现了快餐的潜力，这是最重要的。他看到了一个有潜力的机会，这就是快餐业。快餐业仍然是商业处女地。克罗克在麦当劳里看到了希望，他以往的热情开始高涨，他认定，麦当劳正是一种进军的最佳工具，它可以填补食品服务界的空缺。

他想到，花七万五千美元就可以建立起一个麦当劳店，众多的麦当劳店可以连锁起来。他长年奔波在外，走遍了全国各地，他知道麦当劳在全国连锁肯定能行。

现在，他就可以数出成千上百个地点，那里正适合开麦当劳餐厅。他有多年的经验，所以他懂得如何使麦当劳成为最好的事业。这些年来，他的推销一直是围绕着餐饮和服务业的，所以他对这些了如指掌。

他高兴地去找这家餐厅的老板麦当劳兄弟，向他们讲述“遍地都是麦当劳”的构想。可是，当时，麦当劳餐厅一年已能赚上十万美金，这让麦当劳兄弟非常满足，根本不想接受克罗克的疯狂建议。克罗克没有放弃，最后，麦当劳兄弟终于答应克罗克帮他们贩售麦当劳连锁店的加盟权利。

虽然麦当劳餐厅的经营模式是相当成功的，但是变成连锁店却不是一件容易的事，克罗克必须一步一步地建立制度。而根据合约的条文，连锁店的作业费用与行销费用也是由克罗克来支付，这对于年过五十岁才转业的克罗克来说是非常艰辛的。他的妻子也因受不了这样的转变而与他结束了三十九年的婚姻。这时，麦当劳兄弟居然偷偷地出售加盟权给克罗克的商场敌手，克罗克非常生气，于是向一些学校基金和退休基金借了两百七十万美元，把麦当劳这个商标全部买断，从此成为名副其实的麦当劳之父。其后，麦当劳的业绩扶摇直上，在克罗克创业十周年时，美国已经有七百多家麦当劳餐厅，麦当劳的股票也堂堂上市，变成热门股票。克罗克又马不停蹄地在世界各地开设几万家麦当劳汉堡店，创造了无数的速食奇迹，使麦当劳成为世界公认的美国文化象征。在克罗克去世一年之后，麦当劳被纽约证券交易所纳入了道琼斯工业指数，这时麦当劳已不折不扣成为美国企业的巨人。

据了解，最开始从麦当劳兄弟那里得到特许经营权的一共有两个人：克罗克和一个荷兰人。克罗克与荷兰人的经营方法并不相同，克罗克只开麦当劳快餐连锁店，那个荷兰人则不仅开麦当劳快餐连锁店，而且还开了养牛场、牛肉加工厂，当年人们都觉得荷兰人更聪明一些，因为他把所有的钱都自己赚了。过了一些年，克罗克的麦当劳快餐店开遍了全球，而那个“聪明”的荷兰人早就破产了。

克罗克之所以成功是因为他选择了自己最擅长的快餐店经营，这样一来他就可以更专注，从而将全部的精力、时间、智慧等都用在这一件事情上，最终将麦当劳发展为全球快餐业数一数二的知名品牌。而荷兰人由于贪多，又开快餐店，又开养牛场、加工厂，他的精力过于分散，难以专注在某一件事上，最后由于力不从心而走向失败。我国古人所说的“多则心散，心散则志衰，志衰则思不达也”，就是这个道理。

简言之，每个人都要记住这样一点：无论做什么事情，都不能贪多。倘若每个人都可以“爱你所选，选你所爱”，那么不管成功与否，都能够享受生活的乐趣。

第四章 不能使用两块显示时间不同的手表

——标准要统一，否则容易混乱

手表定律中的手表，只是给管理者提供一个衡量的标准，如果管理者连基本标准都不能确定，该企业注定会走向失败。

曹参无为而治

汉惠帝二年（公元前193）七月，相国萧何病故，曹参接任相国职位。

曹参是行伍出身，做过沛县狱吏，刘邦在沛县起事后，他跟随刘邦南北转战。曹参率军多次打胜仗，并因取得秦朝战将李由的首级而被封为建成君。魏王豹造反，曹参与韩信并肩作战，生擒魏王豹。刘邦当上皇帝以后，因曹参战功卓著，封他为平阳侯，食邑超过万户，陈豨叛乱，曹参以齐相国的身份率军参战，立有战功。黥布造反，曹参率军与刘邦会合，讨伐叛军，大获全胜。在连年不断的转战中，曹参不仅目睹了天下黎民百姓遭受的战争之苦，而且深深感悟到了天下苍生对世事太平的渴望，感悟到了各级官吏、政府不再扰民的重要。

当初曹参任齐相时，知道盖公精通黄老之术，即厚礼相请，盖公以黄老学说传授其治国之道：至关重要的是清静无为，不生事端，百姓就会安居乐业，不存异心。曹参十分赞赏，腾出正房让盖公高卧，并将黄老思想实实在在、脚踏实地地应用于治理齐地，遵循与民生息的治国之策，任齐相九载，辅佐齐王刘肥，齐国平安无事，被称为贤相。

这九年的成功，为他晋升汉朝相国并实施“无为而治”的基本治国之策，奠定了基础。

曹参做了相国之后，一切均按照萧何制定的成法行事。各级部门官吏各司其职，自己从不干预，很多时间在家应酬饮酒，宴请卿大夫及往来宾客，不理政事。对那些规劝他的人，即以美酒招待，直至饮醉不能规劝为止。

惠帝责怪他荒废政事，又不好当面指责。便让曹参之子询问曹参为何不问政事，每日饮酒作乐。曹参见儿子责问他，大怒，狠狠打了儿子一顿，并说：“快点进宫侍奉皇上去，国家大事不是你管的。”

第二天，汉惠帝就去拜访他，说国家这么大，你相国不管事，我皇帝怎么办？ 曹参问惠帝：“你看我跟萧相国（萧何）比怎么样？”惠帝说好像不如萧相国。“那么陛下您和先帝比呢？”惠帝赶紧说：“我怎么能和先帝比呢。”曹参笑着说：

“既然我们不如他们，而先帝和萧相国制定下来的政策制度都已经很完备，很管用了，我们为何不遵照执行呢。现在陛下垂拱无为，我任宰相恭谨守职，遵循成法而不出偏差，这样不是很好吗？”

汉惠帝听后，十分赞赏，释去了疑惑。

曹参接替萧何的相国职位后，最重要的是做了一件调整官吏的大事，就是在选派郡县和各封国官吏时，选派了一批各郡国不善言辞、忠厚老实、品行端正的人，而对那些言行不一、为人苛刻、专图虚名、善于钻营投机的官吏，则大刀阔斧地予以革职、斥退，废而不用。曹参任宰相三年，成绩显著。

汉初能够这样，与当时的社会状况有很大关系，连年征战，人心思安；社会发展，人心思稳。

无为而治的“无为”，绝不是一无所为，不是什么都不做。无为而治的“无为”是不妄为，不随意而为，不违道而为。相反，对于那种符合正道的事情，则必须以有为为之。但所为之为，都应是出自事物之自然，无为之为发自自然，顺乎自然。是自然而为，而不是人为而为。所以这种作为不仅不会破坏事物的自然进程和自然秩序，而且有利于事物的自然发展和成长。

“萧规曹随”的故事即使放到今天，对我们还是很有启示的。一个企业创立以及早期的发展，需要创始人投入大量的时间、精力，企业的每一项规章制度、操作流程、业务范围都需要在长期的发展中逐步地建立与完善，企业的市场体系需要在长期的合作过程中逐步成型。这个过程，对于企业的创始人，包括他的早期创业伙伴都是一个艰难的挑战，这类似于汉王朝建立以后，刘邦与萧何构建新王朝的管理体制与法律规范一样。

当一个企业的业务范围基本确定，各种规章制度都已经建立之后，企业就将迈向平稳发展之路。在这个过程中，即使企业的创始人退休，企业的高层管理层发生大的更替，企业自身的管理制度也不应该再发生大的变革。到了这一时期，新的管理层要做的工作已经不再是拓疆，而是守城。如果新的管理层完全否定掉前任所确定的公司的一系列经营战略，就意味着公司在早期为了建立公司的运营框架而花费的大量资源都将付诸东流，这必然会造成资源的大量浪费。

在这里面，前后任管理层的管理思路如果一致，那就标志着公司始终按照统一的战略思想而进行发展，这也保证了公司发展的平稳和战略思想的延续，这恰恰就是“爱我所选”思想的集中体现。可是如果后任盲目地否认前任的功绩，或者想对公司的发展推行一些激进的改革，那么很可能把公司推向动荡乃至衰亡。

这个故事也在很大程度上解释了，为什么很多民营企业在企业发展到达顶峰的时候，他们的创始人就开始寻找接班人。对于这些创业者来说，他们所需要寻找的接班人，有时并非仅仅指创始人自己的子女或者亲信，使得肥水能够不流外人田，接班人要做的更为主要的工作，是在接班之后能够保持公司战略思想、管理制度的延续，保证公司的平稳过渡。否则，代价一定很大。

规则不能改变

曹操是东汉末年杰出的政治家、军事家、文学家、书法家，奠定了曹魏政权。

东汉末年，天下大乱，曹操以汉天子的名义征讨四方，对内消灭二袁、吕布、刘表、马超、韩遂等割据势力，对外降服南匈奴、乌桓、鲜卑等，统一了中国北方，并实行了一系列政策恢复经济生产和社会秩序，扩大屯田、兴修水利、奖励农桑、重视手工业、安置流亡人口、实行“租调制”，从而使中原社会渐趋稳定、经济出现转机。

建安十八年（213 年），曹操获封魏公，建立魏公国，定都河北邺城，而后进爵魏王。去世后，其子曹丕称帝，追尊曹操为武皇帝，庙号太祖。

年轻时期的曹操机智警敏，有随机权衡应变的能力，而且任性好侠、放荡不羁，不修品行，不研究学业，所以当时的人不认为他有什么特别的才能，只有梁国的乔玄等人认为他不平凡，乔玄对曹操说："天下将乱，非命世之才不能济也，能安之者，其在君乎？"南阳何颙对他说："汉室将亡，安天下者，必此人也！"南阳的许劭以知人著称，他也曾对曹操说过："君治世之能臣，乱世之英雄。"

曹操开始走上仕途就试图用比较严格的法律改变当时权豪横行的情况。

熹平三年（174年），曹操被举为孝廉，入京都洛阳为郎。不久，被任命为洛阳北部尉。洛阳为东汉都城，是皇亲贵戚聚居之地，很难治理。因为社会治安混乱，曾经颁布过宵禁令，就是晚上禁止闲杂人等出来活动。可是在洛阳有多少皇亲贵戚、高官巨富啊，这些达官贵人根本就不拿宵禁令当回事，他们照样在晚上出去花天酒地，宵禁令根本没有办法得到执行。按照一般人的想法，像曹操这个级别的治安官也根本不敢管那些违反法令的权贵，一旦得罪了那些大官，不要说他的官职，搞不好命都没了。可是，曹操却不像人们想的那样，他一上任就重新颁布公告，强调要严格执行宵禁令，而且宣布违反者将会受到严厉的处罚。所有人都以为他要不就是疯了，要不就是装装样子而已。

一天，曹操带人巡逻，居然看到一个老头在晚上喝醉了酒在街头发酒疯，不但违反了宵禁令，更是扰乱了社会治安，曹操马上叫人把这个老头给抓了起来。他身边的手下赶紧过来偷偷告诉曹操："大人，抓不得啊，这个人叫蹇图，他的侄子蹇硕可是我们现在朝廷中很有权势的大宦官，你要是抓了他，得罪了蹇硕，那麻烦可就大了。我们就装没看见，赶紧躲开吧！"谁知曹操根本不理这一套，大叫道："王子犯法，与庶民同罪。我管他的侄儿是谁呢，只要他违反了法令，就必须按法令的规定处罚，来人，给我杖责一百。"结果活活把蹇图给打死了。曹操居然连皇帝最宠幸的宦官的叔叔都给打死了，消息很快就传遍了洛阳，从此之后，再也没有人敢违反宵禁令了，曹操也从此声名大噪。

曹操掌权之后，经常亲自带领大军南征北战，他的部队能征善战、纪律严明，赢得了很多民众的拥护。在三国时期，因为战争频繁，一些割据势力甚至放任部队烧杀抢掠，引起了很多老百姓的反感。曹操为了争取群众的拥护，颁布了严厉的法令，严禁部队抢夺百姓财产，在行军途中严禁部队践踏农田，违令者斩。

一次，麦熟时节，曹操率领大军去打仗。沿途的老百姓因为害怕士兵，都躲到村外，没有一个敢回家收割小麦的。

曹操得知后，立即派人挨家挨户告诉老百姓和各处看守边境的官吏，他是奉皇上旨意出兵讨伐逆贼为民除害的，现在正是麦熟的时候，士兵如有践踏麦田的，立即斩首示众，请父老乡亲们不要害怕。

老百姓开始不相信，都躲在暗处观察曹操军队的行动。

曹操的官兵在经过麦田时，都下马用手扶着麦秆，小心地走过麦田，这样一个接着一个，相互传递着走过麦地，没一个敢践踏麦子的。老百姓看见了，没有不称颂的。有的望着官军的背影，还跪在地上拜谢呢。

曹操骑马正在赶路，忽然，田野里飞起一只鸟儿，惊吓了他的马。他的马一下子蹿入田地，踏坏了一片麦田。

曹操立即叫来随行的官员，要求治自己践踏麦田的罪行。官员说："怎么能给丞相治罪呢？"

曹操说："我亲口说的话都不遵守，还会有谁心甘情愿地遵守呢？一个不守信用的人，怎么能统领成千上万的士兵呢？"随即抽出腰间的佩剑要自刎，众人连忙拦住。

这时，大臣郭嘉走上前说："古书《春秋》上说，法不加于尊。丞相统领大军，重任在身，怎么能自杀呢？"

曹操沉思了好久说："既然古书《春秋》上有'法不加于

尊’，的说法，我又肩负着天子交给我的重要任务，那就暂且免去一死吧。但是，我不能说话不算话。我犯了错误也应该受罚。”

于是，他就用剑割断自己的头发说：“那么，我就割掉头发代替我的头吧。”

曹操又派人传令三军：丞相践踏麦田，本该斩首示众，因为肩负重任，所以割掉头发替罪。

其实这两个小故事都反映了曹操同一个品质，那就是遵守纪律，严格法纪。在我们的生活中，我们常常看到很多掌握权力的官员，在为人处世的时候往往执行不同的标准，当面对上级或者一些有权有势者以及自己的亲友的时候，往往会采取一些更有利于对方的执行标准；当面对一些普通老百姓时，又会采取另一种更为严格的行事标准。

就像前面所讲的曹操的两个故事一样，如果曹操根本不敢管那些有权势的人，而只敢去管理那些没有权势的普通老百姓的话，那么所颁布的法令的严肃性怎么可能得到体现呢？凭什么我们俩都违反了宵禁令，因为你有权，就不处罚你，而我没有权也没有钱，就必须受到严厉的处罚呢？这就造成了一种明显的不公平。而曹操按照统一的法令，严厉地处罚了有权势者，这就给所有人树立了一个标杆，那就是，只要有人违反法令，那么就会受到相应的惩罚，法令的严肃性由此得到保证。在这样严厉的执行之下，受罚者能够认识到自己的错误，而没有受罚者也能够认识到违反法令的严重性，从而会有所警觉，不会再犯下同样的错误。

削发代首的故事也是同样。如果同样的规则，规则的制定者可以不遵守，却强令其他人去遵守它的话，这个规则是根本不可能得到普遍认可的，它的权威性甚至强制性都没有办法保证。从这个意义上来说，法律的严肃性正是我们现代的法制社会与封建社会的人治社会的一个重大区别，它也同样是手表定律在我们生活之中的一个重要的体现。

透视滥竽充数的另一面

滥竽充数是中国古代非常著名的一个典故，大家都非常熟悉这个故事。可是如果你能够通晓经济原理，在这个简单、古老的故事里，也许可以领悟到一些特别的东西。

战国时，齐宣王最爱听乐师吹竽。因此，很多人都下苦功学吹竽，然后到宫中去求职。

齐宣王听竽不喜欢听独奏，喜欢听合奏，而且要三百名乐师一齐吹奏，气势宏伟，振奋人心。所以，每天都有许多吹竽的乐师被招到王宫里。

有位南郭先生，看到吹竽的乐师享受的待遇很高，心想："我要是去为大王吹竽不就能轻松地赚钱了吗？"他根本不会吹竽，拜师学艺他又怕吃苦，可是他就是不死心，总是到王宫附近去转。

有一天，南郭先生见到一位给宣王吹竽的乐师，就问："你们每个人都要单独给大王吹奏吗？"那个人告诉他说："不是的，大王喜欢听三百人一齐吹奏。"

南郭先生听那人一说，心想："原来是这样呀！那么我也可以去做乐师了。"

第二天，他跑到王宫，主动请求充当乐师，为齐宣王吹竽。齐宣王一听十分高兴，也没有听他吹奏，就把他编入了合奏的队伍。

第三天，每当演奏时，南郭先生都郑重其事地捧着竽，摆出一个吹竽的样子，其实他没有把竽吹响——因为他根本不会吹竽。

就这样，他日复一日地蒙混了好多年，享受着优厚的待遇，他常常扬扬得意地自言自语："哈哈哈，有这样的好事，干吗还要辛辛苦苦地学本领呢？"

后来，齐宣王去世，齐湣王继位。

齐湣王也非常喜欢听竽，但与齐宣王不同的是他不喜欢合奏，而喜欢听独奏。看着那些有本事的乐师一个个被叫去单独给湣王演奏，南郭先生吓坏了。

他知道这回混不下去了，于是，趁着人不注意，偷偷地逃走了。

滥竽充数这个故事在今天经常被我们用来讽刺一些不学无术、光靠坑蒙拐骗混日子的人。的确，像南郭先生这样靠欺骗混饭吃的人，毕竟是没有办法永久地维持下去，虽骗得了一时，不可能骗得了一世，总有一天他们会无法经受事实的检验而被揭穿。在这个故事中还有另外一些值得我们思考的问题。

齐宣王喜欢听竽，所以养了这么一支专门给他吹竽的乐团，这必然会花费他大量的财政经费，而乐团里的各位乐师为了讨齐宣王的欢心，必然也会花费大量的时间、精力练习一些合奏的曲子。当齐宣王去世之后，尽管他的儿子也喜欢听竽，但是由于他喜欢的是听独奏，那就意味着每一名乐师又得重新花费时间、精力去练习一些独奏的曲子。在这个过程中，显然会造成一些额外的成本的出现。那些乐师以前花费在练习合奏的时间和精力可以说都被浪费了，他们必须重新去练习独奏，那么这种浪费应该由谁负责？

幸好齐湣王同样喜欢听竽，试想一下，如果齐湣王喜欢的不是吹竽而是弹琴的话，那么以前齐宣王用于培养这些吹竽乐师的巨大投入岂不都付诸东流了吗！

其实，像滥竽充数故事里这两位齐王的做法，在我们现代社会中屡见不鲜。我们经常会看到，当一个地区有一个新的市长、新的县长上任后，往往会选择重新制订本地区的发展规划，重新布置本地区的资源配置，希望打造一些新的经济增长点，成为自己的政绩工程。在这些新任官员看来，尽管前任已经给本地制订了非常细致的发展规划，并且这些发展规划都是花费了大量的经费才得以制订的，但是，如果自己仍然按照现有的规划力行发展的话，那么即使能够取得成功，这个功劳也将是前任的，而不是自己的，于是推翻重来，造成了大量浪费。

在某些地区，第一任领导在市中心建立一座公共花园，赢得了市民的广泛拥护；结果过了几年，领导更替，第二任领导上任之后，又选择推倒花园，在原址建立一个市民广场，供市民休闲健身使用；没过几年，第三任领导又上任了，他又提出原有的市民广场影响了交通，导致交通堵塞过于严重，因此他又重新铲平市民广场，在原址建立一个立交桥，促进当地交通的通畅。的确，在这整个过程中，市民其实都享受到了不同的领导的发展思路给自己带来的好处，无论是花园、广场还是立交桥，都能够提高市民的生活质量，造福于人民，因此，三任领导都可能借此获得民众的广泛拥护。然而，在这过程中，真正付出代价的是当地政府的财政，一次次的推倒重建，显然会给当地财政带来巨大的压力，也由此造成了资源的大量的浪费，这都是这些决策者应该反思的。在上述故事里面，不同的领导类似于指示着不同时间的手表，前后任领导的发展思路、战略思想的不衔接、不连续，就好像我们刚刚熟悉了一块手表的时间之后，很快又被要求按另一块完全不一样的手表去安排工作，那么我们必然需要花费精力去习惯新的作息时间。这显然违反了手表定律的核心原则，导致了工作效率的降低和社会资源的浪费。

在一个组织的发展过程中，如果能够强调前后任领导者发展思路的连续性，保证发展规划的长期性，这个组织的发展将会更加平稳，相反，发展思路上的过多的变化，势必造成组织资源的大量浪费，并因此损害组织的稳定性。

国王与磨坊主

在过去，德国有一位国王曾经想利用自己的特权拆掉一座房子，却被自己手下的法院裁定违反了法律而受到惩罚。

普鲁士国王弗里德里希·威廉一世是德国历史上有名的“军人国王”，也正是他开始了对德国的统一，最后被德国各邦君主拥立为德国皇帝而名垂青史。这位了不起的国王在首都柏林附近的波茨坦修建了一座高大、壮丽的行宫。有一天，国王登上自己的行宫的最高层，希望远眺波茨坦的全景，然而他却发现，就在他的行宫的不远处有一座磨坊，磨坊高耸的尖顶和旋转的风车完全挡住了他远眺波茨坦风景的视线，令国王觉得非常郁闷。国王赶紧找手下人去拜访磨坊的主人，希望能够出钱把这座磨坊买下来，然后拆除它，以免再妨碍他的视野。

可是令他没想到的是，这个磨坊主根本就不给国王一点面子，他说磨坊是自己祖上传下来的，绝对不能葬送在自己的手上。无论国王许下给他多么高的补偿金，他都不为所动，根本不予理会，这下可把国王给惹急了。国王马上派自己的手下带兵去强行拆除了这家磨坊。

事件发生到这里，似乎就已经结束了，可是谁也没想到，这位倔强的磨坊主居然一纸诉状把国王告到了法庭。更令人没有想到的是，当地的地方法庭居然受理了这个案子，还公然宣判国王擅用王权，拆毁私人所拥有的房屋，违反了帝国宪法第79条第6款，因此判处国王败诉，责令国王在磨坊的原址重新修建一座磨坊，并赔偿磨坊主160金币。

几十年过去了，威廉一世去世后，他的儿子威廉二世即位。正巧那位磨坊主也去世了，他的儿子对继承父业根本没有兴趣，他想把磨坊给卖了，换点钱到城里去当一名舒舒服服的城里人，于是他就给威廉二世写信，表示愿意把磨坊出售给国王，国王可以获得更为开阔的视野，还能够弥补国王的父亲生前的遗憾。然而谁也没想到，国王亲自给这个小磨坊主写了一封信，信中说："亲爱的邻居，听说你想出售你所拥有的这座磨坊，我认为万万不可，你的这座磨坊已经成为我们德国司法公正的象征，留下它对我们国家会具有更为深远的意义。如果你现在手头紧，需要用钱，作为邻居，我可以资助你 5000 金币，但是我希望你能够永久地保存你家的这座磨坊。你的邻居：威廉。”

到了今天，如果我们到德国，还能够看到这座磨坊，它已经成为德国司法独立的一座丰碑，成为德国人津津乐道的一段佳话。

这个故事到了今天，更多地被人视为西方民主制度的体现，或者现代司法制度公平的标志。事实上，在封建制度之下，尽管也同样存在着法律制度，但是立法与司法更多地取决于统治者，或者准确地说，是掌握行政司法权力的一些政府官员，对于他们来说，法律制度只是一种参考，到底应该如何判决，更多地是取决于掌握司法权的官员的个人意志，这也就成为封建制度下人治的基本特征。

在人治为本的封建社会中，每一名官员通常都会通过涉案人员的自身情况来决定自己的判决结果：如果涉案人员是有权、有钱的阶层，那么出于一种权力交换或者金钱交易的考虑，司法者往往会选择从轻判决；相反，如果涉案人员并不拥有某种足以与司法官员进行交易的资源，他既没钱满足官员的经济要求，也无权赋予官员特权，与官员更没有亲情关系，不能从人情方面获得官员的特殊照顾，在这种情况下，掌握司法权力的官员往往会采取严厉的措施对这样的普通民众实施惩罚。这就造成了一种与法律制度不相符的不平等。

在前面所说的故事里，如果当时的德国社会是一种真正的民主社会的话，那么国王是根本没有权力去拆除磨坊主的磨坊的，即使他下达了拆除命令，由于与法律相抵，他的命令也不会得到执行；相反，如果是封建君主制的话，那么国王的话将是一种不容怀疑的绝对真理，他下令拆除磨坊之后，无论执行命令的士兵，或者地方法庭的法官，都根本没有权力对此提出质疑，更不用说去宣判国王的行为违法了。因此，这样的一个故事，只有可能发生在传统封建君主专制制度向现代西方民主制度转变的过程中。

在现代法律体制下，人与人是完全平等的，面对的是完全相同的法律制度，而这种法律制度的确立，为的是保护大多数民众的利益不受侵犯，人们只需要按统一的法律标准行事，利用统一的法律标准约束自己的行为，这正是现代民主制度相较于封建制度的先进性。

赏罚必须严明

五代十国时期，后汉爆发了李守贞、赵思绾、王景崇三人兴起的“三镇之乱”，后汉朝廷派大将郭威统兵征伐。郭威出征前向老太师冯道请教治军之策。冯道说：“李守贞是员老将，他所依靠的是士卒归心，如果你能重赏将士，定然能打败他。”郭威连连点头。

郭威率兵进抵李守贞盘踞的河中城（今山西永济县蒲州镇）外，断绝了河中城与外界的联系，以长期围困的方法，逼迫李守贞投降。遵照冯道的教诲，郭威对部下有功即赏。将士受伤患病他就亲自前去探望，犯了错误也不加惩罚。时间长了，冯道之法果然赢得了军心，但却滋长了姑息养奸之风。

李守贞陷入重围，几次想向西突围与赵思绾取得联系都被郭威击退，几乎是一筹莫展。一天，李守贞忽然听到将士们在议论郭威治军的事情，于是眉头一皱，想出一条计来：他让一批精明的将士扮作平民百姓，潜出河中城，在郭威驻军营地附近开设了数家酒店，酒店不仅价格低廉，甚至可以赊欠。于是郭威的士卒们三五成群地进入酒店喝酒，经常喝得酩酊大醉，将领们却不加约束。李守贞见妙计奏效，悄悄地派遣部将王继勋率千余精兵乘夜色潜入河西后汉军大营，发起突袭。由于后汉巡逻骑兵喝得不省人事，因此后汉军队毫无戒备，致使王继勋能成功偷袭。

郭威从梦中惊醒，急忙遣将增援，但将士们你看我，我看你，竟都畏缩不前。危急中，裨将李韬舍命冲出，众将士才发出一声呐喊，鼓足勇气，跟了上去。王继勋兵力太少，只得退回河中城。

这一次的突袭为郭威敲响了警钟，使郭威痛感军纪松弛的危险，于是下令："如果不是犒赏宴饮，所有将士不得私自饮酒，违者军法论处。"

谁知，军令刚刚颁布，第二天清早，郭威的爱将李审就违令饮酒。郭威又气又恨，思索再三，还是命人将李审推出营门，斩首示众，以正军法。

众将士见郭威斩杀爱将李审，放纵之心才有所收敛，军纪得以维护。不久，郭威向河中城发起攻击，一举平定李守贞，之后又平定了赵思绾和王景崇，结束了“三镇之乱”。

梅考科是美国有名的富翁。成名之前，他也曾一贫如洗，他的“富”是靠自己的勤奋和精明换来的。梅考科尤其精于对内部员工的管理。梅考科在公司内设有严格的规章制度，违者必罚，一视同仁，绝不姑息。有一次，一位跟梅考科干了二十多年的老工人喝醉了酒，在工房里跟管理者大闹起来，这个管理者立刻向梅考科做了汇报。梅考科大笔一挥：“立即开除。”

老工人是梅考科创业时的患难之交，创业最艰难的时候，公司一连三个月分文没发，许多人都弃梅考科另攀高枝去了，但老工人却没有走。对于这样一位“知己”，梅考科当然不会“开除”了事。他找到老工人，与老工人谈心。原来，这位老工人的妻子刚刚死去，留下了两个年纪不大的孩子。偏偏祸不单行，一个孩子不慎跌断了腿。老工人心绪不好，只好借酒消愁。恰恰又被管理者发现了，管理者把他一顿臭骂。老工人借助酒劲，就跟管理者闹开了。梅考科拿出厚厚的一沓钞票，塞给老工人，对他说：“你回去把家务好好料理料理吧！”

老工人心头一亮，感激地说：“老板，您不开除我了？”“不！制度面前人人平等，绝不能因人而异，开除的成命是不能收回来的。”梅考科握住老工人的手，坚决地说，“不过，请放心，我绝不会让老朋友走上绝路的。”

事后，梅考科安排老工人在自己的一个牧场中做了管家，老工人对此感激涕零。

手表定律告诉我们，手表太多反而让我们无法更准确地判断时间。这一规律在企业经营管理方面也同样适用。比如一个企业，有多套标准和规则，员工不知道遵守哪个，最后就会变得很混乱。

公平的赏罚制度是现代企业十分必要的一项管理内容，作为奖励机制，赏罚制度起着巨大的作用，绝不能因人而异。有功必赏，将会使有贡献的人更加积极上进，对企业也会更加有归属感；而有罪必罚，会使犯了过错的人记住教训，还会起到以儆效尤的作用，给没有犯错的人提个醒，使企业更加“安全”。

当赏则赏，当罚则罚

赏罚机制是一个企业绩效考核的重要组成部分。一个企业只有做到当赏则赏、当罚则罚、赏罚分明，才能规范员工的行为，激发员工的工作热情和潜力，使之提高工作效率，为企业多做贡献。

奖赏和惩罚是矛盾的统一体，对企业来说，两者的最终目的是一样的，正如上面所说，是要规范员工的行为，激发起工作热情和潜力，使之提高效率，更多地为企业做出贡献。但两者的作用方式却是相反的，奖赏是用积极的方式引导、刺激员工进步，使他们朝着企业希望的方向发展；而惩罚则恰恰相反，是用强制的手段对员工进行处罚，使之规范自己的行为。

在是否利于企业发展上，奖赏和惩罚是不对等的。虽然惩罚可能更具有权威性和强制性，但它仅仅能使员工达到一个合格的标准，很难再进一步提升，而奖赏则可以将员工推向一个更高的境界。

一个公司为了避免员工迟到，规定对迟到的员工进行惩罚，每迟到一次罚款20元。最初，迟到现象不是很多。但过了一段时间，迟到的人数虽然没有增多，但员工似乎都愿意“踩着点”来上班。8：30上班，8：28~8：29才姗姗而来。

思考之后，公司的领导又出台了一项新规定，就是设置了一个鼓励奖，对早到岗位者进行奖励，每月奖励200元。这次效果凸显，迟到的人几乎没有，而且不再“踩着点”上班，都是早早来，早早进入工作岗位。员工的工作积极性似乎提高了。前面讲过，领导者要包容错误，允许失败，给下属以成长的机会，但并不是说领导者要无原则地包容和允许。如果无原则地包容错误、允许失败，那么就会滋生惰性和腐败，企业很快就会被搞垮。

正确的做法是在面对错误和失败时，领导者要仔细认真地调查，冷静客观地分析，判断这次错误或者失败是否可以容忍，此次事件是否能给当事者带来足够的教训或启发，是否可以为企业的未来带来利益。如果答案是肯定的，那么领导者就可以考虑给予当事人以宽大处理。

后藤清一郎十分仰慕松下幸之助，于是毅然辞去了三洋公司副董事长的职务，来到松下电器公司担任厂长。令他没有想到的是，由于他的一次工作失误，导致工厂毁于一场大火，损失不可不说严重。

后藤清一郎知道问题有些严重，内心感到恐慌。他素知松下幸之助一向管理严格，员工的一次小错误都会引来他雷霆震怒，而现在自己惹下这么大的祸端，松下肯定是不会宽恕自己的。这一次，后藤清一郎想错了，松下幸之助知道事情的前后经过后，只对他说了四个字：“好好干吧！”

后藤清一郎感动极了，一时间他不知道说什么好，下定决心要永远追随松下，竭尽全力为松下电器公司贡献力量。

表面上看，松下对后藤清一郎的处置有些不合情理，但实际上却是十分睿智的做法。通常，员工犯一些小错误，自己会很不在意，这样就容易滋生轻慢心理，因此，松下才会对犯一些小错误的员工大发脾气，以引起犯错误的员工对所犯错误的重视。而犯大错误的时候，多数人都会知道反省，此时如果再去一味斥责就可能使其斗志全失。松下很了解后藤清一郎，知道对方是个有能力又有负责精神的管理者，这次事故不存在主观过错。正是鉴于上面这两个原因，松下幸之助给予后藤清一郎以宽大处理，并鼓励他好好为公司服务。

反之，如果所犯错误是不可容忍的，是原则性的错误，领导者就应该按照制度规定给予当事人以严厉惩罚。

克罗克是麦当劳的创始人之一。一次，一名员工盗窃了公司的一些东西被发现。由于数量不是很大，东西也不值钱，所以，公司一些人主张大事化小，小事化了，饶过他一回。但是克罗克却坚持认为此事已经触及为人行事的原则问题，必须严惩。在克罗克的坚持下，最终这名员工受到了严厉的惩处。

总之，在是奖是罚上，领导者不要看到使企业受损了，就惩罚员工；看到使企业获利了，就奖赏员工，而是要把握好尺度，有一个统一的标准。不能朝令夕改，更不能因人而异。朝令夕改，因人而异的赏罚制度，就像我们同时使用许多块显示不同时间的手表，不但不能掌握准确的时间，还会引起混乱。

政策要有延续性

朝令夕改指的是早晨下命令，晚上就改变。形容政令多变，让人无所适从；也形容主张、办法等经常改变。其出处为汉朝晁错写的《论贵粟疏》:“赋敛不时，朝令而暮改。”

晁错是西汉的政治家、文学家。汉文帝时，他担任太常掌故。后为太子家令，得到太子即后来的汉景帝信任，号称“智囊”。景帝即位后，任御史大夫。话说，晁错所在的西汉文帝统治后期，官僚、地主、商人不断加重对农民的残酷压榨和剥削，大量农民破产逃亡，生活极端困苦。晁错看到这种危机现象，为了维护西汉王朝的统治，于公元前168年上书文帝，反映情况，提出政见，这就是著名的《论贵粟疏》。在这篇奏疏中，他提出奖励粮食生产，打击商人投机牟利，促进农业生产发展的一些措施。晁错在分析当时农民的生活情形时指出：农民终年辛勤劳苦，不得休息，还要遭受水旱灾害和各种赋税的盘剥。而且这些沉重的赋税没有一定的时间，往往很突然，早上的规定，到了晚上又改变了。这样变化无常，逼得农民有粮食的只好半价出卖，没有粮食的只好借高利贷。农民被迫卖地卖房，卖儿卖女，以此还债。汉文帝看到晁错的上书以后，接受了他的建议，朝令夕改的现象有所改变，政策的延续性使农业生产得到发展，国家的经济有所增强，使当时的阶级矛盾有所缓和。

其实，不仅仅是在晁错所在的西汉时期会出现朝令夕改的事情，在今天的我国个别地方也常常在上演着朝令夕改的闹剧。

有一年，某矿业集团董事长和一个县人民政府县长签订协议，上马一个投资20多亿元的项目，建设期18个月，建成后年产值70亿元、税收6亿元，可解决两千多人就业。这个项目可以给当地带来可观的经济和社会效益，这个县第十五届人民代表大会常务委员会第21次会议听取并审议了《××县人民政府关于提请批准给予××矿业集团有限公司奖励及有关事宜的报告》，会议通过决议：同意奖励××矿业集团有限公司2亿元。此后，媒体对这个县巨额奖金事件进行了连续跟踪和报道，巨额奖金事件引发了巨大争议，一个贫困县，每年财政收入不到10亿元，正常财政支出都有困难，不得不尽量压缩各种开支，现在何以一反常态，拿2亿奖励一个民营企业？一时间，县政府陷入舆论中心，面临着来自社会公众的诸多质疑。迫于压力，县人民政府只好召开新闻发布会，决定取消对××矿业集团2亿元的奖励承诺。公告中说："此事经媒体报道后，我们进行了深入反思，虽然我们的发展愿望是好的，项目本身符合我县长远利益和群众根本利益，项目审批程序合法合规，但是由于急于求成，加之对政策理解不深，把握不当，所以作出对业主单位奖励2亿元的错误决策。"错误的决策虽然取消了，但是在群众中造成的坏影响却很难消除。同时，这一决策的朝令夕改，也让一些民营企业动摇了来这里投资的想法，因为他们怀疑决策不断改变，会给企业带来重大损失。

使用两块或两块以上显示不同时间的手表，不但不能掌握准确时间，还会带来混乱。手表定律给管理者的启发也是非常直观的：无论政府还是企业不能同时采用两种不同的管理方法，不能同时设置两个不同的目标，否则将无所适从。

我国某大型企业因为经营不善而导致破产，后来被日本一家财团收购。厂里的人都在翘首盼望日本人能带来什么先进的管理办法。出乎意料的是，日本只派了几个人来。而厂里的制度没变、人没变、机器设备也没变。日方就一个要求：把先前制定的制度坚定不移地执行下去。结果不到一年，企业就扭亏为盈了。

"把先前制定的制度坚定不移地执行下去"，让这家企业扭亏为盈。如果并购后，这家企业在制度、人事、设备方面进行大刀阔斧的改革，肯定需要一个漫长的周期才能完成，原来的企业领导和职工对新的制度、新的设备还要有一个适应的过程，这样一来，可能就失去了很多的发展机会。

朝令夕改会动摇政策或制度的稳定性和延续性，从而减少制度的效果。制度对经济发展和组织效率提升的意义是不言而喻的，没有一个好的制度，任何国家或企业都是难以良性、持续发展的。好的制度会为经济发展提供有效的产权保护、激励人们投资于生产性领域、促使人们努力工作和积极创新、抑制人的机会主义行为和减少交易费用。然而，好的制度要起作用，需要一个前提，就是制度本身要保持一定的稳定性和延续性。这是因为，政策或制度是人们的行为依据，能为人们提供某种预期，使人们在采取不同的行为时，能计算出这些行为的成本与收益，在比较各种行为的净收益后，人们通常会采取使自己利益最大化的行为。一旦政策或制度是稳定的，人们的预期也就是稳定的，从而作出决策时面临的不确定性就会大为减少；而一旦政策或制度是“朝令夕改”的，那么这些政策或制度就失去了其应有的引导性功能，它们不仅不会给人们带来稳定的预期，反而会加剧人们面临的不确定性，使人们无所适从，难以作出好的决策。因此，在朝令夕改的环境下，人们会尽可能减少投资，从而导致经济增长缓慢。